高职高专规划教材

建筑工程施工质量检查与验收

第二版

姚谨英　主　编
张　勇　曾　虹　副主编
张　曦　姚红兵　主　审

化学工业出版社
·北京·

本书根据《高等职业教育土建类专业教育标准和培养方案》的主干专业课程体系设置要求编写而成，用于高职高专土建类专业学生学习建筑工程施工质量检查与验收的方法、验收程序。

本书以现行《建筑工程施工质量验收统一标准》及相关建筑工程质量验收规范为依据，以相应从业资格岗位能力为目标，突出所需能力的培训。以一个单位工程为实例，分部工程为基础，随着教学进程分阶段进行检验批、分项工程、分部（子分部）工程及单位（子单位）工程验收，内容充实、连贯性较强。

全书共11章，包括建筑工程施工质量验收基础知识、工程质量验收记录与资料的填写、地基基础分部工程、主体结构分部工程、建筑地面分部工程、建筑装饰装修分部工程、屋面分部工程、建筑安装工程质量检查与验收简介、单位工程安全和功能检验以及观感质量检查、单位工程竣工验收与备案、单位工程质量验收实例。

本书为高职高专建筑工程技术等土建类及相关专业的教材，也可作为成人教育土建类及相关专业的教材，还可作为土建工程技术人员的参考用书。

图书在版编目（CIP）数据

建筑工程施工质量检查与验收/姚谨英主编. —2版. —北京：化学工业出版社，2014.1（2023.10重印）
高职高专规划教材
ISBN 978-7-122-18913-4

Ⅰ.①建… Ⅱ.①姚… Ⅲ.①建筑工程-工程质量-质量检验-高等职业教育-教材②建筑工程-工程质量-工程验收-高等职业教育-教材 Ⅳ.①TU712

中国版本图书馆CIP数据核字（2013）第262598号

责任编辑：王文峡　李仙华　　　　　装帧设计：杨　北
责任校对：王素芹

出版发行：化学工业出版社（北京市东城区青年湖南街13号　邮政编码100011）
印　　装：北京虎彩文化传播有限公司
787mm×1092mm　1/16　印张19　字数491千字　2023年10月北京第2版第8次印刷

购书咨询：010-64518888　　　　　售后服务：010-64518899
网　　址：http://www.cip.com.cn
凡购买本书，如有缺损质量问题，本社销售中心负责调换。

定　　价：46.00元　　　　　　　　　　　　　　　　　　　版权所有　违者必究

前 言

《建筑工程施工质量检查与验收》是根据《高等职业教育土建类专业教育标准和培养方案》设置的主干专业课程体系进行编写。用于高职高专土建类学生学习建筑工程施工质量检查与验收的方法、验收程序，也可作为工程技术人员的参考用书。

教材的主要内容包括建筑工程施工质量验收基础知识、工程质量验收记录与资料的填写、地基基础分部工程、主体结构分部工程、建筑地面分部工程、建筑装饰装修分部工程、屋面分部工程、建筑安装工程质量检查与验收简介、单位工程安全和功能检验以及观感质量检查、单位工程竣工验收与备案、单位工程质量验收实例等11章。

《建筑工程施工质量检查与验收》教材第一版在2010年2月出版发行至今已有三年多时间，在此期间，建筑工程施工验收规范已经有部分修订，原书部分内容已经不适应教学的需要。作者在原书使用基础上广泛地征求意见，并深入工程实际做了大量的调查研究，经过认真分析，结合教材使用情况，按现行规范进行了修订。第二版教材有以下特点：

1. 本教材以现行《建筑工程施工质量验收统一标准》及相关建筑工程质量验收规范为依据，以相应从业资格岗位能力为目标，突出所需能力的培训。

2. 突出以一个单位工程为实例，以分部工程为基础，随着教学进程分阶段进行检验批、分项工程、分部（子分部）工程及单位（子单位）工程验收。教学内容有强的连贯性。

3. 要求学生熟悉工程质量验收的程序和组织，掌握检验批的验收方法，能够按各专业验收规范进行验收并进行验收表格的填写。

4. 本课程是一门实践课，通过实践性环节完成教学任务。

本书由姚谨英主编，张勇、曾虹任副主编。第1章、第5章由姚晓霞编写，第2章、第11章由郎松军编写，第3章、第7章由张勇编写，第4章由曾虹编写，第6章由沈孝玲编写，第8章、第9章、第10章由周戒编写，姚谨英负责全书的统编和修订工作。

本书由四川建筑职业技术学院张曦和新川创新科技园姚红兵担任主审，他们对本书进行了认真细致的审阅，对保证本书编写质量提出了不少建设性意见，在此，编者表示衷心感谢。

由于编者水平有限，书中不足之处，恳切希望读者批评指正。

编 者
2013 年 11 月

第一版前言

本书是根据《高等职业教育土建类专业教育标准和培养方案》的主干专业课程体系设置要求进行编写。用于高职高专土建类学生学习建筑工程施工质量检查与验收的方法、验收程序。

本教材的主要内容包括建筑工程施工质量验收基础知识、工程质量验收记录与资料的填写、地基基础分部工程、主体结构分部工程、建筑地面分部工程、建筑装饰装修分部工程、屋面分部工程、建筑安装工程质量检查与验收简介、单位工程安全和功能检验以及观感质量检查、单位工程竣工验收与备案、单位工程质量验收实例等11章。本教材具有以下特点。

(1) 本教材以现行《建筑工程施工质量验收统一标准》(GB 50300) 及相关建筑工程质量验收规范为依据,以相应从业资格岗位能力为目标,突出所需能力的培训。

(2) 突出以一个单位工程为实例,以分部工程为基础,随着教学进程分阶段进行检验批、分项工程、分部(子分部)工程及单位(子单位)工程验收。教学内容有较强的连贯性。

(3) 要求学生熟悉工程质量验收的程序和组织,掌握检验批的验收方法,能够按各专业验收规范进行验收并进行验收表格的填写。

(4) 本课程是一门实践课,通过实践性环节完成教学任务。可结合工地现场实际情况,选择一个单位工程,分阶段进行检验批、分项工程、分部(子分部)工程及单位(子单位)工程验收。如没有条件,可利用已建完工程进行。

本书编者近几年编写了《建筑施工技术》、《混凝土结构施工》、《砌体结构施工》、《建筑施工技术管理实训》、《混凝土工》等多本全国普通高等教育教材、高职高专教材及工人培训教材。在编写本书时,我们则力求将编者多年从事教学及施工管理的心得体会融入教材之中,以使教材更加好教、好学、好用。为本书的编写奠定了良好的基础。

本书由姚谨英主编,曾虹任副主编。第1、2、11章由郎松军编写,第3章由梁百顺编写,第4、5章由曾虹编写,第6、7章由李春雷编写,第8章由姚谨英编写,第9、10章由周戒编写。姚谨英负责全书的统稿。

本书由成都航空职业技术学院冯光灿担任主审,她对本书作了认真细致的审阅,对保证本书编写质量提出了不少建设性意见;四川绵阳水利电力学校姚晓霞在本书的编写中负责录入、整理、校对等工作,在此一并表示衷心感谢。

由于编者水平有限,书中难免尚有不妥之处,恳请读者批评指正。

编 者

2009 年 12 月

目 录

1 建筑工程施工质量验收基础知识 ……………………………………………… 1

1.1 工程施工质量检查与验收的依据和方法 ……………………………… 1
 1.1.1 工程施工质量检查与验收的依据 …………………………… 1
 1.1.2 工程施工质量检查与验收的方法 …………………………… 2
 1.1.3 参加工程施工质量检查与验收的单位和人员 ……………… 3
1.2 建筑工程施工质量检查与验收规范和标准 ……………………………… 4
 1.2.1 现行建筑工程施工质量验收规范 …………………………… 4
 1.2.2 现行建筑工程施工质量验收标准 …………………………… 5
1.3 建筑工程施工质量评价与验收 ……… 6
 1.3.1 建筑工程施工质量评价 ………… 6
 1.3.2 建筑工程施工质量验收 ………… 6
1.4 建筑工程施工质量验收规则 ………… 11
 1.4.1 验收规则涉及的基本术语 ……… 11
 1.4.2 建筑工程施工质量验收的基本规定 ……………………………… 12
 1.4.3 建筑工程质量验收项目的划分 …………………………… 16
1.5 建筑工程质量验收程序和组织 ……… 22
 1.5.1 检验批及分项工程的质量验收程序和组织 ……………………… 22
 1.5.2 分部工程的质量验收程序和组织 ……………………………… 22
 1.5.3 单位工程的质量验收程序和组织 ……………………………… 23
 1.5.4 验收备案 ………………………… 24
1.6 质量验收不符合要求的处理和严禁验收的规定 ……………………………… 25
 1.6.1 建筑工程质量验收不符合要求的处理 ……………………………… 25
 1.6.2 严禁验收的规定 ………………… 26
1.7 建筑工程质量检测常用工具 ………… 26
 1.7.1 垂直检测尺和塞尺 ……………… 26
 1.7.2 内外直角检测尺 ………………… 27
 1.7.3 卷线器 …………………………… 27
 1.7.4 检测反光镜 ……………………… 28
 1.7.5 对角检测尺 ……………………… 28
 1.7.6 小锤 ……………………………… 29
 1.7.7 百格网 …………………………… 29
 1.7.8 钢卷尺 …………………………… 29
 1.7.9 线锤 ……………………………… 30
复习思考题 ……………………………………… 30

2 工程质量验收记录与资料的填写 …………………………………………… 31

2.1 建筑工程施工质量验收资料概述 ……………………………………… 31
 2.1.1 施工技术管理资料 ……………… 31
 2.1.2 工程质量控制资料 ……………… 31
 2.1.3 安全与功能检验资料 …………… 32
 2.1.4 工程质量验收记录 ……………… 32
2.2 施工现场质量管理检查记录表 ……… 32
 2.2.1 施工现场质量管理检查记录表 …………………………… 32
 2.2.2 表头填写 ………………………… 32
 2.2.3 检查项目划分 …………………… 34
 2.2.4 检查项目填写内容 ……………… 35
2.3 检验批质量验收记录表 ……………… 35
 2.3.1 检验批质量验收记录表 ………… 35
 2.3.2 表头填写 ………………………… 35
 2.3.3 主控项目、一般项目施工单位检查评定记录及评定结果 ………… 37
 2.3.4 监理（建设）单位验收记录及评定结论 ………………………… 38
2.4 分项工程质量验收记录表 …………… 38
 2.4.1 分项工程质量验收记录表 ……… 38
 2.4.2 表头的填写 ……………………… 39

  2.4.3 检验批部位和区段的划分 …… 39
  2.4.4 施工单位检查评定结果 …… 39
  2.4.5 监理（建设）单位验收结论 …… 39
 2.5 分部（子分部）工程验收记录表 … 39
  2.5.1 分部（子分部）工程验收记录表 …… 39
  2.5.2 表头的填写 …… 39
  2.5.3 验收内容及施工单位检查评定意见 …… 40
  2.5.4 验收单位验收结论 …… 41
 2.6 单位（子单位）工程质量竣工验收记录表 …… 41
  2.6.1 单位（子单位）工程质量竣工验收记录表 …… 42
  2.6.2 表头的填写 …… 42
  2.6.3 分部工程验收记录与结论 …… 42
  2.6.4 质量控制资料核查 …… 43
  2.6.5 安全和主要使用功能核查、抽查记录与结论 …… 46
  2.6.6 观感质量验收记录与结论 …… 46
  2.6.7 综合验收结论 …… 48
  2.6.8 验收单位签章 …… 48
 复习思考题 …… 48

3 地基基础分部工程 …… 49
 3.1 基本规定 …… 49
  3.1.1 资料收集与基本要求 …… 49
  3.1.2 子分部的划分 …… 50
  3.1.3 施工过程中异常情况的处理 …… 51
 3.2 土方子分部工程 …… 51
  3.2.1 土方工程施工质量检查验收的一般规定 …… 51
  3.2.2 土方开挖分项工程质量验收 … 51
  3.2.3 土方回填分项工程质量验收 …… 53
 3.3 桩基础子分部工程 …… 55
  3.3.1 桩基础工程施工质量检查验收的一般规定 …… 55
  3.3.2 混凝土灌注桩施工质量验收 …… 57
  3.3.3 静力压桩施工质量验收 …… 58
 3.4 地下防水子分部工程 …… 60
  3.4.1 地下防水工程施工质量检查验收的基本规定 …… 61
  3.4.2 防水混凝土施工质量验收 …… 64
  3.4.3 卷材防水层施工质量验收 …… 68
  3.4.4 地下防水细部构造 …… 71
 3.5 地基分部（子分部）工程质量验收 …… 73
  3.5.1 地基基础分部工程质量验收 …… 73
  3.5.2 地下防水工程质量验收 …… 74
 复习思考题 …… 76

4 主体结构分部工程 …… 77
 4.1 混凝土结构子分部工程 …… 77
  4.1.1 混凝土结构子分部工程施工质量检查验收的基本规定 …… 77
  4.1.2 模板分项施工质量检查 …… 79
  4.1.3 钢筋分项施工质量检查 …… 84
  4.1.4 混凝土分项施工质量检查 …… 92
  4.1.5 现浇结构分项施工质量检查 …… 97
  4.1.6 混凝土结构子分部施工质量验收 …… 100
 4.2 砌体结构子分部工程 …… 103
  4.2.1 砌体子分部工程施工质量检查验收的基本规定 …… 103
  4.2.2 砌筑砂浆质量检查与验收 …… 107
  4.2.3 砖砌体分项施工质量检查 …… 109
  4.2.4 混凝土小型空心砌块砌体分项施工质量检查 …… 112
  4.2.5 配筋砌体分项施工质量检查 … 115
  4.2.6 填充墙砌体分项施工质量检查 …… 117
  4.2.7 砌体子分部工程验收 …… 119
 4.3 钢结构子分部工程 …… 119
  4.3.1 钢结构子分部工程施工质量检查验收的基本规定 …… 120
  4.3.2 原材料及成品质量要求与检查 …… 121
  4.3.3 钢结构焊接工程质量检查与验收 …… 123
  4.3.4 钢结构紧固件连接工程质量检查与验收 …… 127
  4.3.5 钢构件预拼装工程质量检查与验收 …… 129
  4.3.6 单层钢结构安装工程质量检查与验收 …… 129
  4.3.7 多层与高层钢结构安装工程质

　　　　量检查与验收 …………… 134
　　4.3.8 钢结构涂装工程质量检查与
　　　　验收 ………………………… 134
　　4.3.9 钢结构子分部工程质量检查与
　　　　验收 ………………………… 136
4.4 主体结构分部工程质量验收 ……… 137
复习思考题 ……………………………… 138

5 建筑地面子分部工程 ……………………… 139

5.1 建筑地面子分部工程质量检查与验
　　收的基本规定 ………………………… 139
　　5.1.1 建筑地面子分部工
　　　　程、分项工程的划分 ………… 139
　　5.1.2 建筑地面工程的质量管理
　　　　要求 ………………………… 140
　　5.1.3 建筑地面工程的材料控制
　　　　要求 ………………………… 140
　　5.1.4 建筑地面工程的施工程序
　　　　要求 ………………………… 140
　　5.1.5 建筑地面工程的施工技术
　　　　要求 ………………………… 141
　　5.1.6 建筑地面工程的施工质量检验
　　　　基本要求 …………………… 141
5.2 基层铺设分项工程施工质量
　　检查 …………………………………… 142
　　5.2.1 基层铺设分项工程施工质量

　　　　检查一般规定 ……………… 142
　　5.2.2 基层铺设分项工程施工质量
　　　　检查 ………………………… 143
5.3 面层铺设工程施工质量检查 ……… 152
　　5.3.1 整体面层铺设分项工程施工质
　　　　量检查 ……………………… 152
　　5.3.2 板块面层铺设分项工程施工质
　　　　量检查 ……………………… 160
　　5.3.3 木、竹面层铺设分项工程施工质
　　　　量检查 ……………………… 167
5.4 建筑地面子分部工程施工质量
　　验收 …………………………………… 172
　　5.4.1 应检查的质量文件和记录 … 172
　　5.4.2 应检查的安全和功能项目 … 172
　　5.4.3 观感质量综合评价检查项目 … 172
复习思考题 ……………………………… 172

6 建筑装饰装修分部工程 ……………………… 173

6.1 基本规定 …………………………… 173
　　6.1.1 关于建筑装饰装修材料的
　　　　规定 ………………………… 173
　　6.1.2 施工的规定 ………………… 174
6.2 抹灰子分部工程 …………………… 175
　　6.2.1 一般规定 …………………… 175
　　6.2.2 一般抹灰分项工程 ………… 176
　　6.2.3 装饰抹灰分项工程 ………… 178
　　6.2.4 清水砌体勾缝分项工程 …… 179
6.3 门窗子分部工程 …………………… 179
　　6.3.1 门窗工程一般规定 ………… 179
　　6.3.2 木门窗制作与安装分项工程 … 180
　　6.3.3 金属门窗安装分项工程 …… 182
　　6.3.4 塑料门窗安装分项工程 …… 185
　　6.3.5 门窗玻璃安装分项工程 …… 188
6.4 吊顶子分部工程 …………………… 189
　　6.4.1 一般规定 …………………… 189
　　6.4.2 暗龙骨吊顶工程 …………… 190
　　6.4.3 明龙骨吊顶工程 …………… 190
6.5 轻质隔墙工程 ……………………… 191
　　6.5.1 一般规定 …………………… 191

　　6.5.2 板材隔墙工程 ……………… 192
　　6.5.3 骨架隔墙工程 ……………… 192
　　6.5.4 活动隔墙工程 ……………… 194
　　6.5.5 玻璃隔墙工程 ……………… 195
6.6 饰面板（砖）子分部工程 ………… 196
　　6.6.1 一般规定 …………………… 196
　　6.6.2 饰面板安装分项工程 ……… 197
　　6.6.3 饰面砖粘贴分项工程 ……… 199
6.7 幕墙工程 …………………………… 201
　　6.7.1 一般规定 …………………… 201
　　6.7.2 玻璃幕墙分项工程 ………… 204
　　6.7.3 金属幕墙工程 ……………… 208
　　6.7.4 石材幕墙工程 ……………… 208
6.8 涂饰子分部工程 …………………… 211
　　6.8.1 涂饰工程的一般规定 ……… 211
　　6.8.2 水性涂料涂饰分项工程 …… 212
　　6.8.3 溶剂型涂料涂饰分项工程 … 213
6.9 室内环境质量验收 ………………… 215
　　6.9.1 取样要求 …………………… 215
　　6.9.2 取样数量 …………………… 215
　　6.9.3 取样方法 …………………… 215

6.9.4 检测质量评价 ………… 215
6.10 分部工程验收 ………… 216
　6.10.1 验收的程序和组织 ………… 216
　6.10.2 一般规定 ………… 216
　6.10.3 检验批合格的判定 ………… 216
　6.10.4 隐蔽工程的验收 ………… 216
　6.10.5 子分部工程质量验收合格的判定 ………… 217
　6.10.6 分部工程质量验收合格的判定 ………… 217
复习思考题 ………… 218

7 建筑屋面分部工程 ………… 219

7.1 屋面分部工程验收的基本规定 …… 219
　7.1.1 屋面工程施工质量的控制要求 ………… 219
　7.1.2 防水材料的质量要求 ………… 220
　7.1.3 屋面子分部工程和分项工程的划分 ………… 221
7.2 基层与保护层子分部工程 ………… 221
　7.2.1 一般规定 ………… 221
　7.2.2 找坡层和找平层分项工程 ………… 221
　7.2.3 隔汽层分项工程 ………… 222
　7.2.4 隔离层分项工程 ………… 223
　7.2.5 保护层分项工程 ………… 223
7.3 保温与隔热子分部工程 ………… 224
　7.3.1 一般规定 ………… 224
　7.3.2 板状材料保温层分项工程 ………… 225
　7.3.3 纤维材料保温层分项工程 ………… 226
　7.3.4 喷涂硬泡聚氨酯保温层分项工程 ………… 226
　7.3.5 现浇泡沫混凝土保温层分项工程 ………… 227
　7.3.6 种植隔热层分项工程 ………… 228
　7.3.7 架空隔热层分项工程 ………… 229
　7.3.8 蓄水隔热层分项工程 ………… 229
7.4 防水与密封子分部工程 ………… 230
　7.4.1 一般规定 ………… 230
　7.4.2 卷材防水层分项工程 ………… 230
　7.4.3 涂膜防水层分项工程 ………… 232
　7.4.4 复合防水层分项工程 ………… 233
　7.4.5 接缝密封防水分项工程 ………… 234
7.5 瓦面与板面子分部工程 ………… 235
　7.5.1 一般规定 ………… 235
　7.5.2 烧结瓦和混凝土瓦铺装分项工程 ………… 236
　7.5.3 金属板铺装分项工程 ………… 237
　7.5.4 玻璃采光顶铺装分项工程 ………… 238
7.6 细部构造子分部工程 ………… 240
　7.6.1 一般规定 ………… 240
　7.6.2 檐口分项工程 ………… 241
　7.6.3 檐沟和天沟分项工程 ………… 241
　7.6.4 女儿墙和山墙分项工程 ………… 242
　7.6.5 水落口分项工程 ………… 243
　7.6.6 变形缝分项工程 ………… 243
　7.6.7 伸出屋面管道分项工程 ………… 244
　7.6.8 屋面出入口分项工程 ………… 244
　7.6.9 屋脊分项工程 ………… 245
　7.6.10 屋顶窗分项工程 ………… 245
7.7 屋面分部工程验收 ………… 246
　7.7.1 屋面分部工程验收的程序 ………… 246
　7.7.2 屋面分部（子分部）工程验收的内容 ………… 247
复习思考题 ………… 248

8 建筑安装工程质量检查与验收简介 ………… 249

8.1 建筑给水、排水及采暖分部工程 … 249
　8.1.1 建筑给水、排水及采暖分部工程划分 ………… 249
　8.1.2 建筑给水、排水及采暖分部工程质量检查与验收简介 ………… 249
8.2 建筑电气分部工程 ………… 251
　8.2.1 建筑电气分部工程划分 ………… 251
　8.2.2 建筑电气分部工程质量检验与验收简介 ………… 252
8.3 智能建筑分部工程 ………… 252
　8.3.1 智能建筑分部工程划分 ………… 252
　8.3.2 智能建筑分部工程质量检验与验收简介 ………… 253
8.4 通风与空调分部工程 ………… 254
　8.4.1 建筑通风与空调分部工程划分 ………… 254
　8.4.2 建筑通风与空调分部工程质量检验与验收简介 ………… 255
8.5 电梯分部工程 ………… 256
　8.5.1 电梯分部工程划分 ………… 256

  8.5.2 电梯分部工程质量检验与验收简介 …………………………… 256
 8.6 建筑节能工程质量检验与验收简介 …………………………… 256
  8.6.1 建筑节能分部工程划分 ……… 256
  8.6.2 建筑节能分部工程质量检验与验收简介 …………………………… 257
 复习思考题 …………………………… 258

9 单位工程安全和功能检验以及观感质量检查 …………………………… 259

 9.1 建筑工程安全和功能检验资料核查及主要功能抽查 ……………… 259
  9.1.1 建筑工程安全和功能检验资料核查及主要功能抽查要求及内容 …………………………… 259
  9.1.2 建筑与结构工程安全和功能检验资料核查及主要功能抽查 …… 260
  9.1.3 建筑安装工程安全和功能检验资料核查及主要功能抽查 ……… 261
 9.2 建筑工程观感质量检查 ……………… 262
  9.2.1 建筑工程观感质量检查评定等级划分 …………………………… 262
  9.2.2 建筑与结构工程观感质量检查评定 …………………………… 262
  9.2.3 建筑安装工程观感质量检查评定简介 …………………………… 269
 复习思考题 …………………………… 270

10 单位工程竣工验收与备案 …………………………… 271

 10.1 单位工程竣工验收 ……………… 271
  10.1.1 单位工程施工质量竣工验收条件 …………………………… 271
  10.1.2 单位工程施工质量竣工验收程序 …………………………… 272
  10.1.3 单位工程施工质量竣工验收报告 …………………………… 273
 10.2 建筑工程竣工备案制 ……………… 274
 复习思考题 …………………………… 274

11 单位工程质量验收实例 …………………………… 275

 11.1 工程概况 ……………… 275
 11.2 子分部工程、分项工程和检验批划分 …………………………… 276
  11.2.1 分部工程的划分 ……… 276
  11.2.2 子分部、分项工程的划分 …… 276
  11.2.3 检验批的划分 ……… 276
 11.3 分项工程检验批和分项工程的质量验收 …………………………… 279
 11.4 子分部工程和分部工程的验收 …………………………… 281
  11.4.1 房屋建筑工程分部工程验收的条件 …………………………… 281
  11.4.2 参加房屋建筑主要分部工程验收的人员 …………………………… 281
  11.4.3 房屋建筑工程主要分部工程的验收程序 …………………………… 282
 11.5 单位工程的竣工验收 ……………… 286
 大作业 …………………………… 291

参考文献 …………………………… 292

1 建筑工程施工质量验收基础知识

【能力目标】
1. 学习现行的《建筑工程施工质量验收统一标准》和现行专业质量验收规范与规范支撑体系的关系，熟悉现行验收规范体系的组成和运用。
2. 根据需要检查的项目，选择工程质量检查和验收的方法。
3. 学习分项工程检验批、分项工程、分部工程、单位工程的验收程序和组织。

【学习要求】
1. 了解参与建筑工程施工质量检查与验收各方主体的组成；了解现行验收规范的特点。
2. 掌握施工质量检查和验收的基本思想和思路；掌握分项工程检验批、分项工程、分部工程、单位工程验收程序和组织。
3. 熟悉质量不符合要求的处理和严禁验收的规定。

1.1 工程施工质量检查与验收的依据和方法

工程施工质量检查与验收是工程建设质量控制的一个重要环节，该工作开展是否正常，关系到国家、集体和公民的切身利益，工程建设的质量涉及人、财、物的安全，关系到能否建设和谐社会、和谐家园的重大民生问题。建设工程施工质量检查与验收是保障工程质量的基础，是做好工程质量工作有效的、必要的技术保证，是工程施工管理的一个重要内容。

工程施工质量验收包括施工质量的中间验收和工程的竣工验收两个方面的内容。通过对工程建设关键产品和最终产品的质量验收，从过程控制和终端把关两个方面进行工程项目的质量控制，以确保达到业主所要求的功能和使用价值，实现建设投资的经济效益和社会效益。参与建设的施工单位、建设单位、监理单位和有关各方通过施工过程的检查验收，既能发现、协商、更改工程勘察设计阶段的不足，又能对施工过程中的工程质量进行检查控制，实现工程质量的动态控制，便于及早地发现问题、解决问题，最大限度地避免或减少经济损失并保证工程质量。工程项目的竣工验收，是项目建设程序的最后环节，是全面考核项目建设成果，检查设计与施工质量，确认项目能否投入使用的重要步骤。只有通过竣工验收的项目才能够投入使用，发挥经济效益和社会效益。

1.1.1 工程施工质量检查与验收的依据

工程施工质量检查与验收是依据国家有关工程建设的法律、法规、标准、规范及有关文件进行验收。我国现行建筑安装工程质量检查与验收，主要依据是《建筑工程施工质量验收统一标准》(GB 50300—2001)及相关质量验收规范。另外还包括以下几点。

① 国家现行的勘察、设计、施工等技术标准、规范。其中的标准规范可以分为国家标准(GB)、行业标准(JGJ)、地方标准(DB)、企业标准(QB)、协会标准(CECS)等。

这些标准是施工操作的依据，是整个施工全过程控制的基础，也是施工质量验收的基础和依据。

② 工程资料。包括施工图设计文件、施工图纸和设备技术说明书；图纸会审记录、设计变更和技术审定等；有关测量标桩及工程测量说明和记录、工程施工记录、工程事故记录等；施工与设备质量检验与验收记录、质量证明及质量检验评定等。

③ 建设单位与参加建设各单位签订的"合同"。

④ 其他有关规定和文件。

1.1.2 工程施工质量检查与验收的方法

任何一个房屋在施工的过程中，都同时建成了"两栋房屋"，其中之一是工程实体，另一个为证明实体质量的"资料"。这两项工程相辅相成，互为补充。只有重视工序质量的控制，最终才可能得到合格的产品，也只有重视过程中检查验收资料的积累和完善，才能证明在施工过程中质量是否符合标准。在实际工程中，施工单位往往不注意资料的及时性，没有建立一个运转良好的工作程序和质量管理程序，其结果往往是事倍功半。参与建设工程的各方主体，在建筑工程施工质量检查或验收时所采用的方法，实际上就是对上述"两栋房屋"的检查和验收，具体说就是审查有关技术文件、报告、资料以及直接进行现场检查或进行必要的试验等。

1.1.2.1 审查有关技术文件、资料、报告或报表

无论是施工项目部管理人员、监理部的监理人员、质量监督机构的监督人员对工程施工质量的检查和验收，一般都是检查各个层次提供的技术文件、资料、报告或报表，比如审查有关技术资质证明文件，审查有关材料、半成品的质量检验报告、检查检验批验收记录、施工记录等，全方位了解工程的施工过程中的成品或半成品是否在合格标准的范围之内，这也是各个层次验收的第一步工作。

1.1.2.2 工程实体的质量检查与验收方法

施工项目施工质量的好坏，取决于原材料的质量、施工工艺质量、人员素质等综合原因的影响，质量是做出来的，不是检查出来的。但是严格的检查和验收可以影响施工作用，起到"关口"的作用。

所以，不仅要对工程的实体技术资料进行检查和验收，还必须对工程项目的质量进行检查和验收。对于现场所用原材料、半成品、工序过程或工程产品质量进行检验的方法，一般可以分为以下三类。

(1) 目测法 即凭借感官进行检查，也可以叫做感官检验。其方法可归纳为看、摸、敲、照。

"看"就是根据质量标准要求进行外观检查。例如工人的操作是否正常，混凝土振捣是否符合要求，混凝土成型是否符合要求等。

"摸"就是通过手感触摸进行检查、鉴别。例如：油漆、涂料的光滑度是否达标，浆活是否牢固、不掉粉，墙面、地面有无起砂现象，均可以通过手摸的方式鉴别。

"敲"就是运用敲击的方法进行音感检查。例如，对拼镶木地板、墙面抹灰、墙面瓷砖、地砖铺贴等的质量均可以通过敲击的方法，根据声音的虚实、脆闷判断有无空鼓等质量问题。

"照"就是通过人工光源或反射光照射，检查难以看清的部位。例如可以用照的方法检查墙面和顶棚涂饰的平整度。

(2) 量测法 又称为实测法，就是利用量测工具或计量仪表，通过实际量测的结果和规

定的质量标准或规范的要求相对照，从而判断质量是否符合要求。其方法可以归纳为"靠"、"吊"、"量"、"套"。

"靠"就是用直尺和塞尺配合检查诸如地面、墙面、屋面的平整度。

"吊"就是用托线板线锤检查垂直度。比如墙面、窗框的垂直度检查。

"量"就是用量测工具或计量仪表等检查构件的断面尺寸、轴线、标高、温度、湿度等数值并确定其偏差。比如用卷尺量测构件的尺寸，检测大体积混凝土在浇筑完成后一段时间的温升，用经纬仪复核轴线的偏差等。

"套"就是指用方尺套方以塞尺辅助，检查诸如阴阳角的方正、预制构件的方正。

(3) 试验法　就是指通过进行现场试验或试验室试验等理化试验手段，取得数据，分析判断质量情况。包括以下两点。

① 理化试验，工程中常用的理化试验包括物理力学性能方面的试验和化学成分含量的测定等两个方面。力学性能的检验包括材料的抗拉强度、抗压强度、抗弯强度、抗折强度、冲击韧性、硬度、承载力等的测定。各种物理性能方面的测定如材料的密度、含水量、凝结时间、安定性、抗渗、耐磨、耐热等。各种化学方面的试验如化学成分及其含量的测定等。此外，必要时还可以在现场通过诸如对桩或地基的现场静载试验或打试桩，确定其承载力；对混凝土现场钻芯取样，通过试验室的抗压强度试验，确定混凝土达到的强度等级，以及通过管道压水试验判断其渗漏或耐压情况。

② 无损检测或检验，借助某些专门的仪器、仪表等手段探测结构物或材料、设备内部组织结构或损伤状态。例如借助混凝土回弹仪现场检查混凝土的强度等级，借助钢筋扫描仪检查钢筋混凝土构件中钢筋放置的位置是否正确，借助超声波探伤仪检查焊件的焊接质量等。

1.1.3　参加工程施工质量检查与验收的单位和人员

建筑工程质量检查与验收是保证工程施工质量的重要手段。参加建筑工程质量检查与验收的各方人员应具备相应的资格；建筑工程质量检查与验收均应在施工单位检验评定合格的基础上，其他各方（如监理单位、建设单位等）从不同的角度通过抽样检查或复测等形式，对工程实体进行合格与否的判定。

(1) 建设单位　建设单位是建筑物的所有者或使用者的代表，是工程建设中重要的一方，按照相关法律、法规的规定，建设单位拥有合法选定勘察、设计、施工、监理单位和确定建设项目规模、功能、外观、使用材料和设备等的权力。按照《建设工程质量管理条例》（国务院令第279号）的规定，建设单位对工程质量有相应的责任和义务。建设方应定期或不定期地深入工地进行检查和验收。当建设单位收到建设工程竣工报告后，应当组织设计、施工、工程监理等有关单位进行竣工验收，建设工程验收合格后，方可交付使用。

(2) 监理单位　监理单位通过《监理合同》接受建设单位的授权，在授权范围内依照法律、法规以及技术标准、设计文件和建设工程承包合同，代表建设单位对施工质量实施监理，并对施工质量承担监理责任。

工程监理单位在工程建设的实施过程中，对施工单位已经完成自检合格的项目进行检查，未经监理工程师签字，建筑材料、建筑构配件和设备不得在工程中使用或安装，施工单位不得进行下一道工序的施工。未经总监理工程师签字，建设单位不拨付工程款，不进行竣工验收。在施工过程中，监理工程师应当按照监理规范的要求，采取旁站、巡视和平行检验等形式，对建设工程实施监理。

(3) 施工单位　施工单位是建筑工程施工的主体，是建筑工程的生产者，是工程建设质量的主体，对工程质量的好坏起着关键的影响，对建设工程的施工质量负责。施工单位必须按照工程设计图纸和施工技术标准施工，不得擅自修改设计，不得偷工减料。

施工单位必须按照工程设计要求、施工技术标准和合同约定，对建筑材料、建筑构配件、设备和商品混凝土进行检验，检验应当有书面记录和专人签字；未经检验或者检验不合格的，不得使用。施工单位必须建立、健全施工质量的检验制度：在作业活动结束后，作业者必须自检，不同工序交接、转换必须由相关人员进行交接检查，施工承包单位专职质检员的专检。同时要特别做好隐蔽工程的质量检查和记录，隐蔽工程在隐蔽前，施工单位应当通知建设单位和建设工程质量监督机构进行检查和验收。

(4) 勘察、设计单位　勘察单位提供的地质、测量、水文等勘察成果必须是真实、准确的，工程勘察报告是工程设计的依据之一。在工程施工阶段，勘察单位要参加基槽检查、基础验收、主体验收等重要部位的验收工作，对施工过程中出现的地质问题要进行跟踪服务。

设计单位主要根据建设单位的意图，按照规划和设计的有关要求将其转化为可以施工的图纸。在工程施工阶段，设计人员要深入到工程一线，随时解决图纸中的未尽事宜，接受施工的检验，同时参与重要节点和工程的竣工验收，以保证工程项目的质量。设计单位对自己的设计成果负责，并对因设计原因造成的质量问题或事故，提出相应的技术处理方案。

(5) 质量监督机构　我国实行建设工程质量监督管理制度。其主体是各级政府建设行政主管部门，但是，政府的功能决定其不可能亲自到现场进行检查，所以工程监督管理的具体实施者就是由建设行政主管部门或其他有关部门委托的质量监督机构（质量监督站）来具体进行。

质量监督机构行使政府的权力，所以具有强制性，是宏观管理，而工程监理单位实施的微观的管理，是带有服务性的。建设工程质量监督机构通过制定质量监督工作方案，检查施工现场建设各方主体的质量行为，检查建设工程实体质量和监督工程质量验收来对建设工程质量进行控制。

(6) 检测单位　工程质量检测机构是对建设工程、建筑构件、制品及现场所用的有关建筑材料、设备质量进行检测的法定单位。在建设行政主管部门和政府质量技术监督部门指导下开展检测工作，其出具的检测报告具有法定效力。

以上各方，站在不同的角度，对工程施工质量进行检查，督促，其主要的目的就是保证工程项目的质量，为用户提供合格产品。

1.2　建筑工程施工质量检查与验收规范和标准

建筑工程施工质量检查与验收要执行现行国家标准《建筑工程施工质量验收统一标准》（GB 50300—2001，以下简称"统一标准"）和与之配套的各专业验收规范，检查和验收时强调"统一标准"和各专业验收规范配套使用。

1.2.1　现行建筑工程施工质量验收规范

建筑工程涉及的专业众多，工种和施工工序相差很大，为了解决实际运用中的问题，结合我国施工管理的传统和技术发展的趋势，形成了以"统一标准"和各专业验收规范组成的标准、规范体系，在使用中它们必须配套使用。建筑工程施工质量检查与验收现象使用规范主要如下。

《建筑工程施工质量验收统一标准》(GB 50300—2001)
《建筑地基基础工程施工质量验收规范》(GB 50202—2002)
《砌体工程施工质量验收规范》(GB 50203—2011)
《混凝土结构工程施工质量验收规范》(GB 50204—2002)(2011版)
《钢结构工程施工质量验收规范》(GB 50205—2001)
《木结构工程施工质量验收规范》(GB 50206—2012)
《屋面工程质量验收规范》(GB 50207—2012)
《地下防水工程质量验收规范》(GB 50208—2011)
《建筑地面工程施工质量验收规范》(GB 50209—2010)
《建筑装饰装修工程质量验收规范》(GB 50210—2001)
《建筑给水排水及采暖工程施工质量验收规范》(GB 50242—2002)
《通风与空调工程施工质量验收规范》(GB 50243—2002)
《建筑电气工程施工质量验收规范》(GB 50303—2002)
《智能建筑工程施工质量验收规范》(GB 50339—2003)
《电梯工程施工质量验收规范》(GB 50310—2002)
《建筑节能工程施工质量验收规范》(GB 50411—2007)

在上述的涉及土建工程的9个专业规范、涉及建筑设备安装工程的6个专业规范中，凡是规范名称中没有"施工"二字的，主要内容除了施工质量方面的以外，还含有设计质量的内容。"统一标准"作为整个验收规范体系的指导性标准，是统一和指导其余各专业施工质量验收规范的总纲。

1.2.2 现行建筑工程施工质量验收标准

该标准编制的主要依据是《中华人民共和国建筑法》、《建设工程质量管理条例》(国务院令第279号)、《建筑结构可靠度设计统一标准》(GB 50068—2001)及其他有关设计规范的规定等。验收统一标准和专业验收规范体系的落实和执行，还需要有关标准的支持，其支持体系见图1-1所示。

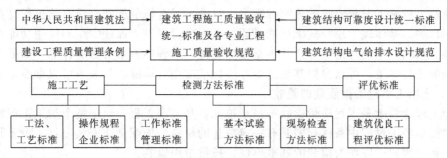

图1-1 工程质量验收标准支持体系示意图

（1）施工工艺　施工工艺是施工单位进行具体操作的方法，是施工单位的内部控制标准，是企业班组操作的依据，是企业操作规程的内容，是施工质量全过程控制的基础，也是验收规范的基础和依据，可由企业制订企业标准，或行业制订推荐性标准，使企业的操作有具体的依据和规程，这样不仅保证了验收规范的落实，也促进了企业管理水平的提高，但这些工法、工艺标准不再具有强制性质，这样可以适应不同条件，并可以尽量反映科技进步和施工技术发展的成果。

（2）监测方法标准　质量保证最重要的一个手段就是要推行工程质量的检测制度，从原材料的进场检验到工程施工过程中的成品、半成品的检测,以及施工工艺质量的试验都必须有科学、合理、客观、统一的标准,这是落实"完善手段"所必需的。

(3) 评优标准　现行的建筑工程施工质量验收"统一标准"只设合格标准,不设优良等级,是国家的强制标准,但从有利于提高工程质量,结合质量方针政策、工程安全、功能、环境及观感质量的评定,制订"质量评优标准",作为推荐性标准,供评优和签订合同双方约定使用,以鼓励创优,促进施工质量的提高,推荐性的评优标准,可由行业协会制定,政府不加以干预。

有必要指出的是,现行建筑工程质量验收规范的适用范围是建筑工程施工质量的检查与验收,设计和使用中的质量问题不属于该标准的范畴。

1.3 建筑工程施工质量评价与验收

1.3.1 建筑工程施工质量评价

2006年11月1日实施的《建筑工程施工质量评价标准》(GB/T 50375—2006)是国家的推荐标准,由中国建筑协会工程建设质量监督分会会同有关单位共同编制而成,该标准适用于在工程质量合格后的施工质量的优良评价。其评价的基础是《建筑工程施工质量验收统一标准》及其配套的各专业工程质量验收规范。

该标准的主要评价方法是:按单位工程评价工程质量,按单位工程的专业性质和建筑部位划分为地基及桩基基础、结构工程、屋面工程、装饰装修工程及安装工程等五部分,按照不同的权重,每部分分别从施工质量条件、性能检测、质量记录、尺寸偏差及限值实测、观感质量等五项内容来进行评价。

1.3.2 建筑工程施工质量验收

建设工程由若干个单位工程组成。一个单位工程在施工质量验收时,可以按照分项工程检验批、分项工程、分部(子分部)工程、单位(子单位)工程的顺序进行验收,这体现了过程控制的思路,有利于保证最终产品的质量。

在建筑工程施工质量验收的国家标准中,只给出了合格的标准,没有给出优良条件,这样规定的目的,是体现了现行国家标准是强制性标准,只设立保证安全和使用功能的基本的质量标准。当然,只设合格标准,并不是排除在施工过程中追求更高的标准,如果企业希望评定更高的质量等级,可以参照其他的推荐性标准或企业标准。其关系可以参照图1-1。

1.3.2.1 分项工程检验批质量的验收

分项工程检验批是工程质量验收的最小单元,是分项工程乃至于整个建筑工程验收的基础。检验批是施工过程中条件相同并有一定数量的材料、构配件或安装项目,由于其质量基本均匀一致,因此可以作为检验的基本单位,按批组织验收。

根据"统一标准"第5.0.1条有关规定,检验批合格质量应符合下列规定。

(1) 主控项目和一般项目的质量经抽样检验合格　对于检验批的实物检验,应检查主控项目和一般项目。

关于检验批合格标准指标在各专业工程质量验收规范中给出。对一个特定的检验批来讲,应按照各专业验收规范对各检验批主控项目、一般项目规定的指标,逐项进行检查验收。检验批合格质量的验收主要取决于对主控项目和一般项目的检验结果。

1) 主控项目　主控项目是对检验批的基本质量起决定性影响的检验项目,是确保工程安全和使用功能的重要检验项目,是对安全、卫生、环境保护和公众利益起决定性作用的检验项目，是决定检验批主要性能的项目，因此检验批主控项目必须全部符合有关专业工程验收规范的规定。这就意味着主控项目不允许有不符合要求的检验结果，即主控项目的检查结果具有否决权。所以检查中发现检验批主控项目有不合格的点、位、处存在，则必须进行修补、返工重做、更换器具，使其最终达到合格的质量标准。如果检验批主控项目达不到规定的质量指标，降低要求就相当于降低了该工程项目的性能指标，就会严重影响工程的安全性能；如果提高要求就等于提高性能指标，就会增加工程造价。如对混凝土、砂浆的强度等级要求，钢筋的力学性能指标要求，地基基础承载力要求等，都直接影响结构安全，降低要求就将降低工程质量，而提高要求必然增加工程造价。

检验批主控项目主要包括以下几点。

① 重要原材料、构配件、成品、半成品、设备性能及附件的材质、技术指标要合格。检查出厂合格证明及进场复验检测报告，确认其技术数据、检测项目参数符合有关技术标准的规定。如检查进场钢筋出厂合格证、进场复验检测报告，确认其产地、批量、型号、规格，确认其屈服强度、极限抗拉强度、伸长率符合要求。

② 结构的强度、刚度和稳定性等检测数据、工作性能的检测数据及项目要求符合设计要求和本验收规范的规定。如混凝土、砂浆的强度，钢结构的焊缝强度，管道的压力试验，风管的系统测定与调整，电气的绝缘、接地测试，电梯的安全保护，试运行结果记录。检查测试记录或报告，其数据及项目要符合设计要求和本验收规范规定。

③ 所有主控项目不允许有不符合要求的检验结果存在。

对一些有龄期要求的检测项目，在其龄期不到不能提供数据时，可先将其他评价项目先评价，并根据施工现场的质量保证和控制情况，暂时验收该项目，待检测数据出来后，再填入数据。如果数据达不到规定数值，以及对一些材料、构配件质量及工程性能的测试数据有疑问时，应进行复试、鉴定及现场检验。

2) 一般项目　一般项目是指主控项目以外的检验项目，其要求也是应该达到的，只不过对少数条文可以适当放宽一些，也不影响工程安全和使用功能的。这些条文虽不像主控项目那样重要，但对工程安全、使用功能、美观等都有较大的影响。这些项目在验收时，绝大多数抽查点、位、处，其质量指标都必须达到要求，其余20%虽可以超过一定指标，也是有限的，通常不得超过规范规定值的150%。这样和验评标准比较，控制就严格多了。

一般项目包括的内容主要如下。

① 允许有一定偏差的项目，及用数值规定的标准，可以有个别偏差范围。要求80%以上的这种检查点、位、项的测试结果与设计要求之间的偏差在规范规定的允许偏差范围内，允许有20%以下的检查点的偏差值超出规范允许偏差值，一般要求不得超出允许偏差值的150%。

② 对不能确定偏差值而又允许出现一定缺陷的项目，则以缺陷的数量来区分。如砖砌体预埋拉接筋，其留置间距偏差、钢筋混凝土钢筋的露筋长度等，饰面砖空鼓的限制等。

③ 一些无法定量而只能通过采用定性的项目，如碎拼大理石地面颜色协调，无明显裂缝和坑洼；油漆工程中中级油漆的光亮和光滑要求；卫生洁具给水配件安装项目，接口严密；门窗启闭灵活等。

(2) 具有完整的施工操作依据和质量检查记录　对检验批的质量保证资料的检查，主要是检查从原材料进场到检验批验收的各个施工工序的操作依据、质量检查情况及质量控制的各项管理制度。由于质量保证资料是工程质量的记录，所以对资料完整性的检查，实际是对施工过程质量控制的再确认，是检验批合格的先决条件。

1.3.2.2 分项工程质量的验收

分项工程质量合格应符合下列规定：

① 分项工程所含的检验批均应符合合格质量的规定；

② 分项工程所含的检验批的质量验收记录应完整。

检验批和分项工程之间没有本质区别，其性质相同或相近，差别在于批量的大小而已。因此，将有关的检验批汇集构成分项工程。对分项工程的验收是在检验批验收的基础上进行的，是一个统计过程，没有直接的验收内容，主要是对构成分项工程的检验批的验收资料的完整性进行核查，所以在验收分项工程时应注意以下几点。

① 核对检验批的部位、区段是否全部覆盖分项工程的范围，有没有漏、缺、差的部位。

② 应对检验批中没有提出结果的项目进行检查验收。

③ 在检验批验收时不能进行，延续到分项工程验收的项目，如全高垂直度、轴线位移等。

④ 检验批验收记录的内容及签字人是否齐全、正确。

1.3.2.3 分部（子分部）工程的质量验收

若干个分项工程组成分部（子分部）工程，分部、子分部工程验收的内容、程序都是一样的，在一个分部工程中只有一个子分部工程时，子分部工程就是分部工程。当分部工程中不只一个子分部工程时，可以按子分部分别进行质量验收，然后，应将各子分部工程的质量控制资料进行核查；对地基基础、主体结构和设备安装等分部工程中的子分部工程，由于其事关安全和使用功能，故必须对有关安全和功能的检验和抽样检测结果进行资料核查；同时对观感质量进行综合评价。

分部（子分部）工程的质量验收合格应符合下列规定。

(1) 分部（子分部）工程所含分项工程的质量均应验收合格　这项工作实际也是一个统计工作，在做这项工作时应注意以下几点。

① 检查每个分项工程验收程序是否正确。

② 检查核对分部（子分部）工程所包含的分项工程，是否全面覆盖了分部（子分部）工程的全部内容，有没有遗漏的部分、残缺不全的部分、未被验收的部分存在。

③ 检查每个分项工程资料是否完整，每份验收资料的格式、内容、签字是否符合要求，规范要求的检查内容是否全数检查，表格内该有的验收意见是否完整。

(2) 质量控制资料应完整　对质量控制资料应完整的核查，实际也是一项统计、归纳和核查工作，重点应对三个方面的资料进行核查。

① 检查和核对各检验批的验收记录资料是否完整。

② 在检验批验收时，其对应具备的资料应准确完整才能验收。

在分部（子分部）工程验收时，主要是检查和归纳各检验批的施工操作依据、质量检查记录，查对其是否配套完整，包括有关施工工艺（企业标准）、原材料、构配件出厂合格证及按规定进行的进场复验检验报告的完整程度。一个分部（子分部）工程是否具有数量和内容完整的质量控制资料，是验收规范指标能否通过验收的关键。

③ 核对各种资料的内容、数据及验收人员的签字是否规范等。

(3) 地基与基础、主体结构和设备安装等分部工程有关安全及功能的检验和抽样检测结果应符合有关规定　对地基与基础、主体结构和设备安装等分部工程有关安全及功能的检验和抽样检测结果应符合有关规定的核查，主要是检查安全及功能两方面的检测资料。要求抽测的与安全和使用功能有关的检测项目在各专业规范中已做出明确规定。在验收时应做好以下三个方面的工作。

① 检查各规范中规定的检测项目是否都进行了检测。

② 如果规范规定的检测项目都进行了检测，进一步检查各项检测报告的格式、内容、程序、方法、参数、数据、结果是否符合相关标准要求。

③ 检测资料的检测程序是否符合要求，要求实行见证取样送检的项目是否按规定取样送检，检测人员、校核人员、审核人员是否签字，检测报告用章是否规范。

（4）观感质量验收应符合要求　分部（子分部）工程观感质量的检查，是由参加分部（子分部）工程施工质量验收的验收人员共同对验收对象工程实体的观感质量做出好、一般、差的评价，在检查评价时应注意以下几点。

① 对分部（子分部）工程观感质量的评价是新增内容，其目的有四个：一是现在的工程量越来越大，越来越复杂，到单位工程全部完工后再来检查，有些项目就看不见了，或者造成看了该返修的不能返修，成为既成事实；二是竣工后一并检查，由于工程涉及的专业多，而检查人员又不能太多，专业不全，不能将专业工程中的问题看出来；三是有些项目完成以后，其工种人员就撤出去了，即使检查出问题来，组织返修花费的人力、物力都比较多；四是专业承包公司合法承包的工程，完工后也应该有一个评价，便于对分包企业的施工质量的管理，便于责任划分。

② 对分部工程进行验收检查时，一定要在施工现场对验收的分部工程各个部位全都看到，能操作的应操作，观察其方便性、灵活性或有效性等。能打开看的应打开观看，不能只看外观，应全面了解分部（子分部）的实物质量。

③ 新验收规范只将观感质量作为辅助项目，只列出评价项目内容，未给出具体的评价标准。观感质量项目基本上是各检验批的一般性验收项目，参加分部工程验收的人员宏观掌握，只要不是明显达不到，就可以评为一般；如果某些部位质量较好，细部处理到位，就可评好；如果有的部位达不到要求，或有明显缺陷，但不影响安全或使用功能，则评为差；如果有影响安全和使用功能的项目，则必须修理后再评价。

分部工程观感质量评价仍坚持施工企业自行检查合格后，由监理单位来验收。参加评价的人员应具备相应资格，由总监理工程师组织，不少于三位监理工程师参加检查，在听取其他参加人员的意见后，共同做出评价，但总监理工程师的意见应为主导意见。在做评价时，可分项目评价，也可分大的方面综合评价，最后对分部做出评价。

1.3.2.4　单位工程施工质量的验收

单位工程施工质量验收是《建筑工程施工质量验收统一标准》中主要内容之一。在各专业验收规范中没有单位工程验收的有关内容。单位工程施工质量的验收是单位工程竣工验收，是建筑工程投入使用前的最后一次验收，是工程质量验收的最后一道关口，是工程质量的一次总体综合评价，所以规范将其列为强制性条文，列为工程质量管理的一道重要环节。

对单位工程质量的验收，总体上讲还是一个统计性的审核和综合性的评价。单位工程质量验收合格的条件，按照统一标准的要求具体如下。

（1）单位（子单位）工程所含分部（子分部）工程的质量均应验收合格　一个单位工程质量要合格，它所包含的分部（子分部）工程的质量均应验收合格，这是基本条件。体现了单位工程质量逐步从检验批工程、分项工程到分部（子分部）工程、到单位（子单位）工程的验收，是体现建筑工程施工质量过程控制的原则，突出了工程质量的特点。

总承包单位应在单位工程验收前进行认真准备，将所有分部、子分部工程质量验收记录表，及时进行收集整理，并列出目次表，按照要求进行组卷，依序装订成册。在检查及整理过程中，应注意以下三点。

① 检查各分部工程所含的子分部工程是否齐全。

② 检查核对各分部、子分部工程质量验收记录表的质量评价是否完善，有分部、子分部工程质量的综合评价，有质量控制资料的评价，有地基与基础、主体结构和设备安装分部、子分部工程规定的有关安全及功能的检测和抽测项目的检测记录，以及分部、子分部观感质量的评价等。

③ 检查分部、子分部工程质量验收记录表的验收人员是否是规定的有相应资质的技术人员，并进行了评价和签认。

（2）质量控制资料应完整　总承包单位应将各分部、子分部工程应有的质量控制资料进行核查，图纸会审及变更记录，定位测量放线记录，施工操作依据，原材料、构配件等质量证书，按规定进行检验的检测报告，隐蔽工程验收记录，施工中有关试验、测试、检验以及抽样检测项目的检测报告等，由总监理工程师进行核查确认，可按单位工程所含的分部、子分部分别核查、也可综合检查。目的是强调建筑结构、设备性能、使用功能方面主要技术性能的检验。每个检验批规定了"主控项目"，并给出了主要技术性能要求，但检查单位工程的质量控制资料，对主要技术性能进行系统的核查。对一个单位工程来讲，主要是判定保证结构安全和主要使用功能的质量保证资料是否都达到了设计要求，对于其完整程度，通常可以按照以下三个层次进行判定：第一个层次是该有的项目都有了；第二个层次为每个项目下的资料都有了；第三个层次为每个资料该有的数据都具备了。

（3）单位（子单位）工程所含的分部工程有关安全和功能的检测资料应完整　单位（子单位）工程所含的分部工程有关安全和功能的检测资料共有 6 大项 26 个测试项目，其检查的目的是确保工程安全和使用功能。在分部（子分部）工程中提出了一些检测项目，在分部（子分部）工程检查验收时，应进行检测来保证和验证工程的综合质量和最终质量。这种检测应由施工单位来检测，检测过程中可请监理工程师或建设单位有关负责人参加监督检测工作，达到要求后，形成检测记录并签字认可。单位（子单位）工程所含的分部工程有关安全和功能的检测资料完整程度的判定，通常也是按照工程该有的项目、资料和数据三个层次进行检查。

（4）主要功能项目的抽检结果应符合相关质量验收规范的规定　主要功能抽检是规范修订的新增内容，目的是综合检验工程质量是否保证工程的功能，满足使用要求。这项抽检多数还是复查性的和验证性的。可以说，使用功能的检查是对建筑工程和设备安装工程最终质量的综合检验，是用户最为关心的内容。

主要功能检测项目已在各分部（子分部）工程中列出，有的是在分部（子分部）工程完成后检测，有的还要待相关分部（子分部）工程完成后试验检测，有的则需要等单位工程全部完成后进行检测。这些检测项目应在单位工程完工、施工单位向建设单位提交工程验收报告之前全部进行完毕，并将检测报告写好。至于在竣工验收时抽检什么项目，则由验收小组确定。

（5）观感质量验收应符合要求　观感质量评价是工程的一项重要评价工作，是全面评价一个分部（子分部）、单位工程的外观及使用功能质量，促进施工过程的管理、成品保护、提高社会效益和环境效益的手段。观感质量检查绝不是单纯的外观检查，而是实地对工程的一个全面检查，核实质量控制资料，核查分项、分部工程验收的正确性，以及对在分项工程中不能检查的项目进行检查等。

系统地对单位工程进行检查，可全面地衡量单位工程质量的实际情况，突出对工程整体检验和对用户着想的观点。分项、分部工程的验收，对其本身来讲是产品检验，但对单位工程交付使用来讲，又是施工过程中的质量控制。只有单位工程的验收，才是最终建筑产品的验收。所以在标准中，既加强了对施工过程的质量控制，又严格了对单位工程的最终评价，使建筑工程质量得到了有效保证。

总之，各相关专业质量验收规范是用于对检验批、分项、分部（子分部）工程检验的，"统一标准"用于对单位工程质量验收，是一个统计性的审核和综合性的评价。

1.4 建筑工程施工质量验收规则

1.4.1 验收规则涉及的基本术语

现行"统一标准"中给出了17个术语，除该标准使用外，还可作为建筑工程各专业施工质量验收规范引用的依据。

（1）建筑工程（building engineering） 为新建、改建或扩建房屋构筑物和附属构筑物设施所进行的规划、勘察、设计和施工、竣工等各项技术工作和完成的工程实体。

（2）建筑工程质量（quality of building engineering） 反映建筑工程满足相关标准规定或合同约定的要求，包括其在安全、使用功能及其在耐久性能、环境保护等方面所有明显和隐含的特征总和。

（3）验收（acceptance） 建筑工程在施工单位自行质量检查评定的基础上，参与建设活动的有关单位共同对检验批、分项、分部、单位工程的质量进行抽样复验，根据相关标准以书面形式对工程质量达到合格与否做出确认。

在施工过程中，由完成者根据规定的标准对完成的工作结果是否达到合格而自行进行质量检查所形成的结论称为"评定"。其他有关各方对质量的共同确认称为"验收"。评定是验收的基础，施工单位不能自行验收，验收结论应由有关各方共同确认，监理不能代替施工单位进行检查，而只能通过旁站观察、抽样检查与复测等形式对施工单位的评定结论加以复核，并签字确认，从而完成验收。

（4）进场验收（site acceptance） 对进入施工现场的材料、构配件、设备等按相关标准规定要求进行检验，对产品达到合格与否做出确认。

（5）检验批（inspection lot） 按同一的生产条件或按规定的方式汇总起来供检验用的，由一定数量样本组成的检验体。检验批是施工质量控制的最小单位，是分项工程乃至整个建筑工程质量验收的基础。

（6）检验（inspection） 对检验项目中的性能进行量测、检查、试验等，并将结果与标准规定要求进行比较，以确定每项性能是否合格所进行的活动。

（7）见证取样检测（evidential testing） 在监理单位或建设单位监督下，由施工单位有关人员现场取样，并送至具备相应资质的检测单位所进行的检测。

（8）交接检验（handing over inspection） 由施工的承接方与完成方经双方检查并对可否继续施工做出确认的活动。

（9）主控项目（dominant item） 建筑工程中的对安全、卫生、环境保护和公众利益起决定性作用的检验项目。

（10）一般项目（general item） 除主控项目以外的检验项目。

（11）抽样检验（sampling inspection） 按照规定的抽样方案，随机地从进场的材料、构配件、设备或建筑工程检验项目中，按检验批抽取一定数量的样本所进行的检验。

（12）抽样方案（sampling scheme） 根据检验项目的特征所确定的抽样数量和方法。

（13）计数检验（counting inspection） 在抽样的样本中，记录每一个体有某种属性或计算每一个体中的缺陷数目的检查方法。

（14）计量检验（quantitative inspection） 在抽样检验的样本中，对每一个体测量其某个定量特征的检查方法。

(15) 观感质量（quality of appearance） 通过观察和必要的量测所反映的工程外在质量。

(16) 返修（repair） 对工程不符合标准规定的部位采取整修等措施。

(17) 返工（rework） 对不合格的工程部位采取的重新制作、重新施工等措施。

1.4.2 建筑工程施工质量验收的基本规定

"统一标准"在第3章给出的"基本规定"，是新验收规范体系中的核心部分，是建筑工程施工质量验收的最基本规则，是整个标准全过程验收的指导思想。

"统一标准"第3.0.1条规定：施工现场质量管理应有相应的施工技术标准，健全的质量管理体系、施工质量检验制度和综合施工质量水平评定考核制度。

施工现场管理可按本标准附录A的要求进行检查记录。

本条规定了建筑工程施工单位应建立必要的质量责任制度，对建筑工程施工的质量管理体系提出了较全面的要求，建筑工程的质量控制应为全过程控制。可以从以下几个方面进行要求。

(1) 要有相应的施工技术标准，即操作依据，如企业标准、工法、操作规程、施工工艺等，是保证国家标准得以实现的基础，所以企业的标准应该高于行业和国家标准。

建筑工程质量是指建筑工程满足相关标准规定或合同约定的要求，包括其在安全、使用功能及其在耐久性能、环境保护等方面所有明显和隐含的或必须履行需要和期望的综合。它直接关系到人民生命财产安全，是全社会关注的焦点和重点之一，制定关于工程质量验收的技术标准，将其确立的关于工程质量合格的质量作为工程质量的统一的最低要求，是政府行使对工程质量管理的最主要和最直接的手段，也是施工企业进行质量控制的最低要求。

(2) 要有健全的质量管理体系，按照质量管理规范的要求建立必要的机构、制度，并赋予其相应的权力和职责，为了可以具有操作性，起码应该满足"统一标准"附录A表的要求（表格样式和填写要求见第2章表2-1）。

(3) 要有健全的施工质量检验制度，包括材料、设备的进场验收检验、施工过程的试验、检验，竣工后的抽检检查，要有具体的规定、明确检验项目和制度等。

(4) 要有综合施工质量水平评定考核制度，将其资质、人员素质、工程实体质量及前三项的要求形成综合效果和成效，包括工程质量的总体评价、企业的质量效益等。

通过施工单位推行生产控制和合格控制的全过程控制，建立和健全生产控制和合格控制的质量管理体系。不仅包括原材料控制、工艺流程控制、施工操作控制、每道工序质量检查、各道相关工序间的交接检验以及专业工种之间等中间交接环节的质量管理和控制要求，还应包括满足施工图设计和功能要求的抽样检验制度等。施工单位还应通过内部的审核和管理者的评审，找出质量管理体系中存在的问题和薄弱环节，并制订改进的措施和跟踪检查落实等措施，使单位的质量管理体系不断健全和完善，是施工单位不断提高建筑工程施工质量的保证。

施工单位还应重视综合质量控制水平，应从施工技术、管理制度、工程质量控制和工程质量等方面对施工企业综合质量控制水平的指标，以达到提高整体素质和经济效益。

"统一标准"第3.0.2条规定：建筑工程应按下列规定进行施工质量控制。

(1) 建筑工程采用的主要材料、半成品、成品、建筑构配件、器具和设备应进行现场验收。凡涉及安全、功能的有关产品，应按照各专业工程质量验收规范规定进行复验，并经监理工程师（建设单位技术负责人）检查认可。

(2) 各工序应按施工技术标准进行质量控制，每道工序完成后，应进行检查。

(3) 相关各专业工种之间，应进行交接检验，并形成记录。未经监理工程师（建设单位技术负责人）检查认可，不得进入下道工序施工。

本条比较具体地规定了建筑工程施工质量控制的主要方面。加强工序质量的控制是落实过程控制的基础，工程质量的过程控制是有形的，要落实到有可操作的工序中去。

1.4.2.1　进场材料构配件的质量控制

(1) 凡运到施工现场的原材料、半成品或构配件，进场前应向项目监理单位提交《工程材料/构配件/设备报审表》（表1-1），同时附有产品出厂合格证及技术说明书，由施工承包单位按规定要求进行检验的检验或试验报告，经监理工程师审查并确认其质量合格后，方准进场。凡是没有产品出厂合格证明及检验不合格者，不得进场。如果监理工程师认为承包单位提交的有关产品合格证明的文件以及施工承包单位提交的检验和试验报告，仍不足以说明到场产品的质量符合要求时，监理工程师可以再行组织复检或见证取样试验，确认其质量合格后方允许进场。凡是设计安全、功能的有关产品，如钢筋、水泥等材料，都应该按照要求进行复检。

表1-1　工程材料/构配件/设备报审表

工程名称：			编号：
致：　　　　　　　　　　　　　　　　　　　　　　　　　　　　　　（监理单位） 　　　我方于＿＿＿＿年＿＿月＿＿日进场的工程材料/构配件/设备数量如下（见附件）。现将质量证明文件及自检结果报上，拟用于下述部位：＿＿请予以审核。 附件：1. 数量清单 　　　2. 质量证明文件 　　　3. 检测报告			
承包单位项目部(公章)：＿＿＿＿	项目负责人(签字)：＿＿＿＿	日期：　　年　月　日	
审查意见： 　　经检查上述工程材料/构配件/设备,符合/不符合设计文件和规范的要求,准许/不准许进场,同意/不同意使用于拟定部位			
项目监理机构(公章)：＿＿＿＿	专业监理工程师(签字)：＿＿＿＿	日期：　　年　月　日	

注：本表由承包单位填写，一式三份，审核后建设、监理、承包单位各留一份。

(2) 进口材料的检查、验收，应会同国家商检部门进行。如在检验中发现质量问题或数量不符合规定要求时，应取得供货方及商检人员签署的商务记录，在规定的索赔期内进行索赔。

(3) 凡是采用新工艺、新技术、新材料的工程，事先应进行试验，并应有权威性技术部门的技术鉴定书及有关的质量数据、指标，在此基础上制定有关的质量标准和施工工艺规程，以此作为判断与控制质量的依据。

1.4.2.2 加强工序质量的控制

对工序质量的控制，主要是设置质量控制点，所谓的质量控制点，是为了保证工序质量而确定的控制对象、关键部位或薄弱环节。设置质量控制点是保证到达工序质量要求的必要前提。

选择作为质量控制点的对象可以是：施工过程中的关键工序或环节以及隐蔽工程；施工中的薄弱环节，或质量不稳定的工序、部位或对象；对后续工程施工或后续工序质量或安全有重大影响的工序、部位或对象；采用新技术、新工艺、新材料的部位或环节；施工上无足够把握的、施工条件困难的或技术难度大的工序或环节。

重要程度及监督控制要求不同的质量控制点，按照检查监督的力度不同可以分为见证点和停止点。

(1) 见证点也称 W 点　凡是被列为见证点的质量控制对象，在规定的关键工序（控制点）施工前，施工单位应提前通知监理人员在约定的时间内到现场进行见证和对其施工实施监督。如果监理人员未能在约定时间内到现场见证和监督，则施工单位有权进行该点的相应工序操作和施工。

(2) 停止点也成为待检点或 H 点　它是重要性高于见证点的质量控制点。它通常是针对特殊工程或特殊工序而言。所谓特殊工程通常是指施工过程或工序施工质量不易或不能通过其后的检验和试验而充分得到验证。因此对于特殊的工序或施工过程，或者是某些万一发生质量事故则难以挽救的施工对象，就应设置停止点。

凡列为停止点的控制对象，要求必须在规定的控制点到来之前通知监理方派人员对控制点实施监控，如果监理方未在约定时间到现场监督检查，施工单位应停止进入该停止点相应的工序，并按照合同规定在约定的时间等待监理方，未经认可不能越过该点继续活动。

1.4.2.3 相关各专业工种之间，应进行交接检验

某个专业工种或施工工序完成后，为了给下道工序提供良好的工作条件，可以使质量得到保证，也分清了质量责任，促进后道工序对前道工序质量进行保护。应当形成书面记录，并经监理工程师签字认可，可以有效地防止发生不必要的纠纷。

"统一标准"第 3.0.3 条是强制性条款：建筑工程施工质量应按下列要求进行验收。

(1) 建筑工程施工质量应符合本标准和相关专业验收规范的规定　"统一标准"和相关专业验收规范是一个统一的整体，验收时必须配套使用。一般来说按照"统一标准"对单位（子单位）工程进行验收；检验批、分项工程、分部工程（子分部工程）的质量验收由相关质量验收规范完成。由"统一标准"构筑的验收规范体系是一个整体。

本规范体系只是建筑工程质量验收的标准，它确立了关于合格工程质量的指标，这个指标是基本的，也是最低的。由于达到合格质量指标的方法是多种多样的，因此本规范体系不规定完成任务的具体施工方法，而将这些施工方法交由施工企业自行制定，针对性、指导性更强，更有利于施工企业主观能动性的发挥，鼓励先进施工工艺的应用，激发企业提高施工工艺水平的积极性。

(2) 建筑工程施工应符合工程勘察、设计文件的要求　工程施工必须满足设计要求，体现设计意图，同时还要满足工程勘察的要求，地基基础等分部工程的施工，必须以工程勘察的结果作为依据。如果在工程施工过程中实际情况和勘察、设计不符时，施工单位有义务也有责任提出意见或建议。

具体措施是：施工企业坚持按图施工的原则；施工图的修改由原设计单位按规定的设计程序进行修改；施工单位在制定施工组织设计时，必须首先阅读工程勘察报告，根据其对施工现场的地质评价建议，进行施工现场的总平面设计，制定地基开挖措施等有关技术措施，以保证工程的顺利进行。

(3) 参加工程施工质量验收的各方人员应具备规定的资格 参加不同层次验收的各方的人员，都要有相应的资格，具备一定的资质，这主要是为了保证验收结论的正确，从而保证整个验收过程的质量。

验收规范的落实必须由掌握验收规范的人执行，只有具备一定的工程技术理论和工程实践经验的专业人员，才能保证验收规范的正确执行。

需要特别强调的是，施工企业的质量检查员是掌握企业标准和国家标准的具体人员，是施工企业的质量把关人员，要有相应的专业知识和质量管理权利，从业人员必须持证上岗，工程质量监督部门应按规定进行检查。

(4) 工程质量的验收均应在施工单位自行检查评定的基础上进行 施工单位是生产者的角色，检查验收只是一个手段，好的质量是"脚踏实地"地做出来的，要报给相关单位进行检查验收前，施工单位必须保证生产过程的质量，这是验收的前提，也是分清验收和生产两个阶段责任的关键。

施工单位制定的施工工艺标准体系应不低于国家验收规范质量指标要求。施工企业对检验批、分项、分部、单位工程按操作依据的标准和设计文件自检合格后，再交由监理工程师、总监理工程师进行验收。

(5) 隐蔽工程在隐蔽前由施工单位通知有关单位进行验收，并形成验收文件 隐蔽工程是指将被其后工程施工所隐蔽的分项、分部工程，在隐蔽前所进行的检查验收。它是对一些已完成的分项、分部工程质量的最后一道检查，由于检查对象就要被其他工程覆盖，给以后的检查整改造成障碍，所有它是质量控制的一个关键过程。请相关单位有关人员共同组织验收，共同作为见证和确认，形成书面验收文件，供后续工程验收时备查。归纳起来，隐蔽工程的验收应坚持"企业自查、共同验收、形成文件、签字确认、存档备查"的制度。

(6) 涉及结构安全的试块、试件以及有关材料，应按规定进行见证取样检测 根据建设部《房屋建筑工程和市政基础设施工程实施见证取样和送检的规定》（建［2000］211号）文件的规定如下。

1) 涉及结构安全的试块、试件和材料见证取样和送检的比例不得低于有关技术标准中规定应取样数量的30%。

2) 下列试块、试件和材料必须实施见证取样和送检。

① 用于承重结构的混凝土试块；
② 用于承重墙体的砌筑砂浆试块；
③ 用于承重结构的钢筋及连接接头试件；
④ 用于承重墙的砖和混凝土小型砌块；
⑤ 用于拌制混凝土和砌筑砂浆的水泥；
⑥ 用于承重结构的混凝土中使用的掺加剂；
⑦ 地下、屋面、厕浴间使用的防水材料；
⑧ 国家规定必须实行见证取样和送检的其他试块、试件和材料。

3) 见证人员应由建设单位或该工程的监理单位具备建筑施工试验知识的专业技术人员担任，并应由建设单位或该工程的监理单位书面通知施工单位、检测单位和负责该项工程的质量监督机构。

4) 在施工过程中，见证人员应按照见证取样和送检计划，对施工现场的取样和送检进行见证，取样人员应在试样或其包装上作出标识、封志。标识和封志应标明工程名称、取样部位、取样日期、样品名称和样品数量，并由见证人员和取样人员签字。见证人员应制作见证记录，并将见证记录归入施工技术档案。见证人员和取样人员应对试样的代表性和真实性负责。

① 见证取样的试块、试件和材料送检时,应由送检单位填写委托单,委托单应有见证人员和送检人员签字。检测单位应检查委托单及试样上的标识和封志,确认无误后方可进行检测。

② 检测单位应严格按照有关管理规定和技术标准进行检测,出具公正、真实、准确的检测报告。见证取样和送检的检测报告必须加盖见证取样检测的专用章。

5) 检验批的质量应按主控项目和一般项目验收。检验批的合格与否取决于组成检验批的主控项目和一般项目的合格与否,这里进一步明确了具体的质量要求。

6) 对设计结构安全和使用功能的重要分部工程应进行抽样检测。随着无损或微破损检测技术的发展和在工程中的应用,使对重要的分部分项工程进行原位的抽样检测成为可能,但该检测不能替代过程中的试验保证,是对传统检测保证体系的补充和验证。如钢筋混凝土结构工程中的混凝土回弹和钢筋扫描。

7) 承担见证取样检测及有关结构安全检测的单位应具有相应资质。我国建设行政主管部门先后颁布了多项建设工程质量管理制度,主要有:施工图设计文件审查制度,工程质量监督制度,工程质量检测制度,工程质量保修制度等。

工程质量检测工作是对工程质量进行监督管理的重要手段。工程质量检测机构是对建设工程、建设构件、制品及现场所用的有关建筑材料、设备质量进行检测的法定单位。在建设行政主管部门领导和标准化管理部门指导下开展检测工作,具有相应的检测资质,其出具的检测报告具有法定效力。法定的国家级检测机构出具的检测报告,在国内为最终裁定,在国外具有代表国家的性质。

8) 工程的观感质量应由验收人员通过现场检查,并应共同确认。观感质量验收,这类检查往往难以定量,只能通过参加验收的相关人员以观察、触摸或简单量测的方式进行,并受个人主观印象的影响,所有检查结果并不给出"合格"或"不合格"的结论,而是综合给出质量评价。评价的结论为"好"、"一般"和"差"三种。对于"差"的项目,能修的则修,不能修的则协商解决。但是所谓的"差"不包括有明显影响结构安全或使用功能的分部工程、单位工程。

(7) 检验批的质量检验方案 "统一标准"第3.0.4条规定:检验批的质量检验,应根据检验项目的特点在下列抽样方案中进行选择。

① 计量、计数或计量-计数等抽样方案。
② 一次、两次或多次抽样方案。
③ 根据生产连续性和生产控制稳定性情况,尚可采用调整型抽样方案。
④ 对重要的检验项目当可采用简易快速的检验方法时,可选用全数检验方案。
⑤ 经实践检验有效的抽样方案。

"统一标准"第3.0.5条规定:在制定检验批的抽样方案时,生产方风险(或错判概率α)和使用方风险(或漏判概率β)可按下列规定采取。

主控项目:对应于合格质量水平的α和β均不宜超过5%。

一般项目:对应于合格质量水平的α不宜超过5%,β不宜超过10%。

抽样检查是工程质量检验的主要方法,在工程实践中,要使所有检验批100%合格是不合理也不可能的。上面两条规定了抽样的方法和风险概率的参考控制数据。

1.4.3 建筑工程质量验收项目的划分

建筑工程一般生产周期长,影响因素多,如决策、设计、材料、机具设备、施工方法、施工工艺、技术措施、人员素质、工期、工程造价等因素均可能直接或间接地影响工程项目的质量。为了使过程控制的管理理念落到实处，有必要将工程项目进行细化，划分为分项、分部、单位工程进行控制。

1.4.3.1 分项工程和分项工程检验批的划分

"统一标准"第4.0.4条规定：分项工程应按主要工种、材料、施工工艺，设备类别等进行划分。

按工种分类，如钢筋工的钢筋分项工程、混凝土工的混凝土分项工程等；按所用的材料，如砖砌体分项、混凝土小型空心砌块砌体分项等；按施工工艺，如网架制作、网架安装等。

但是对一个比较复杂的建筑物，每层都有钢筋的制作安装，要等到所有钢筋工程全部做完是不可能的；另外为了组织流水施工可以将一个工程量较大的项目分成若干的施工段进行控制，这时也需要将一个分项工程分成若干更好验收控制的检验批。

"统一标准"第4.0.5条规定：分项工程可由一个或若干检验批组成，检验批可根据施工及质量控制和专业验收需要按楼层、施工段、变形缝等进行划分。

检验批是工程施工过程中质量控制的最小单元，而分项工程是工程管理和质量管理的最小单元。把分项工程划分成检验批进行验收有助于及时纠正施工中出现的质量问题，确保工程质量，也符合施工实际需要。检验批的划分一般可以按照以下原则进行。

① 多层及高层建筑工程中主体分部的分项工程可按楼层或施工段划分检验批，单层建筑工程中的分项工程可按变形缝等划分检验批。

② 地基基础分部工程中的分项工程一般划分为一个检验批，有地下层的基础工程可按不同地下层划分检验批。

③ 屋面分部工程中的分项工程，不同楼层屋面可划分为不同的检验批。

④ 其他分部工程中的分项工程，一般按楼层划分检验批。

⑤ 对于工程量较少的分项工程可统一划分为一个检验批。

⑥ 安装工程一般按一个设计系统或设备组别划分为一个检验批。

⑦ 室外工程统一划分为一个检验批。散水、台阶、明沟等含在地面检验批中。

地基基础中的土石方、基坑支护子分部工程及混凝土工程中的模板，虽不构成建筑工程实体，但它是建筑工程施工中不可缺少的重要环节和必要条件，其施工质量如何，不仅关系到能否施工和施工安全，也关系到建筑工程的质量，因此也将其列为施工验收分项工程的内容。

1.4.3.2 分部工程的划分

"统一标准"第4.0.3条规定：分部工程的划分应按下列原则确定。

① 分部工程的划分应按专业性质、建筑部位确定。

② 当分部工程较大或较复杂时，可按材料种类、施工特点、施工程序、专业系统及类别等划分为若干子分部工程。

建筑工程是由土建工程和建筑设备安装工程共同组成的。建筑工程可以分为地基与基础、主体结构、建筑装饰装修、建筑屋面、建筑给水排水及采暖、建筑电气、智能建筑、通风与空调、电梯、建筑节能等十个分部工程。

随着建筑技术的发展，出现了很多大体量、建筑功能复杂的建筑物，为了顺应此趋势，可以将一些较为复杂或较大的分部工程划分为若干子分部工程，例如智能建筑分部工程中就包含了火灾及报警消防联动系统、安全防范系统、综合布线系统、智能化集成系统、电源与接地、环境、住宅（小区）智能化系统等子分部工程。

建筑工程的分部（子分部）、分项工程可按表1-2采用。

有必要指出的是，2007年国家又颁布实施了《建筑节能工程施工质量验收规范》（GB 50411—2007），建筑工程由原来的九个分部工程增加为十个分部工程。

建筑节能工程为单位建筑工程的一个分部工程。其分项工程和检验批的划分，应符合下列规定。

表 1-2 建筑工程分部工程、分项工程划分

序号	分部工程	子分部工程	分项工程
1	地基与基础	无支护土方	土方开挖，土方回填
		有支护土方	排桩，降水，排水，地下连续墙，锚杆，土钉墙，水泥土桩，沉井与沉箱，钢及混凝土支撑
		地基处理	灰土地基、砂和砂石地基、碎砖三合土地基，土工合成材料地基，粉煤灰地基，重锤夯实地基，强夯地基，振冲地基，砂桩地基，预压地基，高压喷射注浆地基，土和灰土挤密桩地基，注浆地基，水泥粉煤灰碎石桩地基，夯实水泥土桩地基
		桩基	锚杆静压桩及静力压桩，预应力离心管桩，钢筋混凝土预制桩，钢桩，混凝土灌注桩(成孔、钢筋笼、清孔、水下混凝土灌注)
		地下防水	防水混凝土，水泥砂浆防水层，卷材防水层，涂料防水层，金属板防水层，塑料板防水层，细部构造，喷锚支护，复合式衬砌，地下连续墙，盾构法隧道，渗排水、盲沟排水，隧道、坑道排水，预注浆、后注浆，衬砌裂缝注浆
		混凝土基础	模板、钢筋、混凝土、后浇带混凝土、混凝土结构缝处理
		砌体基础	砖砌体，混凝土砌块砌体，配筋砌体，石砌体
		劲钢(管)混凝土	劲钢(管)焊接，劲钢(管)与钢筋的连接，混凝土
		钢结构	焊接钢结构，栓接钢结构，钢结构制作，钢结构安装，钢结构涂装
2	主体结构	混凝土结构	模板，钢筋，混凝土，预应力，现浇结构，装配式结构
		劲钢(管)混凝土结构	劲钢(管)焊接，螺栓连接，劲钢(管)与钢筋的连接，劲钢(管)制作、安装，混凝土
		砌体结构	砖砌体，混凝土小型空心砌块砌体，石砌体，填充墙砌体，配筋砖砌体
		钢结构	钢结构焊接，紧固件连接，钢零部件加工，单层钢结构安装，多层及高层钢结构安装，钢结构涂装，钢构件组装，钢构件预拼装，钢网架结构安装，压型金属板
		木结构	方木和原木结构，胶合木结构，轻型木结构，木构件防护
		网架和索膜结构	网架制作，网架安装，索膜安装，网架防火，防腐涂料
3	建筑装饰装修	地面 整体面层	基层:基土、灰土垫层、砂垫层和砂石垫层、碎石垫层和碎砖垫层、三合土及四合土垫层、炉渣垫层、水泥混凝土垫层和陶粒混凝土垫层、找平层、隔离层、填充层、绝热层
			面层:水泥混凝土面层、水泥砂浆面层、水磨石面层、硬化耐磨面层、防油渗面层、不发火(防爆)面层、自流平面层、涂料面层、塑胶面层、地面辐射供暖的整体面层
		地面 板块面层	基层:基土、灰土垫层、砂垫层和砂石垫层、碎石垫层和碎砖垫层、三合土及四合土垫层、炉渣垫层、水泥混凝土垫层和陶粒混凝土垫层、找平层、隔离层、填充层、绝热层
			面层:砖面层(陶瓷锦砖、缸砖、陶瓷地砖和水泥花砖面层)、大理石面层和花岗石面层、预制板块面层(水泥混凝土板块、水磨石板块、人造石板块面层)、料石面层(条石、块石面层)、塑料板面层、活动地板面层、金属板面层、地毯面层、地面辐射供暖的板块面层
		地面 木、竹面层	基层:基土、灰土垫层、砂垫层和砂石垫层、碎石垫层和碎砖垫层、三合土及四合土垫层、炉渣垫层、水泥混凝土垫层和陶粒混凝土垫层、找平层、隔离层、填充层、绝热层
			面层:实木地板、实木集成地板、竹地板面层(条材、块材面层)、实木复合地板面层(条材、块材面层)、浸渍纸层压木质地板面层(条材、块材面层)、软木类地板面层(条材、块材面层)、地面辐射供暖的木面层
		抹灰	一般抹灰，装饰抹灰，清水砌体勾缝
		门窗	木门窗制作与安装，金属门窗安装，塑料门窗安装，特种门安装，门窗玻璃安装
		吊顶	暗龙骨吊顶，明龙骨吊顶
		轻质隔墙	板材隔墙，骨架隔墙，活动隔墙，玻璃隔墙
		饰面板(砖)	饰面板安装，饰面砖粘贴
		幕墙	玻璃幕墙，金属幕墙，石材幕墙
		涂饰	水性涂料涂饰，溶剂型涂料涂饰，美术涂饰
		裱糊与软包	裱糊，软包
		细部	橱柜制作与安装，窗帘盒、窗台板和暖气罩制作与安装，门窗套制作与安装，护栏和扶手制作与安装，花饰制作与安装

续表

序号	分部工程	子分部工程	分项工程
4	建筑屋面	基层与保护	找坡层,找平层,隔汽层,隔离层,保护层
		保温与隔热	板状材料保温层,纤维材料保温层,喷涂硬泡聚氨酯保温层,现浇泡沫混凝土保温层,种植隔热层,架空隔热层,蓄水隔热层
		防水与密封	卷材防水层,涂膜防水层,复合防水层,接缝密封防水
		瓦面与板面	烧结瓦和混凝土瓦铺装,沥青瓦铺装,金属板铺装,玻璃采光顶铺装
		细部构造	檐口,檐沟和天沟,女儿墙和山墙,水落口,变形缝,伸出屋面管道,屋面出入口,反梁过水孔,设施基座,屋脊,屋顶窗
5	建筑给水、排水及采暖	室内给水系统	给水管道及配件安装,室内消火栓系统安装,给水设备安装,管道防腐,绝热
		室内排水系统	排水管道及配件安装,雨水管道及配件安装
		室内热水供应系统	管道及配件安装,辅助设备安装,防腐,绝热
		卫生器具安装	卫生器具安装,卫生器具给水配件安装,卫生器具排水管道安装
		室内采暖系统	管道及配件安装,辅助设备及散热器安装,金属辐射板安装,低温热水地板辐射采暖系统安装,系统水压试验及调试,防腐,绝热
		室外给水管网	给水管道安装,消防水泵接合器及室外消火栓安装,管沟及井室
		室外排水管网	排水管道安装,排水沟与井池
		室外供热管网	管道及配件安装,系统水压试验及调试,防腐,绝热
		建筑中水系统及游泳池系统	建筑中水系统管道及辅助设备安装,游泳池水系统安装
		供热锅炉及辅助设备安装	锅炉安装,辅助设备及管道安装,安全附件安装,烘炉、煮炉和试运行,换热站安装,防腐,绝热
6	建筑电气	室外电气	架空线路及杆上电气设备安装,变压器、箱式变电所安装,成套配电柜、控制柜(屏、台)和动力、照明配电箱(盘)及控制柜安装,电线、电缆导管和线槽敷设,电线、电缆穿管和线槽敷线,电缆头制作、导线连接和线路电气试验,建筑物外部装饰灯具、航空障碍标志灯和庭院路灯安装,建筑照明通电试运行,接地装置安装
		变配电室	变压器、箱式变电所安装,成套配电柜、控制柜(屏、台)和动力、照明配电箱(盘)安装,裸母线、封闭母线、插接式母线安装,电缆沟内和电缆竖井内电缆敷设,电缆头制作、导线连接和线路电气试验,接地装置安装,避雷引下线和变配电室接地干线敷设
		供电干线	裸母线、封闭母线、插接式母线安装,桥架安装和桥架内电缆敷设,电缆沟内和电缆竖井内电缆敷设,电线、电缆导管和线槽敷设,电线、电缆穿管和线槽敷线,电缆头制作、导线连接和线路电气试验
		电气动力	成套配电柜、控制(屏、台)和动力、照明配电箱(盘)及控制柜安装,低压电动机、电加热器及电动执行机构检查、接线,低压电气动力设备检测、试验和空载试运行,桥架安装和桥架内电缆敷设,电线、电缆导管和线槽敷设,电线、电缆穿管和线槽敷线,电缆头制作、导线连接和线路电气试验,插座、开关、风扇安装
		电气照明安装	成套配电柜、控制柜(屏、台)和动力、照明配电(盘)安装,电线、电缆导管和线槽敷设,电线、电缆导管和线槽敷线,槽板配线,钢索配线,电缆头制作、导线连接和线路电气试验,普通灯具安装,专用灯具安装,插座、开关、风扇安装,建筑照明通电试运行
		备用和不间断电源安装	成套配电柜、控制柜(屏、台)和动力、照明配电箱(盘)安装,柴油发电机组安装,不间断电源的其他功能单元安装,裸母线、封闭母线、插接式母线安装,电线、电缆导管和线槽敷设,电线、电缆导管和线槽敷线,电缆头制作、导线连接和线路电气试验,接地装置安装
		防雷及接地安装	接地装置安装,避雷引下线和变配电室接地干线敷设,建筑物等电位连接,接闪器安装

续表

序号	分部工程	子分部工程	分项工程
7	智能建筑	通信网络系统	通信系统,卫星及有线电视系统,公共广播系统
		办公自动化系统	计算机网络系统,信息平台及办公自动化应用软件,网络安全系统
		建筑设备监控系统	空调与通风系统,变配电系统,照明系统,给排水系统,热源和热交换系统,冷冻和冷却系统,电梯和自动扶梯系统,中央管理工作站与操作分站,子系统通信接口
		火灾报警及消防联动系统	火灾和可燃气体探测系统,火灾报警控制系统,消防联动系统
		安全防范系统	电视监控系统,入侵报警系统,巡更系统,出入口控制(门禁)系统,停车管理系统
		综合布线系统	缆线敷设和终接,机柜、机架、配线架的安装,信息插座和光缆芯线终端的安装
		智能化集成系统	集成系统网络,实时数据库,信息安全,功能接口
		电源与接地	智能建筑电源,防雷及接地
		环境	空间环境,室内空调环境,视觉照明环境,电磁环境
		住宅(小区)智能化系统	火灾自动报警及消防联动系统,安全防范系统(含电视监控系统、入侵报警系统、巡更系统、门禁系统、楼宇对讲系统、住户对讲呼救系统、停车管理系统)、物业管理系统(多表现场计量及与远程传输系统、建筑设备监控系统、公共广播系统、小区网络及信息服务系统、物业办公自动化系统),智能家庭信息平台
8	通风与空调	送排风系统	风管与配件制作,部件制作,风管系统安装,空气处理设备安装,消声设备制作与安装,风管与设备防腐,风机安装,系统调试
		防排烟系统	风管与配件制作,部件制作,风管系统安装,防排烟风口、常闭正压风口与设备安装,风管与设备防腐,风机安装,系统调试
		除尘系统	风管与配件制作,部件制作,风管系统安装,除尘器与排污设备安装,风管与设备防腐,风机安装,系统调试
		空调风系统	风管与配件制作,部件制作,风管系统安装,空气处理设备安装,消声设备制作与安装,风管与设备防腐,风机安装,风管与设备绝热,系统调试
		净化空调系统	风管与配件制作,部件制作,风管系统安装,空气处理设备安装,消声设备制作与安装,风管与设备防腐,风机安装,风管与设备绝热,高效过滤器安装,系统调试
		制冷设备系统	制冷机组安装,制冷剂管道及配件安装,制冷附属设备安装,管道及设备的防腐与绝热,系统调试
		空调水系统	管道冷热(媒)水系统安装,冷却水系统安装,冷凝水系统安装,阀门及部件安装,冷却塔安装,水泵及附属设备安装,管道与设备的防腐与绝热,系统调试
9	电梯	电力驱动的曳引式或强制式电梯安装	设备进场验收,土建交接检验,驱动主机,导轨,门系统,轿厢,对重(平衡重),安全部件,悬挂装置,随行电缆,补偿装置,电气装置,整机安装验收
		液压电梯安装	设备进场验收,土建交接检验,液压系统,导轨,门系统,轿厢,对重(平衡重),安全部件,悬挂装置,随行电缆,电气装置,整机安装验收
		自动扶梯、自动人行道安装	设备进场验收,土建交接检验,整机安装验收

注:本表摘自《建筑工程施工质量验收统一标准》(GB 50300—2001)附录B。

① 建筑节能分项工程应按照表1-3划分。

② 建筑节能工程应按照分项工程进行验收。当建筑节能分项工程的工程量较大时,可以将分项工程划分为若干个检验批进行验收。

③ 当建筑节能工程验收无法按照上述要求划分分项工程或检验批时,可由建设、监理、

施工等各方协商进行划分。但验收项目、验收内容、验收标准和验收记录均应遵守本规范的规定。

④ 建筑节能分项工程和检验批的验收应单独填写验收记录，节能验收资料应单独组卷。

表 1-3 建筑节能分项工程划分

序号	分项工程	主要验收内容
1	墙体节能工程	主体结构基层；保温材料；饰面层等
2	幕墙节能工程	主体结构基层；隔热材料；保温材料；隔汽层；幕墙玻璃；单元式幕墙板块；通风换气系统；遮阳设施；冷凝水收集排放系统等
3	门窗节能工程	门；窗；玻璃；遮阳设施等
4	屋面节能工程	基层；保温隔热层；保护层；防水层；面层等
5	地面节能工程	基层；保温层；保护层；面层等
6	采暖节能工程	系统制式；散热器；阀门与仪表；热力入口装置；保温材料；调试等
7	通风与空气调节节能工程	系统制式；通风与空调设备；阀门与仪表；绝热材料；调试等
8	空调与采暖系统冷热源及管网节能工程	系统制式；冷热源设备；辅助设备；管网；阀门与仪表；绝热、保温材料；调试等
9	配电与照明节能工程	低压配电电源；照明光源、灯具；附属装置；控制功能；调试等
10	监测与控制节能工程	冷、热源系统的监测控制系统；空调水系统的监测控制系统；通风与空调系统的监测控制系统；监测与计量装置；供配电的监测控制系统；照明自动控制系统；综合控制系统等

注：本表摘自《建筑节能工程施工质量验收规范》(GB 50411—2007) 表 3.4.1。

1.4.3.3 单位工程的划分

根据"统一标准"第 4.0.2 条的规定：单位工程的划分应按下列原则确定。

（1）具备独立施工条件并能形成独立使用功能的建筑物和构筑物为一个单位工程。

（2）建筑规模较大的单项工程，可将其能形成独立使用功能的部分分为一个子单位工程。

单位工程是由土建和安装工程共同组成的，例如学校的一栋教学楼或城市中的一座电视塔。对于大型的单体建筑，有时为了尽快获得投资效益，常常想将其中的一部分提前使用，同时也有利于强化验收，保证工程质量。子单位工程的划分，由建设单位、监理单位、施工单位商议确定，并报质量监督机构备案。要求所谓的子单位工程必须具有独立施工条件和具有独立的使用功能。

1.4.3.4 室外工程的划分

根据"统一标准"第 4.0.6 条的规定：室外工程可以根据专业类别和工程规模划分单位（子单位）工程。

室外单位（子单位）工程、分部（子分部）工程可按表 1-4 采用。

表 1-4 室外工程划分

单位工程	子单位工程	分部(子分部)工程
室外建筑环境	附属建筑	车棚，围墙，大门，挡土墙，垃圾收集站
	室外环境	建筑小品，道路，亭台，连廊，花坛，场坪绿化
室外安装	给排水与采暖	室外给水系统，室外排水系统，室外供热系统
	电气	室外供电系统，室外照明系统

注：本表摘自《建筑工程施工质量验收统一标准》(GB 50300—2001) 附录 C。

1.5 建筑工程质量验收程序和组织

"统一标准"对建筑工程质量验收的程序和组织有明确的要求。

1.5.1 检验批及分项工程的质量验收程序和组织

"统一标准"第6.0.1条规定：检验批及分项工程应由监理工程师（建设单位项目技术负责人）组织施工单位项目专业质量（技术）负责人等进行验收。

检验批工程由专业监理工程师组织项目专业质量检验员等进行验收；分项工程由专业监理工程师组织项目专业技术负责人等进行验收。

检验批和分项工程是建筑工程质量的基础。因此，所有检验批和分项工程均应由监理工程师或建设单位项目技术负责人组织验收。验收前，施工单位先填好"检验批和分项工程的质量验收记录"（有关监理记录和结论不填），并由项目专业质量检验员和项目专业技术负责人分别在检验批和分项工程质量检验记录中相关栏目签字，然后由监理工程师组织，严格按规定程序进行验收。

本条规定强调了施工单位的自检，同时强调了监理工程师负责验收和检查的原则，在对工程进行检查后，确认其工程质量是否符合标准规定，监理或建设单位人员要签字认可，否则，不得进行下道工序的施工。如果认为有的项目或地方不能满足验收规范的要求时，应及时提出，要求施工单位进行返修。

分项工程施工过程中，还应对关键部位随时进行抽查。所有分项工程施工，施工单位应在自检合格后，填写分项工程报检申请表，并附上分项工程评定表。属隐蔽工程的，还应将隐检单报监理单位，监理工程师必须组织施工单位的工程项目负责人和有关人员对每道工序进行检查验收，给合格者签发分项工程验收单。

对一些国家政策允许的建设单位自行管理的工程，即不需要委托监理的工程，由建设单位项目技术负责人行使组织者的权力。

1.5.2 分部工程的质量验收程序和组织

"统一标准"第6.0.2条规定：分部工程应由总监理工程师（建设单位项目负责人）组织施工单位项目负责人和技术、质量负责人等进行验收；地基与基础、主体结构分部工程的勘察、设计单位工程项目负责人和施工单位技术、质量部门负责人也应参加相关分部工程验收。

工程监理实行总监理工程师负责制，因此分部工程应由总监理工程师（建设单位项目负责人）组织施工单位的项目负责人和项目技术、质量负责人及有关人员进行验收。因为地基基础、主体结构的主要技术资料和质量问题是归技术部门和质量部门掌握，所以要求施工单位的技术、质量负责人也要参加验收。另外，由于地基基础、主体结构技术性能要求严格，技术性强，关系到整个工程的安全，因此规定这些分部工程的勘察、设计单位工程项目负责人也应参加相关分部的工程质量验收。

主要分部工程验收的程序如下。

（1）总监理工程师（建设单位项目负责人）组织验收，介绍工程概况、工程资料审查意见及验收方案、参加验收的人员名单，并安排参加验收的人员签到。

（2）监理（建设）、勘察、设计、施工单位分别汇报合同履约情况和在主要分部各个环节执行法律、法规和工程建设强制性标准的情况。施工单位汇报内容中还应包括工程质量监督机构责令整改问题的完成情况。

（3）验收人员审查监理（建设）、勘察、设计和施工单位的工程资料，并实地查验工程质量。

（4）对验收过程中所发现的和工程质量监督机构提出的有关工程质量验收的问题和疑问，有关单位人员予以解答。

（5）验收人员对主要分部工程的勘察、设计、施工质量和各管理环节等方面作出评价，并分别阐明各自的验收结论。当验收意见一致时，验收人员分别在相应的分部（子分部）工程质量验收记录上签字。

（6）当参加验收各方对工程质量验收意见不一致时，应当协商提出解决的办法，也可请建设行政主管部门或工程质量监督机构协调办理。

验收结束后，监理（建设）单位应在主要分部工程验收合格15日内，将相关的分部（子分部）工程质量验收记录报送工程质量监督机构，并取得工程质量监督机构签发的相应工程质量验收监督记录。主要分部工程未经验收或验收不合格的，不得进入下道工序施工。

1.5.3 单位工程的质量验收程序和组织

"统一标准"第6.0.3条规定：单位工程完工后，施工单位应自行组织有关人员进行检查评定，并向建设单位提交工程验收报告。

该条款为强制性条款。当单位工程达到竣工验收条件后，施工单位应在自查、自评工作完成后，填写工程竣工报验单，如果工程是委托了监理的，应首先将全部竣工资料报送项目监理机构，申请竣工验收。总监理工程师应组织各专业监理工程师对竣工资料及各专业工程的质量情况进行全面检查，对检查出的问题，应督促施工单位及时整改。对需要进行功能试验的项目（包括单机试车和无负荷试车），监理工程师应督促施工单位及时进行试验，并对重要项目进行监督、检查，必要时请建设单位和设计单位参加；监理工程师应认真审查试验报告单并督促施工单位搞好成品保护和现场清理。然后将监理机构审核通过的工程验收报告提交建设单位。

1.5.3.1 工程竣工验收的条件

"统一标准"6.0.4条规定：建设单位收到工程验收报告后，应由建设单位（项目）负责人组织施工（含分包单位）、设计、监理等单位（项目）负责人进行单位（子单位）工程验收。

该条款为强制性条款。建设单位在收到工程验收报告后，应由建设单位组织相关部门进行竣工验收，并按《房屋建筑工程和市政基础设施工程竣工验收暂行办法》（建【2000】142号）的要求，工程符合下列要求方可进行竣工验收。

（1）完成工程设计和合同约定的各项内容。

（2）施工单位在工程完工后对工程质量进行了检查，确认工程质量符合有关法律、法规和工程建设强制性标准，符合设计文件及合同要求，并提出工程竣工报告。工程竣工报告应经项目经理和施工单位有关负责人审核签字。

（3）对于委托监理的工程项目，监理单位对工程进行了质量评估，具有完整的监理资料，并提出工程质量评估报告。工程质量评估报告应经总监理工程师和监理单位有关负责人审核签字。

（4）勘察、设计单位对勘察、设计文件及施工过程中由设计单位签署的设计变更通知书进行了检查，并提出质量检查报告。质量检查报告应经该项目勘察、设计负责人和勘察、设计单位有关负责人审核签字。

(5) 有完整的技术档案和施工管理资料。
(6) 有工程使用的主要建筑材料、建筑构配件和设备的进场试验报告。
(7) 建设单位已按合同约定支付工程款。
(8) 有施工单位签署的工程质量保修书。
(9) 城乡规划行政主管部门对工程是否符合规划设计要求进行检查，并出具认可文件。
(10) 有公安消防、环保等部门出具的认可文件或者准许使用文件。
(11) 建设行政主管部门及其委托的工程质量监督机构等有关部门责令整改的问题全部整改完毕。

1.5.3.2 工程竣工验收的程序

工程竣工验收应当按以下程序进行。

(1) 工程完工后，施工单位向建设单位提交工程竣工报告，申请工程竣工验收。实行监理的工程，工程竣工报告须经总监理工程师签署意见。

(2) 建设单位收到工程竣工报告后。对符合竣工验收要求的工程，组织勘察、设计、施工、监理等单位和其他有关方面的专家组成验收组，制订验收方案。

(3) 建设单位应当在工程竣工验收7个工作日前将验收的时间、地点及验收组名单书面通知负责监督该工程的工程质量监督机构。

(4) 建设单位组织工程竣工验收。

① 建设、勘察、设计、施工、监理单位分别汇报工程合同履约情况和在工程建设各个环节执行法律、法规和工程建设强制性标准的情况；

② 审阅建设、勘察、设计、施工、监理单位的工程档案资料；

③ 实地查验工程质量；

④ 对工程勘察、设计、施工、设备安装质量和各管理环节等方面作出全面评价，形成经验收组人员签署的工程竣工验收意见。

参与工程竣工验收的建设、勘察、设计、施工、监理等各方不能形成一致意见时，应当协商提出解决的方法，待意见一致后，重新组织工程竣工验收。

1.5.4 验收备案

"统一标准"第6.0.7条规定：单位工程质量验收合格后，建设单位应在规定的时间内将工程竣工验收报告和有关文件，报建设行政管理部门备案。

该条款为强制性条文。建设单位应当自工程竣工验收合格之日起15日内，依照《房屋建筑工程和市政基础设施工程竣工验收备案管理暂行办法》的规定，向工程所在地的县级以上地方人民政府建设行政主管部门备案。

凡在中华人民共和国境内新建、扩建、改建各类房屋建筑工程和市政基础设施工程的竣工验收，均应进行备案。竣工备案需要准备的资料有竣工验收报告和有关文件。

工程竣工验收报告主要包括工程概况，建设单位执行基本建设程序情况，对工程勘察、设计、施工、监理等方面的评价，工程竣工验收时间、程序、内容和组织形式，工程竣工验收意见等内容。

工程竣工验收报告还应附有下列文件。

① 施工许可证。

② 施工图设计文件审查意见。

③ 工程竣工报告、工程质量评估报告、工程质量检查报告、规划认可书、公安消防、环保等部门出具的认可文件或者准许使用文件。

④ 验收组人员签署的工程竣工验收意见。
⑤ 市政基础设施工程应附有质量检测和功能性试验资料。
⑥ 施工单位签署的工程质量保修书。
⑦ 法规、规章规定的其他有关文件。

1.6 质量验收不符合要求的处理和严禁验收的规定

1.6.1 建筑工程质量验收不符合要求的处理

一般情况下，不合格现象在检验批的验收时就应发现并及时处理，所有质量隐患必须尽快消灭在萌芽状态，影响质量的原因是多种多样的，有人的因素、材料的因素、机械设备的因素、施工工艺的因素和环境因素等。在实际工程中，一旦发现工程质量任一项不符合规定时，必须及时组织有关人员查找、分析原因，并按有关技术管理规定，通过有关方面共同商量，制订补救方案，及时进行处理。当建筑工程质量不符合要求时，应按下列规定进行处理。

(1) 经返工重做或更换器具、设备的检验批，应重新进行验收。这种情况是指主控项目不能满足验收规范或一般项目超过偏差限制的子项不符合检验规定的要求时，应及时进行处理的检验批。其中，严重的缺陷应推倒重来；一般的缺陷通过返修或更换器具、设备予以解决，应允许施工单位在采取相应的措施后重新验收。如能够符合相应的专业工程质量验收规范，则应认为该检验批合格。

例如某住宅楼一层砌砖，验收时发现砖的强度等级为MU5，达不到设计要求的MU10，推倒后重新用MU10砖砌筑，其砖砌体工程的质量，应重新按程序进行验收。重新验收时，要对该项目工程按规定的方法抽样、选点、检查和验收，重新填写检验批质量验收记录表。

(2) 经有资质的检测单位检测鉴定能够达到设计要求的检验批，应予以验收。这种情况是指个别检验批发现试块强度等不满足要求等问题，难以确定是否验收时，应请具有资质的法定检测单位检测，当鉴定结果能够达到设计要求时，该检验批应允许通过验收。

例如，某钢筋混凝土结构，设计混凝土强度等级为C40，留置混凝土标准试块在标准养护条件28d抗压强度标准值为37MPa，小于40MPa，经委托法定检测单位对检验批的实体混凝土强度进行检测，检测结果为45MPa，这种情况就应按照正常情况给予验收。

(3) 经有资质的检测单位检测鉴定达不到设计要求、但经原设计单位核算认可能够满足结构安全和使用功能的检验批，可予以验收。这种情况是指，一般情况下，规范标准给出了满足安全和功能的最低限度要求，而设计往往在此基础上留一定的余量。不满足设计要求和符合相应规范标准的要求，两者并不矛盾。

例如某钢筋混凝土结构，设计混凝土强度等级为C40，留置混凝土标准试块在标准养护条件28d抗压强度标准值为37MPa，小于40MPa，经委托法定检测单位对检验批的实体混凝土强度进行检测，检测结果为36.7MPa，小于40MPa，如原设计计算混凝土强度为35MPa，而选用了C40混凝土。对工程实体检测结果虽然小于40MPa的要求，仍大于35MPa，是安全的。设计单位应出具正式认可文件，由注册结构工程师签字，加盖单位公章。由设计单位承担责任，出具认可证明后，可以进行验收。

(4) 经返修或加固处理的分项、分部工程，虽然改变外形尺寸但仍能满足安全使用要求，可按技术处理方案和协商文件进行验收。这种情况是指更为严重缺陷或范围超过检验批的更大范围内的缺陷可能影响结构的安全性和使用功能。若经法定检测单位检测鉴定以后认为达不到规范标准的相应要求，即不能满足最低限度的安全储备和使用功能，则必须按一定的技术方案进行加固处理，使之能保证其满足安全使用的基本要求。这样会造成一些永久性的缺陷，如改变结构的外形尺寸，影响一些次要的使用功能等。为了避免更大的损失，在不影响安全和主要使用功能的条件下可按照处理技术方案和协商文件进行验收，但不能作为轻视质量而回避责任的一种出路，这是应该特别注意的。这种情况称为协商验收。

例如某钢筋混凝土柱，截面尺寸为 500mm×500mm，设计混凝土强度等级为 C40，留置混凝土标准试块在标准养护条件 28 天抗压强度标准值为 37MPa，小于 40MPa，经委托法定检测单位对检验批的实体混凝土强度进行检测，检测结果为 33.7MPa，小于 40MPa，如原设计计算混凝土强度为 35MPa，而选用了 C40 混凝土。对工程实体检测结果小于 40MPa 的要求，且小于 35MPa，是不能满足结构安全和使用功能要求的。经与建设单位、监理单位、设计单位协商，采取加大截面的方法进行加固，加固后柱截面增大为 600mm×600mm，经验收确认加固施工质量符合加固技术文件要求，应按加固处理技术文件要求给予验收。本案造成了永久缺陷，只是解决了结构性能问题，而其本质并未达到原设计的要求，必须在交房时将此情况明示给业主。

1.6.2 严禁验收的规定

"统一标准"第 5.0.7 条规定：通过返修或加固处理仍不能满足安全使用要求的分部工程、单位（子单位）工程，严禁验收。本条是保证建筑物最基本安全要求的强制性条文。

这种情况在实际工程中虽然出现得很少，但确实是存在的。通常有两种情况：一是工程质量实在太差；二是补救的代价太大。这类工程无法满足最基本的安全和使用要求，就要求坚决拆除。

一个工程在施工过程中，出现一些质量问题是很正常的现象，关键是管理者如何吸取教训，不犯同样的错误，正确处理好企业短期效益和长期效益、经济效益和社会效益的关系，在思想上重视，在管理上落实，只有这样，才能交出合格产品乃至精品工程。

1.7 建筑工程质量检测常用工具

1.7.1 垂直检测尺和塞尺

（1）垂直检测尺（又称直检测尺或靠尺，见图 1-2） 检测尺为可展式结构，合拢长 1m，展开长 2m。主要用于垂直度检测和水平度检测，与楔形塞尺配合可用于平整度的检测。

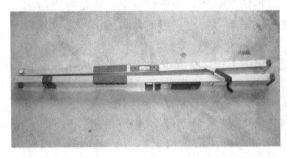

图 1-2 垂直检测尺　　　　　　　　图 1-3 塞尺

垂直检测尺是土建施工和装饰装修工程质量检测使用频率最高的一种检测工具，用来检测墙面、瓷砖是否平整、垂直，地面是否水平、平整。

（2）楔形塞尺（见图 1-3） 缝隙大小检测。使用时将塞尺头部插入缝隙中，插紧后退出,游码刻度就是缝隙大小,检查它们是否符合要求。

(3) 垂直度检测方法 用于1m检测时,推下仪表盖,活动销推键向上推,将检测尺左侧面靠紧被测面(注意:握尺要垂直,观察红色活动销外露3～5mm,摆动灵活即可。),待指针自行摆动停止时,直读指针所指刻度下行刻度数值,此数值即被测面1m垂直度偏差,每格为1mm。

2m检测时,将检测尺展开后锁紧连接扣,检测方法同上,直读指针所指上行刻度数值,此数值即被测面2m垂直度偏差,每格为1mm。如被测面不平整,可用右侧上下靠脚(中间靠脚旋出不要)检测。

(4) 平整度检测 检测尺侧面靠紧被测面,其缝隙大小用契形塞尺检测,其数值即平整度偏差。

(5) 水平度检测 检测尺侧面装有水准管,可检测水平度,用法同普通水平仪。

(6) 垂直检测尺的校正方法:垂直检测时,如发现仪表指针数值偏差,应将检测尺放在标准器上进行校对调正。标准器可自制,将一根长约2.1m水平直方木或铝型材,竖直安装在墙面上,由线坠调正垂直,将检测尺放在标准水平物体上,用十字螺丝刀调节水准管"S"螺丝,使气泡居中。

1.7.2 内外直角检测尺

内外直角检测尺又称阴阳直角尺(见图1-4),主要用于检验柱、墙面等阴阳角是否方正。主要用于检测建筑物墙、柱、梁的内外(阴阳)直角的偏差,及一般平面的垂直度与水平度,还可用于检测门窗边角是否呈90°。通过测量可以知道建筑(构件)转角处是否方正,门窗做是否有严重的变形。

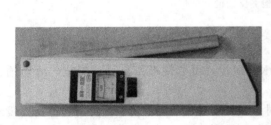
(a) 折叠

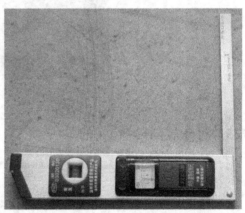
(b) 展开

图1-4 阴阳直角尺

内外直角检测尺的规格为200×130mm,测量范围为±7/130mm,检测精度误差为0.5mm。

功能:内外直角检测;还可用于检测一般平面的垂直度与水平度。

1.7.3 卷线器

卷线盒(见图1-5)是塑料盒式结构,内有尼龙丝线,拉出全长15m,可检测建筑物体的平直,如砖墙砌体灰缝、踢脚线等(用其他检测工具不易检测物体的平直部位)。检测时,拉紧两端丝线，放在被测处，目测观察对比，检测完毕后，用卷线手柄顺时针旋转，将丝线收入盒内，然后锁上方扣。

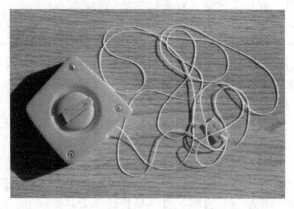

图 1-5　卷线盒

1.7.4　检测反光镜

检测反光镜（见图 1-6）：手柄处有 M6 螺孔，可装在伸缩杆或对角检测尺上，检测建筑物体的上冒头、背面、弯曲面等肉眼不易直接看到的地方，以便于高处检测。

图 1-6　检测反光镜

1.7.5　对角检测尺

对角检测尺为三节伸缩式结构，前端有 M6 螺栓，可装锲形塞尺，检测镜，活动锤头等，是辅助检测工具。

主要用于检查门、窗洞口等方形物体两对角线长度对比的偏差值，还可与检测反光镜配合用于检测较高处眼睛不能直接观察检查的部位，见图 1-7。

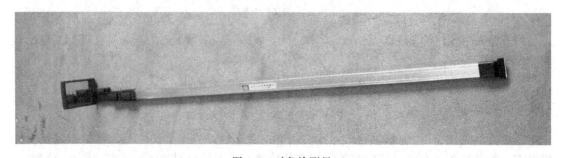

图 1-7　对角检测尺

1.7.6 小锤

小锤（见图1-8），又称响鼓锤。通过敲击的响声，来检验瓷砖和地砖的空鼓率。小锤有两种规格。

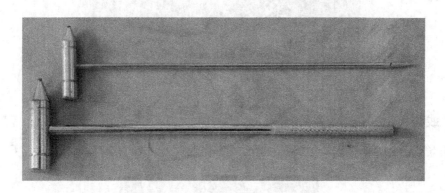

图1-8 小锤

（1）响鼓锤（锤头重25g） 用锤轻轻敲打抹灰后的墙面，可以判断墙面的空鼓程度及砂灰与砖、水泥冻结的黏合质量。

（2）钢针小锤（锤头重10g） 用小锤轻轻敲打玻璃、马赛克、瓷砖，可以判断空鼓程度及黏合质量。钢针小锤还可拔塑料手柄，里面是尖头钢针，钢针向被检物上戳几下，可探查出多孔板缝隙、砖缝等砂浆是否饱满等。

1.7.7 百格网

百格网（见图1-9） 尺寸为240mm×115mm，厚3mm，采用高透明度工业塑料制成，展开后检测面积等同于标准砖长×宽面积，其上均布100个小格，专用于检测砌体砖面砂浆涂覆的饱满度，即覆盖率（单位%）

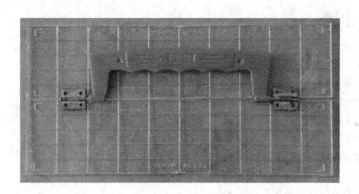

图1-9 百格网

1.7.8 钢卷尺

钢卷尺（见图1-10）是建筑施工和质量检查的常用工量具。主要用来度量和检查施工完成的线面尺寸和弧形尺寸。钢卷尺规格较多，常用的有1m、2m、5m等。

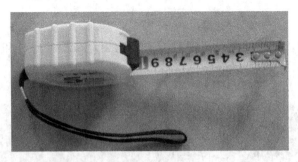

图 1-10　钢卷尺

1.7.9　线锤

线锤（见图 1-11）：依靠重力作用检验施工作业线（面）垂直度。

图 1-11　线锤

? 复习思考题

1. 工程施工质量检查和验收的依据是什么？简要说明国家标准、行业标准、地方标准和企业标准、协会标准的关系是什么。
2. 工程实体的质量检查与验收的方法有哪些？
3. 参与建设工程的六方主体是哪些单位？各方的主要质量责任是什么？
4. 现行建筑工程施工质量验收标准和规范有哪些？请简要说明验收规范体系为什么还需要有关标准的支持。其相互的关系是什么？
5. 建筑工程施工质量验收规范的制定体现了怎样的指导思想？
6. 按照"统一标准"，对建筑工程施工质量验收的基本要求是什么？
7. 建筑工程检验批划分的规则是什么？
8. 如果建筑工程质量验收不合格，应如何处理？
9. 工程严禁验收的情况有哪些？
10. 主要分部工程的组织验收程序有哪些？

2 工程质量验收记录与资料的填写

【能力目标】
1. 学会填写施工现场施工质量检查记录表。
2. 学会填写分项工程检验批质量验收记录表。
3. 学会填写分项工程质量验收记录表。
4. 学会填写分部（子分部）工程质量验收记录表。
5. 学会填写单位（子单位）工程质量验收记录表，以及质量控制资料核查、安全和主要使用功能核查、观感质量验收记录表格的填写。

【学习要求】
掌握上述表格填写的要求及表格之间的相互关系。

2.1 建筑工程施工质量验收资料概述

建筑工程施工资料是在工程施工过程中形成的。它如实地记录了工程项目的施工情况，对使用单位日后的使用、改造、扩建、维修、装饰起着重要的指导作用。

建筑工程施工质量验收资料是建设工程施工资料中最为重要的一部分内容。它能反映建筑工程的内在施工质量，是建筑工程安全可靠性和竣工验收的凭证，也是追究工程质量事故和有关责任人的依据，同时也是工程后评价的重要基础资料。

建筑工程施工质量验收资料由四部分组成：施工技术管理资料；工程质量控制资料；安全和功能检验资料；工程质量验收记录。

2.1.1 施工技术管理资料

施工技术管理资料主要包括以下内容。
① 工程概况。
② 工程项目施工管理人员名单。
③ 施工现场质量管理检查记录。
④ 施工组织设计、施工方案审批表。
⑤ 技术交底记录。
⑥ 竣工报告。

2.1.2 工程质量控制资料

工程质量控制资料主要包括以下内容。
① 图纸会审、设计变更、洽商记录。
② 工程定位测量、放线验收记录。
③ 原材料出厂合格证书及进场检（试）验报告。

④ 施工试验报告及见证检测报告。
⑤ 隐蔽工程验收记录。
⑥ 施工记录。
⑦ 预制构件、预拌混凝土合格证。
⑧ 地基基础、主体、结构检验及抽样检测资料。
⑨ 工程质量事故及事故调查处理资料。
⑩ 新材料、新工艺施工记录。

2.1.3 安全与功能检验资料

安全和功能检验资料包括以下内容。
① 屋面淋水、蓄水试验记录。
② 地下室防水效果检查记录。
③ 有防水要求的地面蓄水试验记录。
④ 建筑物垂直度、标高、全高测量记录。
⑤ 烟气（风）道工程检查验收记录。
⑥ 幕墙及外窗气密性、水密性、耐风压检测报告。
⑦ 建筑物沉降观测记录。
⑧ 节能、保温检测报告。
⑨ 室内环境检测报告。

2.1.4 工程质量验收记录

工程质量验收记录包括以下内容。
① 单位（子单位）工程质量验收记录。
② 单位（子单位）工程质量控制核查记录。
③ 单位（子单位）工程安全和功能检验资料检查及主要功能抽查记录。
④ 单位（子单位）工程观感质量检查记录。
⑤ 各分部（子分部）工程质量验收记录。
⑥ 各分项工程工程质量验收记录。
⑦ 各分项工程检验批验收记录。

2.2 施工现场质量管理检查记录表

2.2.1 施工现场质量管理检查记录表

建筑工程项目经理部应按规定填写《施工现场质量管理检查记录》（表2-1），报项目总监理工程师（或建设单位项目负责人）检查，并做出检查结论。《施工现场质量管理检查记录》应在进场后、开工前填写。通常每个单位工程只填写一次。但当项目管理有重大变化调整时，应重新检查填写。为了提高项目管理水平，在对质量管理制度检查中，应注意两点：一是了解有关人员对各项制度的熟悉程度；二是在施工过程中需要检查督促各项制度的落实。

2.2.2 表头填写

"工程名称"栏要填写工程名称全称，要与合同或招标文件中的工程名称一致。

表 2-1 施工现场质量管理检查记录

开工日期：××年××月××日

工程名称	（××××行政楼）	施工许可证(开工证)	（×施×××××）
建设单位	（××××）	项目负责人	（×××）
设计单位	（××建筑设计院）	项目负责人	（×××）
监理单位	（××工程监理公司）	总监理工程师	（×××）
施工单位	××建筑公司　项目经理　（×××）	项目技术负责人	（×××）

序号	项目	内容
1	现场管理制度	（质量例会制度；三检交接制度等项制度）
2	质量责任制	（岗位责任制；技术交底制等5项制度）
3	主要专业工种操作上岗证书	（测量工、电工、电焊工、架子工、机械操作工等有证）
4	分包方资质与对分包单位的管理制度	（对分包单位资质审查，满足施工要求，总包对分包单位制定的管理制度可行）
5	施工图审查情况	（审查报告及审查批准书 编号：×××××）
6	地质勘察资料	（地质勘察报告齐全）
7	施工组织设计、主要施工方案已经逐级审批	（施工组织设计编审、审核批准齐全）
8	施工技术标准	（模板、钢筋、混凝土、砌体等采用企业自定标准，其余采用国家标准）
9	工程质量检验制度	（原材料及施工检验制度；测量复核制度等）
10	搅拌站及计量设置	（有管理制度，计量设施已检验，有控制措施）
11	现场材料、设备存放与管理	（按材料、设备性能要求制定了管理措施、制度，其存放按施工组织设计平面图布置）
12		

检查结论：
通过对上述项目的检查，项目部施工现场质量管理制度明确到位，质量责任制措施得力，主要专业工种操作人员上岗证齐全，施工组织设计主要施工方案已经逐级审批，现场工程质量检验制度制定齐全，现场材料、设备存放按施工组织设计平面图布置，有材料、设备管理制度。

总监理工程师(建设单位项目负责人)：×××　　　　　　　　　　　　　　　××年××月××日

备注：1. 本表摘自《建筑工程施工质量验收统一标准》(GB 50300—2001)附录A。
2. 本表一式三份，连同开工报审表一并报项目监理机构审查。建设、监理、承包单位各留一份。
3. 上表括号中填写内容为填表示例。

"施工许可证"栏填写当地建设行政主管部门批准发给的施工许可证（开工证）的编号。

"建设单位"栏填写合同文件中的甲方，单位名称要与合同签章上的单位一致。建设单位"项目负责人"栏，要填写合同书上签字人或签字人以文字形式委托的代表——工程的项目负责人。工程完工后竣工验收备案表中的单位项目负责人应与此一致。

"设计单位"栏填写设计合同中签章单位的名称,其全称应与印章上的名称一致。设计单位"项目负责人"栏,应是设计合同书上签字人或签字人以文字形式委托的该项目负责人。工程完工后竣工验收备案表中的单位项目负责人应与此一致。

"监理单位"栏填写单位全称,应与合同或协议书中的名称一致。"总监理工程师"栏应是合同或协议书中明确的项目监理负责人,也可以是监理单位以文件形式明确的该项目监理负责人,总监理工程师必须有监理工程师任职资格证书,并要与其专业对口。

"施工单位"栏填写施工合同中签章单位的全称,与签章上的名称一致。"项目经理"栏、"项目技术负责人"栏与合同中明确的项目经理、项目技术负责人一致。

2.2.3 检查项目划分

(1) 现场质量管理制度 主要是图纸会审、设计交底、技术交底、施工组织设计编制审批程序、工序交接、质量检查评定制度,质量好的奖励及达不到质量要求处罚制度、质量例会制度以及质量问题处理制度等。主要检查:现场质量管理制度内容是否健全、有针对性、时效性;质量管理体系是否建立,是否持续有效;各级专职质量检查人员的配备情况。

(2) 质量责任制 主要包括:质量负责人的分工,各项质量责任的落实规定,定期检查及有关人员的奖惩制度等。主要检查质量责任制是否具体及落实到位。

(3) 主要专业工种操作上岗证书 主要专业工种有测量工、钢筋工、木工、混凝土工、电工、焊工、起重工、架子工等工种。主要核查主要专业工种操作上岗证是否齐全和符合要求。

(4) 分包方资质与对分包单位的管理制度 主要是总承包单位对分包单位的管理制度。主要核查:分包单位的营业执照、企业资质等级证书、专业许可证、人员岗位证书;分包单位的业绩。

(5) 施工图审查情况 重点是审查建设行政主管部门出具的施工图审查批准书以及审查机构出具的审查报告。如果图纸分批交出,施工图审查可分阶段进行。同时还应审查设计交底和图纸会审工作是否完成。

(6) 地质勘察资料 主要是检查地质勘察报告,该报告必须是有勘察资质的单位出具的正式报告。

(7) 施工组织设计、施工方案及审批 主要检查内容是否有针对性,以及编制程序和内容。

施工单位应当在危险性较大的分部分项工程施工前编制专项方案;对于超过一定规模的危险性较大的分部分项工程,施工单位应当组织专家对专项方案进行论证。相关内容可参见《危险性较大的分部分项工程安全管理办法》(建质〔2009〕87号)。

(8) 施工技术标准 主要是核查施工过程中选用的企业标准是否有合法的批准程序,其次是选用的国家标准是否合适是否能够满足本工程的使用。

(9) 工程质量检验制度 主要包括:原材料、设备进场检验制度;施工过程的试验报告;竣工后的抽检,应制定抽检项目、时间、抽检单位等计划。

(10) 搅拌站及计量设置 主要审查混凝土、砌筑砂浆(配合比申请单和通知单)、对现场搅拌设备(含计量设备),现场管理进行核查;对商品混凝土生产厂家资质和生产能力进行考察。搅拌站资质是否符合要求,各种计量设备是否先进可靠。

(11) 现场材料、设备存放与管理 现场平面布置是否能够满足现场材料、设备存放及施工;材料、设备是否有管理制度。

2.2.4 检查项目填写内容

（1）根据检查情况，将检查结果填到相对应的栏目中。可直接将有关资料的名称写上，如果资料较多时，也可将有关资料进行编号填写，注明份数。

（2）该表除"检查结论"栏以外，由承包单位项目部负责填写，填写之后，将有关文件的原件或复印件附在后面，请总监理工程师（建设单位项目负责人）验收核查，验收核查后，返还施工单位，并签字认可。

（3）通常情况下，一个工程的一个标段或一个单位工程只查一次，如分段施工、人员更换、管理工作不到位或管理环境变化时可再次检查。

"检查结论"，该栏目由总监理工程师或建设单位负责人填写，结论要明确，是符合或不符合要求。如总监理工程师或建设单位项目负责人验收核查不合格，施工单位必须限期改正，否则不准许开工。

2.3 检验批质量验收记录表

检验批是质量评定的最小单元，是确定工程质量的基础，在整个施工资料中，检验批的量是最大也是最重要的。不同的分项工程的检验批按照相关的验收标准确定不同的主控项目和一般项目，这里以统一标准中的格式进行说明。

2.3.1 检验批质量验收记录表

检验批的质量验收记录由施工项目专业质量检查员填写，监理工程师（建设单位项目专业技术负责人）组织项目专业质量检查员等进行验收，并按表2-2记录。

对于不同的检验批，表2-2中"主控项目"和"一般项目"应按照"质量验收规范的规定"和"施工单位检查评定记录"进行检查评定，相交叉的部分可以根据不同分项工程检验批来调整。

2.3.2 表头填写

（1）检验批表编号的填写　在实际的检验批表格的右上角均要填写检验批的编号。编号有统一的规则，先将编码规则简述如下。

检验批表的编号按全部施工质量验收规范系列的分部工程、子分部工程统一为8位数的数码编写，前6位数字均印在表上，后留两个空格□□，检查验收时填写检验批的序号。

检验批表的编号前边两位数字是分部工程的代码，01～09。地基基础为01，主体结构为02，建筑装饰装修为03，建筑屋面为04，建筑给水排水及采暖为05，建筑电气为06，智能建筑为07，通风与空调为08，电梯为09。第3、4位为子分部工程的代码。第5、6位为分项工程的代码。第7、8位是各分项工程检验批验收的顺序号。由于建筑的体量越来越大，同一分项工程会有很多检验批的数量，故留了两个空位。

例如，某工程的基础采用地下连续墙有支护土方开挖，则其编号为：地基和基础分部工程（01）、有支护土方开挖子分部工程（02）、地下连续墙分项工程（03）、第一个检验批（01）。按照上述编码规则编号为01020301。

有些子分部工程中有些项目可能在两个不同的分部工程中出现，就要在同一张表上编两个分部工程及相应子分部工程的编号；如配筋砖砌体分项工程可能在地基与基础分部工程和主体结构分部工程中出现，其编号为010703□□和020305□□。

表 2-2 检验批质量验收记录

工程名称		分项工程名称		验收部位	
施工单位		专业工长		项目经理	
施工执行标准名称及编号					
分包单位		分包单位项目经理		施工班组长	

		质量验收规范的规定	施工单位检查评定记录	监理(建设)单位验收记录
主控项目	1			
	2			
	3			
	4			
	5			
	6			
	7			
	8			
	9			
一般项目	1			
	2			
	3			
	4			

施工单位检查评定结果	项目专业质量检查员：　　　　　　　　　　　　　　　　　年　月　日
监理(建设)单位验收结论	监理工程师(建设单位项目专业技术负责人)：　　　　　　　　年　月　日

注：本表摘自《建筑工程施工质量验收统一标准》(GB 50300—2001) 附录 D。

有些分项工程可能在几个子分部工程中出现，这就应在同一个检验批表上编几个子分部工程及子分部工程的编号。

有些专业验收规范的分项工程，在验收时也将其划分为几个不同的检验批来验收，区别的方法是在表名下加标罗马数字（Ⅰ）、（Ⅱ）、（Ⅲ）进行区分。例如钢筋工程中分为两个检验批进行验收，分别是加工和连接，在相关的检验批验收表格中，用（Ⅰ）、（Ⅱ）进行区分。

（2）单位（子单位）工程名称　按合同文件上的单位工程名称填写，子单位工程标出该部分的位置。分部（子分部）工程的名称，按照施工验收规范划定的分部（子分部）名称填写。验收部位是指一个分项工程中验收的那个检验批的抽样范围，一般用轴线来表示。

施工单位、分包单位名称应填写施工单位的全称，要与合同上公章一致，项目经理填写合同中指定的项目负责人。

（3）施工执行标准名称及编号　施工执行的标准，即施工工艺标准，可以是企业标准或地方标准，但是所采用的标准不能低于国家质量验收规范的标准才行，企业标准也应该有编制人、批准人、批准时间、执行时间、标准名称和编号。填写表格时，只要将企业标准名称和编号填写上就行，需要查用时能在企业标准系列中查到其详细情况。但是在施工现场的生产班组中，应有这项标准，并按照此标准对工人进行培训。

另外，在质量验收规范的规定栏中，只需要将质量指标，按照施工验收规范的要求将其简化、将题目或条文号填写上，作为检查的提示。这样做的目的，是使检查人员随时掌握验收规范，准确掌握规范的主要质量指标、基本规定和一般规定。

2.3.3　主控项目、一般项目施工单位检查评定记录及评定结果

填写方法有以下几种情况，根据检查的具体数据，结合施工质量验收规范的规定进行合格和不合格的判定。

（1）对定量项目　直接填写检查的数据。

（2）对于定性项目　当符合规范规定时，可采用打"√"的方法进行标注，当不符合规范规定时，采用打"×"的方法进行标注。

（3）有混凝土、砂浆强度等级的检验批　按规定制取试件后，可填写试件编号，待试件报告出来后，对检验批进行判定，并在分项工程验收时进一步进行强度评定和验收。

（4）对既有定性又有定量的项目　各个子项目质量均符合质量规范时，采用打"√"的方法进行标注，当不符合规范规定时，采用打"×"的方法进行标注。无此项内容时采用打"/"的方式进行标注。

（5）对"一般项目"合格点有要求的项目　应是其中带有数据的定量项目；定性项目必须基本达到。一般来说，定量项目其中每个项目都必须有80%以上的检测点的实测值达到规范规定，其余20%的数据可以超出规范要求的数值，但最大不能超过允许数值的1.5倍。

（6）施工单位检查评定记录的填写　将实际数值填入格内，超出企业标准而没有超出国家验收规范的用"○"将其圈住；对超出国家验收规范的用"△"圈住，最好采用红笔。

施工单位自行检查评定合格后，应填写"主控项目全部合格，一般项目满足规范规定要求"。专业工长（施工员）和施工班组长栏目应由本人签字，以示承担责任。专业质量检查员代表企业逐项检查评定合格后，将表填写并写清结果，签字后交给项目监理机构或建设单位项目专业技术负责人验收。

2.3.4 监理(建设)单位验收记录及评定结论

主控项目、一般项目验收合格,混凝土、砂浆试件强度待试验报告出来后判定,其余项目已全部验收合格,并注明"同意验收",由专业监理工程师或建设单位的专业技术负责人签字。

2.4 分项工程质量验收记录表

分项工程验收由监理工程师组织项目专业技术负责人等进行验收,分项工程验收是在检验批验收合格的基础上进行的,通常起一个归纳整理的作用,是一个统计表,一般没有实质性的验收内容。但必须注意:在检查的过程中,要检查检验批是否覆盖了整个工程,有没有漏项;需要进行混凝土、砂浆强度试验的检验批,到龄期后,试验结果是否满足设计和规范的要求,此时要将检验批相关的记录补充齐全。

2.4.1 分项工程质量验收记录表

分项工程质量验收记录表见表2-3。

表2-3 _____分项工程质量验收记录

工程名称		结构类型		检查批数	
施工单位		项目经理		项目技术负责人	
分包单位		分包单位负责人		分包项目经理	
序号	检验批部位、区段		施工单位检查评定结果	监理(建设)单位验收记录	
1					
2					
3					
4					
5					
6					
7					
检查结论			验收结论		
项目专业技术负责人: 年 月 日			监理工程师(建设单位项目专业技术负责人): 年 月 日		

注:本表摘自《建筑工程施工质量验收统一标准》(GB 50300—2001)附录E。

2.4.2 表头的填写

工程名称、施工单位、分包单位及其相关人员的填写和前面检验批表头的填写方式一样。结构类型是指该工程的结构形式，如框架结构、框架剪力墙结构。检验批数是本工程该分项工程所含的检验批总数，应和表格中"检验批部位、区段"的汇总数一致。

2.4.3 检验批部位和区段的划分

检验批部位、区段的划分应是相应的检验批质量验收记录的汇总，分项工程的检验批应符合规范要求。分项工程应按《建筑工程施工质量验收统一标准》（GB 50300—2001）中表B.0.1（本教材表1-2）的要求进行划分。节能分部工程按《建筑节能工程施工质量验收规范》（GB 50411—2007）表3.4.1（本教材表1-3）的要求进行划分。

2.4.4 施工单位检查评定结果

本表的检查评定记录由施工单位项目专业质量检查员填写检查评定记录，如检查结果符合要求填写"合格"。项目专业质量（技术）负责人填写检查评定结果，评定结果的填写应明确，一般填写措辞为"经检查，××分项工程的检验批质量验收记录完整，质量符合设计和规范要求，评定结果为合格"。

分项工程检查验收合格应符合下列规定：均应符合合格质量标准的规定；分项工程所含的检验批的质量验收记录应完整。

2.4.5 监理（建设）单位验收结论

监理工程师或建设单位项目技术负责人进行检查验收后，如符合要求，对应监理单位验收记录的栏目内填写"合格"。

在表格末尾的监理（建设）单位验收结论栏目中填写评语，一般措辞为"经检查，该分项工程资料完整，符合设计和规范要求，评定为合格，同意后续工程施工"。

分项工程质量验收记录一式四份，由施工单位统一归档整理，单位工程竣工后分别交建设单位、监理单位、城建档案管各一份，施工单位自存一份。

2.5 分部（子分部）工程验收记录表

分部（子分部）工程的验收是十分重要的质量控制点，由于现在的工程越来越复杂，专业施工单位增多，搞好分部（子分部）工程的验收，便于施工单位进行阶段性的整修和施工质量的进一步控制。

分部（子分部）工程质量应由总监理工程师（建设单位项目专业负责人）组织施工项目经理和有关勘察、设计单位项目负责人进行验收。

2.5.1 分部（子分部）工程验收记录表

分部（子分部）工程的验收记录见表2-4。

2.5.2 表头的填写

分部工程质量验收时，应划去括号内"子分部"名称，反之亦然。明确填写分部（子分部）的名称，其划分应按《建筑工程施工质量验收统一标准》（GB 50300—2001）中表

B.0.1（本教材表1-2）的要求进行划分。节能工程作为单独一个分部工程进行验收。

表2-4 _____分部（子分部）工程质量验收记录

工程名称		结构类型		层数	
施工单位		技术部门负责人		质量部门负责人	
分包单位		分包单位负责人		分包技术负责人	
序号	分项工程名称	检验批数	施工单位检查评定	验收意见	
1					
2					
3					
4					
5					
6					
质量控制资料					
安全和功能检验（检测）报告					
观感质量验收					
验收单位	分包单位	项目经理：			年 月 日
	施工单位	项目经理：			年 月 日
	勘察单位	项目负责人：			年 月 日
	设计单位	项目负责人：			年 月 日
	监理（建设）单位	总监理工程师（建设单位项目专业负责人）			年 月 日

注：1. 本表摘自《建筑工程施工质量验收统一标准》（GB 50300—2001）附录F。
2. 地基基础、主体结构分部工程质量验收不填写"分包单位"、"分包单位负责人"和"分包技术负责人"。地基基础、主体结构分部工程验收勘察单位应签认，其他分部工程验收勘察单位可不签认。

表头部分的工程名称应填写工程全称，与检验批、分项工程、单位工程验收表格中填写一致。

结构类型按照设计文件上注明的类型进行填写。层数应该分别填写地上和地下的层数。

施工单位、分包单位填写单位全称，与检验批、分项工程、单位工程验收表格中填写一致。主体结构不允许分包，如果没有分包单位就不用填写相关栏目。

除了地基基础、主体结构及主要安装分部（子分部）工程需要施工单位技术部门和质量部门负责人签字，其他情况只需填写项目的技术及质量负责人即可。

2.5.3 验收内容及施工单位检查评定意见

验收内容有以下四项。

（1）分项工程 按该分部工程组成的分项工程的顺序填写，一般和施工工艺顺序一致，从第一个分项工程的第一个检验批开始。施工单位检查评定栏，填写施工单位自行检查评定的结果。核查一下分项工程是否都通过了验收，有关龄期试件的合格评定是否达到要求；有全高垂直度或标高的检验项目应进行检查验收，自检合格之后交监理单位或建设单位，如果自检不合格，整改完成后再提交。监理单位（建设单位）接到报验申请后，组织审查合格后签署分项工程栏目相应的检查验收意见，一般措辞为："该分项工程质量验收记录完整，符合设计和规范要求，该分部工程质量评定为合格，同意后续工程施工"。

（2）质量控制资料　该部分资料应按照"统一标准"附录G表G.0.1-2（本书表2-6）的要求进行控制，首先确定所要验收的分部（子分部）工程的质量控制项目，按资料核查的要求逐项进行核查。达到保证结构安全和使用功能的要求即可通过验收。全部项目通过后，施工单位即可在施工单位检查评定栏中填写"完整"或"合格"，并送监理或建设单位验收。监理单位总监理工程师组织检查，在符合要求后，在相应栏目中填写"完整"、"合格"或"同意验收"。

（3）安全和功能检验（检测）报告　这个项目是指在竣工抽样检测的项目，能在分部（子分部）工程中检测的，尽量放在分部（子分部）工程中检测。检查内容可按照"统一标准"附录G表G.0.1-3（本书表2-7）的要求进行控制。

施工单位要检查在开工之前确定的项目是否都进行了检测；逐一检查每个检测报告，核查每个检测项目的检测方法、程序是否符合有关标准规定；检测结果是否达到规范的要求；检测报告的审批程序是否完整。如果每个项目都通过审查，即可在施工单位检查评定栏内标明"完整"或"合格"。由项目经理送监理单位或建设单位验收，监理单位总监理工程师或建设单位项目专业负责人组织审查，在符合要求后签署验收意见。

（4）观感质量验收　不仅仅是观察外观质量，能启动或运转的项目应启动或试运转，能打开看的项目应打开看，有代表性的房间、部位都应走到。这些工作首先由施工单位项目经理组织进行检查，检查合格后报监理单位或建设单位进行验收。监理单位由总监理工程师或建设项目专业负责人组织验收，在听取参加检查人员意见的基础上，以总监理工程师或建设单位项目专业负责人为主导共同确定质量评价，一般分为三个等级：好、一般、差。观感质量验收结论不能为"合格"、"不合格"，例如，观感质量符合设计和规范要求，质量评价好。

如果评价观感质量差的项目，能修理的尽量修理，只要不影响结构安全和使用功能的，可采用协商解决的方法进行验收，并在验收表上注明，然后将验收评价结论填写在观感质量验收意见栏内。

2.5.4　验收单位验收结论

按以上验收程序，各单位相关责任人检查验收确认后，参与工程建设责任单位的有关人员应亲自签名认可，以示负责。

勘察单位可只签认地基基础分部（子分部）工程，由项目负责人亲自签认；设计单位可只签认地基基础、主体结构及重要安装分部（子分部）工程，由项目负责人亲自签认；施工总承包单位必须签认，由项目经理亲自签认；有分包单位的，分包单位也必须签认其分包的分部（子分部）工程，由项目负责人亲自签认；监理单位作为验收方，由总监理工程师亲自签认验收。如果按规定不委托监理单位的工程，可由建设单位项目专业负责人亲自签认验收。

本表一式四份，建设单位、施工单位、监理单位、城建档案馆各一份。

2.6　单位（子单位）工程质量竣工验收记录表

单位工程质量验收是建筑工程交付使用之前的最后一次，也是最重要的一次验收，也称为建筑工程竣工验收。单位工程完工后，施工单位应自行组织有关人员进行检查评定，并向建设单位提交工程验收报告。建设单位在收到工程验收报告后，应由建设单位（项目）负责人组织施工（含分包单位）、设计、监理等单位（项目）负责人进行单位（子单位）工程验收。

2.6.1 单位（子单位）工程质量竣工验收记录表

单位（子单位）工程质量竣工验收记录见表2-5。

表 2-5 单位（子单位）工程质量竣工验收记录

工程名称		结构类型		层数/建筑面积	/
施工单位		技术负责人		开工日期	
项目经理		项目技术负责人		竣工日期	
序号	项目	验收记录		验收结论	
1	分部工程	共 分部,经查 分部,符合标准及设计要求 分部			
2	质量控制资料核查	共 项,经审查符合要求 项,经核定符合规范要求 项			
3	安全和主要使用功能核查及抽查结果	共核查 项,符合要求 项,共抽查 项,符合要求 项,经返工处理符合要求 项			
4	观感质量验收	共抽查 项,符合要求 项,不符合要求 项			
5	综合验收结论				
参加验收单位	建设单位 （公章） 单位(项目)负责人 年 月 日	监理单位 （公章） 总监理工程师 年 月 日		施工单位 （公章） 单位负责人 年 月 日	设计单位 （公章） 单位(项目)负责人 年 月 日

注：本表摘自《建筑工程施工质量验收统一标准》（GB 50300—2001）附录 G.0.1-1。

2.6.2 表头的填写

将单位工程或子单位工程的名称填写在表名的前面，并将子单位或单位工程的名称划掉。表头的填写按照分部（子分部）工程验收记录表表头的要求进行填写。

2.6.3 分部工程验收记录与结论

验收内容首先要求对该单位（子单位）工程所含的分部工程逐项进行检查。

单位工程完工后施工单位自行组织有关人员进行检查评定，所含分部（子分部）工程检查合格后，由项目经理提交建设单位组织验收，经验收组成员验收后，由施工单位填写"验收记录"栏，注明共验收了几个分部，其中经验收合格的有几个。如果所有的分部工程全部符合要求，可由总监理工程师（建设单位项目负责人）填写"同意验收"

字样。

2.6.4 质量控制资料核查

这项内容有专门的验收表格,见表2-6(即"统一标准"附录G表G.0.1-2),在施工单位检查合格后,提交监理单位验收。

表2-6 单位(子单位)工程质量控制资料核查记录

工程名称			施工单位			
序号	项目	资料名称		份数	核查意见	核查人
1	建筑与结构	图纸会审、设计变更、洽商记录				
2		工程定位测量、放线记录				
3		原材料出厂合格证书及进场检(试)验报告				
4		施工试验报告及见证检测报告				
5		隐蔽工程验收记录				
6		施工记录				
7		预制构件、预拌混凝土合格证				
8		地基基础、主体结构检验及抽样资料				
9		分项、分部工程质量验收记录				
10		工程质量事故及事故调查处理资料				
11		新材料、新工艺施工记录				
12						
1	给排水与采暖	图纸会审、设计变更、洽商记录				
2		材料、配件出厂合格证书及进场检(试)验报告				
3		管道、设备强度试验、严密性试验记录				
4		隐蔽工程验收记录				
5		系统清洗、灌水、通水、通球试验记录				
6		施工记录				
7		分项、分部工程质量验收记录				
8						
1	建筑电气	图纸会审、设计变更、洽商记录				
2		材料、设备出厂合格证书及进场检(试)验报告				
3		设备调试记录				
4		接地、绝缘电阻测试记录				
5		隐蔽工程验收记录				
6		施工记录				
7		分项、分部工程质量验收记录				
8						

续表

工程名称			施工单位		份数	核查意见	核查人
序号	项目	资料名称					
1	通风与空调	图纸会审、设计变更、洽商记录					
2		材料、设备出厂合格证书及进场检(试)验报告					
3		制冷、空调、水管道强度试验、严密性试验记录					
4		隐蔽工程验收记录					
5		制冷设备运行调试记录					
6		通风、空调系统调试记录					
7		施工记录					
8		分项、分部工程质量验收记录					
9							
1	电梯	土建布置图纸会审、设计变更、洽商记录					
2		设备出厂合格证书及开箱检验记录					
3		隐蔽工程验收记录					
4		施工记录					
5		接地、绝缘电阻测试记录					
6		负荷试验、安全装置检查记录					
7		分项、分部工程质量验收记录					
8							
1	建筑智能化	图纸会审、设计变更、洽商记录、竣工图及设计说明					
2		材料、设备出厂合格证及技术文件及进场检(试)验报告					
3		隐蔽工程验收记录					
4		系统功能测定及设备调试记录					
5		系统技术、操作和维护手册					
6		系统管理、操作人员培训记录					
7		系统检测报告					
8		分项、分部工程质量验收报告					

结论：

结论：

施工单位项目经理：　　　年　月　日　　　　总监理工程师(建设单位项目负责人)：　　　年　月　日

注：本表摘自《建筑工程施工质量验收统一标准》(GB 50300—2001)附录G表G.0.1-2。

　　工程质量控制资料由施工单位的项目（技术）负责人进行核查后签字，并填写是否"完整"的核查意见，核查份数应按实际数量填写。自评意见由施工单位项目负责人核查情况填写质量控制资料是否"完整"的意见并签字，本表的结论栏由监理单位总监理工程师根据抽查项目的检查情况填写质量控制资料是否"完整"的意见并签字，抽查项目由验收组协商确定，抽查的详细情况可以填写在监理表格中。如果合格，填写结论，并在单位工程质量竣工

表 2-7 单位（子单位）工程安全和功能检验资料核查及主要功能抽查记录

工程名称			施工单位			
序号	项目	安全和功能检查项目	份数	核查意见	抽查结果	核查(抽查)人
1	建筑与结构	屋面淋水试验记录				
2		地下室防水效果检查记录				
3		有防水要求的地面蓄水试验记录				
4		建筑物垂直度、标高、全高测量记录				
5		抽气(风)道检查记录				
6		幕墙及外窗气密性、水密性、耐风压检测报告				
7		建筑物沉降观测测量记录				
8		节能、保温测试记录				
9		室内环境检测报告				
10						
1	给排水与采暖	给水管道通水试验记录				
2		暖气管道、散热器压力试验记录				
3		卫生器具满水试验记录				
4		消防管道、燃气管道压力试验记录				
5		排水干管通球试验记录				
6						
1	电气	照明全负荷试验记录				
2		大型灯具牢固性试验记录				
3		避雷接地电阻测试记录				
4		线路、插座、开关接地检验记录				
5						
1	通风与空调	通风、空调系统试运行记录				
2		风量、温度测试记录				
3		洁净室洁净度测试记录				
4		制冷机组试运行调试记录				
5						
1	电梯	电梯运行记录				
2		电梯安全装置检测报告				
1	智能建筑	系统试运行记录				
2		系统电源及接地检测报告				
3						
结论：			结论：			
施工单位项目经理： 年 月 日			总监理工程师(建设单位项目负责人)： 年 月 日			

注：1. 抽查项目有验收组协商确定。
2. 本表摘自《建筑工程施工质量验收统一标准》(GB 50300—2001)附录 G 表 G.0.1-3。

验收记录中相关栏目中写出验收结论。

"完整"的意思应为资料项目和数量齐全，不得有漏检缺项，个别项目内容虽有欠缺，但不影响结构安全和使用功能要求。

本表一式四份，建设单位、施工单位、监理单位、城建档案馆各一份。

2.6.5 安全和主要使用功能核查、抽查记录与结论

这项内容也有专门的验收表格，见表2-7（即"统一标准"附录G表G.0.1-3），这个项目也是由施工单位检查评定合格后再提交验收，由监理工程师或建设单位项目负责人组织审查，先按项目逐个进行核查验收，然后统计核查的项数和抽查的项数，最后作出是否合格的结论。如果不合格的，则要求进行返工处理达到要求为止，如果返工仍然达不到要求，那就按照不合格处理程序进行处理。

核查意见由施工单位项目（技术）负责人对涉及工程安全和使用功能的检查资料逐项进行核查后填写是否"完整"的核查意见并签字。

抽检结果由监理工程师根据抽查结果填写是否"完整"的意见，抽查项目由验收组协商确定。

抽检项目是在检查资料文件的基础上由参加验收的各方人员共同商定，并用计量、计数的抽样方法确定检查部位。

自评意见由施工单位项目负责人根据核查情况对安全和功能检验资料是否完整进行自评，应签字齐全。

结论由监理工程师根据资料核查和抽样检查结果给出明确结论性结果。

经过安全和功能检验资料核查和抽查后，在单位（子单位）质量竣工验收记录表的相应栏目中填写完毕。本表一式四份，建设单位、监理单位、施工单位、城建档案馆各一份。

2.6.6 观感质量验收记录与结论

这项内容也有专门的验收表格，见表2-8（即"统一标准"附录G表G.0.1-4）。观感质量的检查方法同分部（子分部）工程，但单位工程观感质量的验收项目比较多，是一个综合性的验收，这个项目也是先由施工单位自行检查评定合格后，提交验收，再由总监理工程师或建设单位项目负责人组织审查。

表中检查点的观感质量符合规范中一般项目的要求用"√"表示，一般则用"○"表示，差用"▽"表示。

观感质量评价的方法：一般采用定性评价的方法进行，也可以用评分法进行，即根据每个项目的抽查点数，符合规范要求点数达到85%（包括85%）以上为"好"，则该项分值×90%为该项实得分值；符合要求点数达到70%～85%（包括70%）为一般，其分值×80%为该项实得分值；符合要求点达到50%～70%（含50%）为差，其分值×70%为该项实得分值，50%以下为不符合要求。如果在所抽检的项目中，如果没有影响结构安全和使用功能的项目，无论评价为"好"、"一般"、"差"都可作为符合要求的合格项目。如有不符合要求的项目则按照质量不符合要求的处理办法进行处理。

观感质量的综合评价应填写为"好"、"一般"、"差"，观感质量抽检项目及数量是在施工单位自查基础上由验收各方共同商定的。

结论由总监理工程师根据验收组的检查情况给出是否符合设计和规范要求，以及对综合质量进行评价，提出存在的主要问题。

经过观感质量核查和抽查后，在单位（子单位）质量竣工验收记录表的相应栏目中填写

表 2-8 单位（子单位）工程观感质量检查记录

序号		项目	抽查质量状况									质量评价		
												好	一般	差
1	建筑与结构	室外墙面												
2		变形缝												
3		水落管，屋面												
4		室内墙面												
5		室内顶棚												
6		室内地面												
7		楼梯、踏步、护栏												
8		门窗												
1	给排水与采暖	管道接口、坡度、支架												
2		卫生器具、支架、阀门												
3		检查口、扫除口、地漏												
4		散热器、支架												
1	建筑电气	配电箱、盘、板、接线盒												
2		设备器具、开关、插座												
3		防雷、接地												
1	通风与空调	风管、支架												
2		风口、风阀												
3		风机、空调设备												
4		阀门、支架												
5		水泵、冷却塔												
6		绝热												
1	电梯	运行、平层、开关门												
2		层门、信号系统												
3		机房												
1	智能建筑	机房设备安装及布局												
2		现场设备安装												
3														
观感质量综合评价														

检查结论	
	施工单位项目经理：　　　　　　年　月　日　总监理工程师(建设单位项目负责人)：　　　　年　月　日

注：1. 质量评差的项目，应进行返修。
2. 本表摘自《建筑工程施工质量验收统一标准》（GB 50300—2001）附录 G 表 G.0.1-4。

完毕。本表一式四份，建设单位、监理单位、施工单位、城建档案馆各一份。

2.6.7 综合验收结论

综合验收是在前面四项内容均验收符合要求后进行的验收。验收时，在建设单位组织下，由建设单位相关专业人员及监理单位专业监理工程师和设计单位、施工单位相关人员分别核查验收有关项目，并由总监理工程师组织进行现场观感质量检查，经各项目审查符合要求时，由监理单位或建设单位在"验收结论"栏内填写"同意验收"的意见。各栏均同意验收且经各参加检验方共同同意商定后，由建设单位填写"综合验收结论"，可填写"通过验收"。

2.6.8 验收单位签章

勘察单位、设计单位、施工单位、监理单位、建设单位都同意验收时，其各单位的单位项目负责人要签字，并加盖单位公章，注明签字验收的日期。

复习思考题

1. 施工技术管理资料包含哪些内容？什么叫技术交底？
2. 工程质量控制资料包含哪些内容？图纸会审如何组织，主要要解决什么问题？
3. 安全和功能检验资料包含哪些内容？
4. 工程质量验收记录涵盖哪些内容？
5. 施工现场质量管理检查记录表的作用是什么？
6. 简述检验批项目的编码规则。"01020211、01070108、02030104"分别是什么意思？
7. 什么是主控项目？什么是一般项目？如果一个分项工程是合格的，对它们分别有什么要求？
8. 什么是隐蔽工程？请查取相关资料，写出基础工程和钢筋混凝土工程中哪些属于隐蔽工程。
9. 请说明《检验批质量验收记录表》是由什么人填写，什么人评定结论，什么人签署验收结论。
10. 请说明《分项工程质量验收记录表》是由什么人填写，什么人评定结论，什么人签署验收结论。
11. 请说明《分部工程（子分部）验收记录表》是由什么人填写，什么人评定结论，什么人签署验收结论。
12. 请说明《单位工程（子单位）质量竣工验收记录表》是由什么人填写，什么人评定结论，什么人签署验收结论。

3 地基基础分部工程

【能力目标】
1. 能正确地将地基基础分部工程划分为若干个子分部工程、分项工程和检验批。
2. 对常见的土方工程、桩基工程、地下防水工程等子分部工程所包含的分项工程检验批，能按照主控项目和一般项目的检验标准组织检查或验收，并能评定或认定该项目的质量。
3. 根据已验收通过的分项工程、分项工程检验批，能组织地基基础分部（子分部）工程的质量验收，判定该分部（子分部）是否合格。

【学习要求】
1. 掌握地基基础工程施工质量验收的基本规定。
2. 熟悉常见的土方工程、桩基工程和地下防水工程等子分部工程所含的分项工程检验批主控项目和一般项目的验收标准；熟悉地基基础工程分部（子分部）工程质量验收的内容。

3.1 基本规定

建筑地基基础分部工程是建筑工程施工验收九大分部工程之一。按照《建筑工程施工质量验收统一标准》（GB 50300—2001）的规定，建筑地基基础分部工程包括无支护土方工程、有支护土方工程、地基及基础处理、桩基工程、地下防水、混凝土基础、砌体基础、劲钢（管）混凝土、钢结构等9个子分部工程。验收中，必须严格按照《建筑地基基础工程施工质量验收规范》（GB 50202—2002）和《地下防水工程施工质量验收规范》（GB 50208—2011）两个验收规范组织验收。同时还应按照砌体、混凝土、钢结构等子分部工程以及桩基检测等相关专业验收规范的规定进行。地基基础分部工程验收涉及的现行国家相关专业验收规范如下。

《混凝土结构工程施工质量验收规范》（GB 50204—2002）（2011版）
《钢结构工程施工质量验收规范》（GB 50205—2001）
《地下防水工程施工质量验收规范》（GB 50208—2011）
《建筑基桩检测技术规范》（JGJ 106—2003）
《建筑地基处理技术规范》（JGJ 79—2012）
《建筑地基基础设计规范》（GB 50007—2011）
《砌体工程施工质量验收规范》（GB 50203—2011）

地基基础分部工程包括的子分部和分项工程较多，本章仅介绍常见的无支护土方工程、桩基工程、地下防水等子分部工程的质量检查与验收。

3.1.1 资料收集与基本要求

（1）资料收集 地基与基础的施工主要与地下土层接触，因此掌握地质资料极为重要。

基础工程的施工往往会影响到临近房屋、地下管线和其他公共设施的安全,为了利于基础施工的安全和质量以及对临近房屋和设施的保护,掌握设施的结构状况极为重要。施工前掌握必要的资料,做到心中有数是必要的。

地基基础工程施工前,必须具有完备的地质勘察资料及工程附近管线、建筑物、构筑物和其他公共设施的构造情况,必要时应作施工勘察和调查以确保工程质量及邻近建筑的安全。

(2) 施工企业的资质 施工单位必须具备相应的专业资质,并应建立完善的质量管理体系和质量检验制度。

地基基础施工时,往往面临复杂的地质情况,且专业性较强,又具有较高的专业标准。重要的、复杂的地基基础工程,应由具备一定的施工经验且有相应的资质的施工单位才能承担施工。

(3) 检测与见证 基础工程为隐蔽工程,为了确保安全和质量,确保检测和见证试验结果的可靠性和权威性,规范规定:从事地基基础工程检测及见证试验的单位,必须具备省级以上(含省、自治区、直辖市)建设行政主管部门颁发的资质证书和计量行政主管部门颁发的计量认证合格证书。

3.1.2 子分部的划分

根据《建筑工程施工质量验收统一标准》(GB 50300—2001)的规定,将地基与基础分部工程划分为9个子分部工程,64个分项工程,详见表3-1。

表3-1 地基与基础分部(子分部)工程的划分

序号	子分部工程	分项工程
1	无支护土方工程	土方开挖、土方回填
2	有支护土方工程	排桩、降水、排水、地下连续墙、锚杆、土钉墙、水泥土桩、沉井与沉箱、钢及混凝土支撑
3	地基及基础处理	灰土地基、砂和砂石地基、碎砖三合土地基、土工合成材料地基、粉煤灰地基、重锤夯实地基、强夯地基、振冲地基、砂桩地基、预压地基、高压喷射注浆地基、土和灰土挤密桩地基、注浆地基、水泥粉煤灰碎石桩地基、夯实水泥土桩地基桩
4	桩基工程	锚杆静压桩及静力压桩,预应力离心管桩、钢筋混凝土预制桩、钢桩、混凝土灌注桩(成孔、钢筋笼、清孔、水下混凝土灌注)
5	地下防水	防水混凝土、水泥砂浆防水层、卷材防水层、涂料防水层、金属板防水层、塑料板防水层、细部构造、喷锚支护、复合式衬砌、地下连续墙、盾构法隧道、渗排水、盲沟排水、隧道、坑道排水、预注浆、后注浆、衬砌裂缝注浆
6	混凝土基础	模板、钢筋、混凝土、后浇带混凝土、混凝土结构缝处理
7	砌体基础	砖砌体、混凝土砌块砌体、配筋砌体、石砌体
8	劲钢(管)混凝土	劲钢(管)焊接、劲钢(管)与钢筋的连接、混凝土
9	钢结构	焊接钢结构、拴接钢结构、钢结构制作、钢结构安装、钢结构涂装

应当指出,当地基基础工程规模较大、作业专业较多时,如基础工程,有基坑开挖、桩基础、地基处理等,可按工程项目管理的需要,根据《建筑工程施工质量验收统一标准》所划分的范围,确定子分部工程。也就是说,地基基础分部工程虽然划分了9个子分部工程。但对于一个具体的工程项目来说,可能只包括上述所列9个子分部中的2个或2个以上,不一定是全部。一般来讲,该工程涉及的就可以包括,没有涉及的就没有该子分部工程,其他分部、子分部工程也是一样。当工程较小时,也可直接

采用分项工程。

3.1.3 施工过程中异常情况的处理

地基基础施工过程中，常有不可预见的异常情况发生，如地质资料与实际不符或突然发生没有事先掌握的情况。为了保证施工的安全和质量，避免重大事故或损失，施工过程中出现异常情况时，应停止施工，由监理或建设单位组织勘察、设计、施工等有关单位共同分析情况，解决问题，消除质量隐患，并应形成文件资料后在进行继续作业。

3.2 土方子分部工程

这里主要介绍无支护土方工程是一个子分部工程的施工质量检查与验收。无支护土方工程包括土方开挖、土方回填两个分项工程。

3.2.1 土方工程施工质量检查验收的一般规定

为了确保工程质量，土方工程施工时应做好以下工作。

（1）土方工程施工前应进行挖、填方的平衡计算，综合考虑土方运距最短、运程合理和各个工程项目的合理施工程序等，做好土方平衡调配，减少重复挖运。

土方的平衡与调配是土方工程施工的一项重要工作。一般先由设计单位提出基本平衡数据，然后由施工单位根据实际情况进行平衡计算。如工程量较大，在施工过程中还应进行多次平衡调整，在平衡计算中，应综合考虑土的松散率、压缩率、沉陷量等影响土方量变化的各种因素。

土方平衡调配应尽可能与城市规划和农田水利相结合将余土一次性运到指定弃土场，做到文明施工。

（2）当土方工程挖方较深时，施工单位应采取措施，防止基坑底部土的隆起并避免危害周边环境。基底土隆起往往伴随着对周边环境的影响，尤其当周边有地下管线，建（构）筑物、永久性道路时应密切注意。

（3）在挖方前，应做好地面排水和降低地下水位工作，并制订切实可行的排水和降低地下水位的措施，加快土方施工进度，以避免造成集水、坑底隆起及对环境影响增大。

（4）平整场地的表面坡度应符合设计要求，如设计无要求时，排水沟的坡度不应小于0.2%。

（5）土方工程施工，应经常测量和校核其平面位置、水平标高和边坡坡度。平面控制桩和水准控制点应采取可靠的保护措施，定期复测和检查。

在土方工程施工测量中，除开工前的复测放线外，还应配合施工对平面位置（包括控制边界线、分界线、边坡的上口线和底口线等），边坡坡度（包括放坡线、变坡线等）和标高等经常进行测量，校核是否符合设计要求。土方不应堆在基坑边缘。

（6）对雨季和冬季施工还应遵守国家现行有关标准。

3.2.2 土方开挖分项工程质量验收

3.2.2.1 土方开挖的一般要求

（1）土方开挖前应检查定位放线、排水和降低地下水位系统，合理安排土方运输车的行走路线及弃土场。

(2) 土方工程在施工中应检查平面位置、水平标高、边坡坡度、排水、降水系统及周围环境的影响，并随时观测周围的环境变化；对回填土方还应检查回填土料、含水量、分层厚度、压实度，对分层挖方，也应检查开挖深度等。

(3) 临时性挖方的边坡值应符合表3-2的规定。表中所列数值适用于附近无重要建筑物或重要公共设施，且基坑暴露时间不长的条件。

表3-2 临时性挖方的边坡值

土的类别		边坡坡度(高:宽)
砂土(不包括细砂、粉砂)		1:1.25～1:1.5
一般黏性土	坚硬	1:0.75～1:1
	硬塑	1:1～1:1.25
	软	1:1.50 或更缓
碎石类土	充填坚硬、硬塑黏性土	1:0.5～1:1
	充填砂土	1:1～1:1.5

注：1. 设计有要求时，应符合设计标准。
2. 如采用降水或其他加固措施，可不受本表限制，但应计算复核。
3. 开挖深度，对软土不应超过4m；对硬土不应超过8m。
4. 本表摘自《建筑地基基础工程施工质量验收规范》(GB 50202—2002)。

3.2.2.2 平整场地施工与检验

(1) 平整场地前应具备的资料和条件
① 当地实测的地形图；
② 原有地下管线、周围建（构）筑物的竣工图；
③ 土石方施工图；
④ 工程地质、水文、气象等技术资料；
⑤ 规划给出的平面控制桩；
⑥ 勘察测绘提供的水准点；
⑦ 根据施工图要求，施工方编制的土石方施工组织设计和施工方案。

(2) 平整场地的施工要求及质量检查
① 根据规划给定的建筑界线进行定位放线，做好轴线控制桩和高程控制点。
② 平整场地的坡度应符合设计要求，设计无要求时做成向排水沟方向不小于0.2%的坡度。在施工过程中，应经常测量和检验其平面位置与高程，边坡坡度应符合设计要求。
③ 平整后的场地表面应逐点检查。检查点为每100～400m² 取1点，但不应少于10点；长度、宽度和边坡均为每20m取1点，每边不应少于1点。

3.2.2.3 土方开挖分项工程检验批的划分和质量检验

一般情况下，土方开挖都是一次完成的，然后进行验槽，故大多土方开挖分项工程都是只有一个检验批。但也有部分工程土方开挖分为两个或两个以上施工段施工，在检查验收时，形成两个或两个以上检验批。在施工中，虽然形成不同的检验批，但各检验批检查和验收的内容以及方法都是一样的。

土方开挖分项工程检验批的检验项目、质量检验标准和检验方法应符合表3-3的规定。

表 3-3 土方开挖工程质量检验标准

项	序号	项目	允许偏差或允许值/mm					检验方法	检查数量
			柱基基坑基槽	挖方场地平整		管沟	地(路)面基层		
				人工	机械				
主控项目	1	标高	-50	±30	±50	-50	-50	水准仪	柱基按总数抽查10%,但不少于5个,每个不少于2点;基坑每20m² 取1点,每坑不少于2点;基槽、管沟、排水沟、路面基层每20m取1点,但不少于5点;挖方每30~50m² 取1点,但不少于5点
	2	长度、宽度(由设计中心线向两边量)	+200 -50	+300 -100	+500 -150	+100	—	经纬仪,用钢尺量	20m取1点,每边不少于1点
	3	边坡	设计要求					观察或用坡度尺检查	20m取1点,每边不少于1点
一般项目	1	表面平整度	20	20	50	20	20	用2m靠尺和楔形塞尺检查	每30~50m²,取1点
	2	基底土性	设计要求					观察或土样分析	全数观察检查

注:地(路)面基层的偏差只适用于直接在挖、填方上做地(路)面的基层。

3.2.2.4 土方开挖分项工程检验批质量检验的说明

主控项目第一项 不允许欠挖是为了防止基坑底面超高,而影响基础的标高。

主控项目第三项 边坡坡度应符合设计要求或经审批的组织设计要求,并应符合表3-2的要求。

一般项目第二项 基坑(槽)和管沟基底的土质条件(包括工程地质和水文地质条件等),必须符合设计要求,否则对整个建筑物或管道的稳定性与耐久性会造成严重影响。检验方法应由施工单位会同设计单位、监理单位、建设单位等在现场观察检查,合格后做验槽记录。

3.2.2.5 土方开挖分项工程检验批质量验收记录表格和填写

土方开挖分项工程检验批质量验收记录表格和填写范例见表11-3。

3.2.3 土方回填分项工程质量验收

3.2.3.1 土方回填的一般要求

(1)土方回填前应清除基底的垃圾、树根、淤泥等,并抽除坑穴积水,验收基底标高。如在耕植土或松土上填方,应在基底压实后再进行。

(2)对填方土料应按设计要求验收后方可填入。

(3)填方施工过程中应检查排水措施,每层填筑厚度、含水量控制、压实程度。填筑厚度及压实遍数应根据土质,压实系数及所用机具的选定,对重要工程均应做现场试验后确定,或由设计提供。如无试验依据,应符合表3-4的规定。

(4)填方施工结束后,应检查标高、边坡坡度、压实程度等,检验标准应符合表3-5的规定。

3.2.3.2 土方回填分项工程检验批的划分和质量检验

(1)土方回填分项工程检验批的划分 可根据工程实际情况按施工组织设计进行确定,

可以按室内和室外划分为两个检验批,也可以按轴线分段划分成两个或两个以上检验批。若工程项目较小,也可以将整个填方作为一个检验批。

表 3-4 填土施工时的分层厚度及压实遍数

压实机具	分层厚度/mm	每层压实遍数
平碾	250~300	6~8
振动压实机	250~350	3~4
柴油打夯机	200~250	3~4
人工打夯	<200	3~4

注:本表摘自《建筑地基基础工程施工质量验收规范》(GB 50202—2002)。

(2) 土方回填分项工程检验批的质量检验 土方回填分项工程每一个检验批的质量检验项目、检验标准、检验方法和检查数量应符合表 3-5 的规定。

表 3-5 填土工程质量检验标准

项目	序号	检查项目	允许偏差或允许值/mm					检验方法	检查数量
			柱基基坑基槽	场地平整		管沟	地(路)面基层		
				人工	机械				
主控项目	1	标高	−50	±30	±50	−50	−50	水准仪	柱基按总数抽查10%,但不少于5个,每个不少于2点;基坑每20m²取1点,基坑不少于2点;基槽、管沟、排水沟、路面基层每20m²取1点,但不少于5点;场地平整每100~400m²取1点,但不少于10点。用水准仪检查
	2	分层压实系数	设计要求					按规定方法	密实度控制基坑和室内填土,每层按100~500m²取样一组,场地平整填方,每层按400~900m²取样一组,基坑和管沟回填,每20~50m²取样一组,但每层均不得少于一组,取样部位在每层压实后的下半部
一般项目	1	回填土料	设计要求					取样检查或直观鉴别	同一土场不少于一组
	2	分层厚度及含水量	设计要求					水准仪及抽样检查	分层铺土厚度检查每10~20mm或100~200m²设置一处。回填料实测含水量与最佳含水量之差,黏性土控制在−4%~+2%范围内,每层填料均应抽样检查一次,由于气候因素使含水量发生较大变化时应再抽样检查
	3	表面平整度	20	20	30	20	20	用靠尺或水准仪	每30~50m²取1点

3.2.3.3 土方回填分项工程检验批质量检验的说明
主控项目第二项

(1) 质量标准 填方密实后的干密度,应有90%以上符合设计要求;其余10%的最低值与设计值之差不得大于 $0.08g/cm^3$,且不宜集中。干密度由设计方提供。

(2) 检查方法 环刀取样或小轻便触探仪等,若采用灌砂法取样可适当减少。对有密度要求的填方,在夯实或压实之后,要对每层回填土的质量进行检验。一般采用环刀取样测定土的干密度和密实度或用轻便触控仪直接通过锤击数来检验干密度和密实度,符合设计要求后,才能填筑上层。

一般项目第一项 检查方法为野外鉴别或取样试验。

对填土压实要求不高的填料,可根据设计要求或施工规范的规定,按土的野外鉴别进行判别;对填土压实要求较高的填料,应先按野外鉴别法作初步判别,然后取有代表性的土样进行试验,提出试验报告。

一般项目第二项 施工过程中应检查每层填筑厚度、含水量、压实程度。填筑厚度及压实遍数应根据土质、压实系数及所用机具确定。若无试验依据及设计要求,应符合表3-4的规定。

3.3 桩基础子分部工程

桩基础工程是地基基础分部工程的子分部工程,包括静力压桩、先张法预应力管桩、钢桩、混凝土预制桩和混凝土灌注桩等分项工程。

本节主要介绍桩基础工程施工质量检查验收的一般规定和混凝土灌注桩的施工质量检查验收。对静力压桩、先张法预应力管桩、钢桩、混凝土预制桩的施工质量检查验收可按《建筑地基基础工程施工质量验收规范》中的要求进行验收。

3.3.1 桩基础工程施工质量检查验收的一般规定

(1) 桩位的放线允许偏差为:群桩20mm;单排桩10mm。

(2) 桩基工程的桩位验收,除设计有规定外,应按下述要求进行。

① 当桩顶设计标高与施工场地标高相同时,或桩基施工结束后,有可能对桩位进行检查时,桩基工程的验收应在施工结束后进行。

② 当桩顶设计标高低于施工场地标高,送桩后无法对桩位进行检查时,对打入桩可在每根桩桩顶沉至场地标高时,进行中间验收,待全部桩施工结束,承台或底板开挖到设计标高后,再做最终验收。对灌注桩可对护筒位置做中间验收。

(3) 打(压)入桩(预制混凝土方桩、先张法预应力管桩、钢桩)桩位的允许偏差,必须符合表3-6的规定。斜桩倾斜度的偏差不得大于倾斜角正切值的15%(倾斜角系桩的纵向中心线与铅垂线间夹角)。

表3-6 预制桩(钢桩)桩位的允许偏差

项	项 目	允许偏差/mm
1	盖有基础梁的桩: (1)垂直基础梁的中心线 (2)沿基础梁的中心线	$100+0.01H$ $150+0.01H$
2	桩数为1~3根桩基中的桩	100
3	桩数为4~16根桩基中的桩	1/2桩径或边长
4	桩数大于16根桩基中的桩: (1)最外边的桩 (2)中间桩	1/3桩径或边长 1/2桩径或边长

注:1. H为施工现场地面标高与桩顶设计标高的距离。
2. 本表摘自《建筑地基基础工程施工质量验收规范》(GB 50202—2002)。

表 3-6 中的数值未计及由于降水和基坑开挖等造成的位移,但由于打桩顺序不当,造成挤土而影响已入土桩的位移,是包括在表列数值中。为此,必须在施工中考虑合适的顺序及打桩速率。布桩密集的基础工程应有必要的措施来减少沉桩的挤土影响。

(4) 灌注桩的桩位偏差必须符合表 3-7 的规定,桩顶标高至少要比设计标高高出 0.5m,桩底清孔质量按不同的成桩工艺有不同的要求,应按本章的各节要求执行。每浇注 50m³ 必须有 1 组试件,小于 50m³ 的桩,每根桩必须有 1 组试件。

表 3-7 灌注桩的平面位置和垂直度的允许偏差

序号	成孔方法		桩径允许偏差 /mm	垂直度允许偏差 (%)	桩位允许偏差/mm	
					1~3 根、单排桩基垂直于中心线方向和群桩基础的边桩	条形桩基沿中心线方向和群桩基础的中间桩
1	泥浆护壁灌注桩	$D \leqslant 1000$	±50	<1	$D/6$,且不大于 100	$D/4$,且不大于 150
		$D > 1000$	±50		$100 + 0.01H$	$150 + 0.01H$
2	套管成孔灌注桩	$D \leqslant 500mm$	−20	<1	70	150
		$D > 500mm$			100	150
3	干成孔灌注桩		−20	<1	70	150
4	人工挖孔桩	混凝土护壁	+50	<0.5	50	150
		钢套管护壁	+50	<1	100	200

注:1. 桩径允许偏差的负值是指个别断面。
2. 采用复打、反插法施工的桩,其桩径允许偏差不受上表限制。
3. H 为施工现场地面标高与桩顶设计标高的距离,D 为设计桩径。
4. 本表摘自《建筑地基基础工程施工质量验收规范》(GB 50202—2002)。

(5) 工程桩应进行承载力检验。对于地基基础设计等级为甲级或地质条件复杂,成桩质量可靠性低的灌注桩,应采用静载荷试验的方法进行检验,检验桩数不应少于总数的 1%,且不应少于 3 根,当总桩数少于 50 根时,不应少于 2 根。

对重要工程应采用静载荷试验本检验桩的垂直承载力。静载荷试验桩的数量,如果施工区域地质条件单一,当地又有足够的实践经验,数量可根据实际情况,由设计确定。承载力检验不仅是检验施工的质量而且也能检验设计是否达到工程的要求。因此,施工前的试桩如没有破坏又用于实际工程中应可作为验收的依据。非静载荷试验桩的数量,可按国家现行行业标准《建筑工程基桩检测技术规范》(JGJ 106) 的规定执行。

(6) 桩身质量应进行检验。对设计等级为甲级或地质条件复杂,成桩质量可靠性低的灌注桩,抽检数量不应少于总数的 30%,且不应少于 20 根;其他桩基工程的抽检数量不应少于总数的 20%,且不应少于 10 根;对混凝土预制桩及地下水位以上且终孔后经过核验的灌注桩,检验数量不应少于总桩数的 10%,且不得少于 10 根。每个柱子承台下不得少于 1 根。

桩身质量的检验方法很多,可按国家现行行业标准《建筑工程基桩检测技术规范》(JGJ 106) 所规定的方法执行。打入桩制桩的质量容易控制,问题也较易发现,抽查数可较灌注桩少。

(7) 对砂、石子、钢材、水泥等原材料的质量、检验项目、批量和检验方法,应符合国家现行标准的规定。

(8) 除第(5)、(6)条规定的主控项目外,其他主控项目应全部检查,对一般项目,除已明确规定外,其他可按 20% 抽查,但混凝土灌注桩应全部检查。

桩顶标高低于施工场地标高时,如不做中间验收,在土方开挖后如有桩顶位移发生,不易明确责任,究竟是土方开挖不妥,还是本身桩位不准(打入桩施工不慎,会造成挤土,导致桩体位移),加一次中间验收有利于责任区分,引起打桩及土方承包商的重视。

3.3.2 混凝土灌注桩施工质量验收

3.3.2.1 混凝土灌注桩施工质量检验的规定

(1) 现场搅拌在施工前应对水泥、砂、石子、钢材等原材料进行检查;对施工组织设计中制订的施工顺序、监测手段(包括仪器、方法)也应检查。

混凝土灌注桩的质量检验应较其他桩种严格,这是工艺本身要求,再则工程事故也较多,因此,对监测手段要事先落实。

(2) 施工中应对成孔、清渣、放置钢筋笼、灌注混凝土等进行全过程检查,人工挖孔桩尚应复验孔底持力层土(岩)性。嵌岩桩必须有桩端持力层的岩性报告。

沉渣厚度应在钢筋笼放入后,混凝土浇注前测定,成孔结束后,放钢筋笼、混凝土导管都会造成土体跌落,增加沉渣厚度,因此,沉渣厚度应是二次清孔后的结果。沉渣厚度的检查目前均用重锤,但因人为因素影响很大,应专人负责,用专一的重锤,有些地方用较先进的沉渣仪,这种仪器应预先做标定。人工挖孔桩一般对持力层有要求,而且到孔底察看土性是有条件的。

(3) 施工结束后,应检查混凝土强度,并应做桩体质量及承载力的检验。

3.3.2.2 分项工程检验批的划分和质量检验

由于混凝土灌注桩一般设有钢筋笼,检查验收时除要对混凝土进行检查验收外,还需要对钢筋笼进行验收,故形成两个检验批。同时,检验批的划分还要考虑分段施工、桩的类型、大小的影响,所以混凝土灌注桩分项工程在实际施工中可能会形成多个检验批。

(1) 混凝土灌注桩钢筋笼检验批的质量验收

1) 混凝土灌注桩钢筋笼检验批的质量标准 混凝土灌注桩钢筋笼检验批的质量检验标准和检验方法应符合表3-8的规定。

表3-8 混凝土灌注桩钢筋笼质量检验标准和检验方法

项	序号	检查项目	允许偏差或允许值/mm	检查方法	检查数量
主控项目	1	主筋间距	±10	用钢尺量	全数检查
	2	长度	±100	用钢尺量	
一般项目	1	钢筋材质检验	设计要求	抽样送检	按进场的批次和产品的抽样检验方案确定
	2	箍筋间距	±20	用钢尺量	抽20%桩数
	3	直径	±10	用钢尺量	

2) 混凝土灌注桩钢筋笼检验批质量检验的说明

主控项目第一项 可随机抽查两端及中间,取其平均值,并和设计值比较。

主筋净距必须大于混凝土粗骨料粒径3倍以上,当因设计含钢量大而不能满足时,应通过设计调整钢筋直径加大主筋之间净距,以确保混凝土灌注时达到密实的要求;加劲箍宜设在主筋外侧,主筋不设弯钩,必须设弯钩时,弯钩不得向内圆伸露,以免钩住灌注导管,妨碍导管正常工作;沉放钢筋笼前,在钢筋笼上绑好主筋保护层垫块并焊好吊环,使主筋保护层偏差符合要求,即

水下浇注混凝土桩 ±20mm

非水下浇注混凝土桩　±10mm

主控项目第二项　分节制作的钢筋笼，主筋接头宜用焊接。如采用搭接单面焊时，其搭接长度应不小于10D。

一般项目第二项　箍筋采用φ(6～8)@(200～300)mm，宜采用螺旋式箍筋；受水平荷载较大的桩基和抗震桩基，桩顶3～5d范围内箍筋应适当加密；当钢筋笼长度超过4m时，应每隔2m左右设一道φ12～φ18焊接加劲箍筋。

一般项目第三项　钢筋笼的内径应比导管接头处的外径大100mm以上；安放要对准孔位，避免碰撞孔壁，就位后应立即固定。

(2) 混凝土灌注桩检验批的质量验收

1) 混凝土灌注桩检验批的质量标准　混凝土灌注桩的质量检验标准应符合表3-9的规定。

2) 混凝土灌注桩分项工程检验批质量检验的说明

主控项目第二项　摩擦型桩以设计桩长控制成孔深度；端承摩擦型桩以设计桩长控制成孔深度为主，贯入度为辅，端承桩当采用钻（冲）、挖掘成孔时，以设计桩长为主；当采用锤击沉管法成孔时，以贯入度为主。

主控项目第三项

检查方法：采用（低应变）动测法等方法。

检查数量：设计等级为一级或地区条件复杂下抽30%且不少于20根。其他情况抽20%且不少于10根。每根柱子承台下不少于1根。

当桩身完整性差的比例较高时，应扩大检验比例甚至100%检验。

主控项目第五项　检查方法：可采用静载或大应变检测。检查数量：按设计要求。

一般项目第五项　沉渣厚度应在钢筋笼放入后，混凝土浇注前测定，成孔结束后，放钢筋笼、混凝土导管都会造成土体跌落，增加沉渣厚度，因此，沉渣厚度应是二次清孔后的结果。沉渣厚度的检查目前均用重锤，但因人为因素影响很大，应专人负责，用专一的重锤，有些地方用较先进的沉渣仪，这种仪器应预先做标定。人工挖孔桩一般对持力层有要求，而且到孔底察看土性是有条件的。

一般项目第八项　检查方法：检查每根桩的实际灌注量，查施工记录。

3.3.3　静力压桩施工质量验收

3.3.3.1　静力压桩施工质量检验的规定

(1) 静力压桩的方法较多，有锚杆静压、液压千斤顶加压、绳索系统加压等，凡非冲击力沉桩均按静力压桩考虑。

(2) 施工前应对成品桩（锚杆静压成品桩一般均由工厂制造，运至现场堆放）做外观及强度检验，接桩用焊条或半成品硫黄胶泥应有产品合格证书，或送有关部门检验，压桩用压力表、锚杆规格及质量也应进行检查。硫黄胶泥半成品应每100kg做一组试件（3件）。

半成品硫黄胶泥必须在进场后做检验。压桩用压力表必须标定合格方能使用，压桩时的压力数值是判断承载力的依据，也是指导压桩施工的一项重要参数。

(3) 压桩过程中应检查压力、桩垂直度、接桩间歇时间、桩的连接质量及压入深度。重要工程应对电焊接桩的接头做10%的探伤检查。对承受反力的结构应加强观测。

施工中检查压力目的在于检查压桩是否正常。接桩间歇时间对硫黄胶泥必须控制，间歇过短，硫黄胶泥强度未达到，容易被压坏，接头处存在薄弱环节，甚至断桩。浇注硫黄胶泥时间必须快，否则硫黄胶泥在容器内结硬，浇注入连接孔内不易均匀流淌，质量也不易保证。

（4）施工结束后，应做桩的承载力及桩体质量检验。检验标准参见表3-9。

表 3-9 混凝土灌注桩质量检验标准

项目	序号	检查项目	允许偏差或允许值 单位	允许偏差或允许值 数值	检查方法	检查数量
主控项目	1	桩位	见表3-7		基坑开挖前量护筒，开挖后量桩中心	全数检查
	2	孔深	mm	+300	只深不浅，用重锤测，或测钻杆、套管长度，嵌岩桩应确保进入设计要求的嵌岩深度	
	3	桩体质量检验	按基桩检测技术规范如钻芯取样，大直径嵌岩桩应钻至桩尖下500mm		按基桩检测技术规范	按设计要求
	4	混凝土强度	设计要求		试件报告或钻芯取样送检	每浇筑50m³必须有1组试件，小于50m³的桩，每根或每台班必须有1组试件
	5	承载力	按基桩检测技术规范		按基桩检测技术规范	按设计要求
一般项目	1	垂直度	见表3-7		测套管或钻杆，或用超声波探测，在施工时吊垂球	全数检查 每50m³或一根桩或一台班不少于1次
	2	桩径	见表3-7		井径仪或超声波检测，干施工时用钢尺量，人工挖孔桩不包括内衬厚度	
	3	泥浆相对密度（黏土或砂性土中）		1.5～1.2	用比重计测，清孔后在距孔底50cm处取样	
	4	泥浆面标高（高于地下水位）	m	0.5～1.0	目测	
	5	沉渣厚度： 端承桩 摩擦桩	mm mm	≤50 ≤150	用沉渣仪或重锤测量	
	6	混凝土坍落度： 水下灌注 干施工	mm mm	160～220 70～100	坍落度仪	
	7	钢筋笼安装深度	mm	+100	用钢尺量	全数检查
	8	混凝土充盈系数		>1	检查每根桩的实际灌注量	
	9	桩顶标高	mm	+30；-50	水准仪，需扣除桩顶浮浆层及劣质桩体	

压桩的承载力试验，在有经验地区将最终压入力作为承载力估算的依据，但最终应由设计确定。

3.3.3.2 锚杆静压桩质量检验标准

静力压桩的方法较多，这里主要介绍锚杆静压桩的质量检验标准。锚杆静压桩质量检验标准应符合表 3-10 的规定。

表 3-10 静力压桩质量检验标准

项目	序号	检查项目	允许偏差或允许值		检查方法	检查数量
			单位	数值		
主控项目	1	桩体质量检验	按基桩检测技术规范		按基桩检测技术规范	全数检查
	2	桩位偏差	见表 3-7		用钢尺量	全数检查
	3	承载力	按基桩检测技术规范		按基桩检测技术规范	检验桩数不应少于总数的 1%，且不应少于 3 根，当总桩数少于 50 根时，不应少于 2 根
一般项目	1	成品桩质量：外观	表面平整，颜色均匀，掉角深度<10mm，蜂窝面积小于总面积 0.5%		直观	检验桩数不应少于总数的 20%，且不应少于 10 根
		外形尺寸 强度	见相关规范要求 满足设计要求		用钢尺量 查产品合格证书或钻芯试压	
	2	硫黄胶泥质量（半成品）	设计要求		查产品合格证书或抽样送检	每 100kg 做一组试件（3 件）
	3	接桩	电焊接桩：焊缝质量 电焊结束后停歇时间	min	见相关规范要求 >1.0	见相关规范要求 秒表测定	按相关规范要求
			硫黄胶泥接桩：胶泥浇注时间 浇注后停歇时间	min min	<2 >7	秒表测定	
	4	电焊条质量	设计要求		查产品合格证书	
	5	压桩压力（设计有要求时）	%	±5	查压力表读数	全数检查
	6	接桩时上下节平面偏差 接桩时节点弯曲矢高	mm	<10 <(1/1000)l	用钢尺量 用钢尺量，l 为两节桩长	
	7	桩顶标高	mm	±50	水准仪	

注：1. 夯填度指夯实后的褥垫层厚度与虚体厚度的比值。
2. 桩径允许偏差负值是指个别断面。

3.3.3.3 分项工程检验批质量检验的说明

一般项目第二项 用硫黄胶泥接桩，在大城市因污染空气已较少使用。半成品硫黄胶泥必须在进场后做检验。压桩用压力表必须标定合格方能使用，压桩时的压力数值是判断承载力的依据，也是指导压桩施工的一项重要参数。

3.4 地下防水子分部工程

地下防水工程是指对工业与民用建筑地下工程、防护工程等建筑物，进行防水设计、防水施工和维护管理等各项技术工作的工程实体。地下防水工程的质量验收，应按现行国家标准《地下防水工程施工质量验收规范》（GB 50208—2011）和"统一标准"进行。

地下防水子分部工程所包括的分项工程较多，仅介绍地下建筑防水工程中的防水混凝土、卷材防水层和细部构造等分项工程，其他分项工程的验收应按《地下防水工程施工质量验收规范》（GB 50208—2011）有关要求进行。

3.4.1 地下防水工程施工质量检查验收的基本规定

3.4.1.1 地下工程的防水等级

根据国内工程调查资料，并参考国外有关规定数值，结合地下工程不同要求和我国地下工程实际，按不同渗漏水量的指标将地下工程防水划分为四个等级。地下工程的防水等级分为4级，各级标准见表3-11的规定。

3.4.1.2 地下工程的防水设防要求

地下工程的防水设防要求，应根据地下工程的施工方法不同按表3-12和表3-13选用。

地下工程的防水应包括两个部分内容：一是主体防水；二是细部构造防水。目前，主体采用防水混凝土结构自防水的效果尚好，而细部构造（施工缝、变形缝、后浇带、诱导缝）的渗漏水现象最为普遍，工程界有所谓"十缝九漏"之称。明挖法施工时，不同防水等级的地下工程防水设防，对主体防水"应"或"宜"采用防水混凝土。

当工程的防水等级为一至三级时，还应在防水混凝土的表面增设一至两道其他防水层，称谓"多道设防"。一道防水设防的涵义应是具有单独防水能力的一个防水层次。多道设防时，所增设的防水层可采用多道卷材，亦可采用卷材、涂料、刚性防水复合使用。多道设防主要利用不同防水材料的材性，体现地下防水工程"刚柔相济"的设计原则。

3.4.1.3 地下防水工程施工前的技术准备

地下防水工程施工前，施工单位应进行图纸会审，通过图纸会审，施工单位既要对设计质量把关，又要掌握地下工程防水构造设计的要点，施工前还应有针对性地确保防水工程质量的施工方案和技术措施。

3.4.1.4 地下防水工程施工工序质量的控制

地下防水工程施工时，施工单位应建立各道工序的自检、交接检和专职人员检查的"三检"制度，并有完整的检查记录。

上工序完成后，应经完成方与后续工序的承接方共同检查并确认，方可进行下一工序的施工。规范规定工序或分项工程的质量验收，应在操作人员自检合格的基础上，进行工序之间的交接检和专职质量人员的检查，检查结果应有完整的记录，然后由监理工程师代表建设单位进行检查和确认。未经建设（监理）单位对上道工序的检查确认，不得进行下道工序的施工。

3.4.1.5 对施工资质的规定

地下防水工程必须由相应资质的专业防水队伍进行施工；主要施工人员应持有建设行政主管部门或其指定单位颁发的执业资格证书。

防水作业是保证地下防水工程质量的关键。如使用不懂防水技术的工人进行防水作业，可能造成工程渗漏的严重后果。故强调必须建立具有相应资质的专业防水施工队伍，施工人员必须经过理论与实际施工操作的培训，并持有建设行政主管部门或其指定单位颁发的执业资格证书或上岗证。

3.4.1.6 对原材料的规定

地下防水工程所使用的防水材料，应有产品的合格证书和性能检测报告，材料的品种、规格，性能等应符合现行国家产品标准和设计要求。

对进场的防水材料应按《地下防水工程施工质量验收规范》附录A和附录B的规定抽

表 3-11 地下工程防水等级标准

防水等级	标准
一级	不允许渗水,结构表面无湿渍
二级	不允许漏水,结构表面可有少量湿渍 房屋建筑:湿渍总面积不大于总防水面积的1‰,单个湿渍面积不大于0.1m²,任意100m²防水面积不超过2处 其他地下工程:湿渍总面积不大于总防水面积的2‰,单个湿渍面积不大于0.2m²,任意100m²防水面积不超过3处
三级	有少量漏水点,不得有线流和漏泥沙 单个湿渍面积不大于0.3m²,单个漏水点的漏水量不大于2.5L/d,任意100m²防水面积不超过7处
四级	有漏水点,不得有线流和漏泥沙 整个工程平均漏水量不大于2L/(m²·d),任意100m²防水面积的平均漏水量不大于4L/(m²·d)

注:本表摘自《地下防水工程施工质量验收规范》(GB 50208—2011)。

表 3-12 明挖法地下工程防水设防

工程部位		主体					施工缝					后浇带			变形缝、诱导缝					
防水措施		防水混凝土	防水砂浆	防水卷材	防水涂料	塑料防水板	金属板	遇水膨胀止水条	中埋式止水带	外贴式止水带	外抹防水砂浆	外涂防水涂料	膨胀混凝土	遇水膨胀止水条	外贴式止水带	防水嵌缝材料	中埋式止水带	外贴式止水带	可卸式止水带	防水嵌缝材料	外贴防水卷材	外涂防水涂料	遇水膨胀止水条
防水等级	一级	应选	应选一至两种					应选	应选两种				应选	应选两种			应选	应选一至两种				
	二级	应选	应选一种					应选	应选一至两种				应选	应选一至两种			应选	应选一至两种				
	三级	应选	宜选一种					应选	宜选一至两种				宜选	宜选一至两种			应选	宜选一至两种				
	四级	应选							宜选一种					宜选一种				宜选一种				

注:本表摘自《地下防水工程施工质量验收规范》(GB 50208—2011)。

表 3-13 暗挖法地下工程防水设防

工程部位		主体				内衬砌施工缝					内衬砌变形缝、诱导缝				
防水措施		复合式衬砌	离壁式衬砌、衬套	贴壁式衬砌	喷射混凝土	外贴式止水带	遇水膨胀止水条	防水嵌缝材料	中埋式止水带	外涂防水涂料	中埋式止水带	外贴式止水带	可卸式止水带	防水嵌缝材料	遇水膨胀止水条
防水等级	一级	应选一种	—			应选两种				应选		应选两种			
	二级	应选一种	—			应选一至两种				应选		应选一至两种			
	三级	应选一种				宜选一至两种				应选		宜选一种			
	四级	应选一种				宜选一种				应选		宜选一种			

注:本表摘自《地下防水工程施工质量验收规范》(GB 50208—2011)。

样复验,并提出试验报告;不合格的材料不得在工程中使用。

本条是规范强制性条文,条文明确规定防水工程所使用的防水材料,实行见证取样、送检制度。应由监理人员(建设单位)与施工人员共同按规定取样,并送至有资质的试验室进行试验,并出具产品质量检验报告。其目的是要控制进入市场的材料,保证材料的品种、规格、性能等符合国家标准或行业标准的要求。如发现不合格的材料进入现场,应责令其清退出场,决不允许使用到工程上。

3.4.1.7 施工地下水位的控制

地下防水工程施工期间,明挖法的基坑以及暗挖法的竖井、洞口,必须保持地下水位稳定在基底 0.5m 以下,必要时应采取降水措施。

进行防水结构或防水层施工,应排除基坑周围的地面水和基坑内的积水,以便在不带水和泥浆的基坑内进行施工,这是保证地下防水工程施工质量的一个重要条件。因此,在地下防水工程施工期间必须做好周围环境的排水和降低地下水位的工作。

排水时应注意避免基土的流失,防止因改变基底的土层构造而导致地面沉陷。

3.4.1.8 施工气象条件

地下防水工程的防水层,严禁在雨天、雪天和五级风及其以上时施工,其施工环境气温条件宜符合表 3-14 的规定。

表 3-14 防水层施工环境气温条件

防水层材料	施工环境气温
高聚物改性沥青防水卷材	冷粘法不低于 5℃,热熔法不低于 -10℃
合成高分子防水卷材	冷粘法不低于 5℃,热风焊接法不低于 -10℃
有机防水涂料	溶剂型 -5～35℃,水溶性 5～35℃
无机防水涂料	-5～35℃
防水混凝土、水泥砂浆	-5～35℃

注:本表摘自《地下防水工程施工质量验收规范》(GB 50208—2011)。

在地下工程的防水层施工时,气候条件对其影响是很大的。雨天施工会使基层含水率增大,导致防水层粘接不牢;气温过低时铺贴卷材,易出现开卷时卷材发硬、脆裂,严重影响防水层质量;低温涂刷涂料,涂层易受冻且不成膜;五级风以上进行防水层施工操作,难以确保防水层质量和人身安全。因此,规范条文根据不同的材料性能及施工工艺,分别规定了适于施工的环境气温。

3.4.1.9 地下防水工程分项工程的划分

地下防水工程是一个子分部工程,其分项工程的划分应符合表 3-15 的要求。

表 3-15 地下防水工程的分项工程划分

子分部工程	分 项 工 程
地下防水工程	地下建筑防水工程:防水混凝土,水泥砂浆防水层,卷材防水层,涂料防水层,塑料板防水层,金属板防水层,细部构造
	特殊施工法防水工程:锚喷支护,地下连续墙,复合式衬砌,盾构法隧道
	排水工程:渗排水,盲沟排水,隧道、坑道排水
	注浆工程:预注浆、后注浆,衬砌裂缝注浆

注:本表摘自《地下防水工程施工质量验收规范》(GB 50208—2011)。

根据《建筑工程施工质量验收统一标准》(GB 500300—2001)规定,地下防水工程为地基与基础分部工程中的一个子分部工程，它包括了地下建筑防水工程、特殊施工法防水工程、排水工程和注浆工程等主要内容。

3.4.2 防水混凝土施工质量验收

3.4.2.1 防水混凝土分项工程验收的一般规定

(1) 防水混凝土的使用环境　本节适用于防水等级为一至四级的地下整体式混凝土结构。不适用环境温度高于80℃或处于耐侵蚀系数小于0.8的侵蚀性介质中使用的地下工程。

防水混凝土的抗渗性随着环境温度的提高而降低。当温度为100℃时，混凝土抗掺性约降低40%，200℃时约降低60%以上；当温度超过250℃时，混凝土几乎完全失去抗渗能力，而抗拉强度也随之下降为原来强度的66%。为确保防水混凝土的防水功能，防水混凝土的最高使用温度不得超过80℃，一般应控制在50～60℃。

(2) 防水混凝土所用的材料应符合下列规定

① 水泥品种应按设计要求选用，其强度等级不应低于32.5级，不得使用过期或受潮结块水泥。防水混凝土不应使用过期水泥或由于受潮而成团结块的水泥，否则将由于水化不完全而大大影响混凝土的抗渗性和强度。对过期水泥或受潮结块水泥必须重新进行检验，符合要求后方能使用。

② 碎石或卵石的粒径宜为5～40mm，含泥量不得大于1%，泥块含量不得大于0.5%。

③ 砂宜用中砂，含泥量不得大于3%，泥块含量不得大于1%；粗、细骨料的含泥量多少，直接影响防水混凝土的质量，尤其对混凝土抗渗性影响较大。

④ 拌制混凝土所用的水，应采用不含有害物质的洁净水。

⑤ 外加剂的技术性能，应符合国家或行业标准一等品及以上的质量要求；外加剂对提高防水混凝土的质量极有好处，根据目前工程中应用外加剂种类和质量的情况，规范提出了外加剂的技术性能应符合国家或行业标准一等品及以上的质量要求。

⑥ 粉煤灰的级别不应低于二级，掺量不宜大于20%；硅粉掺量不应大于3%，其他掺合料的掺量应通过试验确定。

粉煤灰、硅粉等粉细料属活性掺合料，对提高防水混凝土的抗渗性起一定作用，它们的加入可改善砂子级配（补充天然砂中部分小于0.15mm颗粒），填充混凝土部分空隙，提高混凝土的密实性和抗渗性。

掺入粉煤灰、硅粉还可以减少水泥用量，降低水化热，防止和减少混凝土裂缝的产生。但是随着上述粉细料掺量的增加，混凝土强度随之下降。因此，根据试验及实际施工经验，要求粉煤灰掺量不宜大于20%，硅粉掺量不应大于3%的规定。

(3) 防水混凝土的配合比应符合下列规定

① 试配要求的抗渗水压值应比设计值提高0.2MPa。

因施工现场与试验室条件的差别，试验室配制的防水混凝土其抗渗水压值应比设计要求提高0.2MPa，以利于保证施工质量和混凝土的防水性。

② 水泥用量不得少于300kg/m³；掺有活性掺合料时，水泥用量不得少于280kg/m³。

如水泥用量过小，拌合物黏滞性差，容易出现分层离析及其他施工质量问题；如果水泥用量过大，则水化热高、增加混凝土收缩而且不经济。适宜的水泥用量和砂率，能使混凝土中水泥砂浆的数量和质量达到最好的水平，从而获得良好的抗渗性。

③ 砂率宜为35%～45%，灰砂比宜为1:2～1:2.5。

砂率和灰砂比对抗渗性有明显影响。如灰砂比偏大（1:1～1:1.5）即砂率偏低时，由于砂子数量不足而水泥和水的含量高，混凝土往往出现不均匀及收缩大的现象，混凝土抗渗性较差；如灰砂比偏小（1∶3）即砂率偏高时，由于砂子过多，拌合物干涩而缺乏黏结能力，混凝土密实性差，抗渗能力下降。因此，只有当水泥与砂的用量即灰砂比为 1∶2～1∶2.5时最为适宜。

④ 水灰比不得大于 0.55。

拌合物的水灰比对硬化混凝土孔隙率大小、数量起决定性作用，直接影响混凝土的结构密实性。水灰比越大，混凝土中多余水分蒸发后，形成孔径为 50～150μm 的毛细管等开放的孔隙也就越多，这些孔隙是造成混凝土渗漏水的主要原因。在满足水泥完全水化及润湿砂石所需水量的前提下，水灰比越小，混凝土密实性越好，抗渗性和强度也就越高。但水灰比过小，混凝土极难振捣和拌和均匀，其密实性和抗渗性反而得不到保证。随着外加剂的开发应用，减水剂已成为混凝土不可缺少的组分之一，掺入减水剂后可以适量减少混凝土水灰比，而防水功能并不降低，因此，规范规定防水混凝土水灰比以不大于 0.55 为宜。

⑤ 普通防水混凝土坍落度不宜大于 50mm，泵送时入泵坍落度宜为 100～140mm。

(4) 混凝土拌制和浇注过程控制应符合下列规定

① 拌制混凝土所用材料的品种、规格和用量，每工作班检查不应少于两次。每盘混凝土各组成材料计量结果的允许偏差应符合表 3-16 的规定。

表 3-16　混凝土各组成材料计量结果的允许偏差

混凝土组成材料	每盘计量/%	累计计量/%
水泥、掺合料	±2	±1
粗、细骨料	±3	±2
水、外加剂	±2	±1

注：1. 累计计量仅适用于微机控制计量的搅拌站
2. 本表摘自《地下防水工程施工质量验收规范》（GB 50208—2011）。

各种原材料的计量必须准确，以避免由于计量不准确或偏差过大而影响混凝土配合比的准确性，确保混凝土的匀质性、抗渗性和强度等技术性能。

② 混凝土在浇筑地点的坍落度，每工作班至少检查两次。混凝土的坍落度试验应符合现行《普通混凝土拌合物性能试验方法》（GBJ 80）的有关规定。

混凝土实测的坍落度与要求坍落度之间的偏差应符合表 3-17 的规定。

表 3-17　混凝土坍落度允许偏差

要求坍落度/mm	允许偏差/mm
≤40	±10
50～90	±15
≥100	±20

注：本表摘自《地下防水工程施工质量验收规范》（GB 50208—2011）。

拌合物坍落度的大小，对拌合物施工性及硬化后混凝土的抗渗性和强度有直接影响。施工中由于混凝土输送条件和运距的不同，掺入外加剂后引起混凝土的坍落度损失也会不同。规范规定了坍落度允许偏差，减少和消除上述各种不利因素影响，保证混凝土具有良好的施工性。

(5) 防水混凝土抗渗性能　应采用标准条件下养护混凝土抗渗试件的试验结果评定。试件应在浇注地点制作。

连续浇注混凝土每500m³应留置一组抗渗试件（一组为6个抗渗试件），且每项工程不得少于两组。采用预拌混凝土的抗渗试件，留置组数应视结构的规模和要求而定。

抗渗性能试验应符合现行《普通混凝土长期性能和耐久性能试验方法》（GBJ 82）的有关规定。

防水混凝土不宜采用蒸汽养护。采用蒸汽养护会使毛细管因经受蒸汽压力而扩张，从而使混凝土的抗渗性急剧下降，故防水混凝土的抗渗性能必须以标准条件养护的抗渗试块作为依据。

(6) 防水混凝土的施工质量检验数量　应按混凝土外露面积每100m²抽查1处，每处10m²，且不得少于3处；细部构造应按全数检查。

抽查面积是以地下混凝土工程总面积的1/10来考虑的，具有足够的代表性，经多年工程实践证明这一数值是可行的。细部构造是地下防水工程渗漏水的薄弱环节。细部构造一般是独立的部位，一旦出现渗漏难以修补，不能以抽检的百分率来确定地下防水工程的整体质量，因此施工质量检验时应按全数检查。

3.4.2.2 防水混凝土分项工程检验批的划分和质量检验

(1) 防水混凝土分项工程检验批的划分　应根据工程的实际情况进行划分。

如某建筑地下室底板和四周墙体采用防水混凝土浇筑。按照设计要求，地下室底板和四周墙体结合部留设了水平施工缝，即先浇筑地下室底板后浇筑地下室墙体；又因为高层建筑在建筑物的主楼与裙楼结合部设置了后浇带，在此处形成了一个细部构造分项工程。这样防水混凝土分项工程就形成了3个检验批。若设计中地下室底板或周围地下室墙体由不同抗渗等级的混凝土组成，则检验批的数量还要增加。

(2) 防水混凝土分项工程检验批的质量检验　对于每一个防水混凝土分项工程检验批的质量检验和检验方法应符合表3-18的规定。

表3-18　防水混凝土分项工程检验批的质量检验和检验方法

项目	序号	项目	质量标准及允许偏差	检验方法	检查数量
主控项目	1	原材料、配合比及坍落度	必须符合设计要求	检查出厂合格证、质量检验报告、计量措施和现场抽样试验报告	全数检查
主控项目	2	抗压强度和抗渗压力	必须符合设计要求	检查混凝土抗压、抗渗试验报告	全数检查
主控项目	3	变形缝、施工缝、后浇带、穿墙管道、埋设件等设置和构造	符合设计要求，严禁有渗漏	观察检查和检查隐蔽工程验收记录	全数检查
一般项目	1	防水混凝土结构表面	应坚实、平整，不得有露筋、蜂窝等缺陷；埋设件位置应正确	观察和尺量检查	按混凝土外露面积每100m²抽查1处，每处10m²，且不得少于3处
一般项目	2	结构表面的裂缝宽度	≤0.2mm，并不得贯通	用刻度放大镜检查	全数检查
一般项目	3	防水混凝土结构厚度	结构厚度≥250mm 允许偏差：+15mm；-10mm	尺量检查和检查隐蔽工程验收记录	按混凝土外露面积每100m²抽查1处，每处10m²，且不得少于3处
一般项目	4	防水混凝土迎水面钢筋保护层厚度	≥50mm，允许偏差±10mm	尺量检查和检查隐蔽工程验收记录	按混凝土外露面积每100m²抽查1处，每处10m²，且不得少于3处

3.4.2.3 防水混凝土分项工程检验批质量检验的说明

主控项目第一项　各种防水混凝土的原材料、配合比及坍落度必须符合设计要求。

施工之前应检查产品的合格证书、性能检验报告及抽样复验报告；施工过程应检查混凝土拌制时的计量方法及措施。预拌混凝土的原材料、配合比和计量控制由预拌混凝土生产厂家负责，在预拌混凝土运到现场时应做坍落度实验，并抽样做强度试验和抗渗试验。特别是地下室防水混凝土裂缝问题，很多情况下与预拌混凝土所用外加剂有关，因此当选择预拌厂家时，应对混凝土的质量进行约定，以便分清责任。

主控项目第二项 本项是规范强制性条文，要求"防水混凝土的抗压强度和抗渗压力必须符合设计要求"。防水混凝土与普通混凝土配制原则不同，它是根据工程设计抗渗等级要求进行配制，防水混凝土首先满足设计的抗渗等级要求，同时适应强度要求。在检查时，既要检查混凝土抗压强度，也要检查混凝土的抗渗试验。

主控项目第三项 本项是规范强制性条文，要求防水混凝土的变形缝、施工缝、后浇带、穿墙管道，埋设件等设置和构造，均须符合设计要求，严禁有渗漏。

① 变形缝应考虑工程结构的沉降、伸缩的可变性，并保证其在变化中的密闭性，不产生渗漏现象。变形缝处混凝土结构的厚度不应小于300mm，变形缝的宽度宜为20～30mm。全埋式地下防水工程的变形缝应为环状；半地下防水工程的变形缝应为U字形，U字形变形缝的设计高度应超出室外地坪150mm。

② 防水混凝土的施工应不留或少留施工缝，底板的混凝土应连续浇注。墙体上不得留垂直施工缝，垂直施工缝应与变形缝相结合。最低水平施工缝距底板面应不小于300mm，距墙孔洞边缘应不小于300mm，并避免设在墙板承受弯矩或剪力最大的部位。

③ 后浇带是一种混凝土刚性接缝，适用于不宜设置柔性变形缝以及后期变形趋于稳定的结构。后浇带应采用补偿收缩混凝土，其强度等级应较两侧混凝土较高强度提高一级。

④ 穿墙管道应在浇注混凝土前预埋。当结构变形或管道伸缩量较小时，穿墙管可采用主管直接埋入混凝土内的固定式防水法；当结构变形或管道伸缩量较大或有更换要求时，应采用套管式防水法。穿墙管线较多时宜相对集中，采用封口钢板式防水法。

⑤ 埋设件端部或预留孔（槽）底部的混凝土厚度不得小于250mm；当厚度小于250mm时，应采取局部加厚或加焊止水钢板的防水措施。

一般项目第一项 地下防水工程除主体采用防水混凝土结构自防水外，往往在其结构表面采用卷材、涂料防水层，因此要求结构表面的质量应做到坚实和平整。防水混凝土结构内的钢筋或绑扎铁丝不得触及模板，固定模板的螺栓穿墙结构时必须采取防水措施，避免在混凝土结构内留下渗漏水通路。

一般项目第二项 工程渗漏水的轻重程度主要取决于裂缝宽度和水头压力，当裂缝宽度为0.1～0.2mm、水头压强小于0.15～0.20MPa时，一般混凝土裂缝可以自愈。

一般项目第三项 防水混凝土除了要求密实性好、开放孔隙少、孔隙率小以外，还必须具有一定厚度，从而可以延长混凝土的透水通路，加大混凝土的阻水截面，使得混凝土不发生渗漏。综合考虑现场施工的不利条件及钢筋的引水作用等诸因素，防水混凝土结构的最小厚度应不小于250mm，才能抵抗地下压力水的渗透作用。

一般项目第四项 钢筋保护层通常是指主筋的保护层厚度。由于地下工程结构的主筋外面还有箍筋，箍筋处的保护层厚度较薄，加之水泥固有收缩的弱点以及使用过程中受到各种因素的影响，保护层处混凝土极易开裂，地下水沿钢筋渗入结构内部，故迎水面钢筋保护层必须具有足够的厚度。

钢筋保护层厚度的确定，结构上应保证钢筋与混凝土的共同作用，在耐久性方面还应防止混凝土受到各种侵蚀而出现钢筋锈蚀等危害。

3.4.3 卷材防水层施工质量验收

3.4.3.1 卷材防水分项工程验收的一般规定

（1）本节适用于受侵蚀性介质或受振动作用的地下工程主体迎水面铺贴的卷材防水层。

地下工程卷材防水层适用于在混凝土结构或砌体结构迎水面铺贴，一般采用外防外贴和外防内贴两种施工方法。由于外防外贴法的防水效果优于外防内贴法，所以在施工场地和条件不受限制时一般均采用外防外贴法。

（2）卷材防水层应采用高聚物改性沥青防水卷材和合成高分子防水卷材。所选用的基层处理剂、胶黏剂、密封材料等配套材料，均应与铺贴的卷材材性相容。

目前地下防水工程使用的卷材品种主要有高聚物改性沥青防水卷材和合成高分子防水卷材两大类，这两类材料具有延伸率较大、对基层伸缩或开裂变形适应性较强的特点，适用于地下工程防水。各类不同的卷材都应有与之配套（相容）的胶黏剂及其他辅助材料。不同种类卷材的配套材料不能相互混用，否则有可能发生腐蚀侵害或达不到黏结质量标准。

（3）铺贴防水卷材前，应将找平层清扫干净，在基面上涂刷基层处理剂；当基面较潮湿时，应涂刷湿固化型胶黏剂或潮湿界面隔离剂。

基层处理剂应与卷材及胶黏剂的材料相容，可采用喷涂或涂刷法施工，喷涂应均匀一致、不露底，待表面干燥后方可铺贴卷材。

目前大部分合成高分子卷材只能采用冷粘法、自粘法铺贴，为保证其在较潮湿基面上的黏结质量，故提出施工时应选用湿固化型胶黏剂或潮湿界面隔离剂。

（4）防水卷材厚度选用应符合表3-19的规定。

表 3-19 防水卷材厚度

防水等级	设防道数	合成高分子卷材	高聚物改性沥青防水卷材
一级	三道或三道以上设防	单层:不应小于1.5mm 双层:每层不应小于1.2mm	单层:不应小于4mm 双层:每层不应小于3mm
二级	二道设防		
三级	一道设防	不应小于1.5mm	不应小于4mm
	复合设防	不应小于1.2mm	不应小于3mm

注：本表摘自《地下防水工程施工质量验收规范》（GB 50208—2011）。

为确保地下工程防水层在使用年限内不发生渗漏，除卷材的材性材质因素外，卷材的厚度应是最重要的因素。表3-19中厚度数据，是按照我国现时水平和参考国外的资料确定的。卷材的厚度在防水层的施工和使用过程中，对保证地下工程防水质量起到关键作用；同时还应考虑到人们的踩踏、机具的压轧、穿刺、自然老化等，因此要求卷材应有足够的厚度。

（5）两幅卷材短边和长边的搭接宽度均不应小于100mm。采用多层卷材时，上下两层和相邻两幅卷材的接缝应错开1/3幅宽，且两层卷材不得相互垂直铺贴。

为了保证卷材防水层的搭接缝粘接牢固和封闭严密，两幅卷材短边和长边的搭接缝宽度均不应小于100mm的规定是根据我国目前地下工程采用的做法及参考国外有关数据而制定的。

采用多层卷材时，上下两层和相邻两幅卷材的搭接缝应错开1/2~1/3幅宽，且两层卷材不得相互垂直铺贴。这是为防止在同一处形成透水通路，导致防水层渗漏水。

（6）冷粘法铺贴卷材应符合下列规定。

① 胶黏剂涂刷应均匀，不露底，不堆积。

采用冷粘法铺贴卷材时，胶黏剂的涂刷对保证卷材防水施工质量关系极大；涂刷不均匀，有堆积或漏涂现象，不但影响卷材的粘接力，还会造成材料的浪费。

② 铺贴卷材时应控制胶黏剂涂刷与卷材铺贴的间隔时间，排除卷材下面的空气，并辊压粘接牢固，不得有空鼓。

根据胶黏剂的性能和施工环境要求，有的可以在涂刷后立即粘贴，有的要待溶剂挥发后粘接，控制胶黏剂涂刷与卷材铺贴的间隔时间尤为重要。

③ 铺贴卷材应平整、顺直，搭接尺寸正确，不得有扭曲、皱褶。

④ 接缝口应用密封材料封严，其宽度不应小于100mm。

涂满胶黏剂和溢出胶黏剂，才能证明卷材粘接牢固、封闭严密。卷材铺贴后，要求接缝口用10mm宽的密封材料封口，以提高防水层的密封抗渗性能。

(7) 热熔法铺贴卷材应符合下列规定。

① 火焰加热器加热卷材应均匀，不得过分加热或烧穿卷材；厚度小于3mm的高聚物改性沥青防水卷材，严禁采用热熔法施工。

② 卷材表面热熔后应立即滚铺卷材，排除卷材下面的空气，并辊压粘接牢固，不得有空鼓、皱褶。

③ 滚铺卷材时接缝部位必须溢出沥青热熔胶，并应随即刮封接口使接缝粘接严密。

④ 铺贴后的卷材应平整、顺直，搭接尺寸正确，不得有扭曲。

对热熔法铺贴卷材的施工，加热时卷材幅宽内必须均匀一致，要求火焰加热器的喷嘴与卷材的距离应适当，加热至卷材表面有光亮黑色时方可进行粘接。若熔化不够会影响卷材接缝的粘接强度和密封性能，加温过高会使改性沥青老化变焦，且把卷材烧穿。

卷材表面层所涂覆的改性沥青热熔胶，采用热熔法施工时容易把胎体增强材料烧坏，严重影响防水卷材的质量。因此对厚度小于3mm的高聚物改性沥青防水卷材，严禁采用热熔法施工。

(8) 卷材防水层完工并经验收合格后应及时做保护层。保护层应符合下列规定。

① 顶板的细石混凝土保护层与防水层之间宜设置隔离层。

② 底板的细石混凝土保护层厚度应大于50mm。

③ 侧墙宜采用聚苯乙烯泡沫塑料保护层，或砌砖保护墙（边砌边填实）和铺抹30mm厚水泥砂浆。

底板垫层、侧墙和顶板部位卷材防水层，铺贴完成后应作保护层，防止后续施工将其损坏。顶板保护层考虑顶板上部使用机械回填碾压时，细石混凝土保护层厚度应大于70mm。保护层与防水层间设置隔离层（如采用干铺油毡），以防止保护层伸缩而破坏防水层。

砌筑保护墙过程中，保护墙与侧墙之间会出现一定的空隙，为防止回填土侧压力将保护墙折断而损坏防水层，所以要求保护墙应边砌边将空隙填实。

(9) 卷材防水层的施工质量检验数量，应按铺贴面积每100m^{2}抽查1处，每处10m^2，且不得少于3处。

3.4.3.2 卷材防水分项工程检验批的划分和质量验收

(1) 卷材防水分项工程检验批的划分　可根据建筑物地下室的部位和分段施工的要求划分。

(2) 卷材防水分项工程检验批的质量验收　卷材防水层分项工程检验批的质量检验标准和检验方法应符合表3-20的规定。

表 3-20 卷材防水层分项工程检验批的质量检验标准和检验方法

项	序号	项目	质量标准及允许偏差	检验方法	检查数量
主控项目	1	卷材防水层所用卷材及主要配套材料	必须符合设计要求	检查出厂合格证、质量检验报告和现场抽样试验报告	全数检查
	2	卷材防水层及其转角处、变形缝、穿墙管道等细部做法	符合设计要求	观察检查和检查隐蔽工程验收记录	全数检查
一般项目	1	卷材防水层的基层	基层应牢固,基面应洁净、平整,不得有空鼓、松动、起砂和脱皮现象;基层阴阳角处应做成圆弧形	观察检查和检查隐蔽工程验收记录	按防水层铺贴面积每 100m² 抽查 1 处, 每处 10m²,且不得少于 3 处
	2	卷材防水层的搭接缝	搭接缝应粘(焊)接牢固,密封严密,不得有皱折、翘边和鼓泡等缺陷	观察检查	
	3	侧墙卷材防水层的保护层与防水层的粘接	卷材防水层的保护层与防水层应粘接牢固,结合紧密,厚度均匀一致	观察检查	
	4	卷材搭接宽度	应符合要求,允许偏差为 −10mm	观察和尺量检查	

3.4.3.3 卷材防水分项工程检验批质量检验的说明

主控项目第一项 卷材防水层应采用高聚物改性沥青防水卷材和合成高分子防水卷材。卷材和卷材胶黏剂的质量应符合相关规范要求。

主控项目第二项 地下工程防水在转角处、变形缝、穿墙管道等处是防水薄弱环节,施工较为困难。为保证防水的整体效果,对上述细部做法必须严格操作和加强检查,除观察检查外还应检查隐蔽工程验收记录。

一般项目第一项 实践证明,只有基层牢固和基层面干燥、清洁、平整,方能使卷材与基层面紧密粘贴,保证卷材的铺贴质量。

基层的转角处是防水层应力集中的部位,由于高聚物改性沥青卷材和合成高分子卷材的柔性好且卷材厚度较薄,因此防水层的转角处圆弧半径可以小些。具体地讲,转角处圆弧半径为:高聚物改性沥青卷材不应小于 50mm,合成高分子卷材不应小于 20mm。

一般项目第二项 卷材铺贴根据不同的使用功能和平面部位可采用满粘法,也可采用空铺法、点粘法、条粘法。为了保证卷材铺贴搭接宽度、位置准确和长边平直,要求铺贴卷材之前应测放基准线。冷粘法铺贴卷材时,接缝口应用材性相容的密封材料封严,其宽度不应小于 10mm;热熔法铺贴卷材时,接缝部位必须溢出沥青热熔胶,并应随即刮封接口使缝粘接严密。

一般项目第三项 主体结构侧墙采用聚苯乙烯泡沫塑料保护层或砌砖保护墙(边砌边填实)和铺抹水泥砂浆时,卷材保护层与防水层应粘接牢固、结合紧密、厚度均匀一致。

一般项目第四项 卷材铺贴前,施工单位应根据卷材搭接宽度和允许偏差,在现场弹线作为标准去控制施工质量。

3.4.4 地下防水细部构造

3.4.4.1 细部构造的一般规定

（1）本节适用于防水混凝土结构的变形缝、施工缝、后浇带、穿墙管道、埋设件等细部构造。

地下工程设置变形缝的目的，是在工程伸缩、沉降变形条件下使结构不致损坏。因此，变形缝防水设计首先要满足密封防水，以适应变形的要求。用于伸缩的变形缝宜不设或少设，可根据不同的工程结构类别及工程地质情况采用诱导缝或后浇带等措施。

（2）防水混凝土结构的变形缝、施工缝、后浇带等细部构造，应采用止水带、遇水膨胀橡胶腻子止水条等高分子防水材料和接缝密封材料。

地下工程设置封闭严密的变形缝，变形缝的构造应以简单可靠、易于施工为原则。选用变形缝的构造形式和材料时，应根据工程特点、地基或结构变形情况以及水压、水质影响等因素，以适应防水混凝土结构的伸缩和沉降的需要，并保证防水结构不受破坏。对水压大于0.3MPa、变形量为20~30mm、结构厚度大于和等于300mm的变形缝，应采用中埋式橡胶止水带；对环境温度高于50℃、结构厚度大于和等于300mm的变形缝，可采用2mm厚的紫铜片或3mm厚的不锈钢等金属止水带，其中间呈圆弧形。

由于变形缝是防水薄弱环节，成为地下工程渗漏的通病之一。因此，本规范条文对变形缝的防水措施作了具体的要求。变形缝的复合防水构造，是将中埋式止水带与遇水膨胀橡胶腻子止水条、嵌缝材料复合使用，形成了多道防线。

（3）变形缝的防水施工应符合下列规定。

① 止水带宽度和材质的物理性能均应符合设计要求，且无裂缝和气泡；接头应采用热接，不得叠接，接缝平整、牢固，不得有裂口和脱胶现象。

② 中埋式止水带中心线应和变形缝中心线重合，止水带不得穿孔或用铁钉固定。

③ 变形缝设置中埋式止水带时，混凝土浇注前应校正止水带位置，表面清理干净，止水带损坏处应修补；顶、底板止水带的下侧混凝土应振捣密实，边墙止水带内外侧混凝土应均匀，保持止水带位置正确、平直，无卷曲现象。

④ 变形缝处增设的卷材或涂料防水层，应按设计要求施工。

变形缝的渗漏水除设计不合理的原因之外，施工不精心也是一个重要的原因。因此，应严格按照规范要求组织施工。

（4）施工缝的防水施工应符合下列规定。

① 水平施工缝浇注混凝土前，应将其表面浮浆和杂物清除，铺水泥砂浆或涂刷混凝土界面处理剂并及时浇注混凝土。

墙体留置施工缝时，一般应留在受剪力或弯矩较小处，水平施工缝应高出底板300mm处；拱（板）墙结合的水平施工缝，宜留在拱（板）墙接缝线以下150~300mm处。

② 垂直施工缝浇筑混凝土前，应将其表面清理干净，涂刷混凝土界面处理剂并及时浇注混凝土。

传统的施工缝处理方法是将混凝土施工缝做成凹凸形接缝和阶梯接缝，清理困难，不便施工。采用留平缝加设遇水膨胀橡胶腻子止水条或中埋止水带的方法效果较好。

③ 施工缝采用遇水膨胀橡胶腻子止水条时，应将止水条牢固地安装在缝表面预留槽内。

施工缝处采用遇水膨胀橡胶腻子止水条时，一是应采取表面涂缓膨胀剂措施，防止由于降雨或施工用水等使止水条过早膨胀；二是应将止水条牢固地安装在缝表面预留槽内。

④ 施工缝采用中埋止水带时，应确保止水带位置准确、固定牢靠。

（5）后浇带的防水施工应符合下列规定。

① 后浇带应在其两侧混凝土龄期达到42d后再施工。
② 后浇带的接缝处理应符合规范的规定。
③ 后浇带应采用补偿收缩混凝土,其强度等级不得低于两侧混凝土。
④ 后浇带混凝土养护时间不得少于28d。

为防止混凝土由于收缩和温差效应而产生裂缝,一般在防水混凝土结构较长或体积较大时设置后浇带。后浇带的位置应设在受力和变形较小而收缩应力最大的部位,其宽度一般为0.7~1.0m,并可采用垂直平缝或阶梯缝。

后浇带两侧先浇注的混凝土,龄期达到42d混凝土得到充分收缩和变形后,采用微膨胀混凝土进行后浇带施工,可以保证后浇注混凝土具有一定的补偿收缩性能。

(6) 穿墙管道的防水施工应符合下列规定。
① 穿墙管止水环与主管或翼环与套管应连续满焊,并做好防腐处理。
② 穿墙管处防水层施工前,应将套管内表面清理干净。
③ 套管内的管道安装完毕后,应在两管间嵌入内衬填料,端部用密封材料填缝。柔性穿墙时,穿墙内侧应用法兰压紧。
④ 穿墙管外侧防水层应铺设严密,不留接槎;增铺附加层时,应按设计要求施工。

止水环的作用是改变地下水的渗透路径,延长渗透路线。如果止水环与管不满焊或满焊而不密实,则止水环与管接触处形成漏水的隐患。

套管内壁表面应清理干净。套管内的管道安装完毕后,应在两管间嵌入内衬填料,端部还需采用其他防水措施。

(7) 埋设件的防水施工应符合下列规定。
1) 埋设件端部或预留孔(槽)底部的混凝土厚度不得小于250mm;当厚度小于250mm时,必须局部加厚或采取其他防水措施。
2) 预留地坑、孔洞、沟槽内的防水层,应与孔(槽)外的结构防水层保持连续。
3) 固定模板用的螺栓必须穿过混凝土结构时,螺栓或套管应满焊止水环或翼环;采用工具式螺栓或螺栓加堵头做法,拆模后应采取加强防水措施将留下的凹槽封堵密实。

固定模板用的螺栓必须穿过混凝土结构时,可采用下列止水措施:①在螺栓或套管上加焊止水环,止水环必须满焊;②采用工具式螺栓或螺栓加堵头做法;③拆模后应采取加强防水措施,将留下的凹槽封堵密实。

(8) 密封材料的防水施工应符合下列规定。
① 检查粘接基层的干燥程度以及接缝的尺寸,接缝内部的杂物应清除干净。
② 热灌法施工应自下向上进行并尽量减少接头,接头应采用斜槎;密封材料熬制及浇灌温度,应按有关材料要求严格控制。
③ 冷嵌法施工应分次将密封材料嵌填在缝内,压嵌密实并与缝壁粘接牢固,防止裹入空气。接头应采用斜槎。
④ 接缝处的密封材料底部应嵌填背衬材料,外露密封材料上应设置保护层,其宽度不得小于100mm。

背衬材料应填塞在接缝处的密封材料底部,其作用是控制密封材料嵌填深度,预防密封材料与缝的底部粘接而形成三面粘,不至于造成应力集中和破坏密封防水。因此,背衬材料应尽量选择与密封材料不粘接或粘接力弱的材料。背衬材料的形状有圆形、方形或片状,应根据实际需要决定。

密封材料嵌填时,对构造尺寸和形状有一定的要求,未固化的材料不具备一定的弹性,施工中容易碰损而产生塑性变形,故规定应在其上设置宽度不小于100mm的保护层。

(9) 防水混凝土结构细部构造的施工质量检验应按全数检查。

3.4.4.2 防水细部构造分项工程检验批的质量检验

防水细部构造分项工程检验批可根据建筑物地下室的部位和分段施工的要求划分。对于防水细部构造分项工程检验批的质量检验标准和检验方法应符合表3-21的规定。

表3-21 防水细部构造分项工程检验批的质量验收标准和检验方法

项目	序号	项目	质量标准及允许偏差	检验方法	检查数量
主控项目	1	材料质量	细部构造所用止水带、遇水膨胀橡胶腻子止水条和接缝密封材料必须符合设计要求	检查出厂合格证、质量检验报告和进场抽样试验报告	全数检查
	2	细部构造作法	变形缝、施工缝、后浇带、穿墙管道、埋设件等细部构造作法,均须符合设计要求,严禁有渗漏	观察检查和检查隐蔽工程验收记录	全数检查
一般项目	1	中埋式止水带	中埋式止水带中心线应与变形缝中心线重合,止水带应固定牢靠、平直,不得有扭曲现象	观察检查和检查隐蔽工程验收记录	全数检查
	2	穿墙管止水处理	穿墙管止水环与主管或翼环与套管应连续满焊,并做防腐处理	观察检查和检查隐蔽工程验收记录	全数检查
	3	接缝处理	接缝处混凝土表面应密实、洁净、干燥;密封材料应嵌填严密,粘接牢固,不得有开裂、鼓泡和下塌现象	观察检查	全数检查

3.4.4.3 防水细部构造分项工程检验批质量检验的说明

一般项目第一项 中埋式止水带施工时常发现止水带的埋设位置不准确,严重时止水带一侧往往折至缝边,根本起不到止水的作用。过去常用铁丝固定止水带,因铁丝在振捣力的作用下会变形甚至振断,故其效果不佳。止水带端部应先用扁钢夹紧,再将扁钢与结构内的钢筋焊牢,使止水带固定牢靠、平直。

一般项目第二项 穿墙管的主管与止水环以及套管翼环都应连续满焊,对改变地下水的渗透路径、延长渗透路线是很有益的。

一般项目第三项 在地下工程防水设防中,变形缝除中埋式止水带一道设防外,还应选用遇水膨胀橡胶腻子止水条和防水嵌缝材料。因此,规范条文对防水混凝土结构的变形缝采用密封材料施工提出了要求。

3.5 地基分部(子分部)工程质量验收

3.5.1 地基基础分部工程质量验收

(1) 质量验收的程序与组织应按现行国家标准《建筑工程施工质量验收统一标准》(GB 50300—2001)的规定执行。

(2) 分项工程、分部(子分部)工程质量的验收,均应在施工单位自检合格的基础上进行。施工单位确认自检合格后提出工程验收申请,工程验收时应提供下列技术文件和记录。
① 原材料的质量合格证和质量鉴定文件;
② 半成品如预制桩、钢桩、钢筋笼等产品合格证书;
③ 施工记录及隐蔽工程验收文件;
④ 检测试验及见证取样文件;
⑤ 其他必须提供的文件或记录。
(3) 对隐蔽工程应进行中间验收。

(4)分部(子分部)工程验收应由总监理工程师或建设单位项目负责人组织勘察、设计单位及施工单位的项目负责人、技术质量负责人,共同按设计要求和本规范及其他有关规定进行。

(5)验收工作应按下列规定进行。

① 分项工程检验批的质量验收应分别按主控项目和一般项目验收;

② 隐蔽工程应在施工单位自检合格后,于隐蔽前通知有关人员检查验收,并形成中间验收文件;

③ 分部(子分部)工程的验收,应在分项工程通过验收的基础上,对必要的部位进行见证检验,检验项目和方法见表3-22。

表3-22 地基基础工程验收主要检测项目、方法

序号	检测项目	检测方法	备注
1	基槽检验	触探或野外鉴别	隐蔽验收
2	土的干密度及含水量	环刀取样等	
3	复合地基竖向增强体及周边土密实度	触探、贯入等及水泥土试块试压	
4	复合地基承载力	载荷板	
5	预制打(压)入桩偏差	现场实测	隐蔽验收
6	灌注桩原材料力学性能、混凝土强度	试验室试验	
7	人工挖孔桩桩端持力层	现场静压或取立方体芯样试压	
8	工程桩桩身质量检验	钻孔抽芯或声波透射法	
9	工程桩竖向承载力	静载荷试验或大应变检测	详见各分项规定
10	地下连续墙墙身质量	钻孔抽芯或声波透射	
11	抗浮锚杆抗拔力	现场拉力试验	

(6)主控项目必须符合验收标准规定,发现问题应立即处理直至符合要求,一般项目应有80%合格。混凝土试件强度评定不合格或对试件的代表性有怀疑时,应采用钻芯取样,检测结果符合设计要求可按合格验收。

3.5.2 地下防水工程质量验收

3.5.2.1 地下防水工程验收要求

(1)《建筑工程施工质量验收统一标准》规定地下防水工程为一个子分部工程,应按施工工序或分项进行验收,分项工程按检验批进行验收,构成分项工程的各检验批应符合相应质量标准的规定。

分项工程检验批的质量应按主控项目和一般项目进行验收。地下防水工程的施工质量,应按构成分项工程的各检验批符合相应质量标准要求。分项工程检验批不符合质量标准要求时,应及时进行处理。

(2)地下防水工程验收的文件和记录体现了施工全过程控制,必须做到真实、准确,不得有涂改和伪造,各级技术负责人签字后方可有效。地下防水工程验收文件和记录应按表3-23的要求进行。

(3)地下防水工程的变形缝构造、渗排水层、衬砌前围岩渗漏水处理等隐蔽工程需经过

检查验收质量符合规定后方可进行隐蔽,其隐蔽工程验收记录应包括以下主要内容。

① 卷材、涂料防水层的基层;

② 防水混凝土结构和防水层被掩盖的部位;

③ 变形缝、施工缝等防水构造的做法;

表 3-23 地下防水工程验收的文件和记录

序号	项目	文件和记录
1	防水设计	设计图及会审记录、设计变更通知单和材料代用核定单
2	施工方案	施工方法、技术措施、质量保证措施
3	技术交底	施工操作要求及注意事项
4	材料质量证明文件	出厂合格证、产品质量检验报告、试验报告
5	中间检查记录	分项工程质量验收记录、隐蔽工程检查验收记录、施工检验记录
6	施工日志	逐日施工情况
7	混凝土、砂浆	试配及施工配合比、混凝土抗压、抗渗试验报告
8	施工单位资质证明	资质复印证件
9	工程检验记录	抽样质量检验及观察检查
10	其他技术资料	事故处理报告、技术总结

④ 管道设备穿过防水层的封固部位;

⑤ 渗排水层、盲沟和坑槽;

⑥ 衬砌前围岩渗漏水处理;

⑦ 基坑的超挖和回填。

(4) 地下建筑防水工程施工质量进行观感质量验收时,其质量应符合以下要求。

① 防水混凝土的抗压强度和抗渗压力必须符合设计要求。

② 防水混凝土应密实,表面应平整,不得有露筋、蜂窝等缺陷;裂缝宽度应符合设计要求。

③ 水泥砂浆防水层应密实、平整、粘接牢固,不得有空鼓、裂纹、起砂、麻面等缺陷;防水层厚度应符合设计要求。

④ 卷材接缝应粘接牢固、封闭严密,防水层不得有损伤、空鼓、皱褶等缺陷。

⑤ 涂层应粘接牢固,不得有脱皮、流淌、鼓泡、露胎、皱褶等缺陷;涂层厚度应符合设计要求。

⑥ 塑料板防水层应铺设牢固、平整,搭接焊缝严密,不得有焊穿、下垂、绷紧现象。

⑦ 金属板防水层焊缝不得有裂纹、未熔合、夹渣、焊瘤、咬边、烧穿、弧坑、针状气孔等缺陷;保护涂层应符合设计要求。

⑧ 变形缝、施工缝、后浇带、穿墙管道等防水构造应符合设计要求。

(5) 特殊施工法防水工程施工质量进行观感质量验收时,其质量应符合以下要求。

① 内衬混凝土表面应平整,不得有孔洞、露筋、蜂窝等缺陷。

② 盾构法隧道衬砌自防水、衬砌外防水涂层、衬砌接缝防水和内衬结构防水应符合设计要求。

③ 锚喷支护、地下连续墙、复合式衬砌等防水构造应符合设计要求。

(6) 地下防水工程验收时,应检查地下工程有无渗漏现象,渗漏水量调查与量测方法应按规范要求方法执行。检验后应填写安全和功能检验报告,作为地下防水工程验收的文件和记录之一。

（7）地下防水工程验收后，应填写子分部工程质量验收记录，随同工程验收的文件和记录交建设单位和施工单位存档。

3.5.2.2 地下防水工程验收

地下防水工程完成后，应由施工单位先行自检，并整理施工过程中的有关文件和记录，确认合格后会同建设（监理）单位，共同按质量标准进行验收。

（1）分项工程的质量验收 分项工程质量验收是在各检验批质量验收的基础上验收的，分项工程质量验收记录可按表2-3填写，其合格条件如下。

① 分项工程所含检验批均应符合合格质量规定。

② 分项工程所含检验批质量记录应完整。

（2）子分部工程的验收 子分部工程的验收，应在分项工程通过验收的基础上，对必要的部位进行抽样检验和使用功能满足程度的检查。子分部工程应由总监理工程师（建设单位项目负责人）组织施工技术质量负责人进行验收。

分部（子分部）工程验收质量记录可按表2-4填写。

复习思考题

1. 从事地基基础工程检测及见证试验的单位应具备什么条件？
2. 地基与基础分部子分部是如何划分的？
3. 土方开挖时有哪些一般要求？
4. 土方开挖工程质量检验的主控项目有哪些？用什么方法进行检测？
5. 土方回填标高检测方法和检查数量有何规定？
6. 混凝土灌注桩施工质量检验的内容有哪些？
7. 防水混凝土分项工程检验批是如何划分的？
8. 防水细部构造的质量标准及允许偏差有何规定？质量验收检验方法有何规定？
9. 地基基础分部工程质量验收时施工单位应提供的技术文件和记录有哪些？
10. 地下防水工程验收程序有何规定？

4 主体结构分部工程

【能力目标】
1. 能正确地将主体结构分部工程划分为若干个分项工程和分项工程检验批。
2. 对混凝土结构工程、砌体工程、钢结构工程等子分部工程所包含的常见分项工程检验批，能按照主控项目和一般项目的检验标准组织检查或验收，并能评定或认定该项目的质量。
3. 根据已验收通过的主体结构分项工程、分项工程检验批，能组织主体结构分部（子分部）工程的质量验收，并能判定该分部（子分部）是否合格。

【学习要求】
1. 掌握混凝土结构工程、砌体工程和钢结构工程等施工质量验收的基本规定。
2. 熟悉常见的混凝土结构工程、砌体工程和钢结构工程等子分部工程所含的分项工程检验批主控项目和一般项目的验收标准；熟悉主体结构工程分部（子分部）工程质量验收的内容。

主体结构分部工程是房屋建筑工程施工中重要的分部工程之一，根据所使用的建筑材料不同，在《建筑工程施工质量验收统一标准》（GB 50300—2001）中将主体结构划分为：混凝土结构、劲钢（管）混凝土结构、砌体结构、钢结构、木结构、网架和索膜结构等子分部工程和若干个分项工程。结合工程实际，本章主要介绍混凝土结构子分部工程和砌体结构子分部工程，对钢结构子分部工程中的主要分项工程也作了简介。

4.1 混凝土结构子分部工程

混凝土结构是指以混凝土为主建成的结构，包括素混凝土结构、钢筋混凝土结构和预应力混凝土结构等。混凝土结构子分部工程包括模板、钢筋、混凝土、预应力、现浇结构和装配式结构等分项工程，其检验批、分项工程和子分部工程的验收必须符合《混凝土结构工程施工质量验收规范》（GB 50204—2002）（2011版）和《建筑工程施工质量验收统一标准》（GB 50300—2001）的要求。下面主要介绍模板工程、钢筋工程、混凝土工程和现浇结构工程等常见分项工程的检查验收。

4.1.1 混凝土结构子分部工程施工质量检查验收的基本规定

4.1.1.1 混凝土结构工程的质量管理要求

在《建筑工程施工质量验收统一标准》（GB 50300—2001）中规定建筑工程施工单位应建立质量责任制，应有较为全面的质量管理体系，并推行生产控制和合格控制的全过程质量控制。因此，为保证混凝土结构的施工质量，《混凝土结构工程施工质量验收规范》对混凝土结构施工现场和施工项目的质量管理体系和质量保证体系提出了相应的要求，规范规定如下。

混凝土结构施工现场质量管理应有相应的施工技术标准、健全的质量管理体系、施工质量控制和质量检验制度。

混凝土结构施工项目应有施工组织设计和施工技术方案，并经审查批准。

4.1.1.2 混凝土结构子分部工程检验批、分项工程的划分

混凝土结构子分部工程验收应首先进行分项工程检验批的验收，然后是分项工程验收，再进行子分部工程的验收。规范对混凝土子分部工程的划分如下。

（1）混凝土结构子分部工程的分类

1）根据结构的施工方法分类　可分为现浇混凝土结构子分部工程和装配式混凝土结构子分部工程。

2）根据结构分类　可分为钢筋混凝土结构子分部工程和预应力混凝土结构子分部工程等。

（2）混凝土结构的分项工程　根据混凝土结构的施工工艺，一般普通混凝土结构工程可以分为模板工程、钢筋工程和混凝土工程三个分项工程，对预应力混凝土结构工程还应增加预应力分项工程；如前所述，混凝土结构子分部工程根据结构的施工方法，又分为现浇混凝土结构和装配式混凝土结构，因此，规范规定：混凝土结构子分部工程可划分为模板、钢筋、预应力、混凝土、现浇结构和装配式结构等分项工程。

（3）混凝土结构的检验批　为确保工程质量，便于及时纠正施工中出现的质量问题，分项工程应划分为检验批进行验收。混凝土结构的各分项工程可根据与施工方式相一致且便于控制施工质量的原则，按工作班、楼层、结构缝（伸缩缝、沉降缝和防震缝等）或施工段划分为若干检验批。

4.1.1.3 混凝土结构子分部工程的施工质量验收基本要求

混凝土结构子分部工程的质量验收程序和组织应符合《建筑工程施工质量验收统一标准》（GB 50300—2001）的规定，其检验批、分项工程和子分部工程的质量验收应符合下列基本要求。

（1）混凝土结构工程检验批的质量验收要求

1）检验批的质量验收内容　检验批的质量验收包括按规定的抽样方案进行实物检查和资料检查，其内容应包括以下几点。

① 实物检查，按下列方式进行。

a. 对原材料、构配件和器具等产品的进场复验，应按进场的批次和产品的抽样检验方案执行。

b. 对混凝土强度、预制构件结构性能等，应按国家现行有关标准和《混凝土结构工程施工质量验收规范》（GB 50204—2002）（2011版）规定的抽样检验方案执行。

c. 对《混凝土结构工程施工质量验收规范》（50204—2002）（2011版）中采用计数检验的项目，应按抽查总点数的合格点率进行检查。

② 资料检查。混凝土结构工程检验批的资料检查包括原材料、构配件和器具等的产品合格证（中文质量合格证明文件、规格、型号及性能检测报告等）及进场复验报告、施工过程中重要工序的自检和交接检记录、抽样检验报告、见证检测报告、隐蔽工程验收记录等。

2）检验批的质量合格要求　检验批的合格质量主要取决于主控项目和一般项目的检验结果，其中主控项目是对检验批的基本质量起决定性影响的检验项目，其检验结果具有否决权。混凝土结构工程检验批质量验收的主控项目和一般项目检验均应合格，且资料完整，并宜在验收合格后形成验收文件的同时作出合格标志，以利于施工现场管理和为后续工序提供条件。

规范规定检验批合格质量应符合下列规定。

① 主控项目的质量经抽样检验合格。

② 一般项目的质量经抽样检验合格；当采用计数检验时，除有专门要求外，一般项目的合格点率应达到80%及以上，且不得有严重缺陷。

③ 具有完整的施工操作依据和质量验收记录。

对验收合格的检验批，宜作出合格标志。

(2) 混凝土结构分项工程的质量验收要求　分项工程的质量验收应在所含检验批验收合格的基础上，进行质量验收记录检查。

分项工程验收时，除所含的检验批均应验收合格外，尚应有完整的质量验收记录。

(3) 混凝土结构子分部工程的质量验收要求　对混凝土结构子分部工程的质量验收，应在钢筋、预应力、混凝土、现浇结构或装配式结构等相关分项工程验收合格的基础上，进行质量控制资料检查及观感质量验收，并应对涉及结构安全的材料、试件、施工工艺和结构的重要部位进行见证检测或结构实体检验。

混凝土子分部工程验收时，除所含分项工程的质量均应验收合格，且质量控制资料完整外，尚应对涉及结构安全的材料、试件、施工工艺和结构的重要部位进行见证检测或结构实体检验，以确保混凝土结构的安全。其中对施工工艺的见证检测，主要指根据工程质量控制的需要，在施工期间由参与验收的各方在现场对施工工艺进行检测，其内容一般在规范中有明确的规定。

(4) 混凝土结构工程的质量验收记录　混凝土结构工程的检验批、分项工程和子分部工程的质量验收可按《混凝土结构工程施工质量验收规范》(GB 50204—2002)(2011版)附录A进行记录，具体示例可参见下面主要分项工程的检验记录表。

4.1.2 模板分项施工质量检查

模板分项工程是为混凝土浇筑成型用的模板及其支架的设计、安装、拆除等一系列技术工作和完成实体的总称，包括模板的安装和拆除两个检验批。

规范中规定对混凝土结构子分部工程的质量验收应是在钢筋、预应力、混凝土、现浇结构或装配式结构等相关分项工程验收合格的基础上进行，其中不包括模板分项工程。这是由于模板是混凝土结构构件成型用的模具，是混凝土结构施工过程中所用的工具设备，在混凝土具有足够的强度时就可拆除，因而在混凝土结构质量验收时，其实物是不存在的，所以混凝土结构子分部工程的质量验收不包括模板分项工程，但并不是不对其进行验收。在混凝土结构的施工过程中，荷载主要是由模板及其支架来承受的，其安装和拆除直接关系着混凝土结构工程的质量和安全，所以规范中是将模板工程单独列为一个分项工程，规定必须加以验收。

4.1.2.1 模板分项工程验收的一般规定

(1) 模板及其支架应根据工程结构形式、荷载大小、地基土类别、施工设备和材料供应等条件进行设计。模板及其支架应具有足够的承载能力、刚度和稳定性，能可靠地承受浇注混凝土的重量、侧压力以及施工荷载。

(2) 在浇注混凝土之前，应对模板工程进行验收。

模板安装和浇注混凝土时，应对模板及其支架进行观察和维护。发生异常情况时，应按施工技术方案及时进行处理。

(3) 模板及其支架拆除的顺序及安全措施应按施工技术方案执行。

上述一般规定中的第一条和第三条是强制性条文，应严格执行。在混凝土具有足够的强度之前，结构、施工荷载等是由模板及其支架承受的，因而在规范的第一条中对模板及其支架提出了基本要求。由于在工程实际中，模板及支架在混凝土重力、侧压力及施工荷载等作用下胀模（变形）、跑模（位移）甚至坍塌的情况时有发生，为避免事故，保证工程质量和施工安全，上述规范的第二条提出了对模板及其支架进行观察、维护和发生异常情况时进行处理的要求。模板及其支架拆除的顺序及相应的施工安全措施对避免重大工程事故非常重要，由于混凝土结构可能在模板及其支架拆除时尚未形成设计要求的受力体系，因而在制订施工技术方案时应周全考虑模板及其支架的拆除，必要时还应加设临时支撑。

4.1.2.2 模板分项工程检验批的质量检查与验收

模板分项工程包括模板的安装和拆除两个检验批，划分时应考虑施工段和施工层。如某四层框架结构的模板工程，竖向按楼层划分为四个施工层，水平方向考虑工作面划分为两个施工段，施工方案采取柱与梁板分开施工的方式。则该框架结构的模板工程在每一施工段上就有柱模板安装分项工程、柱模板拆除分项工程、梁板模板安装分项工程和梁板模板拆除分项工程检验批共4个检验批；在每一施工层上就形成8个检验批；对整个主体结构而言就应有32个检验批。

(1) 模板安装工程的质量检查与验收

1) 主控项目检验

① 模板安装工程的主控项目标准、方法和检查数量见表4-1。

表4-1 模板安装工程主控项目的质量检验标准

序号	项目	合格质量标准	检验方法	检查数量
1	模板支撑、立柱位置和垫板	安装现浇结构的上层模板及其支架时，下层楼板应具有承受上层荷载的承载能力，或加设支架；上、下层支架的立柱应对准，并铺设垫板	对照模板设计文件和施工技术方案观察	全数检查
2	避免隔离剂沾污	在涂刷模板隔离剂时，不得沾污钢筋和混凝土接槎处	观察	

② 模板安装工程检验批主控项目的质量检验说明。

第一条 为有利于混凝土重力及施工荷载的传递，现浇多层房屋和构筑物的模板及其支架安装时其上、下层支架的立柱应对准，这是保证施工安全和质量的有效措施。

在规范中一般规定全数检查的项目，通常均采用观察检查的方法，但对观察难以判定的部位，应辅以量测检查。

第二条 隔离剂沾污钢筋和混凝土接槎处可能对混凝土结构受力性能造成明显的不利影响，故应避免。

2) 一般项目检验

① 模板安装工程的一般项目的质量检验标准见表4-2。

② 模板安装时的允许偏差。

模板安装时预埋件和预留孔洞的允许偏差见表4-3。

现浇结构模板安装的允许偏差及检验方法见表4-4。

预制构件模板安装的允许偏差及检验方法见表4-5。

表 4-2 模板安装工程一般项目的质量检验标准

序号	项目	合格质量标准	检验方法	检查数量
1	模板安装要求	(1)模板的接缝不应漏浆；在浇筑混凝土前，木模板应浇水湿润，但模板内不应有积水 (2)模板与混凝土的接触面应清理干净并涂刷隔离剂，但不得采用影响结构性能或妨碍装饰工程施工的隔离剂 (3)浇注混凝土前，模板内的杂物应清理干净 (4)对清水混凝土工程及装饰混凝土工程，应使用能达到设计效果的模板	观察	全数检查
2	用作模板的地坪、胎模质量	用作模板的地坪、胎模等应平整光洁，不得产生影响构件质量的下沉、裂缝、起砂或起鼓	观察	在同一检验批内，对梁、柱和独立基础，应抽查构件数量的10%，且不少于3件；对墙和板，应按有代表性的自然间抽查10%，且不少于3间；对大空间结构，墙可按相邻轴线间高度5m左右划分检查面，板可按纵、横轴线划分检查面，抽查10%，且不少于3面(预制构件模板安装首次使用及大修后应全数检查，使用中的模板应定期检查，并根据使用情况不定期抽查)
3	模板起拱高度	对跨度不小于4m的现浇钢筋混凝土梁、板，其模板应按设计要求起拱；当设计无具体要求时，起拱高度宜为跨度的1/1000~3/1000	水准仪或拉线、钢尺检查	
4	预埋件、预留孔和预留洞允许偏差	固定在模板上的预埋件、预留孔和预留洞均不得遗漏，且应安装牢固，其偏差应符合表4-3的规定	钢尺检查	
5	模板安装允许偏差	现浇结构模板安装的允许偏差应符合表4-4的规定；预制构件模板安装的允许偏差应符合表4-5的规定	现浇结构见表4-4；预制构件见表4-5	

表 4-3 预埋件和预留孔洞的允许偏差

项目		允许偏差/mm	项目		允许偏差/mm
预埋钢板中心线位置		3	预埋螺栓	中心线位置	2
预埋管、预留孔中心线位置		3		外露长度	+10,0
插筋	中心线位置	5	预留洞	中心线位置	10
	外露长度	+10,0		尺寸	+10,0

注：1. 检查中心线位置时，应沿纵、横两个方向量测，并取其中的较大值。
2. 本表摘自《混凝土结构工程施工质量验收规范》(GB 50204—2002)(2011版)。

表 4-4 现浇结构模板安装的允许偏差及检验方法

项目		允许偏差/mm	检验方法
轴线位置		5	钢尺检查
底模上表面标高		±5	水准仪或拉线、钢尺检查
截面内部尺寸	基础	±10	钢尺检查
	柱、墙、梁	+4,-5	钢尺检查
层高垂直度	不大于5m	6	经纬仪或吊线、钢尺检查
	大于5m	8	经纬仪或吊线、钢尺检查
相邻两板表面高低差		2	钢尺检查
表面平整度		5	2m靠尺和塞尺检查

注：1. 检查轴线位置时，应沿纵、横两个方向量测，并取其中的较大值。
2. 本表摘自《混凝土结构工程施工质量验收规范》(GB 50204—2002)(2011版)。

表 4-5 预制构件模板安装的允许偏差及检验方法

项目		允许偏差/mm	检验方法
长度	板、梁	±5	钢尺量两角边,取其中较大值
	薄腹梁、桁架	±10	
	柱	0,-10	
	墙板	0,-5	
宽度	板、墙板	0,-5	钢尺量一端及中部,取其中较大值
	梁、薄腹梁、桁架、柱	+2,-5	
高(厚)度	板	+2,-3	钢尺量一端及中部,取其中较大值
	墙板	0,-5	
	梁、薄腹梁、桁架、柱	+2,-5	
侧向弯曲	梁、板、柱	$l/1000$ 且 ≤15	拉线、钢尺量最大弯曲处
	墙板、薄腹梁、桁架	$l/1500$ 且 ≤15	
板的表面平整度		3	2m靠尺和塞尺检查
相邻两板表面高低差		1	钢尺检查
对角线差	板	7	钢尺量两个对角线
	墙板	5	
翘曲	板、墙板	$l/1500$	调平尺在两端量测
设计起拱	薄腹梁、桁架、梁	±3	拉线、钢尺量跨中

注:1. l 为构件长度(mm)。

2. 本表摘自《混凝土结构工程施工质量验收规范》(GB 50204—2002)(2011版)。

③ 模板安装工程检验批一般项目的质量检验说明。

第一条 无论是采用何种材料制作的模板,其接缝都应保证不漏浆,否则会造成混凝土的外观质量缺陷,直接影响其质量。木材吸水会膨胀,所以有利于模板接缝的闭合,木模板应浇水湿润,但应注意安装时考虑膨胀变形,接缝不宜过于严密。模板应选取适宜的隔离剂品种,不得采用油性等影响结构性能或妨碍装饰工程施工的隔离剂。

第二条 本条是为了保证预制构件的成型质量。

第三条 跨度较大的现浇混凝土梁、板结构,在混凝土自重和模板自重的作用下要向下弯曲变形,因而为保证构件的形状和尺寸,在模板安装时应预先向上起拱,注意规范规定的起拱高度未包括设计起拱值。

第四条 对预埋件的外露长度,只允许有正偏差,不允许有负偏差;对预留洞内部尺寸,只允许大,不允许小。尺寸偏差的检验除可采用表中所示方法外,也可采用其他方法和相应的检测工具。

第五条 对一般项目,在不超过20%的不合格检查点中不得有影响结构安全和使用功能的过大尺寸偏差。对有特殊要求的结构中的某些项目,当有专门标准规定或设计要求时,尚应符合相应的要求。

3) 模板安装工程的质量验收记录 根据《混凝土结构工程施工质量验收规范》(GB 50204—2002)(2011版)附录A,模板安装工程检验批质量验收记录示例如表4-6所示。

表 4-6 模板安装工程检验批质量验收记录表

工程名称			××工程	分项工程名称		模板分项工程				验收部位			××
施工单位			××建筑工程公司	专业工长		×××				项目经理			×××
分包单位				分包项目经理		/				施工班组长			×××
施工执行标准名称及编号			《混凝土结构工程施工工艺标准》(QB×××—2005)										
		施工质量验收规范的规定				施工单位检查评定记录							监理(建设)单位验收记录
主控项目	1	模板支撑、立柱位置和垫板		第4.2.1条		✓							同意验收
	2	避免隔离剂沾污		第4.2.2条		✓							
一般项目	1	模板安装的一般要求		第4.2.3条		✓							同意验收
	2	用作模板的地坪、胎模质量		第4.2.4条		✓							
	3	模板起拱高度		第4.2.5条		✓							
	4	预埋件预留孔允许偏差	预埋钢板中心线位置/mm		3	0	1	2	2	2	0	1	3	
			预埋管、预留中心线位置/mm		3	1	1	1	0	2	0	3	1	
			插筋	中心线位置/mm	5	1	3	3	2	2	4	3	1	
				外露长度/mm	+10,0	5	2	5	3	3	10	3	2	
			预埋螺栓	中心线位置/mm	2	2	1	2	1	0	2	0	2	
				外露长度/mm	+10,0	5	4	2	2	3	1	5	3	
			预留洞	中心线位置/mm	10	8	5	2	1	3	4	5	2	
				尺寸/mm	+10,0	3	2	3	2	2	2	5	7	
	5	模板安装允许偏差	轴线位置/mm		5	3	2	2	4	1	3			
			底模上表面标高/mm		±5	+2	+3	−1	−3	+4	−1	0		
			截面内部尺寸/mm	基础	±10									
				柱、墙、梁	+4,−5	+2	+2	+1	−3	−2	+1			
			层高垂直度/mm	不大于5m	6	3	3	1	4	2	5	3		
				大于5m	8									
			相邻两板表面高低差/mm		2	0	1	1	1	2	0	1		
			表面平整度/mm		5	3	2	4	2	2	2	4		
施工单位检查评定结果		主控项目全部合格,一般项目满足规范规定,检查评定结果为合格 项目专业质量检查员:×××　　××年×月×日											
监理(建设)单位验收结论		同意验收 监理工程师(建设单位项目专业技术负责人):×××　　××年×月×日											

(2) 模板拆除工程的质量检查与验收

1) 主控项目检验

① 模板拆除工程的主控项目标准、方法和检查数量见表 4-7。底模及其支架拆除时的混凝土强度,当设计无具体要求时应符合表 4-8 的规定。

② 模板拆除工程检验批主控项目的质量检验说明。

第一条 模板及其支架的拆除时间、拆除顺序和方法应事先在施工技术方案中确定。在工程实际中,因为过早拆模、混凝土强度不足而造成混凝土结构构件沉降变形、缺棱掉角、开裂、甚至塌陷的情况时有发生,所以为保证结构的安全和使用功能,拆模时混凝土应具有足够的强度,一般由同条件养护混凝土试件的强度进行检查。

表 4-7 模板拆除工程主控项目的质量检验标准

序号	项 目	合格质量标准	检验方法	检查数量
1	底模及其支架拆除时的混凝土强度	底模及其支架拆除时的混凝土强度应符合设计要求;当设计无具体要求时,混凝土强度应符合表4-8的规定	检查同条件养护试件强度试验报告	全数检查
2	后张法预应力构件侧模和底模的拆除时间	对后张法预应力混凝土结构构件,侧模宜在预应力张拉前拆除;底模支架的拆除应按施工技术方案执行,当无具体要求时,不应在结构构件建立预应力前拆除	观察	
3	后浇带拆模和支顶	后浇带模板的拆除及支顶应按施工技术方案执行	观察	

表 4-8 底模拆除时的混凝土强度要求

构件类型	构件跨度/m	达到设计的混凝土立方体抗压强度标准值的百分率/%
板	≤2	≥50
	>2,≤8	≥75
	>8	≥100
梁、拱、壳	≤8	≥75
	>8	≥100
悬臂构件	—	≥100

注:本表摘自《混凝土结构工程施工质量验收规范》(GB 50204—2002)(2011版)。

第三条 由于施工方式的不同,后浇带模板的拆除和支顶方法也各有不同,在施工技术方案中应有明确的规定,施工中应严格执行。

2) 一般项目检验

① 模板拆除工程的一般项目标准、方法和检查数量见表4-9。

表 4-9 模板拆除工程一般项目的质量检验标准

序号	项 目	合格质量标准	检验方法	检查数量
1	避免拆模损伤	侧模拆除时的混凝土强度应能保证其表面及棱角不受损伤	观察	全数检查
2	模板拆除、堆放和清运	模板拆除时,不应对楼层形成冲击荷载。拆除的模板和支架宜分散堆放并及时清运		

② 模板拆除工程检验批一般项目的质量检验说明。

第二条 拆模时重量较大的模板倾倒在楼面上或模板及支架集中堆放可能造成楼板或其他构件荷载的增加,故应避免。

3) 模板拆除工程的质量验收记录 根据《混凝土结构工程施工质量验收规范》(GB 50204—2002)(2011版)附录A,模板拆除工程检验批质量验收记录示例如表4-10所示。

4.1.3 钢筋分项施工质量检查

钢筋分项工程是普通钢筋进场检验、钢筋加工、钢筋连接、钢筋安装等一系列技术工作和完成实体的总称。钢筋分项工程所含的检验批可根据施工工序和验收的需要确定。

表 4-10 模板拆除工程检验批质量验收记录表

工程名称		××工程	分项工程名称	模板分项工程	验收部位	××	
施工单位		××建筑工程公司		专业工长	×××	项目经理	×××
分包单位		/		分包项目经理	/	施工班组长	×××
施工执行标准名称及编号		《混凝土结构工程施工工艺标准》(QB×××—2005)					
		施工质量验收规范的规定			施工单位检查评定记录	监理(建设)单位验收记录	
主控项目	1	底模及其支架拆除时的混凝土强度		第4.3.1条	√	同意验收	
	2	后张法预应力构件侧模和底模的拆除时间		第4.3.2条	√		
	3	后浇带拆模和支顶		第4.3.3条	√		
一般项目	1	避免拆模损伤		第4.3.4条	√	同意验收	
	2	模板拆除、堆放和清运		第4.3.5条	√		
施工单位检查评定结果		主控项目全部合格,一般项目满足规范规定,检查评定结果为合格 项目专业质量检查员:××× ××年×月×日					
监理(建设)单位验收结论		同意验收 监理工程师(建设单位项目专业技术负责人):××× ××年×月×日					

4.1.3.1 钢筋分项工程验收的一般规定

(1) 当钢筋的品种、级别或规格需做变更时,应办理设计变更文件。

(2) 在浇注混凝土之前,应进行钢筋隐蔽工程验收,其内容包括以下几点。

① 纵向受力钢筋的品种、规格、数量、位置等;

② 钢筋的连接方式、接头位置、接头数量、接头面积百分率等;

③ 箍筋、横向钢筋的品种、规格、数量、间距等;

④ 预埋件的规格、数量、位置等。

上述规定中,第一条是在施工过程中,当施工单位缺乏设计所要求的钢筋品种、级别或规格时,可进行钢筋代换。但为了保证对设计意图的理解不产生偏差,当需要做钢筋代换时应办理设计变更文件,以确保满足原结构设计的要求,并明确钢筋代换由设计单位负责。钢筋代换时一般可按等强度代换或等面积代换的原则进行,本条为强制性条文。第二条是为了确保受力钢筋等的加工、连接和安装满足设计要求,并在结构中发挥其应有的作用,因而在浇注混凝土之前应进行钢筋隐蔽工程的验收。

4.1.3.2 钢筋分项工程检验批的质量检查与验收

钢筋分项工程根据施工工艺特点,其质量控制分为钢筋进场检验、钢筋现场加工、钢筋的连接和钢筋的安装等四个阶段,实际工程中进行钢筋分项工程检验批验收划分时主要考虑施工段和施工层。

(1) 钢筋分项工程的原材料质量检查与验收

1) 原材料检查项目、标准、方法和抽检数量 钢筋工程原材料检验的主控项目和一般项目标准、方法和检查数量见表4-11。

2) 钢筋分项工程原材料的质量检验说明

主控项目第一条 钢筋对混凝土结构构件的承载力至关重要,对其质量应从严要求。钢筋出场应具有产品质量的证明资料,如产品合格证书、出厂试验报告单等,其列出的产品品种、规格、型号、化学成分及主要性能指标等必须满足设计要求，并符合国家有关标准的规定。当用户有特别要求时，还应列出某些专门检验数据。因此，钢筋进场时，应检查产品合格证和出厂检验报告，并按规定进行抽样检验，其抽样检验的结果即进场复验报告是判断材料能否在工程中应用的依据。

表 4-11　钢筋工程原材料的质量检验标准

项	序号	项目	合格质量标准	检验方法	检查数量
主控项目	1	力学性能和重量偏差检验	钢筋进场时，应按国家现行相关标准的规定抽取试件做力学性能和重量偏差检验，检验结果必须符合有关标准的规定	检查产品合格证、出厂检验报告和进场复验报告	按进场的批次和产品抽样检验方案确定
主控项目	2	抗震用钢筋强度和最大力下总伸长率的实测值	对有抗震设防要求的结构，其纵向受力钢筋的性能应满足设计要求；当设计无具体要求时，对按一、二、三级抗震等级设计的框架和斜撑构件（含梯段）中的纵向受力钢筋应采用 HRB335E、HRB400E、HRB500E、HRBF335E、HRBF400E 或 HRBF500E 钢筋，其强度和最大力下总伸长率的实测值应符合下列规定： （1）钢筋的抗拉强度实测值与屈服强度实测值的比值不应小于 1.25 （2）钢筋的屈服强度实测值与屈服强度标准值的比值不应大于 1.30 （3）钢筋的最大力下总伸长率不应小于 9%	检查进场复验报告	按进场的批次和产品抽样检验方案确定
主控项目	3	化学成分等专项检验	当发现钢筋脆断、焊接性能不良或力学性能显著不正常等现象时，应对该批钢筋进行化学成分检验或其他专项检验	检查化学成分等专项检验报告	按产品抽样检验方案确定
一般项目	1	外观质量	钢筋应平直、无损伤、表面不得有裂纹、油污、颗粒状或片状老锈	观察	进场时和使用前全数检查

钢筋进场检查数量按进场批次和产品的抽样检验方案确定，若有关标准中对进场检验有具体规定的，应按标准执行；若有关标准中只有对产品出厂检验的规定，则在进场检验时，批量应按下列情况确定：

① 对同一厂家、同一牌号、同一规格的钢筋，当一次进场的数量大于该产品的出厂检验批量时，应划分为若干个出厂检验批量，按出厂检验的抽样方案执行；

② 对同一厂家、同一牌号、同一规格的钢筋，当一次进场的数量小于或等于该产品的出厂检验批量时，应作为一个检验批量，然后按出厂检验的抽样方案执行；

③ 对不同时间进场的同批钢筋，当确有可靠依据时，可按一次进场的钢筋处理。

主控项目第二条　根据《混凝土结构设计规范》（GB 50010）、《建筑抗震设计规范》（GB 50011）的规定，为保证重要结构构件的抗震性能，按一、二、三级抗震等级设计的部分框架（包括各类混凝土结构中的框架梁、框架柱、框支梁、框支柱及板柱——抗震墙的柱等）、斜撑构件（包括伸臂桁架的斜撑、楼梯的梯段等）中的纵向受力钢筋强度实测值和伸长率必须满足要求。

一般项目　弯折钢筋不得敲直后作为受力钢筋使用。钢筋表面不应有颗粒状或片状老锈，以免影响钢筋强度和锚固性能。

（2）钢筋加工的质量检查与验收

1）钢筋加工检查项目、标准、方法和抽检数量钢筋加工检验的主控项目和一般项目标准、方法和检查数量见表4-12。

盘卷钢筋和直条钢筋调直后的断后伸长率、重量负偏差应符合表4-13的规定。

钢筋加工的形状、尺寸应符合设计要求，其偏差应符合表4-14的规定。

表4-12 钢筋加工的质量检验标准

项	序号	项目	合格质量标准	检验方法	检查数量
主控项目	1	受力钢筋的弯钩与弯折	受力钢筋的弯钩和弯折应符合下列规定： (1)HPB235级钢筋末端应做180°弯钩,其弯弧内直径不应小于钢筋直径的2.5倍,弯钩的弯后平直部分长度不应小于钢筋直径的3倍 (2)当设计要求钢筋末端需做135°弯钩时,HRB335级、HRB400级钢筋的弯弧内直径不应小于钢筋直径的4倍,弯钩的弯后平直部分长度应符合设计要求 (3)钢筋作不大于90°的弯折,弯折处的弯弧内直径不应小于钢筋直径的5倍	钢尺检查	按每工作班同一类型钢筋、同一加工设备抽查不应少于3件
主控项目	2	箍筋弯钩形式	除焊接封闭环式箍筋外,箍筋的末端应做弯钩,弯钩形式应符合设计要求；当设计无具体要求时,应符合下列规定： (1)箍筋弯钩的弯弧内直径除应满足上述表项1的规定外,尚应不小于受力钢筋直径 (2)箍筋弯钩的弯折角度：对一般结构,不小于90°；对有抗震等要求的结构,应为135° (3)箍筋弯后平直部分长度：对一般结构,不宜小于箍筋直径的5倍；对有抗震等要求的结构,不应小于箍筋直径的10倍		
主控项目	3	钢筋调直后的检验	钢筋调直后应进行力学性能和重量偏差的检验,其强度应符合有关标准的规定 盘卷钢筋和直条钢筋调直后的断后伸长率、重量负偏差应符合表4-13的规定 采用无延伸功能的机械设备调直的钢筋,可不进行本条规定的检验	3个试件先进行重量偏差检验,再取其中2个试件经时效处理后进行力学性能检验。检验重量偏差时,试件切口应平滑且与长度方向垂直,且长度不应小于500mm；长度和重量的量测精度分别不应低于1mm和1g	同一厂家、同一牌号、同一规格调直钢筋,重量不大于30t为一批；每批见证取3个试件
一般项目	1	钢筋调直	钢筋调直宜采用无延伸功能的机械设备进行调直,也可采用冷拉方法调直。当采用冷拉方法调直时,HPB235、HPB300光圆钢筋的冷拉率不宜大于4%，HRB335、HRB400、HRB500、HRBF335、HRBF400、HRBF500及RRB400带肋钢筋的冷拉率不宜大于1%	观察、钢尺检查	按每工作班同一类型钢筋、同一加工设备抽查不应少于3件
一般项目	2	钢筋加工的形状、尺寸	钢筋加工的形状、尺寸应符合设计要求,其偏差应符合表4-14的规定	钢尺检查	

表 4-13 盘卷钢筋和直条钢筋调直后的断后伸长率、重量负偏差要求

钢筋牌号	断后伸长率 A/%	重量负偏差/%		
		直径 6~12mm	直径 14~20mm	直径 22~50mm
HPB235、HPB300	≥21	≤10	—	—
HRB335、HRBF335	≥16	≤8	≤6	≤5
HRB400、HRBF400	≥15			
RRB400	≥13			
HRB500、HRBF500	≥14			

注：1. 断后伸长率 A 的量测标距为 5 倍钢筋公称直径。
2. 重量负偏差（%）按公式 $(W_0-W_d)/W_0×100$ 计算，其中 W_0 为钢筋理论重量（kg/m），W_d 为调直后钢筋的实际重量（kg/m）。
3. 对直径为 28~40mm 的带肋钢筋，表中断后伸长率可降低 1%；对直径大于 40mm 的带肋钢筋，表中断后伸长率可降低 2%。
4. 本表摘自《混凝土结构工程施工质量验收规范》（GB 50204—2002）(2011 版)。

表 4-14 钢筋加工的允许偏差

项 目	允许偏差/mm
受力钢筋顺长度方向全长的净尺寸	±10
弯起钢筋的弯折位置	±20
箍筋内净尺寸	±5

2) 钢筋加工的质量检验说明

主控项目 对各种级别普通钢筋弯钩、弯折和箍筋的弯弧内直径、弯折角度、弯后平直部分长度分别提出了要求，对受力钢筋是为了保证钢筋与混凝土两者的共同作用，合理配置的箍筋是为了有利于保证混凝土构件的承载力。

钢筋调直包括盘卷钢筋的调直和直条钢筋的调直，所有用于工程的调直钢筋均应符合钢筋调直后力学性能和重量偏差的检验要求，以防止冷加工过度改变钢筋的力学性能。

一般项目第一条 调直宜优先采用机械方法，以有效控制调直钢筋的质量；也可采用冷拉方法，但应注意冷拉应力过大时，钢筋在强度增长的同时塑性降低，因此采用冷拉调直时应控制冷拉伸长率，以免影响钢筋的力学性能。

(3) 钢筋连接的质量检查与验收

1) 主控项目检验

① 钢筋连接主控项目标准、方法和抽检数量见表 4-15。

表 4-15 钢筋连接工程主控项目的质量检验标准

序号	项目	合格质量标准	检验方法	检查数量
1	纵向受力钢筋的连接方式	纵向受力钢筋的连接方式应符合设计要求	观察	全数检查
2	钢筋机械连接和焊接接头的力学性能	在施工现场，应按国家现行标准《钢筋机械连接通用技术规程》(JGJ 107)、《钢筋焊接及验收规程》(JGJ 18)的规定抽取钢筋机械连接接头、焊接接头试件做力学性能检验，其质量应符合有关规程的规定	检查产品合格证、接头力学性能试验报告	按有关规程确定

② 钢筋连接主控项目的质量检验说明。

第一条 钢筋的连接方式有多种，为保证受力钢筋应力传递及结构构件的受力性能，其方式应满足设计要求。

第二条 对钢筋机械连接和焊接接头，除应按相应规定进行型式、工艺检验外，还应从

结构中抽取试件进行力学性能检验。

2) 一般项目检验 钢筋连接一般项目标准、方法和抽检数量见表4-16。

表 4-16 钢筋连接工程一般项目的质量检验标准

序号	项目	合格质量标准	检验方法	检查数量
1	接头位置和数量	钢筋的接头宜设置在受力较小处。同一纵向受力钢筋不宜设置两个或两个以上接头。接头末端至钢筋弯起点的距离不应小于钢筋直径的10倍	观察,钢尺检查	全数检查
2	钢筋机械连接接头、焊接接头的外观质量	在施工现场,应按国家现行标准《钢筋机械连接通用技术规程》(JGJ 107)、《钢筋焊接及验收规程》(JGJ 18)的规定对钢筋机械连接接头、焊接接头的外观进行检查,其质量应符合有关规程的规定	观察	
3	纵向受力钢筋机械连接接头及焊接接头面积百分率	当受力钢筋采用机械连接接头或焊接接头时,设置在同一构件内的接头宜相互错开 纵向受力钢筋机械连接接头及焊接接头连接区段的长度为 $35d$(d 为纵向受力钢筋的较大直径)且不小于500mm,凡接头中点位于该连接区段长度内的接头均属于同一连接区段。同一连接区段内,纵向受力钢筋机械连接及焊接的接头面积百分率为该区段内有接头的纵向受力钢筋截面面积与全部纵向受力钢筋截面面积的比值 同一连接区段内,纵向受力钢筋的接头面积百分率应符合设计要求;当设计无具体要求时,应符合下列规定: (1)在受拉区不宜大于50% (2)接头不宜设置在有抗震设防要求的框架梁端、柱端的箍筋加密区;当无法避开时,对等强度高质量机械连接接头,不应大于50% (3)直接承受动力荷载的结构构件中,不宜采用焊接接头;当采用机械连接接头时,不应大于50%	观察、钢尺检查	在同一检验批内,对梁、柱和独立基础,应抽查构件数量的10%,且不少于3件;对墙和板,应按有代表性的自然间抽查10%,且不少于3间;对大空间结构,墙可按相邻轴线间高度5m左右划分检查面,板可按纵、横轴线划分检查面,抽查10%,且均不少于3面
4	纵向受力钢筋的搭接接头面积百分率和最小搭接长度	同一构件中相邻纵向受力钢筋的绑扎搭接接头宜相互错开。绑扎搭接接头中钢筋的横向净距不应小于钢筋直径,且不应小于25mm 钢筋绑扎搭接接头连接区段的长度为 $1.3l_l$(l_l 为搭接长度),凡搭接接头中点位于该连接区段长度内的搭接接头均属于同一连接区段。同一连接区段内,纵向钢筋搭接接头面积百分率为该区段内有搭接接头的纵向受力钢筋截面面积与全部纵向受力钢筋截面面积的比值(图4-1) 同一连接区段内,纵向受拉钢筋搭接接头面积百分率应符合设计要求;当设计无具体要求时,应符合下列规定: (1)对梁类、板类及墙类构件,不宜大于25% (2)对柱类构件,不宜大于50% (3)当工程中确有必要增大接头面积百分率时,对梁类构件,不应大于50%;对其他构件,可根据实际情况放宽 纵向受力钢筋绑扎搭接接头的最小搭接长度应符合下面纵向受力钢筋的最小搭接长度的规定	观察、钢尺检查	
5	钢筋搭接长度范围内的箍筋	在梁、柱类构件的纵向受力钢筋搭接长度范围内,应按设计要求配置箍筋。当设计无具体要求时,应符合下列规定: (1)箍筋直径不应小于搭接钢筋较大直径的0.25倍 (2)受拉搭接区段的箍筋间距不应大于搭接钢筋较小直径的5倍,且不应大于100mm (3)受压搭接区段的箍筋间距不应大于搭接钢筋较小直径的10倍,且不应大于200mm (4)当柱中纵向受力钢筋直径大于25mm时,应在搭接接头两个端面外100mm范围内各设置两个箍筋,其间距宜为50mm	钢尺检查	

钢筋绑扎搭接接头连接区段及接头面积百分率如图 4-1 所示。

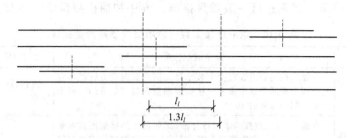

图 4-1　钢筋绑扎搭接接头连接区段及接头面积百分率
注：图中所示搭接接头同一连接区段内的搭接钢筋为两根，
当各钢筋直径相同时，接头面积百分率为 50%。

纵向受力钢筋最小搭接长度应符合下列规定。

① 当纵向受拉钢筋的绑扎搭接接头面积百分率不大于 25% 时，其最小搭接长度应符合表 4-17 的规定。

表 4-17　纵向受拉钢筋的最小搭接长度

钢筋类型		混凝土强度等级			
		C15	C20～C25	C30～C35	≥C40
光圆钢筋	HPB235 级	45d	35d	30d	25d
带肋钢筋	HRB335 级	55d	45d	35d	30d
	HRB400 级、RRB400 级	—	55d	40d	35d

注：1. 两根直径不同钢筋的搭接长度，以较细钢筋的直径计算。
2. 本表摘自《混凝土结构工程施工质量验收规范》(GB 50204—2002)(2011 版)。

② 当纵向受拉钢筋搭接接头面积百分率大于 25%，但不大于 50% 时，其最小搭接长度应按表 4-17 中的数值乘以系数 1.2 取用；当接头面积百分率大于 50% 时，应按表 4-17 中的数值乘以 1.35 取用。

③ 当符合下列条件时，纵向受拉钢筋的最小搭接长度应根据前两条确定后按下列规定进行修正。

a. 当带肋钢筋的直径大于 25mm 时，其最小搭接长度应按相应数值乘以系数 1.1 取用。

b. 对环氧树脂涂层的带肋钢筋，其最小搭接长度应按相应数值乘以系数 1.25 取用。

c. 当在混凝土凝固过程中受力钢筋易受扰动时（如滑模施工），其最小搭接长度应按相应数值乘以系数 1.1 取用。

d. 对末端采用机械锚固措施的带肋钢筋，其最小搭接长度可按相应数值乘以系数 0.7 取用。

e. 当带肋钢筋的混凝土保护层厚度大于搭接钢筋直径的 3 倍且配有箍筋时，其最小搭接长度可按相应数值乘以系数 0.8 取用。

f. 对有抗震设防要求的结构构件，其受力钢筋的最小搭接长度对一、二级抗震等级应按相应数值乘以系数 1.15 采用；对三级抗震等级应按相应数值乘以系数 1.05 采用。

在任何情况下，受拉钢筋的搭接长度不应小于 300mm。

④ 纵向受压钢筋搭接时，其最小搭接长度应根据前三条的规定确定相应数值后，乘以

系数0.7取用。在任何情况下，受压钢筋的搭接长度不应小于200mm。

(4) 钢筋安装的质量检查与验收

1) 钢筋安装检查项目、标准、方法和抽检数量　钢筋安装检验的主控项目和一般项目标准、方法和抽检数量见表4-18。

表4-18　钢筋安装工程检验批的质量检验标准

项	项目	合格质量标准	检验方法	检查数量
主控项目	受力钢筋的品种、级别、规格和数量	钢筋安装时，受力钢筋的品种、级别、规格和数量必须符合设计要求	观察、钢尺检查	全数检查
一般项目	钢筋安装允许偏差	钢筋安装位置的偏差应符合表4-19的规定	见表4-19	在同一检验批内，对梁、柱和独立基础，应抽查构件数量的10%，且不少于3件；对墙和板，应按有代表性的自然间抽查10%，且不行于3间；对大空间结构，墙可按相邻轴线间高度5m左右划分检查面，板可按纵、横轴线划分检查面，抽查10%，且均不少于3面

2) 钢筋安装位置的偏差　钢筋混凝土结构构件的受力钢筋位置对其承载能力和抗裂性能等有重要影响，其安装位置的偏差应符合表4-19的规定。

表4-19　钢筋安装位置的允许偏差和检验方法

项　目			允许偏差/mm	检验方法
绑扎钢筋网	长、宽		±10	钢尺检查
	网眼尺寸		±20	钢尺量连续三档，取最大值
绑扎钢筋骨架	长		±10	钢尺检查
	宽、高		±5	钢尺检查
受力钢筋	间距		±10	钢尺量两端、中间各一点，取最大值
	排距		±5	
	保护层厚度	基础	±10	钢尺检查
		柱、梁	±5	钢尺检查
		板、墙、壳	±3	钢尺检查
绑扎箍筋、横向钢筋间距			±20	钢尺量连接三档，取最大值
钢筋弯起点位置			20	钢尺检查
预埋件	中心线位置		5	钢尺检查
	水平高差		+3,0	钢尺和塞尺检查

注：1. 检查预埋件中心线位置时，应沿纵、横两个方向量测，并取其中的较大值。
2. 表中梁类、板类构件上部纵向受力钢筋保护层厚度的合格点率应达到90%及以上，且不得有超过表中数值1.5倍的尺寸偏差。
3. 本表摘自《混凝土结构工程施工质量验收规范》(GB 50204—2002)(2011版)。

(5) 钢筋分项工程检验批的质量验收记录　钢筋分项工程检验批的质量验收可按照《混凝土结构工程施工质量验收规范》(GB 50204—2002)(2011版)附录A记录，如某钢筋安装工程检验批质量验收记录见表4-20。

表 4-20 钢筋安装工程检验批质量验收记录表

工程名称	××工程	分项工程名称	钢筋分项工程	验收部位	××
施工单位	××建筑工程公司	专业工长	×××	项目经理	×××
分包单位	/	分包项目经理	/	施工班组长	×××
施工执行标准名称及编号	《混凝土结构工程施工质量验收规范》(GB 50204—2002)(2011版)					

		施工质量验收规范的规定			施工单位检查评定记录	监理(建设)单位验收记录
主控项目	1	纵向受力钢筋的连接方式		第5.4.1条	√	同意验收
	2	机械连接和焊接接头的力学性能		第5.4.2条	√	
	3	受力钢筋的品种、级别、规格和数量		第5.5.1条	√	
一般项目	1	接头位置和数量		第5.4.3条	√	同意验收
	2	机械连接、焊接的外观质量		第5.4.4条	√	
	3	机械连接、焊接的接头面积百分率		第5.4.5条	√	
	4	绑扎搭接接头面积百分率和搭接长度		第5.4.6条	√	
	5	搭接长度范围内的箍筋		第5.4.7条	√	
	6 钢筋安装允许偏差	绑扎网钢筋	长、宽/mm	±10	+8 +6 +6 −5 −8 +6 +5	
			网眼尺寸/mm	±20	+15 −10 −8 −12 +5 +6 −15 +10	
		绑扎钢筋骨架	长/mm	±10		
			宽、高/mm	±5		
		受力钢筋	间距/mm	±10	+6 +6 −3 −4 −3 −3	
			排距/mm	±5	+3 −4 +3 +2 −1 −3 +2 +2	
			保护层厚度/mm 基础	±10		
			柱、梁	±5	−1 +3 +3 −4 +3 +2 −4 +3	
			板、墙、壳	±3		
		绑扎箍筋、横向钢筋间距/mm		±20	−15 −15 +10 +8 +6	
		钢筋弯起点位置/mm		20	16 4 9 10 10 9 12	
		预埋件	中心线位置/mm	5	3 2 4 2 5 3 4 3 2	
			水平高差/mm	+3,0	1 2 2 2 3 1 0 3	
施工单位检查评定结果	主控项目全部合格,一般项目满足规范规定,检查评定结果为合格 项目专业质量检查员:×××　　　　　××年×月×日					
监理(建设)单位验收结论	同意验收 监理工程师(建设单位项目专业技术负责人):×××　　　××年×月×日					

4.1.4 混凝土分项施工质量检查

混凝土分项工程是从水泥、砂、石、水、外加剂、矿物掺合料等原材料进场检验、混凝土配合比设计及称量、拌制、运输、浇注、养护、试件制作直至混凝土达到预定强度等一系列技术工作和完成实体的总称。

4.1.4.1 混凝土分项工程验收的一般规定

(1)结构构件的混凝土强度应按现行国家标准《混凝土强度检验评定标准》(GBJ 107)

的规定分批检验评定。

对采用蒸汽法养护的混凝土结构构件，其混凝土试件应先随同结构构件同条件蒸汽养护，再转入标准条件养护共28d。

当混凝土中掺用矿物掺合料时，确定混凝土强度时的龄期可按现行国家标准《粉煤灰混凝土应用技术规范》（GBJ 146）等的规定取值。

（2）检验评定混凝土强度用的混凝土试件的尺寸及强度的尺寸换算系数应按表4-21取用；其标准成型方法、标准养护条件及强度试验方法应符合普通混凝土力学性能试验方法标准的规定。

表4-21 混凝土试件尺寸及强度的尺寸换算系数

骨料最大粒径/mm	试件尺寸/mm	强度的尺寸换算系数
≤31.5	100×100×100	0.95
≤40	150×150×150	1.00
≤63	200×200×200	1.05

注：1. 对强度等级为C60及以上的混凝土试件，其强度的尺寸换算系数可通过试验确定。
2. 本表摘自《混凝土结构工程施工质量验收规范》（GB 50204—2002）（2011版）。

（3）结构构件拆模、出池、出厂、吊装、张拉、放张及施工期间临时负荷时的混凝土强度，应根据同条件养护的标准尺寸试件的混凝土强度确定。

（4）当混凝土试件强度评定不合格时，可采用非破损或局部破损的检测方法，按国家现行有关标准的规定对结构构件中的混凝土强度进行推定，并作为处理的依据。

（5）混凝土的冬期施工应符合国家现行标准《建筑工程冬期施工规程》（JGJ 104）和施工技术方案的规定。

4.1.4.2 混凝土分项工程检验批的质量检查与验收

混凝土分项工程主要包括原材料的进场检验、混凝土配合比的设计及混凝土的施工三个方面，其所含的检验批可根据施工工序和验收的需要确定。

（1）混凝土分项工程的原材料质量检查与验收

1）原材料检查项目、标准、方法和抽检数量 混凝土工程原材料检验的主控项目和一般项目标准、方法和抽检数量见表4-22。

2）混凝土分项工程原材料的质量检验说明

主控项目第一条 本条为强制性条文，水泥是混凝土组分中重要的胶凝材料，水泥进场时应根据产品合格证、出厂检验报告对其品种、级别、包装或散装仓号、出厂日期等进行检查，并应对强度、安定性及其他必要的性能指标进行复验。由于氯盐对钢材有很强的腐蚀性，同时对混凝土的耐久性和使用安全不利，因而在钢筋混凝土结构和预应力混凝土结构中严禁使用含氯化物的水泥。

主控项目第二条 混凝土外加剂种类较多，使用时其质量及应用技术应符合相应的质量标准，本条为强制性条文，使用时应严格执行。

主控项目第三条 混凝土中氯化物、碱的总含量过高，可能引起钢筋锈蚀和碱骨料反应，严重影响结构构件受力性能和耐久性，因此应严格控制其含量。

一般项目第一条 混凝土掺合料的种类主要有粉煤灰、粒化高炉矿渣粉、沸石粉、硅灰和复合掺合料等，有些目前尚没有产品质量标准。对各种掺合料，均应提出相应的质量要求，并通过试验确定其掺量。工程应用时，还应符合国家现行的有关标准规定。

（2）混凝土分项工程的配合比设计检查与验收

表 4-22 混凝土工程原材料的质量检验标准

项	序号	项 目	合格质量标准	检验方法	检查数量
主控项目	1	水泥进场检验	水泥进场时应对其品种、级别、包装或散装仓号、出厂日期等进行检查,并应对其强度、安定性及其他必要的性能指标进行复验,其质量必须符合现行国家标准《硅酸盐水泥、普通硅酸盐水泥》(GB 175)等的规定 当在使用中对水泥质量有怀疑或水泥出厂超过三个月(快硬硅酸盐水泥超过一个月)时,应进行复验,并按复验结果使用 钢筋混凝土结构、预应力混凝土结构中,严禁使用含氯化物的水泥	检查产品合格证、出厂检验报告和进场复验报告	按同一生产厂家、同一等级、同一品种、同一批号且连续进场的水泥,袋装不超过200t为一批,散装不超过500t为一批,每批抽样不少于一次
主控项目	2	外加剂质量及应用	混凝土中掺用外加剂的质量及应用技术应符合现行国家标准《混凝土外加剂》(GB 8076)、《混凝土外加剂应用技术规范》(GB 50119)等和有关环境保护的规定 预应力混凝土结构中,严禁使用含氯化物的外加剂。钢筋混凝土结构中,当使用含氯化物的外加剂时,混凝土中氯化物的总含量应符合现行国家标准《混凝土质量控制标准》(GB 50164)的规定	检查产品合格证、出厂检验报告和进场复验报告	按进场的批次和产品的抽样检验方案确定
主控项目	3	混凝土中氯化物和碱的总含量控制	混凝土中氯化物和碱的总含量应符合现行国家标准《混凝土结构设计规范》(GB 50010)和设计的要求	检查原材料试验报告和氯化物、碱的总含量计算书	按产品抽样检验方案确定
一般项目	1	矿物掺合料的质量及掺量	混凝土中掺用矿物掺合料的质量应符合现行国家标准《用于水泥和混凝土中的粉煤灰》(GB 1596)等的规定。矿物掺合料的用量应通过试验确定	检查出厂合格证和进场复验报告	按进场的批次和产品的抽样检验方案确定
一般项目	2	粗、细骨料的质量	普通混凝土所用的粗、细骨料的质量应符合国家现行标准《普通混凝土用碎石或卵石质量标准及检验方法》(JGJ 53)、《普通混凝土用砂质量标准及检验方法》(JGJ 52)规定 注:(1)混凝土用的粗骨料,其最大颗粒粒径不得超过构件截面最小尺寸的1/4,且不得超过钢筋最小净间距的3/4;(2)对混凝土实心板,骨料的最大粒径不宜超过板厚的1/3,且不得超过40mm	检查进场复验报告	按进场的批次和产品的抽样检验方案确定
一般项目	3	拌制混凝土用水	拌制混凝土宜采用饮用水;当采用其他水源时,水质应符合国家现行标准《混凝土拌和用水标准》(JGJ 63)的规定	检查水质试验报告	同一水源检查不应少于一次

1) 配合比设计检查项目、标准、方法和抽检数量 混凝土工程配合比设计的主控项目和一般项目标准、方法和检查数量见表 4-23。

2) 混凝土分项工程配合比设计的质量检验说明

一般项目第一条 规范规定实际生产时,对首次使用的混凝土配合比应进行开盘鉴定,并至少留置一组 28d 标准养护试件,以验证混凝土的实际质量与设计要求的一致性。

一般项目第二条 由于实际施工时,砂、石的含水率随外界气候的影响不断发生变化,而试验室给出的是原材料干燥状态下的配合比,因此应测定砂、石实际含水率并相应地调整材料用量。

表 4-23 混凝土工程配合比设计的质量检验标准

项	序号	项目	合格质量标准	检验方法	检查数量
主控项目	1	配合比设计	混凝土应按国家现行标准《普通混凝土配合比设计规程》(JGJ 55)的有关规定,根据混凝土强度等级、耐久性和工作性等要求进行配合比设计 对有特殊要求的混凝土,其配合比设计尚应符合国家现行有关标准的专门规定	检查配合比设计资料	全数检查
一般项目	1	配合比开盘鉴定	首次使用的混凝土配合比应进行开盘鉴定,其工作性应满足设计配合比的要求。开始生产时应至少留置一组标准养护试件,作为验证配合比的依据	检查开盘鉴定资料和试件强度试验报告	按配合比设计要求确定
	2	配合比调整	混凝土拌制前,应测定砂、石含水率并根据测试结果调整材料用量,提出施工配合比	检查含水率测试结果和施工配合比通知单	每工作班检查一次

(3) 混凝土施工的质量检查与验收

1) 主控项目检验

① 混凝土施工的主控项目标准、方法和检查数量见表 4-24。

表 4-24 混凝土施工主控项目的质量检验标准

序号	项目	合格质量标准	检验办法	检查数量
1	混凝土强度等级、试件的取样和留置	结构混凝土的强度等级必须符合设计要求。用于检查结构构件混凝土强度的试件,应在混凝土的浇筑地点随机抽取。取样与试件留置应符合下列规定。 (1)每拌制 100 盘且不超过 100m³ 的同配合比的混凝土,取样不得少于一次 (2)每工作班拌制的同一配合比的混凝土不足 100 盘时,取样不得少于一次 (3)当一次连续浇筑超过 1000m³ 时,同一配合比的混凝土每 200m³ 取样不得少于一次 (4)每一楼层,同一配合比的混凝土,取样不得少于一次 (5)每次取样应至少留置一组标准养护试件,同条件养护试件的留置组数应根据实际需要确定	检查施工记录及试件强度试验报告	全数检查
2	混凝土抗渗试件取样和留置	对有抗渗要求的混凝土结构,其混凝土试件应在浇筑地点随机取样。同一工程、同一配合比的混凝土,取样不应少于一次,留置组数可根据实际需要确定	检查试件抗渗试验报告	
3	原材料每盘称重的允许偏差	混凝土原材料每盘称重的偏差应符合表 4-25 的规定	复称	每工作班抽查不应少于一次
4	混凝土初凝时间控制	混凝土运输、浇注及间歇的全部时间不应超过混凝土的初凝时间。同一施工段的混凝土应连续浇注,并应在底层混凝土初凝之前将上一层混凝土浇注完毕 当底层混凝土初凝后浇注上一层混凝土时,应按施工技术方案中对施工技术方案中施工缝的要求进行处理	观察,检查施工记录	全数检查

混凝土原材料每盘称量的允许偏差见表 4-25。

表 4-25 混凝土原材料每盘称量的允许偏差

材料名称	允许偏差
水泥、掺合料	±2%
粗、细骨料	±3%
水、外加剂	±2%

注：1. 各种衡器应定期校验，每次使用前应进行零点校核，保持计量准确。
2. 当遇雨天或含水率有显著变化时，应增加含水率检测次数，并及时调整水和骨料的用量。
3. 本表摘自《混凝土结构工程施工质量验收规范》(GB 50204—2002)(2011版)。

② 混凝土施工检验批主控项目的质量检验说明。

第一条 本条为强制性条文、应严格执行。用于检查结构构件混凝土强度的标准养护试件每次取样至少应留置一组，对同条件养护试件的留置组数除应考虑用于确定施工期间结构构件的混凝土强度外，还应满足下面所述规范的有关规定。

第三条 为保证混凝土的设计配合比，达到混凝土设计强度，混凝土原材料计量偏差不得超过规范规定。各种衡器应定期校验，以保持计量准确。遇雨天施工或其他原因致使砂、石含水率发生显著变化时，应增加测定次数，及时调整用水量和骨料用量。

2）一般项目检验

① 混凝土施工的一般项目标准、方法和检查数量见表 4-26。

表 4-26 混凝土施工一般项目的质量检验标准

序号	项目	合格质量标准	检验办法	检查数量
1	施工缝的位置及处理	施工缝的位置应在混凝土浇注前按设计要求和施工技术方案确定。施工缝的处理应按施工技术方案执行	观察、检查施工记录	全数检查
2	后浇带的位置及处理	后浇带的留置位置应按设计要求和施工技术方案确定。后浇带混凝土浇注应按施工技术方案进行		
3	混凝土养护	混凝土浇注完毕后，应按施工技术方案及时采取有效的养护措施，并应符合下列规定。 (1)应在浇注完毕后的12h以内对混凝土加以覆盖并保湿养护 (2)混凝土浇水养护的时间　对采用硅酸盐水泥、普通硅酸盐水泥或矿渣硅酸盐水泥拌制的混凝土，不得少于7d；对掺用缓凝型外加剂或有抗渗要求的混凝土，不得少于14d (3)浇水次数应能保持混凝土处于湿润状态；混凝土养护用水应与拌制用水相同 (4)采用塑料布覆盖养护的混凝土，其敞露的全部表面应覆盖严密，并应保持塑料布内有凝结水 (5)混凝土强度达到1.2N/mm² 前，不得在其上踩踏或安装模板及支架 注：① 当日平均气温低于5℃时，不得浇水 ② 当采用其他品种水泥时，混凝土的养护时间应根据所采用水泥的技术性能确定 ③ 混凝土表面不便浇水或使用塑料布时，宜涂刷养护剂 ④ 对大体积混凝土的养护，应根据气候条件按施工技术方案采取控温措施		

② 混凝土施工检验批一般项目的质量检验说明。

第一条 如果因技术上的原因或设备、人力的限制，混凝土不能连续浇注，中间的间歇时间超过混凝土的凝结时间则应留置施工缝。混凝土施工缝不应随意留置，其位置应事先在施工技术方案中确定。确定施工缝位置的原则为尽可能留置在受剪力较小的部位；留置部位应便于施工。常见柱的施工缝宜留在基础的顶面、梁的下面或无梁楼盖柱帽的下面，框架结构中，如果梁的负筋向下弯入柱内，施工缝也可设置在这些钢筋的下端，以便于钢筋绑扎；与板连成整体的大截面梁留在楼板底面以下 20～30mm 处，当板下有梁托时，留在梁托下部；单向板留在平行于短边的任何位置处；对于有主次梁的楼板结构，宜顺着次梁方向浇注，施工缝应留在次梁跨度的中间 1/3 范围内；承受动力作用的设备基础，原则上不应留置施工缝，当必须留置时，应符合设计要求并按施工技术方案执行。

施工缝处继续浇注混凝土时，应待混凝土的抗压强度不小于 1.2MPa 方可进行。施工缝处浇注混凝土之前，应除去表面的水泥薄膜、松动的石子和软弱的混凝土层。并加以充分湿润和冲洗干净，不得积水。浇注时，施工缝处宜先铺水泥浆或与混凝土成分相同的水泥砂浆一层，厚度为 10～15mm，以保证接缝的质量。浇注混凝土过程中，应细致捣实，使新旧混凝土结合紧密。

第二条 混凝土后浇带对避免混凝土结构的温度收缩裂缝等有较大作用。混凝土后浇带位置应按设计要求留置，后浇带混凝土的浇注时间、处理方法等也应事先在技术方案中确定。

第三条 养护条件对于混凝土强度的增长有重要影响。在施工过程中，应根据原材料、配合比、浇注部位和季节等具体情况，制订合理的施工技术方案，采取有效的养护措施，保证混凝土强度正常增长。

（4）混凝土分项工程检验质量验收记录 混凝土分项工程检验质量验收可按照《混凝土结构工程施工质量验收规范》（50204—2002）（2011 版）附录 A 记录，下面表 4-27 是混凝土施工检验批质量验收记录。

表 4-27 混凝土施工检验批质量验收记录表

工程名称		××工程	分项工程名称	混凝土分项工程	验收部位	××
施工单位		××建筑工程公司	专业工长	×××	项目经理	×××
分包单位		/	分包项目经理	/	施工班组长	×××
施工执行标准名称及编号		《混凝土结构工程施工工艺标准》（QB×××—2005）				
		施工质量验收规范的规定		施工单位检查评定记录	监理(建设)单位验收记录	
主控项目	1	混凝土强度等级及试件的取样和留置		第 7.4.1 条	√	同意验收
	2	混凝土抗渗及试件取样和留置		第 7.4.2 条	√	
	3	原材料每盘称重的偏差		第 7.4.3 条	√	
	4	混凝土初凝时间控制		第 7.4.4 条	√	
一般项目	1	施工缝的位置及处理		第 7.4.5 条	√	同意验收
	2	后浇带的位置和浇筑		第 7.4.6 条	√	
	3	混凝土养护		第 7.4.7 条	√	
施工单位检查评定结果		主控项目全部合格,一般项目满足规范规定,检查评定结果为合格 项目专业质量检查员：×××　　××年×月×日				
监理(建设)单位验收结论		同意验收 监理工程师(建设单位项目专业技术负责人)：×××　　××年×月×日				

4.1.5 现浇结构分项施工质量检查

现浇结构分项工程以模板、钢筋、预应力、混凝土四个分项工程为依托，是拆除模板后的混凝土结构实物外观质量、几何尺寸检验等一系列技术工作的总称。与混凝土分项工程主要是控制混凝土拌合物及浇筑施工过程不同，现浇结构分项工程主要是控制已经浇筑完成的混凝土结构构件。

4.1.5.1 现浇结构分项工程验收的一般规定

（1）现浇结构的外观质量缺陷，应由监理（建设）单位、施工单位等各方根据其对结构性能和使用功能影响的严重程度，按表4-28确定。

表4-28 现浇结构外观质量缺陷

名称	现象	严重缺陷	一般缺陷
露筋	构件内钢筋未被混凝土包裹而外露	纵向受力钢筋有露筋	其他钢筋有少量露筋
蜂窝	混凝土表面缺少水泥砂浆而形成石子外露	构件主要受力部位有蜂窝	其他部位有少量蜂窝
孔洞	混凝土中孔穴深度和长度均超过保护层厚度	构件主要受力部位有孔洞	其他部位有少量孔洞
夹渣	混凝土中夹有杂物且深度超过保护层厚度	构件主要受力部位有夹渣	其他部位有少量夹渣
疏松	混凝土中局部不密实	构件主要受力部位有疏松	其他部位有少量疏松
裂缝	缝隙从混凝土表面延伸至混凝土内部	构件主要受力部位有影响结构性能或使用功能的裂缝	其他部位有少量不影响结构性能或使用功能的裂缝
连接部位缺陷	构件连接处混凝土缺陷及连接钢筋、连接件松动	连接部位有影响结构传力性能的缺陷	连接部位有基本不影响结构传力性能的缺陷
外形缺陷	缺棱掉角、棱角不直、翘曲不平、飞边凸肋等	清水混凝土构件有影响使用功能或装饰效果的外形缺陷	其他混凝土构件有不影响使用功能的外形缺陷
外表缺陷	构件表面麻面、掉皮、起砂、沾污等	具有重要装饰效果的清水混凝土构件有外表缺陷	其他混凝土构件有不影响使用功能的外表缺陷

注：本表摘自《混凝土结构工程施工质量验收规范》（GB 50204—2002）（2011版）。

（2）现浇结构拆模后，应由监理（建设）单位、施工单位对外观质量和尺寸偏差进行检查，做好记录，并应及时按施工技术方案对缺陷进行处理。

在建筑工程施工质量中将不符合规定要求的检验项或检验点称为缺陷，按其程度可分为严重缺陷和一般缺陷两种。严重缺陷是对结构构件的受力性能或安装使用性能有决定性影响的缺陷；一般缺陷是对结构构件的受力性能或安装使用性能无决定性影响的缺陷。上述规定的第一条给出了确定现浇结构外观质量严重缺陷、一般缺陷的一般原则，各种缺陷的数量限制可由各地根据实际情况作出具体规定。

4.1.5.2 现浇结构分项工程检验批的质量检查与验收

现浇结构分项工程包括外观质量和尺寸偏差两个检验批，划分时可按楼层、结构缝或施工段划分，其检验项目标准、方法和检查数量见表4-29。

主控项目第一条 外观质量的严重缺陷通常会影响到结构性能、使用功能或耐久性。对已经出现的严重缺陷，应由施工单位根据缺陷的具体情况提出技术处理方案，经监理（建设）单位认可后进行处理，并重新检查验收。本条为强制性条文，应严格执行。

主控项目第二条 现浇结构的尺寸偏差过大可能影响结构构件的受力性能、使用功能，也可能影响设备在基础上的安装、使用。因此验收时应根据现浇结构、混凝土设备基础尺寸偏差的具体情况，由监理（建设）单位、施工单位等各方共同确定尺寸偏差对结构性能和安装使用功能的影响程度。对超过尺寸允许偏差且影响结构性能和安装、使用功能的部位，应由施工单位根据尺寸偏差的具体情况提出技术处理方案，经监理（建设）单位认可后进行处理,并重新检查验收。本条为强制性条文,应严格执行。

表4-29 现浇结构分项工程的质量检验标准

项	序号	项目	合格质量标准	检验办法	检查数量
主控项目	1	外观质量	现浇结构的外观质量不应有严重缺陷 对已经出现的严重缺陷,应由施工单位提出技术处理方案,并经监理(建设)单位认可后进行处理。对经处理的部位,应重新检查验收	观察,检查技术处理方案	全数检查
主控项目	2	过大尺寸偏差处理及验收	现浇结构不应有影响结构性能和使用功能的尺寸偏差。混凝土设备基础不应有影响结构性能和设备安装的尺寸偏差 对超过尺寸允许偏差且影响结构性能和安装、使用功能的部位,应由施工单位提出技术处理方案,并经监理(建设)单位认可后进行处理。对经处理的部位,应重新检查验收	量测,检查技术处理方案	全数检查
一般项目	1	外观质量一般缺陷	现浇结构的外观质量不宜有一般缺陷 对已经出现的一般缺陷,应由施工单位按技术处理方案进行处理,并重新检查验收	观察,检查技术处理方案	全数检查
一般项目	2	现浇结构和混凝土设备基础尺寸的允许偏差及检验方法	现浇结构和混凝土设备基础拆模后的尺寸偏差应符合表4-30、表4-31的规定	见表4-30和表4-31	全数检查

现浇结构拆模后的尺寸允许偏差和检验方法见表4-30。

表4-30 现浇结构尺寸允许偏差和检验方法

项 目		允许偏差/mm	检验方法
轴线位置	基础	15	钢尺检查
轴线位置	独立基础	10	钢尺检查
轴线位置	墙、柱、梁	8	钢尺检查
轴线位置	剪力墙	5	钢尺检查
垂直度	层高 ≤5m	8	经纬仪或吊线、钢尺检查
垂直度	层高 >5m	10	经纬仪或吊线、钢尺检查
垂直度	全高 H	$H/1000$ 且 ≤30	经纬仪、钢尺检查
标高	层高	±10	水准仪或拉线、钢尺检查
标高	全高	±30	水准仪或拉线、钢尺检查
截面尺寸		+8,−5	钢尺检查
电梯井	井筒长、宽对定位中心线	+25,0	钢尺检查
电梯井	井筒全高 H 垂直度	$H/1000$ 且 ≤30	经纬仪、钢尺检查
表面平整度		8	2m靠尺和塞尺检查
预埋设施中心线位置	预埋件	10	钢尺检查
预埋设施中心线位置	预埋螺栓	5	钢尺检查
预埋设施中心线位置	预埋管	5	钢尺检查
预留洞中心线位置		15	钢尺检查

注:1.检查轴线、中心线位置时,应沿纵、横两个方向量测,并取其中的较大值。
2.本表摘自《混凝土结构工程施工质量验收规范》(GB 50204—2002)(2011版)。

混凝土设备基础拆模后的尺寸允许偏差和检验方法见表4-31。

表 4-31 混凝土设备基础尺寸允许偏差和检验方法

项　　目		允许偏差/mm	检验方法
坐标位置		20	钢尺检查
不同平面的标高		0,-20	水准仪或拉线、钢尺检查
平面外形尺寸		±20	钢尺检查
凸台上平面外形尺寸		0,-20	钢尺检查
凹穴尺寸		+20,0	钢尺检查
平面水平度	每米	5	水平尺、塞尺检查
	全长	10	水准仪或拉线、钢尺检查
垂直度	每米	5	经纬仪或吊线、钢尺检查
	全高	10	
预埋地脚螺栓	标高(顶部)	+20,0	水准仪或拉线、钢尺检查
	中心距	±2	钢尺检查
预埋地脚螺栓孔	中心线位置	10	钢尺检查
	深度	+20,0	钢尺检查
	孔垂直度	10	吊线、钢尺检查
预埋活动地脚螺栓锚板	标高	+20,0	水准仪或拉线、钢尺检查
	中心线位置	5	钢尺检查
	带槽锚板平整度	5	钢尺、塞尺检查
	带螺纹孔锚板平整度	2	钢尺、塞尺检查

注：1. 检查坐标、中心线位置时，应沿纵、横两个方向量测，并取其中的较大值。
2. 本表摘自《混凝土结构工程施工质量验收规范》(GB 50204—2002)(2011版)。

4.1.6　混凝土结构子分部施工质量验收

混凝土结构是从属于主体结构分部工程或地基基础分部工程的一个子分部工程，规范规定：对混凝土结构子分部工程的质量验收，应在钢筋、预应力、混凝土、现浇结构或装配式结构等相关分项工程验收合格的基础上，进行质量控制资料检查及观感质量验收，关应对涉及结构安全的材料、试件、施工工艺和结构的重要部位进行见证检测或结构实体检验。

混凝土结构子分部工程施工质量验收合格应符合下列规定。
① 有关分项工程施工质量验收合格；
② 应有完整的质量控制资料；
③ 观感质量验收合格；
④ 结构实体检验结果满足规范的要求。

其中有关分项工程施工质量的验收在前面的内容中已介绍，观感质量的检验是由参加验收的各方对已完混凝土结构工程用肉眼观察、用手触摸并辅以少量的量测后，通过协商、讨论进行验收的，而且经过检验批和分项工程两个层次的检查验收，一般到子分部工程验收时已基本没有明显的质量缺陷了，所以下面重点介绍结构实体检验和质量控制资料的核查。

4.1.6.1　结构实体检验

(1) 结构实体检验的基本规定
① 对涉及混凝土结构安全的重要部位应进行结构实体检验。结构实体检验应在监理工

程师（建设单位项目专业技术负责人）见证下，由施工项目技术负责人组织实施。承担结构实体检验的试验室应具有相应的资质。

② 结构实体检验的内容应包括混凝土强度、钢筋保护层厚度以及工程合同约定的项目；必要时可检验其他项目。

③ 对混凝土强度的检验，应以在混凝土浇注地点制备并与结构实体同条件养护的试件强度为依据。混凝土强度检验用同条件养护试件的留置、养护和强度代表值应符合规范的相关规定（见下面内容）。

对混凝土强度的检验，也可根据合同的约定，采用非破损或局部破损的检测方法，按国家现行有关标准的规定进行。

④ 当同条件养护试件强度的检验结果符合现行国家标准《混凝土强度检验评定标准》（GBJ 107）的有关规定时，混凝土强度应判为合格。

⑤ 钢筋保护层厚度的检验，抽样数量、检验方法、允许偏差和合格条件应符合规范规定（见下面内容）。

⑥ 当未能取得同条件养护试件强度、同条件养护试件强度被判为不合格或钢筋保护层厚度不满足要求时，应委托具有相应资质等级的检测机构按国家有关标准的规定进行检测。

根据《建筑工程施工质量验收统一标准》（GB 50300—2001）的规定，在混凝土结构子分部工程验收前应进行结构实体检验。结构实体检验的范围仅限于涉及安全的柱、墙、梁等结构构件的重要部位，检验采用由各方参与的见证抽样形式，以保证检验结果的公正性。结构实体检验目前主要是对混凝土强度、重要结构构件的钢筋保护层厚度两个项目进行。

(2) 结构实体检验用同条件养护试件强度检验

1) 同条件养护试件的留置方式和取样数量，应符合下列要求。

① 同条件养护试件所对应的结构构件或结构部位，应由监理（建设）、施工等各方共同选定；

② 对混凝土结构工程中的各混凝土强度等级，均应留置同条件养护试件；

③ 同一强度等级的同条件养护试件，其留置的数量应根据混凝土工程量和重要性确定，不宜少于10组，且不应少于3组；

④ 同条件养护试件拆模后，应放置在靠近相应结构构件或结构部位的适当位置，并应采取相同的养护方法。

2) 同条件养护试件应在达到等效养护龄期时进行强度试验。

等效养护龄期应根据同条件养护试件强度与在标准养护条件下28d龄期试件强度相等的原则确定。

3) 同条件自然养护试件的等效养护龄期及相应的试件强度代表值，宜根据当地的气温和养护条件，按下列规定确定。

① 等效养护龄期可取按日平均温度逐日累计达到600℃·d时所对应的龄期，0℃及以下的龄期不计入；等效养护龄期不应小于14d，也不宜大于60d；

② 同条件养护试件的强度代表值应根据强度试验结果按现行国家标准《混凝土强度检验评定标准》（GBJ 107）的规定确定后，乘折算系数取用；折算系数宜取为1.10，也可根据当地的试验统计结果做适当调整。

4) 冬期施工、人工加热养护的结构构件，其同条件养护试件的等效养护龄期可按结构构件的实际养护条件，由监理（建设）、施工等各方根据前面第二条的规定共同确定。

(3) 结构实体钢筋保护层厚度检验

1) 钢筋保护层厚度检验的结构部位和构件数量，应符合下列要求。

① 钢筋保护层厚度检验的结构部位，应由监理（建设）、施工等各方根据结构构件的重要性共同选定；

② 对梁类、板类构件，应各抽取构件数量的2%且不少于5个构件进行检验；当有悬挑构件时，抽取的构件中悬挑梁类、板类构件所占比例均不宜小于50%。

2）对选定的梁类构件，应对全部纵向受力钢筋的保护层厚度进行检验；对选定的板类构件，应抽取不少于6根纵向钢筋的保护层厚度进行检验。对每根钢筋，应在有代表性的部位测量1点。

3）钢筋保护层厚度的检验，可采用非破损或局部破损的方法，也可采用非破损方法并用局部破损方法进行校准。当采用非破损方法检验时，所使用的检测仪器应经过计量检验，检测操作应符合相应规程的规定。

钢筋保护层厚度检验的检测误差不应大于1mm。

4）钢筋保护层厚度检验时，纵向受力钢筋保护层厚度的允许偏差，对梁类构件为+10mm，-7mm；对板类构件为+8mm，-5mm。

5）对梁类、板类构件纵向受力钢筋的保护层厚度应分别进行验收。

结构实体钢筋保护层厚度验收合格应符合下列规定。

① 当全部钢筋保护层厚度检验的合格点率为90%及以上时，钢筋保护层厚度的检验结果应判为合格。

② 当全部钢筋保护层厚度检验的合格点率小于90%但不小于80%，可再抽取相同数量的构件进行检验；当按两次抽样总和计算的合格点率为90%及以上时，钢筋保护层厚度的检验结果仍应判为合格。

③ 每次抽样检验结果中不合格点的最大偏差均不应大于前面第四条规定允许偏差的1.5倍。

4.1.6.2 混凝土结构子分部工程验收时的资料核查

混凝土结构子分部工程施工质量验收时，应提供下列文件和记录。

① 设计变更文件；
② 原材料出厂合格证和进场复验报告；
③ 钢筋接头的试验报告；
④ 混凝土工程施工记录；
⑤ 混凝土试件的性能试验报告；
⑥ 装配式结构预制构件的合格证和安装验收记录；
⑦ 预应力筋用锚具、连接器的合格证和进场复验报告；
⑧ 预应力筋安装、张拉及灌浆记录；
⑨ 隐蔽工程验收记录；
⑩ 分项工程验收记录；
⑪ 混凝土结构实体检验记录；
⑫ 工程的重大质量问题的处理方案和验收记录；
⑬ 其他必要的文件和记录。

4.1.6.3 混凝土结构施工质量不符合要求时的处理

当混凝土结构施工质量不符合要求时，应按下列规定进行处理。

① 经返工、返修或更换构件、部件的检验批，应重新进行验收；
② 经有资质的检测单位检测鉴定达到设计要求的检验批，应予以验收；
③ 经有资质的检测单位检测鉴定达不到设计要求，但经原设计单位核算并确认可满足结构安全和使用功能的检验批，可予以验收；

④ 经返修或加固处理能够满足结构安全使用要求的分项工期，可根据技术处理方案和协商文件进行验收。

4.2 砌体结构子分部工程

砌体结构是采用砖、砌块和砂浆砌筑而成的结构，在建筑中占有重要的位置。砌体材料的抗压性能好，并具有良好的保温、隔热、隔声和耐火性能，但其施工是以手工操作为主，劳动强度大。

在《建筑工程施工质量验收统一标准》（GB 50300—2001）中将砌体结构子分部工程分为砖砌体、混凝土小型空心砌块砌体、石砌体、填充墙砌体和配筋砖砌体等五个分项工程，下面主要介绍砖砌体、混凝土小型空心砌块砌体、填充墙砌体和配筋砖砌体等四个常见分项工程的检查与验收。

4.2.1 砌体子分部工程施工质量检查验收的基本规定

4.2.1.1 砌体结构工程的材料控制要求

砌体工程所用的材料应有产品合格证书、产品性能型式检测报告，质量应符合国家现行有关标准的要求。块体、水泥、钢筋、外加剂尚应有材料主要性能的进场复验报告，并应符合设计要求。严禁使用国家明令淘汰的材料。

4.2.1.2 砌体结构工程的技术要求

（1）砌体结构工程施工前，应编制砌体结构工程施工方案，其标高、轴线应引自基准控制点。

（2）基础砌筑放线是确定建筑平面的基础工作，砌筑基础前应校核放线尺寸、控制放线的精度。规范规定：砌筑基础前，应校核放线尺寸，允许偏差应符合表 4-32 的规定。

表 4-32 放线尺寸的允许偏差

长度 L、宽度 B/m	允许偏差/mm	长度 L、宽度 B/m	允许偏差/mm
L（或 B）≤30	±5	60＜L（或 B）≤90	±15
30＜L（或 B）≤60	±10	L（或 B）＞90	±20

注：本表摘自《砌体工程施工质量验收规范》（GB 50203—2011）。

（3）为保证砌体结构的整体性，提高其受力性能，对高低不同基础的搭接和砌体的转角和交接处的砌筑顺序应符合下列规定：

1）基底标高不同时，应从低处砌起，并应由高处向低处搭砌。当设计无要求时，搭接长度 L 不应小于基础底的高差 H，搭接长度范围内下层基础应扩大砌筑（图 4-2）。

2）砌体的转角处和交接处应同时砌筑。当不能同时砌筑时，应按规定留槎、接槎。

（4）为保证砌筑质量，伸缩缝、沉降缝、防震缝中的模板应拆除干净，不得夹有砂浆、块体及碎渣等杂物。为保证砌体灰缝的厚度均匀、平直和控制砌体高度及高度变化部位的位置，规范规定砌筑墙体应设置皮数杆。

（5）由于在墙上留置临时洞口必定会削弱墙体的整体性，所以规范规定：

在墙上留置临时施工洞口，其侧边离交接处墙面不应小于 500mm，洞口净宽度不应超过 1m。抗震设防烈度为 9 度地区建筑物的临时施工洞口位置，应会同设计单位确定。临时施工洞口应做好补砌。

（6）关于脚手眼的设置应符合有关规范的规定；施工脚手眼补砌时，应清除脚手眼内掉落的砂浆、灰尘；脚手眼处砖及填塞用砖应湿润，并应填实砂浆，不得用干砖填塞。

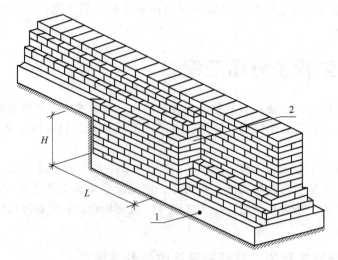

图 4-2 基底标高不同时的搭砌示意图（条形基础）
1—混凝土垫层；2—基础扩大部分

(7) 设计要求的洞口、管道、沟槽应于砌筑时正确留出或预埋，未经设计同意，不得打凿墙体和在墙体上开凿水平沟槽。宽度超过 300mm 的洞口上部，应设置钢筋混凝土过梁。截面长边小于 500mm 的承重墙体、独立柱内不应埋设管线。

(8) 尚未施工楼面或屋面的墙或柱，当可能遇到大风时，其允许自由高度不得超过表 4-33 的规定。如超过表中限值时，必须采用临时支撑等有效措施。

表 4-33　墙和柱的允许自由高度　　　　　　　　单位：m

墙(柱)厚/mm	砌体密度≥1600kg/m³			砌体密度 1300～1600kg/m³		
	风载/(kN/m²)			风载/(kN/m²)		
	0.3(约7级风)	0.4(约8级风)	0.5(约9级风)	0.3(约7级风)	0.4(约8级风)	0.5(约9级风)
190	—	—	—	1.4	1.1	0.7
240	2.8	2.1	1.4	2.2	1.7	1.1
370	5.2	3.9	2.6	4.2	3.2	2.1
490	8.6	6.5	4.3	7.0	5.2	3.5
620	14.0	10.5	7.0	11.4	8.6	5.7

注：1. 本表适用于施工处相对标高 H 在 10m 范围内的情况。如 10m<H≤15m，15m<H≤20m 时，表中的允许自由高度应分别乘以 0.9、0.8 的系数；如 H>20m 时，应通过抗倾覆验算确定其允许自由高度。
2. 当所砌筑的墙有横墙或其他结构与其连接，而且间距小于表中相应墙、柱的允许自由高度的 2 倍时，砌筑高度可不受本表的限制。
3. 当砌体密度小于 1300kg/m³ 时，墙和柱的允许自由高度应另行验算确定。
4. 本表摘自《砌体工程施工质量验收规范》(GB 50203—2011)。

(9) 砌筑完基础或每一楼层后，应校核砌体的轴线和标高。在允许偏差范围内，轴线偏差可在基础顶面或楼面上校正，标高偏差宜通过调整上部砌体灰缝厚度校正。

(10) 为保证混凝土结构工程施工中预制梁、板的安装质量，搁置预制梁、板的砌体顶面应平整，标高一致。

(11) 砌体结构中的钢筋（包括夹心复合墙内外叶墙间的拉结件或钢筋）应采取符合设计规定的防腐措施。

(12) 雨天不宜在露天砌筑墙体，对下雨当日砌筑的墙体应进行遮盖，继续施工时，应复核墙体的垂直度，如果垂直度超过允许偏差，应拆除重新砌筑。

(13) 砌体施工时,楼面和屋面堆载不得超过楼板的允许荷载值。当施工层进料口处施工荷载较大时,楼板下宜采取临时支撑措施。

(14) 为保证砌筑质量和施工安全,正常施工条件下,砖砌体、小砌块砌体每日砌筑高度宜控制在1.5m或一步脚手架高度内;石砌体不宜超过1.2m。

4.2.1.3 砌体施工质量控制等级的划分

砌体施工质量控制等级是按质量控制和质量保证若干要素对施工技术水平分为三级,见表4-34。

表 4-34 砌体施工质量控制等级

项目	施工质量控制等级		
	A	B	C
现场质量管理	监督检查制度健全,并严格执行;施工方有在岗专业技术管理人员,人员齐全,并持证上岗	监督检查制度基本健全,并能执行;施工方有在岗专业技术管理人员,人员齐全,并持证上岗	有监督检查制度;施工方有在岗专业技术管理人员
砂浆、混凝土强度	试块按规定制作,强度满足验收规定,离散性小	试块按规定制作,强度满足验收规定,离散性较小	试块按规定制作,强度满足验收规定,离散性大
砂浆拌和	机械拌和;配合比计量控制严格	机械拌和;配合比计量控制一般	机械或人工拌和;配合比计量控制较差
砌筑工人	中级工以上,其中高级工不少于30%	高、中级工不少于70%	初级工以上

注:1. 砂浆、混凝土强度离散性大小根据强度标准差确定。
2. 配筋砌体不得为C级施工。
3. 本表摘自《砌体工程施工质量验收规范》(GB 50203—2011)。

砌体结构工程的施工仍然以手工操作为主,其施工过程的质量主要取决于人的因素,而施工过程对砌体结构质量的影响直接表现在砌体的强度上。在《砌体结构设计规范》(GB 50003—2011)对砌体强度设计值的规定中,按砌体施工质量控制等级而取不同的数值。

砂浆的施工质量,可分为"优良"、"一般"和"差"三个等级,强度离散性分别对应为"离散性小"、"离散性较小"和"离散性大",其划分见表4-35。

表 4-35 砌筑砂浆质量水平

强度标准差/MPa 质量水平	强度等级					
	M5	M7.5	M10	M15	M20	M30
优良	1.00	1.50	2.00	3.00	4.00	6.00
一般	1.25	1.88	2.50	3.75	5.00	7.50
差	1.50	2.25	3.00	4.50	6.00	9.00

4.2.1.4 砌体结构工程检验批施工质量验收

(1) 砌体结构工程检验批的划分

砌体结构工程检验批的划分应同时符合下列规定:

1) 所用材料类型及同类型材料的强度等级相同;

2) 不超过250m³砌体;

3) 主体结构砌体一个楼层(基础砌体可按一个楼层计);填充墙砌体量少时可多个楼层合并;

(2) 砌体结构工程检验批的质量验收要求;

1) 分项工程的验收应在检验批验收合格的基础上进行。

2) 砌体工程检验批验收时，其主控项目应全部符合《砌体工程施工质量验收规范》的规定；一般项目应有80%及以上的抽检处符合规范的规定；有允许偏差的项目，最大超差值为允许偏差值的1.5倍。

3) 砌体结构分项工程中检验批抽检时，各抽检项目的样本最小容量除有特殊要求外，按不应小于5确定。

(3) 砌体结构工程检验批的质量验收记录

砌体结构工程的检验批的质量验收可按《砌体工程施工质量验收规范》（GB 50203—2002）附录A进行记录。

4.2.1.5 砌体工程冬期施工的质量验收

(1) 当室外日平均气温连续5d稳定低于5℃时，砌体工程应采取冬期施工措施，其气温应根据当地气象资料确定。在冬期施工期限以外，当日最低气温低于0℃时，也应按冬期施工的规定执行。

(2) 冬期施工的砌体工程质量验收除应符合《砌体工程施工质量验收规范》（GB 50203—2002）的要求外，尚应符合国家现行标准《建筑工程冬期施工规程》（JGJ 104）的规定。

(3) 为保证砌体工程的质量，砌体工程冬期施工应有完整的冬期施工方案。

(4) 由于材料受冻后使用将影响砌体结构的强度，因此在规范中以强制性条文规定如下。

冬期施工所用材料应符合下列规定：

1) 石灰膏、电石膏等应防止受冻，如遭冻结，应经融化后使用；

2) 拌制砂浆用砂，不得含有冰块和大于10mm的冻结块；

3) 砌体用块体不得遭水浸冻。

(5) 冬期施工砂浆试块的留置，除应按常温规定要求外，尚应增留不少于1组与砌体同条件养护的试块，用于检验转入常温28d强度。如有特殊需要，可另外增加相应龄期的同条件养护的试块。

(6) 在冻胀基土上砌筑基础，当基土解冻时会因不均匀沉降造成基础和上部结构的破坏；施工期间和回填土前如地基受冻，会因地基冻胀造成砌体胀裂或因地基解冻造成砌体损坏。因此施工时，基土无冻胀性时，基础可在冻结的地基上砌筑；基土有冻胀性时，应在未冻的地基上砌筑。在施工期间和回填土前，均应防止地基遭受冻结。

(7) 当气温低于等于0℃时，水在材料表面有可能立即结成冰薄膜，会降低砖和砂浆的粘接强度，同时也给施工操作带来不便。规范规定：

1) 烧结普通砖、烧结多孔砖、蒸压灰砂砖、蒸压粉煤灰砖、烧结空心砖、吸水率较大的轻骨料混凝土小型空心砌块在气温高于0℃条件下砌筑时，应浇水湿润；在气温低于等于0℃条件下砌筑时，可不浇水，但必须增大砂浆稠度。

2) 普通混凝土小型空心砌块、混凝土多孔砖、混凝土实心砖及采用薄灰砌筑法的蒸压加气混凝土砌块施工时，不应对其浇（喷）水湿润。

3) 抗震设防烈度为9度的建筑物，当烧结普通砖、烧结多孔砖、蒸压粉煤灰砖、烧结空心砖无法浇水湿润时，如无特殊措施，不得砌筑。

(8) 为了避免砂浆拌和时，水泥直接与高温度的水接触发生假凝现象，冬期施工拌和砂浆宜采用两步投料法。水的温度不得超过80℃；砂的温度不得超过40℃。

(9) 采用砂浆掺外加剂法、暖棚法施工时，砂浆使用温度不应低于5℃。

(10) 采用暖棚法施工，块材在砌筑时的温度不应低于5℃，距离所砌的结构底面0.5m处的棚内温度也不应低于5℃。

(11) 在暖棚内的砌体养护时间，应根据暖棚内温度，按表4-36确定。

表4-36 暖棚法砌体的养护时间

暖棚的温度/℃	5	10	15	20
养护时间/d	≥6	≥5	≥4	≥3

注：本表摘自《砌体工程施工质量验收规范》(GB 50203—2011)。

(12) 采用外加剂法配置的砌筑砂浆，当设计无要求，且最低气温等于或低于—15℃时，砂浆强度等级应较常温施工提高一级。

(13) 配筋砌体不得采用氯盐的砂浆施工。

4.2.2 砌筑砂浆质量检查与验收

砌筑砂浆是用于砌筑砖、石、砌块等的砂浆，起粘接砌块、传递荷载的作用，是砌体的重要组成部分。

4.2.2.1 砌筑砂浆原材料的要求

(1) 水泥　水泥进场使用前，应分批对其品种、等级、包装或散装仓号、出厂日期等进行检查，并应对其强度、安定性进行复验，其质量必须符合现行国家标准《通用硅酸盐水泥》(GB 175)的有关规定。检验批应按同一生产厂家、同品种、同等级、同批号连续进场的水泥，袋装水泥不超过200t为一批，散装水泥不超过500t为一批，每批抽样不少于一次。

当在使用中对水泥质量有怀疑或水泥出厂超过三个月（快硬硅酸盐水泥超过一个月）时，应复查试验，并按复验结果使用。不同品种的水泥，不得混合使用。

(2) 砂　砂浆用砂宜采用过筛中砂，并应满足下列要求：

1) 不应混有草根、树叶、树枝、塑料、煤块、炉渣等杂物；

2) 砂中含泥量、泥块含量、石粉含量、云母、轻物质、有机物、硫化物、硫酸盐及氯盐含量（配筋砌体砌筑用砂）等应符合现行行业标准《普通混凝土用砂、石质量及检验方法标准》(JGJ 52) 的有关规定；

3) 人工砂、山砂及特细砂，应经试配能满足砌筑砂浆技术条件要求。

(3) 拌制水泥混合砂浆的粉煤灰、建筑生石灰、建筑生石灰粉的品质指标应符合现行行业标准的规定。建筑生石灰、建筑生石灰粉熟化为石灰膏，其熟化时间分别不得少于7d和2d；沉淀池中储存的石灰膏，应防止干燥、冻结和污染，严禁采用脱水硬化的石灰膏；建筑生石灰粉、消石灰粉不得替代石灰膏配制水泥石灰砂浆。石灰膏的用量，应按稠度120mm±5mm计量，现场施工中石灰膏不同稠度的换算系数，可按表4-37确定。

表4-37 石灰膏不同稠度的换算系数

稠度/mm	120	110	100	90	80	70	60	50	40	30
换算系数	1.00	0.99	0.97	0.95	0.93	0.92	0.90	0.88	0.87	0.86

注：本表摘自《砌体工程施工质量验收规范》(GB 50203—2011)。

(4) 拌制砂浆用水的水质应符合国家现行标准《混凝土用水标准》(JGJ 63) 的有关规定。

(5) 在砂浆中掺入的砌筑砂浆增塑剂、早强剂、缓凝剂、防冻剂、防水剂等砂浆外加剂，其品种和用量应经有资质的检测单位检验和试配确定，所用外加剂的技术性能应符合国家现行有关标准。

4.2.2.2 砌筑砂浆的制备及使用要求

(1) 砌筑砂浆应通过试配确定配合比。当砌筑砂浆的组成材料有变更时，其配合比应重新确定。砌筑砂浆的稠度宜按表 4-38 的规定采用。

表 4-38　砌筑砂浆的稠度

砌体种类	砂浆稠度/mm
烧结普通砖砌体 蒸压粉煤灰砖砌体	70～90
混凝土实心砖、混凝土多孔砖砌体 普通混凝土小型空心砌块砌体 蒸压灰砂砖砌体	50～70
烧结多孔砖、空心砖砌体 轻骨料小型空心砌块砌体 蒸压加气混凝土砌块砌体	60～80
石砌体	30～50

注：1. 采用薄灰砌筑法砌筑蒸压加气混凝土砌块砌体时，加气混凝土粘接砂浆的加水量按照其产品说明书控制。
2. 当砌筑其他砌块时，其砌筑砂浆的稠度可根据块体吸水特性及气候条件确定。
3. 本表摘自《砌体工程施工质量验收规范》(GB 50203—2011)。

(2) 施工中不应采用强度等级小于 M5 水泥砂浆替代同强度等级水泥混合砂浆，如需替代，应将水泥砂浆提高一个强度等级。

(3) 配置砌筑砂浆时，各组分材料应采用质量计量，水泥及各种外加剂配料的允许偏差为±2%；砂、粉煤灰、石灰膏等配料的允许偏差为±5%。

(4) 砌筑砂浆应采用机械搅拌，自投料完算起，搅拌时间应符合下列规定：

1) 水泥砂浆和水泥混合砂浆不得少于 120s；

2) 水泥粉煤灰砂浆和掺用外加剂的砂浆不得少于 180s；

3) 掺增塑剂的砂浆，其搅拌方式、搅拌时间应符合现行行业标准《砌筑砂浆增塑剂》(JG/T 164) 的有关规定。

4) 干混砂浆及加气混凝土砌块专用砂浆宜按掺用外加剂的砂浆确定搅拌时间或按产品说明书采用。

(5) 砂浆应随拌随用，现场拌制的砂浆应在 3h 内使用完毕；当施工期间最高气温超过 30℃时，应在 2h 内使用完毕。预拌砂浆及蒸压加气混凝土砌块专用砂浆的使用时间应按照厂房提供的说明书确定。

(6) 砌体结构工程使用的湿拌砂浆，除直接使用外必须储存在不吸水的专用容器内，并根据气候条件采取遮阳、保温、防雨雪等措施，砂浆在储存过程中严禁随意加水。

4.2.2.3　砌筑砂浆强度验收及合格标准

(1) 砌筑砂浆试块强度验收时其强度合格标准必须符合以下规定：

同一验收批砂浆试块强度平均值应大于或等于设计强度等级值的 1.10 倍；同一验收批砂浆试块抗压强度的最小一组平均值应大于或等于设计强度等级值的 85%。

砌筑砂浆的验收批，同一类型、强度等级的砂浆试块不应少于 3 组；当同一验收批砂浆只有 1 组或 2 组试块时，每组试块抗压强度的平均值应大于或等于设计强度等级值的 1.10 倍；对于建筑结构的安全等级为一级或设计使用年限为 50 年及以上的房屋，同一验收批砂浆试块的数量不得少于 3 组。

砂浆强度应以标准养护，28d 龄期的试块抗压强度为准。制作砂浆试块的砂浆稠度应与配合比设计一致。

1) 抽检数量：每一检验批且不超过 250m³ 砌体的各类、各强度等级的普通砌筑砂浆，每台搅拌机应至少抽检一次。验收批的预拌砂浆、蒸压加气混凝土砌块专用砂浆，抽检可为 3 组。

2) 检验方法：在砂浆搅拌机出料口或在湿拌砂浆的储存容器出料口随机取样制作砂浆试块（现场拌制的砂浆，同盘砂浆只应制作1组试块），试块标养28d后作强度试验。预拌砂浆中的湿拌砂浆稠度应在进场时取样检验。

(2) 当施工中或验收时出现下列情况，可采用现场检验方法对砂浆或砌体强度进行实体检测，并判定其强度：

1) 砂浆试块缺乏代表性或试块数量不足；
2) 对砂浆试块的试验结果有怀疑或有争议；
3) 砂浆试块的试验结果，不能满足设计要求；
4) 发生工程事故，需要进一步分析事故原因。

4.2.3 砖砌体分项施工质量检查

4.2.3.1 砖砌体分项施工质量验收一般规定

(1) 本章适用于烧结普通砖、烧结多孔砖、混凝土多孔砖、混凝土实心砖、蒸压灰砂砖、蒸压粉煤灰砖等砌体工程。

(2) 用于清水墙、柱表面的砖，应边角整齐，色泽均匀。

(3) 砌体砌筑时，混凝土多孔砖、混凝土实心砖、蒸压灰砂砖、蒸压粉煤灰砖等块体的产品龄期不应小于28d。

(4) 有冻胀环境和条件的地区，地面以下或防潮层以下的砌体，不应采用多孔砖。

(5) 不同品种的砖不得在同一楼层混砌。

(6) 砌筑烧结普通砖、烧结多孔砖、蒸压灰砂砖、蒸压粉煤灰砖砌体时，砖应提前1~2d适度湿润，严禁采用干砖或处于吸水饱和状态的砖砌筑，块体湿润程度宜符合下列规定：

1) 烧结类块体的相对含水率60%~70%；
2) 混凝土多孔砖及混凝土实心砖不需浇水湿润，但在气候干燥炎热的情况下，宜在砌筑前对其喷水湿润。其他非烧结类块体的相对含水率为40%~50%。

(7) 砌筑工程当采用铺浆法砌筑时，铺浆长度不得超过750mm；施工期间气温超过30℃时，铺浆长度不得超过500mm。

(8) 240mm厚承重墙的每层墙的最上一皮砖，砖砌体的阶台水平面上及挑出层，应整砖丁砌。

(9) 弧拱式及平拱式过梁的灰缝应砌成楔形缝，拱底灰缝宽度不宜小于5mm，拱顶灰缝宽度不应大于15mm，拱体的纵向及横向灰缝应填实砂浆；平拱式过梁拱脚下面应伸入墙内不小于20mm；砖砌平拱过梁底应有1%的起拱。

(10) 砖过梁底部的模板及其支架拆除时，灰缝砂浆强度不应低于设计强度的75%。

(11) 多孔砖的孔洞应垂直于受压面砌筑。半盲孔多孔砖的封底面应朝上砌筑。

(12) 竖向灰缝不应出现瞎缝、透明缝和假缝。

(13) 砖砌体施工临时间断处补砌时，必须将接槎处表面清理干净，洒水湿润，并填实砂浆，保持灰缝平直。

(14) 夹心复合墙的砌筑应符合下列规定：

1) 墙体砌筑时，应采取措施防止空腔内掉落砂浆和杂物；
2) 拉结件设置应符合设计要求，拉结件在叶墙上的搁置长度不应小于叶墙厚度的2/3，并不应小于60mm；
3) 保温材料品种及性能应符合设计要求。保温材料的浇注压力不应对砌体强度、变形及外观质量产生不良影响。

上述第四条中由于地面以下或防潮层以下的砌体，常处于潮湿的环境中，有的还位于水位以下。在冻胀作用下，多孔砖砌体的耐久性受到较大影响，因此在有受冻环境和条件的地区不宜在地面以下或防潮层以下采用多孔砖。第六条中要求砖砌筑前浇水，是因为适宜的含水率可以保证砂浆的饱满度，提高砖与砂浆之间的粘接力，提高砌体的抗剪强度、抗压强度，并有利于施工操作。第十一条要求多孔砖的孔洞垂直于受压面，是为了使砌体有较大的有效受压面积，有利于砂浆结合层进入上下砖块的孔洞中产生"销键"作用，提高砌体的抗剪强度和整体性。

4.2.3.2 砖砌体分项工程的质量检查与验收

砖砌体分项工程的验收应在检验批验收合格的基础上进行，检验批的确定可根据楼层、施工段、变形缝划分。

（1）主控项目检验

1）砖砌体分项工程的主控项目标准、方法和检查数量 见表4-39。

砖砌体的位置及垂直度允许偏差应符合表4-40的规定。

表4-39 砖砌体分项工程主控项目的质量检验标准

序号	项目	合格质量标准	检验方法	检查数量
1	砖和砂浆的强度等级	砖和砂浆的强度等级必须符合设计要求	查砖和砂浆试块试验报告	每一生产厂家,烧结普通砖、混凝土实心砖每15万块,烧结多孔砖、混凝土多孔砖、蒸压灰砂砖及蒸压粉煤灰砖每10万块各为一验收批,不足上述数量时按1批计,抽检数量为1组。砂浆试块的抽检数量按砂浆试块强度验收要求的有关规定
2	灰缝的砂浆饱满度	砌体灰缝砂浆应密实饱满,砖墙水平灰缝的砂浆饱满度不得低于80%；砖柱水平灰缝和竖向灰缝饱满度不得低于90%	用百格网检查砖底面与砂浆的粘接痕迹面积。每处检测3块砖,取其平均值	每检验批抽查不应少于5处
3	斜槎留置	砖砌体的转角处和交接处应同时砌筑,严禁无可靠措施的内外墙分砌施工。在抗震设防烈度为8度及8度以上地区,对不能同时砌筑而又必须留置的临时间断处应砌成斜槎,普通砖砌体斜槎水平投影长度不应小于高度的2/3,多孔砖砌体的斜槎长高比不应小于1/2。斜槎高度不得超过一步脚手架的高度	观察检查	
4	直槎拉结钢筋及接槎处理	非抗震设防及抗震设防烈度为6度、7度地区的临时间断处,当不能留斜槎时,除转角处外,可留直槎,但直槎必须做成凸槎,且应加设拉接钢筋,拉接钢筋应符合下列规定：（1）每120mm墙厚放置1φ6拉接钢筋（120mm厚墙应放置2φ6拉接钢筋）；（2）间距沿墙高不应超过500mm,且竖向间距偏差不应超过100mm；（3）埋入长度从留槎处算起每边均不应小于500mm,对抗震设防烈度6度、7度的地区,不应小于1000mm；（4）末端应有90°弯钩（见图4-3）	观察和尺量检查	每检验批抽查不应少于5处

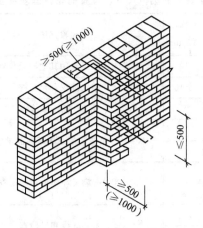

图 4-3 砖砌体的直槎拉接钢筋及接槎

2) 砖砌体分项工程主控项目的质量检验说明

第一条 砖和砂浆的强度符合设计要求是保证砌体受力性能的基础,因此规范用强制条文要求必须符合设计要求。

烧结普通砖检验批数量的确定,应参考砌体检验批划分的基本数量($250m^3$ 砌体);多孔砖、灰砂砖、粉煤灰砖检验批的数量均按产品标准决定。

第三条和第四条 砖砌体转角处和交接处的砌筑和接槎质量,是保证砖砌体结构整体性能和抗震性能的关键之一,砌体在交接处同时砌筑时连接性能最佳,留踏步槎(斜槎)的次之,留直槎并按规定加拉接钢筋的再次之,仅留直槎不加设拉结钢筋的最差。如图 4-3 所示。

第五条 砖砌体的轴线位置偏移和垂直度偏差将影响结构的受力性能和结构的安全,必须进行检测。

(2) 一般项目检验

1) 砖砌体分项工程的一般项目标准、方法和检查数量见表 4-40。

表 4-40 砖砌体分项工程一般项目的质量检验标准

序号	项目	合格质量标准	检验方法	检查数量
1	组砌方法	砖砌体组砌方法应正确,内外搭砌,上、下错缝。清水墙、窗间墙无通缝;混水墙中不得有长度大于300mm的通缝,长度200~300mm的通缝每间不超过3处,且不得位于同一面墙上。砖柱不得采用包心砌法	观察检查。砌体组砌方法抽检每处应为3~5m	每检验批抽查不应少于5处
2	灰缝质量要求	砖砌体的灰缝应横平竖直,厚薄均匀,水平灰缝厚度及竖向灰缝宽度宜为10mm,但不应小于 8mm,也不应大于12mm	水平灰缝厚度用尺量 10 皮砖砌体高度折算;竖向灰缝宽度用尺量 2m 砌体长度折算	
3	砖砌体尺寸、位置允许偏差	砖砌体尺寸、位置的允许偏差应符合表4-41的规定	表 4-41	表 4-41

砖砌体尺寸、位置的允许偏差应符合表 4-41 的规定。

表 4-41 砖砌体尺寸、位置的允许偏差及检验

项次	项目		允许偏差/mm	检验方法	抽检数量
1	轴线位移		10	用经纬仪和尺或用其他测量仪器检查	承重墙、柱全数检查
2	基础、墙、柱顶面标高		±15	用水准仪和尺检查	不应少于5处
3	墙面垂直度	每层	5	用2m托线板检查	不应少于5处
		全高 ≤10m	10	用经纬仪、吊线和尺或用其他测量仪器检查	外墙全部阳角
		全高 >10m	20		
4	表面平整度	清水墙、柱	5	用2m靠尺和楔形塞尺检查	不应少于5处
		混水墙、柱	8		
5	水平灰缝平直度	清水墙	7	拉5m线和尺检查	不应少于5处
		混水墙	10		
6	门窗洞口高、宽(后塞口)		±10	用尺检查	不应少于5处
7	外墙上下窗口偏移		20	以底层窗口为准,用经纬仪和吊线检查	不应少于5处
8	清水墙游丁走缝		20	以每层第一皮砖为准,用吊线和尺检查	不应少于5处

注：本表摘自《砌体工程施工质量验收规范》(GB 50203—2011)。

2) 砖砌体分项工程一般项目的质量检验说明

第一条 为确保砌体结构整体性和有利于结构承载力，砖砌体应合理组砌。"通缝"指上下二皮砖搭接长度小于25mm的部位。

第二条 灰缝横平竖直，厚薄均匀，既是对砌体表面美观的要求，又有利于砌体均匀传力，对灰缝厚度得限制是为了确保砌体的抗压强度。

(3) 砖砌体分项工程的质量验收记录　砌体工程检验批质量验收记录可参照《砌体工程施工质量验收规范》(GB 50203—2002)附录A，砖砌体工程检验批质量验收记录示例如表4-42所示。

4.2.4 混凝土小型空心砌块砌体分项施工质量检查

4.2.4.1 混凝土小型空心砌块砌体分项施工质量验收一般规定

(1) 本章适用于普通混凝土小型空心砌块和轻骨料混凝土小型空心砌块（以下简称小砌砖）工程的施工质量验收。

(2) 施工前，应按房屋设计图编绘小砌块平面、立面排块图，施工中应按排块图施工。

(3) 施工时所用的小砌块的产品龄期不应小于28d。

(4) 砌筑小砌块时，应清除表面污物，剔除外观质量不合格的小砌块。

(5) 施工时所用的砂浆，宜选用专用的小砌块砌筑砂浆。

(6) 底层室内地面以下或防潮层以下的砌体，应采用强度等级不低于C20（或Cb20）的混凝土灌实小砌块的孔洞。

(7) 砌筑普通混凝土小型空心砌块砌体，不需对小砌块浇水湿润，如遇天气干燥炎热，宜在砌筑前对其喷水湿润；对轻骨料混凝土小砌块，应提前浇水湿润，块体的相对含水率宜为40%～50%。雨天及小砌块表面有浮水时，不得施工。

(8) 承重墙体使用的小砌块应完整、无破损、无裂缝。

表 4-42 砖砌体工程检验批质量验收记录

工程名称	××工程	分项工程名称	砖砌体工程	验收部位	××
施工单位	××建筑工程集团公司			项目经理	×××
施工执行标准名称及编号	《砌体工程施工工艺标准》(QB×××—2005)			专业工长	×××
分包单位	/			施工班组长	×××

		施工质量验收规范的规定		施工单位检查评定记录							监理(建设)单位验收记录
主控项目	1	砖强度等级	设计要求 MU10	4份试验报告 MU10							同意验收
	2	砂浆强度等级	设计要求 M7.5	符合要求							
	3	斜槎留置	第5.2.3条	√							
	4	转角、交接处	第5.2.3条	√							
	5	直槎拉接筋及接槎处理	第5.2.4条	√							
	6	砂浆饱满度	≥80%(墙)	89	88	89	90	89	88	87	
			≥90%(柱)	94	93	92	90	90	92	93	
一般项目	1	轴线偏移	≤10mm	6	3	3	4	2	5	7	同意验收
	2	垂直度(每层)	≤5mm	2	2	2	1	0	3	4	
	3	组砌方法	第5.3.1条	√							
	4	水平灰缝厚度	第5.3.2条	8	10	8	8	12	10	8	
	5	竖向灰缝宽度	第5.3.2条	10	8	8	8	12	12	10	
	6	基础、墙、柱顶面标高	±15mm 以内	+8	+6	-5	-10	-8	+6	+5	
	7	表面平整度	≤5mm(清水)								
			≤8mm(混水)	4	4	6	5	7	4		
	8	门窗洞口高、宽(后塞口)	±10mm 以内	0	-2	+4	+2	0	-3		
	9	窗口偏移	≤20mm	7	8	10	6	5	6	6	
	10	水平灰缝平直度	≤7mm(清水)								
			≤10mm(混水)	6	5	8	10	6			
	11	清水墙游丁走缝	≤20mm								

施工单位检查评定结果	主控项目全部合格,一般项目满足规范规定要求,检查评定结果为合格。 项目专业质量检查员:×××　　　　　　　　　　××年×月×日
监理(建设)单位验收结论	同意验收。 监理工程师:×××(建设单位项目专业技术负责人)　　　××年×月×日

注:本表由施工项目专业质量检查员填写,监理工程师(建设单位项目技术负责人)组织项目专业资料(技术)负责人等进行验收。

(9) 小砌块墙体应孔对孔、肋对肋错缝搭砌。单排孔小砌块的搭接长度应为块体长度的1/2;多排孔小砌块的搭接长度可适当调整,但不宜小于小砌块长度的1/3,且不应小于90mm。墙体的个别部位不能满足上述要求时,应在灰缝中设置拉结钢筋或钢筋网片,但竖向通缝仍不得超过两皮小砌块。

（10）小砌块应将生产时的底面朝上反砌于墙上。

（11）小砌块墙体宜逐块坐（铺）浆砌筑。

（12）在散热器、厨房和卫生间等设备的卡具安装处砌筑的小砌块，宜在施工前用强度等级不低于C20（或Cb20）的混凝土将其孔洞灌实。

（13）每步架墙（柱）砌筑完成后，应随即刮平墙体灰缝。

（14）芯柱处小砌块墙体砌筑应符合下列规定：

1）每一楼层芯柱处第一皮砌块应采用开口小砌块；

2）砌筑时应随砌随清除小砌块孔内的毛边，并将灰缝中挤出的砂浆刮净。

（15）芯柱混凝土宜选用专用小砌块灌孔混凝土，浇注芯柱混凝土应符合下列规定：

1）每次连续浇注的高度宜为半个楼层，但不应大于1.8m；

2）浇注芯柱混凝土时，砌筑砂浆强度应大于1MPa；

3）清除孔内掉落的砂浆等杂物，并用水冲淋孔壁；

4）浇注芯柱混凝土前，应先注入适量与芯柱混凝土成分相同的去石砂浆；

5）每浇注400～500mm高度捣实一次，或边浇注边捣实。

因为小砌块龄期达到28d之前，自身收缩速度较快，其后收缩速度减慢，且强度趋于稳定，为有效控制砌体收缩裂缝和保证砌体强度，在条文中的第二条用强制性条文规定砌体施工时所用的小砌块的产品龄期不应小于28d。第五条要求填实底层室内地面以下或防潮层以下砌体小砌块的孔洞，是为了提高砌体的耐久性，预防或延缓冻害，减轻地下水中有害物质对砌体的侵蚀，属于构造措施。为确保小砌块砌体的砌筑质量，应对孔、错缝、反砌施工。对孔是上皮小砌块的孔洞对准下皮小砌块的孔洞，利于上、下皮小砌块的壁、肋较好传递竖向荷载，保证砌体的整体性及强度。错缝是上、下皮小砌块错开砌筑（搭砌），以增强砌体的整体性。反砌是小砌块砌筑时，底面朝上砌筑于墙体上，易于铺放砂浆和保证水平灰缝砂浆的饱满度。

4.2.4.2 混凝土小型空心砌块砌体分项工程的质量检查与验收

（1）主控项目检验

1）混凝土小型空心砌块砌体分项工程的主控项目标准、方法和检查数量 见表4-43。

表4-43 混凝土小型空心砌块砌体分项工程主控项目的质量检验标准

序号	项目	合格质量	检验方法	抽检数量
1	小砌块和芯柱混凝土、砂浆的强度	小砌块和芯柱混凝土、砌筑砂浆的强度等级必须符合设计要求	检查小砌块和芯柱混凝土、砌筑砂浆试块试验报告	每一生产厂家，每1万块小砌块为一验收批，不足1万块按一批计，抽检数量为1组；用于多层以上建筑的基础和底层的小砌块抽检数量不应少于2组。砂浆试块的抽检数量按砂浆试块强度验收有关规定
2	砌体灰缝	砌体水平灰缝和竖向灰缝的砂浆饱满度，按净面积计算不得低于90%	用专用百格网检测小砌块与砂浆粘接痕迹，每处检测3块小砌块，取其平均值	每检验批抽查不应少于5处
3	砌筑留槎	墙体转角处和纵横交接处应同时砌筑。临时间断处应砌成斜槎，斜槎水平投影长度不应小于高度。施工洞口可预留直槎，但在洞口砌筑和补砌时，应在直槎上下搭砌的小砌块孔洞内用强度等级不低于C20(Cb20)的混凝土灌实	观察检查	每检验批抽查不应少于5处
4	芯柱楼盖贯通	小砌块墙体的芯柱在楼盖处应贯通，不得削弱芯柱截面尺寸；芯柱混凝土不得漏灌	观察检查	每检验批抽查不应少于5处

2)混凝土小型空心砌块砌体分项工程主控项目的质量检验说明

第一条 小砌块和芯柱混凝土、砌筑砂浆强度等级是保证砌块力学性能的基本条件。规范用强制性条文规定小砌块和芯柱混凝土、砂浆的强度等级必须符合设计要求。

第二条 小砌块砌体施工时对砂浆饱满度的要求比砖砌体的规定严格。这主要是由于小砌体壁较薄肋较窄,砂浆饱满度对砌体强度及墙体整体性影响较大,同时又为了满足建筑物使用功能的需要。

(2) 一般项目检验

混凝土小型空心砌块砌体分项工程的一般项目标准、方法和检查数量见表 4-44。

表 4-44 混凝土小型空心砌块砌体分项工程一般项目的质量检验标准

序号	项目	合格质量	检验方法	抽检数量
1	灰缝尺寸	砌体的水平灰缝厚度和竖向灰缝宽度宜为10mm,但不应大于12mm,也不应小于8mm	水平灰缝厚度用尺量5皮小砌块的高度折算;竖向灰缝宽度用尺量2m砌体长度折算	每检验批抽查不应少于5处
2	砌体尺寸、位置允许偏差	小砌块砌体尺寸、位置的允许偏差应按表4-41规定执行	见表4-41	见表4-41

混凝土小型空心砌块砌体工程检验批质量验收记录可参照《砌体工程施工质量验收规范》(GB 50203—2011) 附录 A。

4.2.5 配筋砌体分项施工质量检查

4.2.5.1 配筋砌体分项施工质量验收一般规定

(1) 配筋砌体工程除应满足下列要求和规定外,尚应符合规范中砖砌体工程和混凝土小型空心砌块砌体工程的要求和规定。

(2) 施工配筋小砌块砌体剪力墙,应采用专用的小砌块砌筑砂浆砌筑,专用小砌块灌孔混凝土浇注芯柱。

(3) 设置在灰缝内的钢筋,应居中置于灰缝内,水平灰缝厚度应大于钢筋直径4mm以上。

4.2.5.2 配筋砌体分项工程的质量检查与验收

1) 配筋砌体分项工程的主控项目和一般项目标准、方法和检查数量见表 4-45。

表 4-45 配筋砌体分项工程的质量检验标准

项	序号	项目	合格质量标准	检验办法	检查数量
主控项目	1	钢筋品种、规格、数量和设置部位	钢筋的品种、规格、数量和设置部位应符合设计要求	检查钢筋的合格证书、钢筋性能复试试验报告、隐蔽工程记录	全数检查
	2	混凝土或砂浆强度	构造柱、芯柱、组合砌体构件、配筋砌体剪力墙构件的混凝土或砂浆的强度等级应符合设计要求	检查混凝土或砂浆试块试验报告	每检验批砌体,试块不应少于1组,验收批砌体试块不得少于3组
	3	构造柱与墙体的连接	构造柱与墙体的连接应符合下列规定:(1)墙体应砌成马牙槎,马牙槎凹凸尺寸不宜小于60mm,高度不应超过300mm,马牙槎应先退后进,对称砌筑;马牙槎尺寸偏差每一构造柱不应超过2处;(2)预留拉接钢筋的规格、尺寸、数量及位置应正确,拉接钢筋应沿墙高每隔500mm设2φ6,伸入墙内不宜小于600mm,钢筋的竖向移位不应超过100mm,且竖向移位每一构造柱不得超过2处;(3)施工中不得任意弯折拉接钢筋	观察检查和尺量检查	每检验批抽查不应少于5处

续表

项	序号	项目	合格质量标准	检验办法	检查数量
主控项目	4	配筋砌体受力钢筋	配筋砌体中受力钢筋的连接方式及锚固长度、搭接长度应符合设计要求	观察检查	每检验批抽查不应少于5处
一般项目	1	构造柱一般尺寸允许偏差	构造柱一般尺寸允许偏差及检验方法应符合表4-46的规定	见表4-46	每检验批抽查不应少于5处
	2	钢筋防腐	设置在砌体灰缝中钢筋的防腐应符合设计规定,且钢筋防护层完好,不应有肉眼可见裂纹、剥落和擦伤等缺陷	观察检查	每检验批抽查不应少于5处
	3	网状配筋及放置间距	网状配筋砖砌体中,钢筋网规格及放置间距应符合设计规定。每一构件钢筋网沿砌体高度位置超过设计规定一皮砖厚度不得多于一处	通过钢筋网成品检查钢筋规格,钢筋网放置间距采用局部剔缝观察,或用探针刺入灰缝内检查,或用钢筋位置测定仪测定	每检验批抽查不应少于5处
	4	钢筋安装位置	钢筋安装位置的允许偏差及检验方法应符合表4-47的规定	表4-47	每检验批抽查不应少于5处

构造柱一般尺寸允许偏差及检验方法应符合表4-46的规定。

表4-46 构造柱一般尺寸允许偏差及检验方法

项次	项目		允许偏差/mm	检验方法
1	中心线位置		10	用经纬仪和尺检查或用其他测量仪器检查
2	层间错位		8	
3	垂直度	每层	10	用2m托线板检查
		全高 ≤10mm	15	用经纬仪、吊线和尺检查或用其他测量仪器检查
		全高 >10mm	20	

注:本表摘自《砌体结构工程施工质量验收规范》(GB 50203—2011)。

配筋砌体钢筋安装位置的允许偏差及检验方法应符合表4-47的规定。

表4-47 钢筋安装位置的允许偏差及检验方法

项目		允许偏差/mm	检验方法
受力钢筋保护层厚度	网状配筋砌体	±10	检查钢筋网成品,钢筋网放置位置具备剔缝观察,用探针刺入灰缝内检查,或用钢筋位置测定仪测定
	组合砖砌体	±5	支模前观察与尺量检查
	配筋小砌块砌体	±10	浇注灌孔混凝土前观察与尺量检查
配筋小砌块砌体墙凹槽中水平钢筋间距		±10	钢尺量连续三档,取最大值

注:本表摘自《砌体结构工程施工质量验收规范》(GB 50203—2011)。

2)配筋砌体分项工程的质量检验说明

主控项目第一条和第二条 对构造柱、芯柱、组合砌体构件、配筋砌体剪力墙构件等配筋砌体而言,钢筋的品种、规格、数量和混凝土或砂浆的强度将直接影响砌体的结构性能,因此规范用强制性条文规定应符合设计要求。

主控项目第三条 构造柱是房屋抗震设防的重要构造措施,为保证构造柱与墙体可靠的连接,必须满足本条的施工要求。

4.2.6 填充墙砌体分项施工质量检查

4.2.6.1 填充墙砌体分项施工质量验收一般规定

(1) 本章适用于烧结普通砖、蒸压加气混凝土砌块、轻骨料混凝土小型空心砌块等填充墙砌体工程的施工质量验收。

(2) 砌筑填充墙时，轻骨料混凝土小型空心砌块和蒸压加气混凝土砌块的产品龄期不应小于28d，蒸压加气混凝土砌块的含水率宜小于30%。

(3) 烧结空心砖、蒸压加气混凝土砌块、轻骨料混凝土小型空心砌块等的运输、装卸过程中，严禁抛掷和倾倒；进场后应按品种、规格堆放整齐，堆置高度不宜超过2m。加气混凝土砌块在运输及堆放中应防止雨淋。

(4) 吸水率较小的轻骨料混凝土小型空心砌块及采用薄灰砌筑法施工的蒸压加气混凝土砌块，砌筑前不应对其浇（喷）水湿润；在气候干燥炎热的情况下，对吸水率较小的轻骨料混凝土小型空心砌块宜在砌筑前喷水湿润。

(5) 采用普通砌筑砂浆砌筑填充墙时看，烧结空心砖、吸水率较大的轻骨料混凝土小型空心砌块应提前1~2d浇（喷）水湿润。蒸压加气混凝土砌块采用蒸压加气混凝土砌块砌筑砂浆或普通砌筑砂浆砌筑时，应在砌筑当天对砌块砌筑面喷水湿润。块体湿润程度应符合下列规定：

1) 烧结空心砖的相对含水率60%~70%；

2) 吸水率较大的轻骨料混凝土小型空心砌块、蒸压加气混凝土砌块的相对含水率为40%~50%。

(6) 在厨房、卫生间、浴室等处采用轻骨料混凝土小型空心砌块、蒸压加气混凝土砌块砌筑墙体时，墙底部宜现浇混凝土坎台，其高度宜为150mm。

(7) 填充墙拉接筋处的下皮小砌块宜采用半盲孔小砌块或用混凝土灌实孔洞的小砌块；薄灰砌筑法施工的蒸压加气混凝土砌块砌体，拉接筋应放置在砌块上表面设置的沟槽内。

(8) 蒸压加气混凝土砌块、轻骨料混凝土小型空心砌块不应与其他块体混砌，不同强度等级的同类块体也不得混砌。窗台处和因安装门窗需要，在门窗洞口处两侧填充墙上、中、下部可采用其他块体局部嵌砌；对与框架柱、梁不脱开方法的填充墙，填塞填充墙顶部与梁之间缝隙可采用其他块体。

(9) 填充墙砌体砌筑，应待承重主体结构检验批验收合格后进行。填充墙与承重主体结构间的空（缝）隙部位施工，应在填充墙砌筑14d后进行。

4.2.6.2 填充墙砌体分项工程的质量检查与验收

填充墙砌体分项工程的主控项目和一般项目标准、方法和检查数量见表4-48。

表4-48 填充墙砌体分项工程的质量检验标准

项	序号	项目	合格质量标准	检验办法	检查数量
主控项目	1	砖、砌块和砌筑砂浆的强度等级	烧结空心砖、小砌块和砌筑砂浆的强度等级应符合设计要求	查砖、小砌块进场复验报告和砂浆试块试验报告	烧结空心砖每10万块为一验收批，小砌块每1万块为一验收批，不足上述数量时按一批计，抽检数量为1组。砂浆试块的抽检数量按砂浆试块强度验收规定
	2	填充墙与主体的连接	填充墙砌体应与主体结构可靠连接，其连接构造应符合设计要求，未经设计同意，不得随意改变连接构造方法。每一填充墙与柱的拉接筋的位置超过一皮块体高度的数量不得多于一处	观察检查	每验收批抽查不应少于5处

续表

项	序号	项目	合格质量标准	检验办法	检查数量
主控项目	3	填充墙与主体结构的连接钢筋	填充墙与承重墙、柱、梁的连接钢筋,当采用化学植筋的连接方式时,应进行实体检测。锚固钢筋拉拔试验的轴向受拉非破坏承载力检验值应为 6.0kN。抽检钢筋在检验值作用下基材无裂缝、钢筋无滑移宏观裂损现象;持荷 2min 期间荷载值降低不大于 5%。检验批验收可按《砌体结构工程施工质量验收规范》(GB 50203—2011)附录 B 通过正常检验一次、二次抽样判定。填充墙砌体植筋锚固力检测记录可按《砌体结构工程施工质量验收规范》(GB 50203—2011)附录 C 填写	原位试验检查	见表 4-49
一般项目	1	填充墙砌体尺寸、位置允许偏差	填充墙砌体尺寸、位置的允许偏差及检验方法应符合表 4-50 的规定	见表 4-50	每检验批中抽查不应少于 5 处
一般项目	2	砂浆饱满度	填充墙砌体的砂浆饱满度及检验方法应符合表 4-51 的规定	见表 4-51	每检验批中抽查不应少于 5 处
一般项目	3	拉接钢筋网片位置	填充墙砌体留置的拉接钢筋或网片的位置应与块体皮数相符合。拉接钢筋或网片应置于灰缝中,埋置长度应符合设计要求,竖向位置偏差不应超过一皮高度	观察和用尺量检查	每检验批中抽查不应少于 5 处
一般项目	4	错缝搭砌	砌筑填充墙时应错缝搭砌,蒸压加气混凝土砌块搭砌长度不应小于砌块长度的 1/3;轻骨料混凝土小型空心砌块搭砌长度不应小于 90mm;竖向通缝不应大于 2 皮	观察检查	每检验批中抽查不应少于 5 处
一般项目	5	填充墙灰缝	填充墙的水平灰缝厚度和竖向灰缝宽度应正确。烧结空心砖、轻骨料混凝土小型空心砌块砌体的灰缝应为 8~12mm;蒸压加气混凝土砌块砌体当采用水泥砂浆、水泥混合砂浆或蒸压加气混凝土砌块砌筑砂浆时,水平灰缝厚度和竖向灰缝宽度不应超过 15mm;当蒸压加气混凝土砌块砌体采用蒸压加气混凝土砌块粘接砂浆时,水平灰缝厚度和竖向灰缝宽度宜为 3~4mm	水平灰缝用尺量 5 皮小砌块的高度折算;竖向灰缝用尺量 2m 砌体长度折算	每检验批中抽查不应少于 5 处

填充墙砌体工程填充墙与承重墙、柱、梁的连接钢筋抽检数量应符合表 4-49 的规定。

表 4-49 检验批抽检锚固钢筋样本最小容量

检验批的容量	样本最小容量	检验批的容量	样本最小容量
≤90	5	281~500	20
91~150	8	501~1200	32
151~280	13	1201~3200	50

注:本表摘自《砌体结构工程施工质量验收规范》(GB 50203—2011)。

填充墙砌体尺寸、位置允许偏差及检验方法应符合表 4-50 的规定。
填充墙砌体的砂浆饱满度及检验方法应符合表 4-51 的规定。

表 4-50 填充墙砌体尺寸、位置允许偏差及检验方法

项次	项目		允许偏差/mm	检验方法
1	轴线位移		10	用尺检查
2	垂直度（每层）	≤3m	5	用2m托线板或吊线、尺检查
		>3m	10	
3	表面平整度		8	用2m靠尺和楔形塞尺检查
4	门窗洞口高、宽（后塞口）		±10	用尺检查
5	外墙上、下窗口偏移		20	用经纬仪或吊线检查

注：本表摘自《砌体结构工程施工质量验收规范》（GB 50203—2011）。

表 4-51 填充墙砌体的砂浆饱满度及检验方法

砌体分类	灰缝	饱满度及要求	检验方法
空心砖砌体	水平	≥80%	采用百格网检查块材底面或侧面砂浆的粘接痕迹面积
	垂直	填满砂浆，不得有透明缝、暗缝、假缝	
蒸压加气混凝土砌块、轻骨料混凝土小型空心砌块砌体	水平	≥80%	
	垂直	≥80%	

注：本表摘自《砌体结构工程施工质量验收规范》（GB 50203—2011）。

4.2.7 砌体子分部工程验收

砌体结构子分部工程验收时，应在砌体工程检验批验收合格的基础上，进行砌体工程分项工程的验收，分项工程验收合格后再进行砌体结构子分部工程验收，并形成分项工程质量验收记录，同时还应有对砌体工程的观感质量作出的总体评价。

4.2.7.1 砌体工程验收时应提供的资料

砌体工程验收前，应提供下列文件和记录供核查：
(1) 设计变更文件；
(2) 施工执行的技术标准；
(3) 原材料出厂合格证书、产品性能检测报告和进场复验报告；
(4) 混凝土及砂浆配合比通知单；
(5) 混凝土及砂浆试件抗压强度试验报告单；
(6) 砌体工程施工记录；
(7) 隐蔽工程验收记录；
(8) 分项工程检验批的主控项目、一般项目验收记录；
(9) 填充墙砌体植筋锚固力检测记录；
(10) 重大技术问题的处理方案或验收记录；
(11) 其他必要的文件和记录。

4.2.7.2 砌体工程质量不符合要求时验收的规定

当砌体工程质量不符合要求时，应按现行国家标准《建筑工程施工质量验收统一标准》（GB 50300—2001）规定执行。

对有裂缝的砌体应按下列情况进行验收。

① 对有可能影响结构安全性的砌体裂缝，应由有资质的检测单位检测鉴定，需返修或加固处理的，待返修或加固满足使用要求后进行二次验收；

② 对不影响结构安全性的砌体裂缝，应予以验收，对明显影响使用功能和观感质量的裂缝，应进行处理。

4.3 钢结构子分部工程

钢结构是用钢板、热轧型钢或冷加工成型的薄壁型钢制造而成的，其材料的强度高、塑

性和韧性好、重量轻，制造简单，施工周期短，在高层建筑、大跨度结构、轻型工业厂房得到了越来越多的应用。

在《建筑工程施工质量验收统一标准》(GB 50300—2001)中规定：钢结构作为主体结构组成之一时应按子分部工程竣工验收，当主体结构均为钢结构时应按分部工程竣工验收，大型钢结构工程可划分为若干个子分部工程进行竣工验收。规范将钢结构子分部工程分为钢结构焊接、紧固件连接、钢零部件加工、单层钢结构安装、多层及高层钢结构安装、钢结构涂装、钢构件组装、钢构件预拼装、钢网架结构安装和压型金属板等十个分项工程。下面主要介绍钢结构焊接、紧固件连接、钢构件预拼装、单层钢结构安装及钢结构涂装等主要常见分项工程的施工质量检查与验收。

4.3.1 钢结构子分部工程施工质量检查验收的基本规定

4.3.1.1 施工单位资质和质量管理的要求

钢结构工程施工单位应具备相应的钢结构工程施工资质，施工现场质量管理应有相应的施工技术标准、质量管理体系、质量控制及检验制度，施工现场应有经项目技术负责人审批的施工组织设计、施工方案等技术文件。

4.3.1.2 对钢结构计量器具的要求

钢结构施工质量验收所使用的计量器具必须是根据计量法规定的、定期计量检验意义上的合格，且保证在检定有效期内使用。不同计量器具有不同的使用要求，同一计量器具在不同使用状况下，测量精度不同。规范要求：钢结构工程施工质量的验收，必须采用经计量检定、校准合格的计量器具。

4.3.1.3 钢结构工程施工质量控制要求

钢结构工程应按下列规定进行施工质量控制。

① 采用的原材料及成品应进行进场验收。凡涉及安全、功能的原材料及成品应按《钢结构工程施工质量验收规范》(GB 50205—2001)的规定进行复验，并应经监理工程师（建设单位技术负责人）见证取样、送样；

② 各工序应按施工技术标准进行质量控制，每道工序完成后，应进行检查；

③ 相关各专业工种之间，应进行交接检验，并经监理工程师（建设单位技术负责人）检查认可。

4.3.1.4 钢结构分部（子分部）工程的施工质量验收基本要求

(1) 验收程序　钢结构工程施工质量验收应在施工单位自检的基础上，按照检验批、分项工程、分部（子部分）工程进行。钢结构分部（子分部）工程中分项工程划分应按照现行国家标准《建筑工程施工质量验收统一标准》(GB 50300)的规定执行。钢结构分项工程应由一个或若干检验批组成，各分项工程检验批应按规范的规定进行划分。

(2) 钢结构工程检验批、分项工程、分部（子分部）工程的划分　钢结构作为主体结构按分部工程验收时，对大型钢结构工程可按空间刚度单元划分为若干个子分部工程；当钢结构属于主体结构中的一个子分部工程验收时，按照主要工种、材料、施工工艺等进行划分。钢结构分项工程检验批划分遵循以下原则。

① 单层钢结构按变形缝划分；

② 多层及高层钢结构按楼层或施工段划分；

③ 压型金属板工程可按屋面、墙板、楼面等划分；

④ 对于原材料及成品进场时的验收，可以根据工程规模及进料实际情况合并或分解检验批。

(3) 钢结构工程检验批、分项工程施工质量检查合格标准

1) 分项工程检验批合格质量标准应符合下列规定。

① 主控项目必须符合《钢结构工程施工质量验收规范》(GB 50205—2001) 合格质量标准的要求；

② 一般项目其检验结果应有80%及以上的检查点（值）符合规范合格质量标准的要求，且最大值不应超过其允许偏差值的1.2倍；

③ 质量检查记录、质量证明文件等资料应完整。

2) 分项工程合格质量标准应符合下列规定。

① 分项工程所含的各检验批均应符合规范合格质量标准；

② 分项工程所含的各检验批质量验收记录应完整。

(4) 钢结构工程施工质量不符合要求时的处理

1) 当钢结构工程施工质量不符合规范要求时，应按下列规定进行处理。

① 经返工重做或更换构（配）件的检验批，应重新进行验收；

② 经有资质的检测单位检测鉴定能够达到设计要求的检验批，应予以验收；

③ 经有资质的检测单位检测鉴定达不到设计要求，但经原设计单位核算认可能够满足结构安全和使用功能的检验批，可予以验收；

④ 经返修或加固处理的分项、分部工程，虽然改变外形尺寸但仍能满足安全使用要求，可按处理技术方案和协商文件进行验收。

2) 通过返修或加固处理仍不能满足安全使用要求的钢结构分部工程，严禁验收。

4.3.2 原材料及成品质量要求与检查

用于钢结构各分项工程实施现场的主要材料、零（部）件、成品件、标准件等产品应进行进场验收，进场验收的检验批原则上应与各分项工程检验批一致，也可以根据工程规模及进料实际情况划分检验批。规范分别给出了钢材、焊接材料、连接用紧固标准件、焊接球、螺栓球、封板、锥头和套筒、金属压型板、涂装材料及其他原材料和成品的质量检验标准，其中钢材、焊接材料、连接用紧固标准件和涂装材料的质量检查与验收标准如下所示，其余可参见《钢结构工程施工质量验收规范》(GB 50205—2001)。

4.3.2.1 钢材的质量检验标准

钢结构用钢材质量检验的主控项目和一般项目标准、方法和抽检数量应符合表4-52的规定。

表4-52 钢材的质量检验标准

项	序号	项目	合格质量标准	检验办法	检查数量
主控项目	1	钢材、钢铸件的品种、规格、性能	钢材、钢铸件的品种、规格、性能等应符合现行国家产品标准和设计要求。进口钢材产品的质量应符合设计和合同规定标准的要求	检查质量合格证明文件、中文标志及检验报告等	全数检查
	2	钢材的抽样复验	对属于下列情况之一的钢材，应进行抽样复验，其复验结果应符合现行国家产品标准和设计要求。 (1) 国外进口钢材 (2) 钢材混批 (3) 板厚等于或大于40mm，且设计有z向性能要求的厚板 (4) 建筑结构安全等级为一级，大跨度钢结构中主要受力构件所采用的钢材 (5) 设计有复验要求的钢材 (6) 对质量有疑义的钢材	检查复验报告	

续表

项	序号	项目	合格质量标准	检验办法	检查数量
一般项目	1	钢板厚度及允许偏差	钢板厚度及允许偏差应符合其产品标准的要求	用游标卡尺量测	每一品种、规格的钢板抽查5处
	2	型钢规格及允许偏差	型钢的规格尺寸及允许偏差应符合其产品标准的要求	用钢尺和游标卡尺量测	每一品种、规格的型钢抽查5处
	3	钢材表面的外观质量	钢材的表面外观质量除应符合国家现行有关标准的规定外,尚应符合下列规定: (1)当钢材的表面有锈蚀、麻点或划痕等缺陷时,其深度不得大于该钢材厚度负允许偏差值的1/2 (2)钢材表面的锈蚀等级应符合现行国家标准《涂装前钢材表面锈蚀等级和除锈等级》(GB 8923)规定的C级及C级以上 (3)钢材端边或断口处不应有分层、夹渣等缺陷	观察检查	全数检查

4.3.2.2 焊接材料的质量检查与验收

钢结构用焊接材料质量检验的主控项目和一般项目标准、方法和抽检数量应符合表4-53的规定。

表4-53 钢结构焊接材料的质量检验标准

项	序号	项目	合格质量标准	检验办法	检查数量
主控项目	1	焊接材料的品种、规格、性能	焊接材料的品种、规格、性能等应符合现行国家产品标准和设计要求	检查焊接材料的质量合格证明文件、中文标志及检验报告等	全数检查
	2	焊接材料的抽样复验	重要钢结构采用的焊接材料应进行抽样复验,复验结果应符合现行国家产品标准和设计要求	检查复验报告	全数检查
一般项目	1	焊钉及焊接瓷环的规格、尺寸及偏差	焊钉及焊接瓷环的规格、尺寸及偏差应符合现行国家标准《圆柱头焊钉》(GB 10433)中的规定	用钢尺和游标卡尺量测	按量抽查1%,且不应少于10套
	2	焊条、焊剂	焊条外观不应有药皮脱落、焊芯生锈等缺陷;焊剂不应受潮结块	观察检查	按量抽查1%,且不应少于10包

4.3.2.3 连接用紧固标准件的质量检查与验收

钢结构连接用紧固标准件质量检验的主控项目和一般项目标准、方法和抽检数量应符合表4-54的规定。

表4-54 钢结构连接用紧固标准件的质量检验标准

项	序号	项目	合格质量标准	检验办法	检查数量
主控项目	1	紧固标准件及标准配件的品种、规格、性能	钢结构连接用高强度大六角头螺栓连接副、扭剪型高强度螺栓连接副、钢网架用高强度螺栓、普通螺栓、铆钉、自攻钉、拉铆钉、射钉、锚栓(机械型和化学试剂型)、地脚锚栓等紧固标准件及螺母、垫圈等标准配件,其品种、规格、性能等应符合现行国家产品标准和设计要求。高强度大六角头螺栓连接副和扭剪型高强度螺栓连接副出厂时应分别随箱带有扭矩系数和紧固轴力(预拉力)的检验报告	检查产品的质量合格证明文件、中文标志及检验报告等	全数检查

续表

项	序号	项目	合格质量标准	检验办法	检查数量
主控项目	2	高强度大六角头螺栓连接副的扭矩系数	高强度大六角头螺栓连接副应按规范附录B的规定检验其扭矩系数,其检验结果应符合规范附录B的规定	检查复验报告	见规范附录B
	3	扭剪型高强度螺栓连接副的预拉力	扭剪型高强度螺栓连接副应按规范附录B的规定检验预拉力,其检验结果应符合规范附录B的规定		
一般项目	1	高强度螺栓连接副包装和外观	高强度螺栓连接副,应按包装箱配套供货,包装箱上应标明批号、规格、数量及生产日期。螺栓、螺母、垫圈外观表面应涂油保护,不应出现生锈和沾染脏物,螺纹不应损伤	观察检查	按包装箱数抽查5%,且不应少于3箱
	2	高强度螺栓应进行表面硬度试验	对建筑结构安全等级为一级,跨度40m及以上的螺栓球节点钢网架结构,其连接高强度螺栓应进行表面硬度试验,对8.8级的高强度螺栓其硬度应为HRC21~29;10.9级高强度螺栓其硬度应为HRC32~36,且不得有裂纹或损伤	硬度计、10倍放大镜或磁粉探伤	按规格抽查8只

注:表中所指规范是《钢结构工程施工质量验收规范》(GB 50205—2001)。

4.3.2.4 涂装材料的质量检查与验收

钢结构涂装材料质量检验的主控项目和一般项目标准、方法和抽检数量应符合表4-55的规定。

表4-55 钢结构涂装材料的质量检验标准

项	序号	项目	合格质量标准	检验办法	检查数量
主控项目	1	防腐涂料性能	钢结构防腐涂料、稀释剂和固化剂等材料的品种、规格、性能等应符合现行国家产品标准和设计要求	检查产品的质量合格证明文件、中文标志及检验报告等	全数检查
	2	防火涂料性能	钢结构防火涂料的品种和技术性能应符合设计要求,并应经过具有资质的检测机构检测符合国家现行有关标准的规定		
一般项目	1	涂料质量	防腐涂料和防火涂料的型号、名称、颜色及有效期应与其质量证明文件相符。开启后,不应存在结皮、结块、凝胶等现象	观察检查	按桶数抽查5%,且不应少于3桶

4.3.3 钢结构焊接工程质量检查与验收

4.3.3.1 钢结构焊接分项工程验收的一般规定

① 本节适用于钢结构制作和安装中的钢构件焊接和焊钉焊接的工程质量验收。
② 钢结构焊接工程可按相应的钢结构制作或安装工程检验批的划分原则划分为一个或若干个检验批。
③ 碳素结构钢应在焊缝冷却到环境温度、低合金结构钢应在完成焊接24h以后,进行焊缝探伤检验。
④ 焊缝施焊后应在工艺规定的焊缝及部位打上焊工钢印。

在焊接过程中、焊缝冷却过程中及以后相当长的一段时间内焊缝可能产生裂纹。对普通碳素钢而言产生延迟裂纹的可能性很小,因此规范规定碳素结构钢在焊缝冷却到环境温度后即可进行检查;但对低合金结构钢,由于其焊缝的延迟时间较长,考虑到工厂存放条件、现场安装进度、工序衔接的限制以及随时间延长产生延迟裂纹的几率逐渐减小等因素,规范以焊接完成24h后的检查结果作为验收依据。下面就钢构件焊接工程的施工质量验收进行介绍,焊钉焊接内容见规范。

4.3.3.2 钢构件焊接分项工程检验批的质量检查与验收

1) 主控项目检验

① 钢构件焊接工程的主控项目标准、方法和检查数量见表4-56。

表4-56 钢构件焊接工程主控项目的质量检验标准

序号	项目	合格质量标准	检验办法	检查数量
1	材料匹配	焊条、焊丝、焊剂、电渣焊熔嘴等焊接材料与母材的匹配应符合设计要求及国家现行行业标准《建筑钢结构焊接技术规程》(JGJ 81)的规定。焊条、焊剂、药芯焊丝、熔嘴等在使用前,应按其产品说明书及焊接工艺文件的规定进行烘焙和存放	检查质量证明书和烘焙记录	全数检查
2	焊工证书	焊工必须经考试合格并取得合格证书。持证焊工必须在其考试合格项目及其认可范围内施焊	检查焊工合格证及其认可范围、有效期	
3	焊接工艺评定	施工单位对其首次采用的钢材、焊接材料、焊接方法、焊后热处理等,应进行焊接工艺评定,并应根据评定报告确定焊接工艺	检查焊接工艺评定报告	
4	内部缺陷	设计要求全焊透的一、二级焊缝应采用超声波探伤进行内部缺陷的检验,超声波探伤不能对缺陷作出判断时,应采用射线探伤,其内部缺陷分级及探伤方法应符合现行国家标准《钢焊缝手工超声波探伤方法和探伤结果分级》(GB 11345)或《钢熔化焊对接接头射线照相和质量分级》(GB 3323)的规定 焊接球节点网架焊缝、螺栓球节点网架焊缝及圆管T、K、Y形节点相贯线焊缝,其内部缺陷分级及探伤方法应分别符合国家现行标准《焊接球节点钢网架焊缝超声波探伤方法及质量分级法》(JG/T 3034.1)、《螺栓球节点钢网架焊缝超声波探伤方法及质量分级法》(JG/T 3034.2)、《建筑钢结构焊接技术规程》(JGG 81)的规定 一级、二级焊缝的质量等级及缺陷分级应符合表4-57的规定	检查超声波或射线探伤记录	
5	组合焊缝尺寸	T形接头、十字接头、角接接头等要求熔透的对接和角对接组合焊缝,其焊脚尺寸不应小于$t/4$[图4-4(a)~(c)];设计有疲劳验算要求的吊车梁或类似构件的腹板与上翼缘连接焊缝的焊脚尺寸为$t/2$[图4-4(d)],且不应小于10mm。焊脚尺寸的允许偏差为0~4mm	观察检查,用焊缝量规抽查测量	资料全数检查;同类焊缝抽查10%,且不应少于3条
6	焊缝表面缺陷	焊缝表面不得有裂纹、焊瘤等缺陷。一级、二级焊缝不得有表面气孔、夹渣、弧坑裂纹、电弧擦伤等缺陷。且一级焊缝不得有咬边、未焊满、根部收缩等缺陷	观察检查或使用放大镜、焊缝量规和钢尺检查,当存在疑义时,采用渗透或磁粉探伤检查	每批同类构件抽查10%,且不应少于3件;被抽查构件中,每一类型焊缝按条数抽查5%,且不应少于1条;每条检查1条,总抽查数不应少于10处

一级、二级焊缝的质量等级及缺陷分级应符合表4-57的规定。

表4-57 一级、二级焊缝质量等级及缺陷分级

焊缝质量等级		一级	二级
内部缺陷 超声波探伤	评定等级	Ⅱ	Ⅲ
	检验等级	B级	B级
	探伤比例	100%	20%
内部缺陷 射线探伤	评定等级	Ⅱ	Ⅲ
	检验等级	AB级	AB级
	探伤比例	100%	20%

注：1. 探伤比例的计数方法应按以下原则确定：①对工厂制作焊缝，应按每条焊缝计算百分比，且探伤长度应不小于200mm，当焊缝长度不足200mm时，应对整条焊缝进行探伤；②对现场安装焊缝，应按同一类型、同一施焊条件的焊缝条数计算百分比，探伤长度应不小于200mm，并应不少于1条焊缝
2. 本表摘自《钢结构工程施工质量验收规范》(GB 50205—2001)。

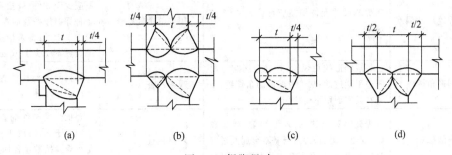

图4-4 焊脚尺寸

② 钢构件焊接工程检验批主控项目的质量检验说明。

第二条 在钢结构工程施工焊接中，焊工（包括手工操作焊工、机械操作焊工）是特殊工种，其操作技能对工程质量有决定性的影响，所以必须予以充分重视。从事钢结构工程焊接施工的焊工，根据所从事钢结构焊接工程的具体类型，按国家现行行业标准《建筑钢结构焊接技术规程》(JGJ 81)等技术规程的要求对施焊焊工应进行考试并取得相应证书。本条为强制性条文。

第三条 由于钢结构工程中的焊接节点和焊接接头不可能进行现场实物取样检验，探伤仅能确定焊缝的几何缺陷，无法确定其性能。为保证工程焊接质量，因此对首次采用的钢材、焊接材料、焊接方法、焊后热处理等，必须在施工前按规定进行焊接工艺评定。

第四条 本条为强制性条文，内部缺陷的检测一般可用超声波探伤和射线探伤。超声波探伤法操作简单、快速，对各种接头形式的适应性好，对裂纹、未熔合的检测灵敏度高，因此很多国家对钢结构内部质量的控制多采用超声波探伤。

钢结构制作一般较长，对每条焊缝按规定的百分比进行探伤，且每处不小于200mm的规定，对保证每条焊缝质量是有利的。但钢结构的安装焊缝一般都不长，大多为构件的连接焊缝，每条焊缝的长度250～300mm，因此规范规定对安装焊缝采用焊缝条数计数抽样检测。

第五条 本条规定了T形、十字形、角接接头等要求熔透的对接与角接组合焊缝的焊脚尺寸是为了减少应力集中，同时避免过大的焊脚尺寸。

2）一般项目检验

① 钢构件焊接工程的一般项目标准、方法和检查数量见表4-58。

表 4-58 钢构件焊接工程一般项目的质量检验标准

序号	项目	合格质量标准	检验办法	检查数量
1	预热和焊后热处理	对于需要进行焊前预热或焊后热处理的焊缝,其预热温度或后热温度应符合国家现行有关标准的规定或通过工艺试验确定。预热区在焊道两侧,每侧宽度均应大于焊件厚度的1.5倍以上,且不应小于100mm;后热处理应在焊后立即进行,保温时间应根据板厚按每25mm板厚1h确定	检查预、后热施工记录和工艺试验报告	全数检查
2	焊缝外观质量	二级、三级焊缝外观质量标准应符合表4-59的规定。三级对接焊缝应按二级焊缝标准进行外观质量检验	观察检查或使用放大镜、焊缝量规和钢尺检查	每批同类构件抽查10%,且不应少于3件;被抽查构件中,每一类型焊缝按条数抽查5%,且不应少于1条;每条检查1处,总抽查数不应少于10处
3	焊缝尺寸偏差	焊缝尺寸允许偏差应符合表4-60的规定	用焊缝量规检查	每批同类构件抽查10%,且不应少于3件;被抽查构件中,每种焊缝按条数抽查5%,且不应少于1条;每条检查1处,总抽查数不应少于10处
4	凹形角焊缝	焊成凹形的角焊缝,焊缝金属与母材间应平缓过渡;加工成凹形的角焊缝,不得在其表面留下切痕	观察检查	每批同类构件抽查10%,且不应少于3件
5	焊缝感观	焊缝感观应达到:外形均匀、成型较好,焊道与焊道、焊道与基本金属间过渡过较平滑,焊渣和飞溅物基本清除干净	观察检查	每批同类构件抽查10%,且不应少于3件;被抽查构件中,每种焊缝按条数量各抽查5%,总抽查处不应少于5处

二级、三级焊缝外观质量标准应符合表4-59的规定。

表 4-59 二级、三级焊缝外观质量标准

项目	允 许 偏 差/mm	
缺陷类型	二级	三级
未焊满(指不足设计要求)	$\leqslant 0.2+0.02t$,且$\leqslant 1.0$	$\leqslant 0.2+0.04t$,且$\leqslant 2.0$
	每100.0焊缝内缺陷总长$\leqslant 25.0$	
根部收缩	$\leqslant 0.2+0.02t$,且$\leqslant 1.0$	$\leqslant 0.2+0.04t$,且$\leqslant 2.0$
	长度不限	
咬边	$\leqslant 0.05t$,且$\leqslant 0.5$;连续长度$\leqslant 100.0$,且焊缝两侧咬边总长$\leqslant 10\%$焊缝全长	$\leqslant 0.1t$且$\leqslant 1.0$,长度不限
弧坑裂纹	—	允许存在个别长度$\leqslant 5.0$的弧坑裂纹
电弧擦伤	—	允许存在个别电弧擦伤
接头不良	缺口深度$0.05t$,且$\leqslant 0.5$	缺口深度$0.1t$,且$\leqslant 1.0$
	每1000.0焊缝不应超过1处	
表面夹渣	—	深$\leqslant 0.2t$ 长$\leqslant 0.5t$,且$\leqslant 2.0$
表面气孔	—	每50.0焊缝长度内允许直径$\leqslant 0.4t$,且$\leqslant 3.0$的气孔2个,孔距$\geqslant 6$倍孔径

注:1. 本表摘自《钢结构工程施工质量验收规范》(GB 50205—2001)。
2. 表内 t 为连接处较薄的板厚。

对接焊缝及完全熔透组合焊缝尺寸允许偏差应符合表 4-60 的规定。

表 4-60 对接焊缝及完全熔透组合焊缝尺寸允许偏差

序号	项目	图例	允许偏差/mm	
			一、二级	三级
1	对接焊缝余高 C		$B<20:0\sim3.0$ $B\geqslant20:0\sim4.0$	$B<20:0\sim4.0$ $B\geqslant20:0\sim5.0$
2	对接焊缝错边 d		$d<0.15t$, 且$\leqslant2.0$ (t 为钢板厚度)	$d<0.15t$, 且$\leqslant3.0$

注：本表摘自《钢结构工程施工质量验收规范》(GB 50205—2001)。

② 钢构件焊接工程检验批一般项目的质量检验说明。

第一条 焊前预热可降低热影响区冷却速度，这对防止焊接延迟裂纹的产生有重要作用。目前我国还没有焊接预热温度确定相应的计算公式或图表，现多通过工艺试验确定预热温度，但必须同时规定该温度区距离施焊部分各方向的范围。该温度范围越大，焊接热影响区冷却速度越小，反之则冷却速度越大，同样的预热温度要求，如果温度范围不确定，其预热的效果相差很大。

焊后热处理主要是对焊缝进行脱氢处理，以防止冷裂纹的产生，后热处理的时机和保温时间直接影响后热处理的效果，因此应在焊后立即进行，并按板厚适当增加处理时间。

第四条 为了减少应力集中，提高接头承受疲劳载荷的能力，部分角焊缝将焊缝表面焊接或加工为凹形。这类接头必须注意焊缝与母材之间的圆滑过渡。同时，在确定焊缝计算厚度时，应考虑焊缝外形尺寸的影响。

4.3.4 钢结构紧固件连接工程质量检查与验收

4.3.4.1 钢结构紧固件连接分项工程验收的一般规定

① 本节适用于钢结构制作和安装中的普通螺栓、扭剪型高强度螺栓、高强度大六角头螺栓、钢网架螺栓球节点用高强度螺栓及射击钉、自攻钉、拉铆钉等连接工程的质量验收。

② 紧固件连接工程可按相应的钢结构制作或安装工程检验批的划分原则划分为一个或若干个检验批。

4.3.4.2 钢结构紧固件连接分项工程检验批的质量检查与验收

（1）普通紧固件连接

1）普通紧固件连接工程检验的主控项目和一般项目标准、方法和检查数量见表 4-61。

表 4-61 普通紧固件连接的质量检验标准

项	序号	项目	合格质量标准	检验办法	检查数量
主控项目	1	螺栓实物复验	普通螺栓作为永久性连接螺栓时，当设计有要求或对其质量有疑义时，应进行螺栓实物最小拉力载荷复验，试验方法见规范附录 B，其结果应符合现行国家标准《紧固件机械性能螺栓、螺钉和螺柱》(GB 3098)的规定	检查螺栓实物复验报告	每一规格螺栓抽查 8 个
主控项目	2	匹配及间距	连接薄钢板采用的自攻螺钉、拉铆钉、射钉等其规格尺寸应与被连接钢板相匹配，其间距、边距等应符合设计要求	观察和尺量检查	按连接节点数抽查 1%，且不应少于 3 个
一般项目	1	螺栓紧固	永久性普通螺栓紧固应牢固、可靠，外露丝扣不应少于 2 扣	观察和用小锤敲击检查	按连接节点数抽查 10%，且不应少于 3 个
一般项目	2	外观质量	自攻螺栓、钢拉铆钉、射钉等与连接钢板应紧贴密贴，外观排列整齐	观察或用小锤敲击检查	

注：表中规范是指《钢结构工程施工质量验收规范》(GB 50205—2001)。

2）普通紧固件连接工程的质量检验说明

一般项目第二条 射钉宜采用观察检查，若用小锤敲击时，应从射钉侧面或正面敲击。

(2) 高强度螺栓连接

1）高强度螺栓连接工程检验的主控项目和一般项目标准、方法和检查数量见表4-62。

表4-62 高强度螺栓连接的质量检验标准

项	序号	项目	合格质量标准	检验办法	检查数量
主控项目	1	抗滑移系数试验	钢结构制作和安装单位应按规范附录B的规定分别进行高强度螺栓连接摩擦面的抗滑移系数试验和复验，现场处理的构件摩擦面应单独进行摩擦面抗滑移系数试验，其结果应符合设计要求	检查摩擦面抗滑移系数试验报告和复验报告	见规范附录B
	2	高强度六角头螺栓连接副终拧扭矩	高强度大六角头螺栓连接副终拧完成1h后、48h内应进行终拧扭矩检查，检查结果应符合规范附录B的规定	见规范附录B	按节点数检查10%，且不应少于10个；每个被抽查节点按螺栓数抽查10%，且不应少于2个
	3	扭剪型高强度螺栓连接副终拧扭矩	扭剪型高强度螺栓连接副终拧后，除因构造原因无法使用专用扳手终拧掉梅花头者外，未在终拧中拧掉梅花头的螺栓数不应大于该节点螺栓数的5%。对所有梅花头未拧掉的扭剪型高强度螺栓连接副应采用扭矩法或转角法进行终拧并作标记，且按本表主控项目第二条的规定进行终拧扭矩检查	观察检查及规范附录B	按节点数抽查10%，但不应少于10个节点，被抽查节点中梅花头未拧掉的扭剪型高强度螺栓连接副全数进行终拧扭矩检查
一般项目	1	初拧、复拧扭矩	高强度螺栓连接副的施拧顺序和初拧、复拧扭矩应符合设计要求和国家现行行业标准《钢结构高强度螺栓连接的设计施工及验收规程》(JGJ 82)的规定	检查扭矩扳手标定记录和螺栓施工记录	全数检查资料
	2	连接外观质量	高强度螺栓连接副终拧后，螺栓丝扣外露应为2～3扣，其中允许有10%的螺栓丝扣外露1扣或4扣	观察检查	按节点数抽查5%，且不应少于10个
	3	摩擦面外观	高强度螺栓连接摩擦面应保持干燥、整洁，不应有飞边、毛刺、焊接飞溅物、焊疤、氧化铁皮、污垢等，除设计要求外摩擦面不应涂漆	观察检查	全数检查
	4	扩孔	高强度螺栓应自由穿入螺栓孔。高强度螺栓孔不应采用气割扩孔，扩孔数量应征得设计同意，扩孔后的孔径不应超过1.2d（d为螺栓直径）	观察检查及用卡尺检查	被扩螺栓孔全数检查
	5	与螺栓球节点的连接	螺栓球节点网架总拼完成后，高强度螺栓与球节点应紧固连接，高强度螺栓拧入螺栓球内的螺纹长度不应小于1.0d（d为螺栓直径），连接处不应出现有间隙、松动等未拧紧情况	普通扳手及尺量检查	按节点数抽查5%，且不应少于10个

注：表中规范是指《钢结构工程施工质量验收规范》（GB 50205—2001）。

2）高强度螺栓连接工程的质量检验说明

主控项目第一条 本条为强制性条文，抗滑移系数是高强度螺栓连接的主要设计参数之一,直接影响构件的承载力,因此构件摩擦面无论由制造厂处理还是由现场处理,均应对抗滑系数进行测试,测得的抗滑移系数最小值应符合设计要求。

主控项目第二条 高强度螺栓终拧 1h 时,螺栓预拉力的损失已大部分完成,在随后一两天内,损失趋于平稳,当超过一个月后,损失就会停止,但在外界环境影响下,螺栓扭矩系数将会发生变化,影响检查结果的准确性。为了统一和便于操作,规范规定检查时间为 1h 后 48h 之内完成。

一般项目第一条 高强度螺栓初拧、复拧的目的是为了使摩擦面能密贴,且螺栓受力均匀,对大型节点强调安装顺序是防止节点中螺栓预拉力损失不均,影响连接的刚度。

一般项目第四条 高强度螺栓强行穿过螺栓孔会损伤丝扣,改变高强度螺栓连接副的扭矩系数,甚至连螺母都拧不上,因此强调自由穿入螺栓孔。由于气割扩孔很不规则,既削弱了构件的有效截面,还会使扩孔处钢材缺陷,故规定不得气割扩孔。

4.3.5 钢构件预拼装工程质量检查与验收

4.3.5.1 钢构件预拼装工程验收的一般规定

① 本节适用于钢构件预拼装工程的质量验收。

② 钢构件预拼装工程可按钢结构制作工程检验批的划分原则划分为一个或若干个检验批。

③ 预拼装所用的支撑凳或平台应测量找平,检查时应拆除全部临时固定和拉紧装置。

④ 进行预拼装的钢构件,其质量应符合设计要求和规范合格质量标准的规定。

由于受运输、起吊等条件限制,构件为了检验其制作的整体性,由设计规定或合同要求在出厂前进行工厂拼装。预拼装均在工厂支凳(平台)进行,因此对所用的支撑凳或平台应测量找平,且预拼装时不应使用大锤锤击,检查时应拆除全部临时固定和拉紧装置。

4.3.5.2 钢构件预拼装工程检验批的质量检查与验收

钢构件预拼装工程检验的主控项目和一般项目标准、方法和检查数量见表 4-63。

表 4-63 钢构件预拼装工程的质量检验标准

项	序号	项目	合格质量标准	检验办法	检查数量
主控项目	1	多层板叠螺栓孔	高强度螺栓和普通螺栓连接的多层板叠,应采用试孔器进行检查,并应符合下列规定: (1)当采用比孔公称直径小 1.0mm 的试孔器检查时,每组孔的通过率不应小于 85% (2)当采用比螺栓公称直径大 0.3mm 的试孔器检查时,通过率应为 100%	采用试孔器检查	按预拼装单元全数检查
一般项目	1	预拼装精度	预拼装的允许偏差应符合表 4-64 的规定	见表 4-64	按预拼装单元全数检查

钢构件预拼装的允许偏差应符合表 4-64 的规定。

4.3.6 单层钢结构安装工程质量检查与验收

4.3.6.1 单层钢结构安装工程验收的一般规定

① 本节适用于单层钢结构的主体结构、地下钢结构、檩条及墙架等次要构件、钢平台、钢梯、防护栏杆等安装工程的质量验收。

表 4-64　钢构件预拼装的允许偏差

构件类型	项目		允许偏差/mm	检验方法
多节柱	预拼装单元总长		±5.0	用钢尺检查
	预拼装单元弯曲矢高		$l/1500$，且不应大于 10.0	用拉线和钢尺检查
	接口错边		2.0	用焊缝量规检查
	预拼装单元柱身扭曲		$h/200$，且不应大于 5.0	用拉线、吊线和钢尺检查
	顶紧面至任一牛腿距离		±2.0	
梁、桁架	跨度最外两端安装孔或两端支撑面最外侧距离		+5.0 −10.0	用钢尺检查
	接口截面错位		2.0	用焊缝量规检查
	拱度	设计要求起拱	$±l/5000$	用拉线和钢尺检查
		设计未要求起拱	$l/2000\atop 0$	
	节点处杆件轴线错位		4.0	划线后用钢尺检查
管构件	预拼装单元总长		±5.0	用钢尺检查
	预拼装单元弯曲矢高		$l/1500$，且不应大于 10.0	用拉线和钢尺检查
	对口错边		$t/10$，且不应大于 3.0	用焊缝量规检查
	坡口间隙		+2.0 −1.0	
构件平面总体预拼装	各楼层柱距		±4.0	用钢尺检查
	相邻楼层梁与梁之间距离		±3.0	
	各层间框架两对角线之差		$H/2000$，且不应大于 5.0	
	任意两对角线之差		$H/2000$，且不应大于 8.0	

注：本表摘自《钢结构工程施工质量验收规范》(GB 50205—2001)。

② 单层钢结构安装工程可按变形缝或空间刚度单元等划分成一个或若干个检验批。地下钢结构可按不同地下层划分检验批。

③ 钢结构安装检验批应在进场验收和焊接连接、紧固件连接、制作等分项工程验收合格的基础上进行验收。

④ 安装的测量校正、高强度螺栓安装、负温度下施工及焊接工艺等，应在安装前进行工艺试验或评定，并应在此基础上制定相应的施工工艺或方案。

⑤ 安装偏差的检测，应在结构形成空间刚度单元并连接固定后进行。

⑥ 安装时，必须控制屋面、楼面、平台等的施工荷载，施工荷载和冰雪荷载等严禁超过梁、桁架、楼面板、屋面板、平台铺板等的承载能力。

⑦ 在形成空间刚度单元后，应及时对柱底板和基础顶面的空隙进行细石混凝土、灌浆料等二次浇灌。

⑧ 吊车梁或直接承受动力荷载的梁其受拉翼缘、吊车桁架或直接承受动力荷载的桁架其受拉弦杆上不得焊接悬挂物和卡具等。

4.3.6.2　单层钢结构安装工程检验批的质量检查与验收

单层钢结构安装工程包括基础和支撑面、安装和校正两个检验批，其质量验收标准如下。

(1) 基础和支撑面

1) 基础和支撑面检验的主控项目和一般项目标准、方法和检查数量　见表 4-65。

表 4-65 单层钢结构基础和支撑面的质量检验标准

项	序号	项目	合格质量标准	检验方法	检查数量
主控项目	1	定位轴线、基础轴线和地脚螺栓	建筑物的定位轴线、基础轴线和标高、地脚螺栓的规格及其紧固应符合设计要求	用经纬仪、水准仪、全站仪和钢尺现场实测	按柱基数抽查10%,且不应少于3个
	2	支撑面、地脚螺栓位置	基础顶面直接作为柱的支撑面和基础顶面预埋钢板或支座作为柱的支撑面时,其支撑面、地脚螺栓(锚栓)位置的允许偏差应符合表4-66的规定	用经纬仪、水准仪、全站仪、水平尺和钢尺实测	
	3	坐浆垫板允许偏差	采用坐浆垫板时,坐浆垫板的允许偏差应符合表4-67的规定	用水准仪、全站仪、水平尺和钢尺现场实测	资料全数检查。按柱基数抽查10%,且不应少于3个
	4	杯口尺寸的允许偏差	采用杯口基础时,杯口尺寸的允许偏差应符合表4-68的规定	观察及尺量检查	按基础数抽查10%,且不应少于4处
一般项目	1	地脚螺栓尺寸偏差及螺纹保护	地脚螺栓(锚栓)尺寸的偏差应符合表4-69的规定 地脚螺栓(锚栓)的螺纹应受到保护	用钢尺现场实测	按柱基数抽查10%,且不应少于3个

2) 支撑面、地脚螺栓（锚栓）位置的允许偏差 见表 4-66 的规定。
采用坐浆垫板时，坐浆垫板的允许偏差应符合表 4-67 的规定。

表 4-66 支撑面、地脚螺栓（锚栓）位置的允许偏差

项目		允许偏差/mm
支撑面	标高	±3.0
	水平度	$l/1000$
地脚螺栓(锚栓)	螺栓中心偏移	5.0
预留孔中心偏移		10.0

注：本表摘自《钢结构工程施工质量验收规范》（GB 50205—2001）。

表 4-67 坐浆垫板的允许偏差

项目	允许偏差/mm
顶面标高	0.0 −3.0
水平度	$l/1000$
位置	20.0

注：本表摘自《钢结构工程施工质量验收规范》（GB 50205—2001）。

采用杯口基础时，杯口尺寸的允许偏差应符合表 4-68 的规定。
地脚螺栓（锚栓）尺寸的允许偏差应符合表 4-69 的规定。

表 4-68 杯口尺寸的允许偏差

项目	允许偏差/mm
底面标高	0.0 −5.0
杯口深度 H	±5.0
杯口垂直度	$H/1000$,且不应大于10.0
位置	10.0

注：本表摘自《钢结构工程施工质量验收规范》（GB 50205—2001）。

表 4-69 地脚螺栓（锚栓）尺寸的允许偏差

项目	允许偏差/mm
螺栓(锚栓)露出长度	+30.0 0.0
螺纹长度	+30.0 0.0

注：本表摘自《钢结构工程施工质量验收规范》（GB 50205—2001）。

(2) 安装和校正

1) 安装和校正检验的主控项目和一般项目标准、方法和检查数量　见表4-70。

表 4-70　单层钢结构安装和校正的质量检验标准

项	序号	项目	合格质量标准	检验办法	检查数量
主控项目	1	构件验收	钢构件应符合设计要求和本规范的规定。运输、堆放和吊装等造成钢构件变形及涂层脱落,应进行矫正和修补	用拉线、钢尺现场实测或观察	按构件数抽查10%,且不应少于3个
	2	顶紧接触面	设计要求顶紧的节点,接触面不应少于70%紧贴,且边缘最大间隙不应大于0.8mm	用钢尺及0.3mm和0.8mm厚的塞尺现场实测	按节点数抽查10%,且不应少于3个
	3	钢构件垂直度和侧向弯曲矢高	钢屋(托)架、桁架、梁及受压杆件的垂直度和侧向弯曲矢高的允许偏差应符合表4-71的规定	用吊线、拉线、经纬仪和钢尺现场实测	按同类构件数抽查10%,且不少于3个
	4	主体结构尺寸	单层钢结构主体结构的整体垂直度和整体平面弯曲的允许偏差符合表4-72的规定	采用经纬仪、全站仪等测量	对主要立面全部检查。对每个所检查的立面,除两列角柱外,尚应至少选取一列中间柱
一般项目	1	标记	钢柱等主要构件的中心线及标高基准点等标记应齐全	观察检查	按同类构件数抽查10%,且不应少于3件
	2	桁架(梁)安装精度	当钢桁架(或梁)安装在混凝土柱上时,其支座中心对定位轴线的偏差不应大于10mm;当采用大型混凝土屋面板时,钢桁架(或梁)间距的偏差不应大于10mm	用拉线和钢尺现场实测	按同类构件数抽查10%,且不应少于3榀
	3	钢柱安装精度	钢柱安装的允许偏差应符合规范附录E中表E.0.1的规定	见规范附录E中表E.0.1	按钢柱数抽查10%,且不应少于3件
	4	吊车梁安装精度	钢吊车梁或直接承受动力荷载的类似构件,其安装的允许偏差应符合规范附录E中表E.0.2的规定	见规范附录E中表E.0.2	按钢吊车梁数抽查10%,且不应少于3榀
	5	檩条、墙架等构件安装精度	檩条、墙架等次要构件安装的允许偏差应符合规范附录E中表E.0.3的规定	见规范附录E中表E.0.3	按同类构件数抽查10%,且不应少于3件
	6	平台、钢梯等安装精度	钢平台、钢梯、栏杆安装应符合现行国家标准《固定式直梯》(GB 4053.1)、《固定或钢斜梯》(GB 4053.2)、《固定式防护栏杆》(GB 4053.3)和《固定式钢平台》(GB 4053.4)的规定。钢平台、钢梯和防护栏杆安装的允许偏差应符合规范附录E中表E.0.4的规定	见本规范附录E中表E.0.4	按钢平台总数抽查10%,栏杆、钢梯按总长度各抽查10%,但钢平台不应少于1个,栏杆不应少于5m,钢梯不应少于1跑
	7	现场组对精度	现场焊缝组对间隙的允许偏差应符合表4-73的规定	尺量检查	按同类节点数抽查10%,且不应少于3个
	8	结构表面	钢结构表面应干净,结构主要表面不应有疤痕、泥沙等污垢	观察检查	按同类构件数抽查10%,且不应少于3件

注:表规范是指《钢结构工程施工质量验收规范》(GB 50205—2001)。

2) 钢屋(托)架、桁架、梁及受压杆件的垂直度和侧向弯曲矢高的允许偏差　见表4-71的规定。

单层钢结构主体结构的整体垂直度和整体平面弯曲的允许偏差符合表4-72的规定。

表 4-71 钢屋（托）架、桁架、梁及受压杆件垂直度和侧向弯曲矢高的允许偏差

项目		允许偏差/mm	图 例
跨中的垂直度		h/250，且不应大于 15.0	
侧向弯曲矢高 f	l≤30m	l/1000，且不应大于 10.0	
	30m<l≤60m	l/1000，且不应大于 30.0	
	l>60m	l/1000，且不应大于 30.0	

注：本表摘自《钢结构工程施工质量验收规范》（GB 50205—2001）。

表 4-72 整体垂直度和整体平面弯曲的允许偏差

项目	允许偏差/mm	图 例
主体结构的整体垂直度	H/1000，且不应大于 25.0	
主体结构的整体平面弯曲	L/1500，且不应大于 25.0	

注：本表摘自《钢结构工程施工质量验收规范》（GB 50205—2001）。

现场焊缝组对间隙的允许偏差应符合表 4-73 的规定。

表 4-73 现场焊缝组对间隙的允许偏差

项目	允许偏差/mm	项目	允许偏差/mm
无垫板间隙	+3.0 0.0	有垫板间隙	+3.0 0.0

注：本表摘自《钢结构工程施工质量验收规范》（GB 50205—2001）。

4.3.7 多层与高层钢结构安装工程质量检查与验收

多层及高层钢结构安装工程包括主体结构、地下钢结构、檩条及墙架等次要构件、钢平台、钢梯、防护栏杆等安装工程。

多层及高层钢结构的柱与柱、主梁与柱的接头，一般用焊接方法连接，柱、梁、支撑等构件的长度尺寸应包括焊接收缩余量等变形值。安装柱时，每节柱的定位轴线应从地面控制轴线直接引上，不得从下层柱的轴线引上。结构的楼层标高可按相对标高或设计标高进行控制。

多层及高层钢结构安装工程可按楼层或施工段等划分为一个或若干个检验批。地下钢结构可按不同地下层划分检验批。钢结构安装检验批应在进场验收和焊接连接、紧固件连接、制作等分项工程验收合格的基础上进行验收。

多层及高层结构安装应符合《钢结构工程施工质量验收规范》（GB 50205）的规定。

4.3.8 钢结构涂装工程质量检查与验收

4.3.8.1 钢结构涂装工程验收的一般规定

① 本节适用于钢结构的防腐涂料（油漆类）涂装和防火涂料涂装工程的施工质量验收。

② 钢结构涂装工程可按钢结构制作或钢结构安装工程检验批的划分原则划分成一个或若干个检验批。

③ 钢结构普通涂料涂装工程应在钢结构构件组装、预拼装或钢结构安装工程检验批的施工质量验收合格后进行。钢结构防火涂料涂装工程应在钢结构安装工程检验批和钢结构普通涂料涂装检验批的施工质量验收合格后进行。

④ 涂装时的环境温度和相对湿度应符合涂料产品说明书的要求，当产品说明书无要求时，环境温度宜在5～38℃之间，相对湿度不应大于85%。涂装时构件表面不应有结露；涂装后4h内应保护使其免受雨淋。

上述第四条中规定涂装时的温度5～38℃只适合在室内无阳光直接照射的情况。一般来说钢材表面温度要比气温高2～3℃，但在阳光直接照射下，能比气温高8～12℃。涂装时漆膜的耐热性只能在40℃以下，当超过43℃时，钢材表面上涂装的漆膜就容易产生气泡而局部鼓起，使附着力降低。低于0℃时，在室外钢材表面涂装容易使漆膜冻结而不易固化；湿度超过85%时，钢材表面有露点凝结，漆膜附着力差。涂层在4h之内，漆膜表面尚未固化，容易被雨水冲坏，故规定在4h之内不得淋雨。

4.3.8.2 钢结构防腐涂料涂装

（1）钢结构防腐涂料涂装工程的主控项目和一般项目标准、方法和检查数量 见表4-74。

表4-74 钢结构防腐涂料涂装的质量检验标准

项	序号	项目	合格质量标准	检验办法	检查数量
主控项目	1	涂料基层验收	涂装前钢材表面除锈应符合设计要求和国家现行有关标准的规定。处理后的钢材表面不应有焊渣、焊疤、灰尘、油污、水和毛刺等。当设计无要求时，钢材表面除锈等级应符合表4-75的规定	用铲刀检查和用现行国家标准《涂装前钢材表面锈蚀等级和除锈等级》（GB 8923）规定的图片对照观察检查	按构件数量抽查10%，且同类构件不应少于3件
	2	涂料厚度	漆料、涂装遍数、涂层厚度均应符合设计要求。当设计对涂层厚度无要求时，涂层干漆膜总厚度：室外应为150μm，室内应为125μm，其允许偏差—25μm。每遍涂层干漆膜厚度的允许偏差—5μm	用干漆膜测厚仪检查。每个构件检测5处，每处的数值为3个相距50mm测点涂层干漆膜厚度的平均值	

续表

项	序号	项目	合格质量标准	检验办法	检查数量
一般项目	1	表面质量	构件表面不应误涂、漏涂,涂层不应脱皮和返锈等。涂层应均匀、无明显皱皮、流坠、针眼和气泡等	观察检查	全数检查
	2	附着力测试	当钢结构处在有腐蚀介质环境或外露且设计有要求时,应进行涂层附着力测试,在检测处范围内,当涂层完整程度达到70%以上时,涂层附着力达到合格质量标准的要求	按照现行国家标准《漆膜附着力测定法》(GB 1720)或《色漆和清漆、漆膜的划格试验》(GB 9286)执行	按构件数抽查1%,且不应少于3件,每件测3处
	3	标志	涂装完成后,构件的标志、标记和编号应清晰完整	观察检查	全数检查

各种底漆或防锈漆要求的最低除锈等级应符合表4-75要求。

表4-75 各种底漆或防锈漆要求最低的除锈等级

涂料品种	除锈等级
油性酚醛、醇酸等底漆或防锈漆	St2
高氯化聚乙烯、氯化橡胶、氯磺化聚乙烯、环氧树脂、聚氨酯等底漆或防锈漆	Sa2
无机富锌、有机硅、过氯乙烯等底漆	Sa2½

注:本表摘自《钢结构工程施工质量验收规范》(GB 50205—2001)。

(2) 钢结构防腐涂料涂装工程的质量检验说明

主控项目第一条 目前国内各大、中型钢结构加工企业一般都具备喷射除锈的能力,规范中将喷射除锈作为首选的除锈方法,而手工和动力工具除锈仅作为喷射除锈的补充手段。

4.3.8.3 钢结构防火涂料涂装

钢结构防火涂料涂装工程的主控项目和一般项目标准、方法和检查数量见表4-76。

表4-76 钢结构防火涂料涂装的质量检验标准

项	序号	项目	合格质量标准	检验办法	检查数量
主控项目	1	涂料基层验收	防火涂料涂装前钢材表面除锈及防锈底漆涂装应符合设计要求和国家现行有关标准的规定	表面除锈用铲刀检查和用现行国家标准《涂装前钢材表面锈蚀等级和除锈等级》(GB 8923)规定的图片对照观察检查。底漆涂装用干漆膜测厚仪检查,每个构件检测5处,每处的数值为3个相距50mm测点涂层干漆膜厚度的平均值	按构件数抽查10%,且同类构件不应少于3件
	2	强度试验	钢结构防火涂料的黏结强度、抗压强度应符合国家现行标准《钢结构防火涂料应用技术规程》(CECS 24—90)的规定。检验方法应符合现行国家标准《建筑构件防火喷涂材料性能试验方法》(GB 9978)的规定	检查复检报告	每使用100t或不足100t薄涂型防火涂料应抽检一次黏结强度;每使用500t或不足500t厚涂型防火涂料应抽检一次黏结强度和抗压强度
	3	涂层厚度	薄涂型防火涂料的涂层厚度应符合有关耐火极限的设计要求。厚涂型防火涂料涂层的厚度,80%及以上面积应符合有关耐火极限的设计要求,且最薄处厚度不应低于设计要求的85%	用涂层厚度测量仪、测针和钢尺检查。测量方法应符合国家现行标准《钢结构防火涂料应用技术规程》(CECS 24—90)的规定及规范附录F	按同类构件数抽查10%,且均不应少于3件

续表

项	序号	项目	合格质量标准	检验办法	检查数量
主控项目	4	表面裂纹	薄涂型防火涂料涂层表面裂纹宽度不应大于0.5mm；厚涂型防火涂料涂层表面裂纹宽度不应大于1mm	观察和用尺量检查	按同类构件数量抽查10%，且均不应少于3件
一般项目	1	基层表面	防火涂料涂装基层不应有油污、灰尘和泥砂等污垢	观察检查	全数检查
一般项目	2	涂层表面质量	防火涂料不应有误涂、漏涂，涂层应闭合无脱层、空鼓、明显凹陷、粉化松散和浮浆等外观缺陷，乳突已剔除	观察检查	全数检查

注：表中规范指《钢结构工程施工质量验收规范》（GB 50205—2001）。

4.3.9 钢结构子分部工程质量检查与验收

根据现行国家标准《建筑工程施工质量验收统一标准》（GB 50300）的规定，钢结构作为主体结构之一应按子分部工程竣工验收；当主体结构均为钢结构时应按分部工程竣工验收。大型钢结构工程可划分成若干个子分部工程进行竣工验收。

4.3.9.1 钢结构分部工程安全及功能的检验和见证检测项目

钢结构分部工程有关安全及功能的检验和见证检测项目见表4-77，检验应在其分项工程验收合格后进行。

表4-77 钢结构分部（子分部）工程有关安全及功能的检验和见证检测项目

项次	项 目	抽检数量及检验方法	合格质量标准	备注
1	见证取样送样试验项目 (1) 钢材及焊接材料复验 (2) 高强度螺栓预拉力、扭矩系数复验 (3) 摩擦面抗滑移系数复验 (4) 网架节点承载力试验	见规范第4.2.2、4.3.2、4.4.2、4.4.3、6.3.1、12.3.3条规定	符合设计要求和国家现行有关产品标准的规定	
2	焊缝质量： (1) 内部缺陷 (2) 外观缺陷 (3) 焊缝尺寸	一、二级焊缝按焊缝处数随机抽检3%，且不应少于3处；检验采用超声波或射线探伤及规范第5.2.6、5.2.8、5.2.9条方法	规范第5.2.4、5.2.6、5.2.8、5.2.9条规定	
3	高强度螺栓施工质量 (1) 终拧扭矩 (2) 梅花头检查 (3) 网架螺栓球节点	按节点数随机抽检3%，且不应少于3节点，检验按规范第6.3.2、6.3.3、6.3.8条方法执行	规范第6.3.2、6.3.3、6.3.8条的规定	
4	柱脚及网架节点 (1) 螺栓紧固 (2) 垫板、垫块 (3) 二次灌浆	按柱脚及网架支座数随机抽检10%，且不应少于3个；采用观察和尺量等方法进行检验	符合设计要求和规范的规定	
5	主要构件变形 (1) 钢屋（托）架、桁架、钢梁、吊车梁等垂直度和侧向弯曲 (2) 钢柱垂直度 (3) 网架结构挠度	除网架结构外，其他按构件数随机抽检3%，且不应少于3个；检验方法按规范第10.3.3、11.3.2、11.3.4、12.3.4条执行	规范第10.3.3、11.3.2、11.3.4、12.3.4条的规定	
6	主体结构尺寸 (1) 整体垂直度 (2) 整体平面弯曲	见规范第10.3.4、11.3.5条的规定	规范第10.3.4、11.3.5条规定	

注：1. 本表摘自《钢结构工程施工质量验收规范》（GB 50205—2001）。
2. 表中规范即《钢结构工程施工质量验收规范》。

4.3.9.2 钢结构分部工程观感质量检验

钢结构分部工程有关观感质量检验应按表 4-78 执行。

表 4-78 钢结构分部（子分部）工程观感质量检查项目

项次	项目	抽检数量	合格质量标准	备注
1	普通涂层表面	随机抽查 3 个轴线结构构件	规范第 14.2.3 条的要求	
2	防火涂层表面	随机抽查 3 个轴线结构构件	规范第 14.3.4、14.3.5、14.3.6 条的要求	
3	压型金属板表面	随机抽查 3 个轴线间压型金属板表面	规范第 13.3.4 条的要求	
4	钢平台、钢梯、钢栏杆	随机抽查 10%	连接牢固，无明显外观缺陷	

注：1. 本表摘自《钢结构工程施工质量验收规范》(GB 50205—2001)。
2. 表中规范即《钢结构工程施工质量验收规范》。

4.3.9.3 钢结构分部（子分部）工程合格质量标准

钢结构分部（子分部）工程合格质量标准应符合下列规定。
① 各分项工程质量标准均应符合合格质量标准；
② 质量控制资料和文件应完整；
③ 有关安全及功能的检验和见证检测结果应符合《钢结构工程施工质量验收规范》相应合格质量标准的要求；
④ 有关观感质量应符合规范相应合格质量标准的要求。

4.3.9.4 钢结构分部工程竣工验收应提供的资料

钢结构分部工程竣工验收时，应提供下列文件和记录。
① 钢结构工程竣工图纸及相关设计文件；
② 施工现场质量管理检查记录；
③ 有关安全及功能的检验和见证检测项目检查记录；
④ 有关观感质量检验项目检查记录；
⑤ 分部工程所含各分项工程质量验收记录；
⑥ 分项工程所含各检验批质量验收记录；
⑦ 强制性条文检验项目检查记录及证明文件；
⑧ 隐蔽工程检验项目检查验收记录；
⑨ 原材料、成品质量合格证明文件、中文标志及性能检测报告；
⑩ 不合格项的处理记录及验收记录；
⑪ 重大质量、技术问题实施方案及验收记录；
⑫ 其他有关文件和记录。

4.4 主体结构分部工程质量验收

主体结构分部工程质量验收时，按《建筑工程施工质量验收统一标准》(GB 50300—2001) 应先把主体结构分部工程划分为若干个子分部工程，然后再进一步划分为分项工程和分项工程检验批进行验收。主体结构分部工程按所用建筑材料不同，将其划分为混凝土结构、劲钢（管）混凝土结构、砌体结构、钢结构和木结构等子分部工程。在工程实际中，主体结构工程应由其中的部分子分部工程组成。如常见的框架结构，其主体结构工程有混凝土结构工程和砌体工程（填充墙工程）两个子分部工程；一般的砖混结构，其主体工程有混凝土结构工程和砌体工程两个子分部工程；某些钢结构工业厂房主体结构可能就是一个分部工程——钢结构。

　　主体结构分部工程的验收是建立在所包含的若干个子分部工程验收合格基础之上，与分项工程、子分部工程一样，主体结构分部工程质量的验收应在施工单位自检合格的基础上，提出验收申请，然后由总监理工程师或建设单位项目负责人组织勘察、设计单位及施工单位的项目负责人、技术质量负责人，共同按设计要求和有关规范的规定进行验收。

 复习思考题

1. 混凝土结构子分部工程和分项工程如何进行划分？请举例说明。
2. 有一栋现浇钢筋混凝土框架结构的房屋，现在施工到主体3层，如何对该层施工质量进行验收？
3. 模板分项工程中主要检查哪些项目？什么情况下需要对模板起拱，其作用是什么？
4. 简要分析选择"模板支撑、立柱位置和垫板"作为模板分项工程的主控项目的原因。对该项目如何检查？
5. 现浇结构模板容许的安装偏差分别是多少？如果在检查中发现某工程某层的模板安装的轴线偏差达到了7mm，如果认为是合格的必须具备什么条件？如果某根柱子的模板轴线偏差达到了8mm，如何处理？
6. 模板什么时候可以拆除？如何拆除？如何判断拆除时的强度是否达到要求？
7. 钢筋隐蔽工程验收的内容有哪些？如需要进行钢筋代换，如何进行代换？
8. 钢筋原材料进场需要进行复验，复验的内容有哪些？如需进行复检，检查的项目如何确定？
9. 在钢筋加工过程中，受力钢筋的弯钩和弯折的标准是什么？箍筋弯钩如何制作，请画图说明。
10. 在钢筋的绑扎连接中，如何判断什么情况属于同截面连接？请画图说明。
11. 纵向受力钢筋机械连接、焊接的接头分别有什么要求？请以柱子为例画图加以简要说明。
12. 钢筋安装的允许偏差有什么规定？
13. 水泥进场需要检查哪些项目，如何取样？安定性不合格的水泥如何处理？水泥出厂已经超过三个月了，如何处理？
14. 混凝土的标准试件如何留置，留设组数如何确定？如果某批混凝土试件留设了三组，这三组各自的作用是什么？
15. 混凝土原材料每盘称量的偏差有什么规定？如何检查？
16. 混凝土养护应按照什么标准执行？
17. 施工缝如何留设？如何处理？
18. 如何定义混凝土的一般缺陷和严重缺陷？如果在某个工程中出现了相关的质量问题，请说明处理程序。
19. 混凝土保护层厚度的检测在结构部位和构件中如何取样？
20. 结构实体钢筋保护层厚度验收应符合什么规定？在实际工程中如何测定？
21. 砌筑砂浆对材料质量有什么要求？
22. 砖砌体分项工程检验批的检验项目有哪些？
23. 混凝土小型空心砌块砌体工程的检验批的检验项目有哪些？
24. 什么是配筋砌体？配筋砌体的检验批的检查项目有哪些？
25. 什么是填充墙砌体工程？其检验批的检查项目有哪些？
26. 冬期施工中所用材料应符合什么规定？留设试块有什么要求？
27. 对出现裂缝的砌体应如何进行验收？
28. 在钢结构工程中，分项工程检验批合格标准是什么？
29. 钢结构工程施工质量不符合要求应如何进行处理？什么情况下严禁验收？
30. 在单层钢结构安装工程中，结构基础和支撑面的质量应检验哪些项目？
31. 钢结构子分部工程有关安全及功能的检验和见证检测的项目有哪些？

5 建筑地面子分部工程

【能力目标】
  1. 能正确地划分建筑地面分部工程所含的子分部工程、分项工程和分项工程检验批。
  2. 对建筑地面分部（子分部）工程所包含的分项工程检验批，能按照主控项目和一般项目的检验标准组织检查或验收，并能评定或认定该检验批项目的质量。
  3. 能组织建筑地面分部（子分部）工程的质量验收，并能判定该分部（子分部）是否合格。

【学习要求】
  1. 掌握建筑地面工程施工质量验收的基本规定。
  2. 熟悉常见的建筑地面分部工程所含的分项工程检验批主控项目和一般项目的验收标准。
  3. 熟悉建筑地面分部（子分部）工程质量验收的内容。

建筑地面主要是指建筑物的底层地面（地面）和楼层地面（楼面），在《建筑工程施工质量验收统一标准》（GB 50300—2001）中将地面工程作为建筑装饰装修分部工程中的一项子分部工程，但是该项子分部工程和其他装饰装修子分部工程不同。建筑地面是构成房屋建筑各层的水平结构层，要承受地面和楼面的荷载，必须要有足够的强度和刚度，属于承重构件。所以建筑地面工程是建筑工程中的一个重要的分部（子分部）工程，本章内容主要依据《建筑地面工程施工质量验收规范》（GB 50209—2010）和《建筑工程施工质量验收统一标准》（GB 50300—2001）编写。

建筑地面工程主要由基层和面层两部分组成，当基层和面层两大基本构造层不能满足要求时，还可在面层下增设结合层。建筑地面工程应对基层和面层分别进行检查与验收。

5.1 建筑地面子分部工程质量检查与验收的基本规定

《建筑地面工程施工质量验收规范》（GB 50209—2010）适用于建筑工程中建筑地面工程（含室外散水、明沟、踏步、台阶和坡道等附属工程）施工质量的验收。不适用于保温、隔热、超净、屏蔽、绝缘、防止放射线以及防腐蚀等特殊要求的建筑地面工程施工质量验收。

5.1.1 建筑地面子分部工程、分项工程的划分

根据《建筑地面工程施工质量验收规范》（GB 50209—2010）的规定，建筑地面子分部工程、分项工程的划分如表 5-1 所示。

表 5-1　建筑地面子分部工程、分项工程划分表

分部工程	子分部工程		分 项 工 程
建筑装饰装修工程	地面	整体面层	基层：基土、灰土垫层、砂垫层和砂石垫层、碎石垫层和碎砖垫层、三合土垫层、炉渣垫层、水泥混凝土垫层、找平层、隔离层、填充层、绝热层
			面层：水泥混凝土面层、水泥砂浆面层、水磨石面层、硬化耐磨面层、防油渗面层、不发火（防爆的）面层、自流平面层、涂料面层、塑胶面层、地面辐射供暖的整体面层
		板块面层	基层：基土、灰土垫层、砂垫层和砂石垫层、碎石垫层和碎砖垫层、三合土垫层、炉渣垫层、水泥混凝土垫层、找平层、隔离层、填充层、绝热层
			面层：砖面层（陶瓷锦砖、缸砖、陶瓷地砖和水泥花砖面层）、大理石面层和花岗石面层、预制板块面层（水泥混凝土板块、水磨石板块面层、人造石板块面层）、料石面层（条石、块石面层）、塑料板面层、活动地板面层、地毯面层、地面辐射供暖的块板面层、金属板面层
		木、竹面层	基层：基土、灰土垫层、砂垫层和砂石垫层、碎石垫层和碎砖垫层、三合土垫层、炉渣垫层、水泥混凝土垫层、找平层、隔离层、填充层、绝热层
			面层：实木地板面层（条材、块材面层）、实木复合地板面层（条材、块材面层）、中密度（强化）复合地板面层（条材面层）、竹地板面层、地面辐射供暖的木板面层

注：本表摘自《建筑地面工程施工质量验收规范》（GB 50209—2010）。

5.1.2　建筑地面工程的质量管理要求

为了保证并不断提高建筑地面工程的施工质量，建筑企业应有完善的质量管理体系，现场应有相应的施工技术标准。因此，《建筑地面工程施工质量验收规范》（GB 50209—2010）规定：建筑施工企业在建筑地面工程施工时，应有质量管理体系和相应的施工工艺技术标准。

5.1.3　建筑地面工程的材料控制要求

建筑施工时为满足设计要求、保证施工质量，同时满足相应的功能要求，如天然石材中的放射性元素，以及铺设板块面层和木竹面层所使用的胶黏剂、沥青胶结材料和涂料等对人体直接有害，必须加以限制；对厕浴间和有防滑要求的建筑地面，必须具有防滑使用功能要求。规范对地面工程所使用的原材料做了如下要求：

（1）建筑地面工程采用的材料或产品应符合设计要求和国家现行有关标准的规定。无国家现行标准的，应具有省级住房和城乡建设行政主管部门的技术认可文件。材料或产品进场时还应有质量合格证明文件；应对型号、规格、外观等进行验收，对重要材料或产品应抽样进行复验。

（2）建筑地面工程采用的大理石、花岗石、料石等天然石材以及砖、预制板块、地毯、人造板材、胶黏剂、涂料、水泥、砂、石、外加剂等材料或产品应符合国家现行有关室内环境污染控制和放射性、有害物质限量的规定。材料进场时应具有检测报告。

（3）厕浴间和有防滑要求的建筑地面的板块材料应符合设计要求。

5.1.4　建筑地面工程的施工程序要求

建筑地面工程施工时，不能仅仅考虑自身各构造层之间的先后施工顺序，还必须满足先地下后地上，以及与其他相关分部、分项工程的合理交叉作业等。

① 建筑地面下的沟槽、暗管等工程完工后，经检验合格并做隐蔽记录，方可进行建筑地面工程的施工。

② 建筑地面工程基层（各构造层）和面层的铺设，均应待其下一层检验合格后方可施工上一层。建筑地面工程各层铺设前与相关专业的分部（子分部）工程、分项工程以及设备

管道安装工程之间，应进行交接检验。

③ 各类面层的铺设宜在室内装饰工程基本完工后进行。木、竹面层以及活动地板、塑料板、地毯面层的铺设，应待抹灰工程或管道试压等施工完工后进行。

④ 建筑地面工程完工后，应对面层采取保护措施。

5.1.5 建筑地面工程的施工技术要求

（1）建筑地面施工时的环境温度要求　建筑地面工程施工时，各层环境温度的控制应符合下列规定。

① 采用掺有水泥、石灰的拌合料铺设以及用石油沥青胶结料铺贴时，不应低于5℃；

② 采用有机胶黏剂粘贴时，不应低于10℃；

③ 采用砂、石材料铺设时，不应低于0℃。

④ 采用自流平、涂料铺设时，不应低于5℃，也不应高于30℃。

（2）建筑地面坡度控制及附属工程技术要求

① 铺设有坡度的地面应采用基土高差达到设计要求的坡度；铺设有坡度的楼面（或架空地面）应采用在钢筋混凝土板上变更填充层（或找平层）铺设的厚度或以结构起坡达到设计要求的坡度。

② 室外散水、明沟、踏步、台阶和坡道等附属工程，其面层和基层（各构造层）均应符合设计要求。施工时应按《建筑地面工程施工质量验收规范》基层铺设中基土和相应垫层以及面层的规定执行。

③ 水泥混凝土散水、明沟，应设置伸缩缝，其间距不得大于10m；房屋转角处应做45°缝。水泥混凝土散水、明沟和台阶等与建筑物连接处应设缝处理。上述缝宽度为15～20mm，缝内填嵌柔性密封材料。

（3）建筑地面变形缝设置要求　建筑地面的变形缝应按设计要求设置，并应符合下列规定。

① 建筑地面的沉降缝、伸缩缝和防震缝，应与结构相应缝的位置一致，且应贯通建筑地面的各构造层；

② 沉降缝和防震缝的宽度应符合设计要求，缝内清理干净，以柔性密封材料填嵌后用板封盖，并应与面层齐平。

（4）建筑地面的镶边要求　建筑地面镶边，当设计无要求时，应符合下列规定。

① 有强烈机械作用下的水泥类整体面层与其他类型的面层邻接处，应设置金属镶边构件；

② 采用水磨石整体面层时，应用同类材料以分格条设置镶边；

③ 条石面层和砖面层与其他面层邻接处，应用顶铺的同类材料镶边；

④ 采用木、竹面层和塑料板面层时，应用同类材料镶边；

⑤ 地面面层与管沟、孔洞、检查井等邻接处，均应设置镶边；

⑥ 管沟、变形缝等处的建筑地面面层的镶边构件，应在面层铺设前装设。

（5）有防水排水要求的建筑地面　厕浴间、厨房和有排水（或其他液体）要求的建筑地面面层与相连接各类面层的标高差应符合设计要求。

5.1.6 建筑地面工程的施工质量检验基本要求

（1）水泥混凝土和水泥砂浆强度检验试块的组数　检验水泥混凝土和水泥砂浆强度试块的组数，按每一层（或检验批）建筑地面工程不应小于1组。当每一层（或检验批）建筑地面工程面积大于 1000m² 时,每增加 1000m² 应增做 1 组试块;小于 1000m² 按 1000m² 计算。当改变配合比时,亦应相应地制作试块组数。

(2) 建筑地面工程检验批和检验数量

① 基层(各构造层)和各类面层的分项工程的施工质量验收应按每一层次或每层施工段(或变形缝)作为检验批,高层建筑的标准层可按每三层(不足三层按三层计)作为检验批。

② 每检验批应以各子分部工程的基层(各构造层)和各类面层所划分的分项工程按自然间(或标准间)检验,抽查数量应随机检验不应少于 3 间;不足 3 间,应全数检查;其中走廊(过道)应以 10 延长米为 1 间,工业厂房(按单跨计)、礼堂、门厅应以两个轴线为 1 间计算。

③ 有防水要求的建筑地面子分部工程的分项工程施工质量每检验批抽查数量应按其房间总数随机检验不应少于 4 间,不足 4 间,应全数检查。

(3) 建筑地面工程施工质量检验结果判定 建筑地面工程的分项工程施工质量检验的主控项目,必须达到《建筑地面工程施工质量验收规范》(GB 50209)规定的质量标准;一般项目 80%以上的检查点(处)符合该规范规定的质量要求,其他检查点(处)不得有明显影响使用,并不得大于允许偏差值的 50%为合格。凡达不到质量标准时,应按现行国家标准《建筑工程施工质量验收统一标准》(GB 50300)的规定处理。

(4) 建筑地面工程施工质量检验程序 建筑地面工程完工后,施工质量验收应在建筑施工企业自检合格的基础上,由监理单位组织有关单位对分项工程、子分部工程进行检验。

(5) 建筑地面工程施工质量检验方法 检验方法应符合下列规定。

① 检查允许偏差应采用钢尺、1m 直尺、2m 直尺、3m 直尺、2m 靠尺、楔形塞尺、坡度尺、游标卡尺和水准仪;

② 检查空鼓应采用敲击的方法;

③ 检查有防水要求建筑地面的基层(各构造层)和面层,应采用泼水或蓄水方法,蓄水时间不得少于 24h;

④ 检查各类面层(含不需铺设部分或局部面层)表面的裂纹、脱皮、麻面和起砂等缺陷,应采用观感的方法。

5.2 基层铺设分项工程施工质量检查

建筑地面工程主要是由基层和面层两部分组成,基层是面层下的构造层,包括填充层、隔离层、找平层、垫层和基土等。填充层是在建筑地面上起隔声、保温、找坡和暗敷管线等作用的构造层;隔离层是防止建筑地面上各种液体或地下水、潮气渗透地面等作用的构造层;找平层是在垫层、楼板上或填充层(轻质、松散材料)上起整平、找坡或加强作用的构造层;垫层是承受并传递地面荷载于基土上的构造层;基土是底层地面的地基土层。

5.2.1 基层铺设分项工程施工质量检查一般规定

① 本节适用于基土、垫层、找平层、隔离层和填充层等基层分项工程的施工质量检验。

② 基层铺设材料质量、密实度和强度等级(或配合比)等应符合设计要求和本规范的规定。

③ 基层铺设前,其下一层表面应干净、无积水。

④ 当垫层、找平层内埋设暗管时,管道应按设计要求予以稳固。

⑤ 基层的标高、坡度、厚度等应符合设计要求。基层表面应平整,其允许偏差应符合

表 5-2 的规定。

表 5-2 基层表面的允许偏差和检验方法　　　　　　　　　　单位：mm

项次	项目	基土 土	垫层 砂、砂石、碎石、碎砖	垫层 灰土、三合土、四合土、炉渣、水泥混凝土、陶粒混凝土	毛地板 木搁栅	毛地板 拼花实木木地板、拼花实木复合地板、软木类地面面层	毛地板 其他种类面层	找平层 用胶结料做结合层铺设板块面层	找平层 用水泥砂浆做结合层铺设板块面层	找平层 用胶黏剂做结合层铺设拼花木板、塑料板、强化复合地板、竹地板面层	金属板面层	填充层 松散材料	填充层 板、块材料	隔离层 防水、防潮、防油渗	绝热层 板块材料、浇注材料、喷涂材料	检验方法
1	表面平整度	15	15	10	3	3	5	3	5	3	7	5	3		4	用 2m 靠尺和楔形塞尺检查
2	标高	0 −50	±20	±10	±5	±5	±8	±5	±8	±4	±4	±4	±4		±4	用水准仪检查
3	坡度	不大于房间相应尺寸的 2/1000，且不大于 30															用坡度尺检查
4	厚度	在个别地方不大于设计厚度的 1/10，且不大于 20															用钢尺检查

注：本表摘自《建筑地面工程施工质量验收规范》（GB 50209—2010）。

5.2.2 基层铺设分项工程施工质量检查

建筑地面基层铺设各分项工程检验批的划分见建筑地面分部工程质量检查与验收的基本规定中的相关内容，各基层铺设施工质量检查标准如下所述。

5.2.2.1 基土垫层的质量检查与验收

地面应铺设在均匀密实的基土上。土层结构被扰动的基土应进行换填，并予以压实。压实系数应符合设计要求。对软弱土层应按设计要求进行处理。填土应分层摊铺、分层压（夯）实、分层检验其密实度。填土时应为最优含水量。重要工程或大面积的地面填土前，应取土样，按击实试验确定最优含水量与相应的最大干密度。

（1）基土垫层的检查与验收

基土垫层按主控项目和一般项目进行验收，其检测验收标准、方法和检查数量见表 5-3。

（2）基土垫层检验批的质量检验说明

主控项目第二条　本条强调了基土的密实度和每层土压实后的压实系数应符合设计要求。压实系数为施工控制干密度和最大干密度的比值，当设计对压实系数无要求时，不应小于 0.90，其检验方法见前面地基基础分部工程的相关内容。

为确保填土压实的质量，规范强调填土应处于最优含水量（在同样的压实功作用下，土体能获得最大的密实度时对应的含水量）范围进行施工，过干的土应在压实前湿润，过湿的土应予以晾干。

（3）基土垫层检验批的质量验收记录　基层铺设分项工程检验批的验收质量可根据《建筑工程施工质量验收统一标准》（GB 50300—2001）附录 D 记录，现将基土垫层检验批质量验收记录示例如表 5-4 所示。

表 5-3 基土垫层工程的质量检查验收标准

项	序号	项目	合格质量标准	检验方法	检查数量
主控项目	1	基土土料	基土严禁用淤泥、腐殖土、冻土、耕植土、膨胀土和含有机物质大于8%的土作为填土	观察检查和检查土质记录	随机检验不应少于3间;不足3间,应全数检查;其中走廊(过道)应以10延长米为1间,工业厂房(按单跨计)、礼堂、门厅应以两个轴线为1间计算;有防水要求的按房间总数随机检验不应少于4间,不足4间,应全数检查
主控项目	2	基土压实	基土应均匀密实,压实系数应符合设计要求,设计无要求时,不应小于0.90	观察检查和检查试验记录	
主控项目	3	I类建筑基土的氡浓度	应符合现行国家标准《民用建筑工程室内环境污染控制规范》GB 50325的规定	检查检测报告	同一工程、同一土源地点检查一组
一般项目	1	基土垫层表面允许偏差	表面平整度:15mm 标高:0,−50mm 坡度:不大于房间相应尺寸的2/1000,且不大于30mm 厚度:在个别地方不大于设计厚度的1/10,且不大于20mm	表面平整度:用2m靠尺和楔形塞尺检查 标高:用水准仪检查 坡度:用坡度尺检查 厚度:用钢尺检查	随机检验不应少于3间;不足3间,应全数检查;其中走廊(过道)应以10延长米为1间,工业厂房(按单跨计)、礼堂、门厅应以两个轴线为1间计算;有防水要求的按房间总数随机检验不应少于4间,不足4间,应全数检查

表 5-4 基土垫层检验批质量验收记录表

工程名称	××工程		分部(子分部)工程名称		建筑地面		验收部位		×××
施工单位	××建筑工程公司			专业工长	×××		项目经理		×××
分包单位				分包项目经理			施工班组长		
施工执行标准名称及编号	《建筑地面工程施工工艺标准》(QB×××—2005)								

		施工质量验收规范的规定		施工单位检查评定记录									监理(建设)单位验收记录
主控项目	1	基土土料	设计要求	✓									符合设计及施工质量验收规范要求,同意验收
主控项目	2	基土压实	第4.2.5条	✓									
一般项目	1	表面允许偏差	表面平整度	15mm	8	10	12	6	14	7	9	11	13	12	符合设计及施工质量验收规范要求,同意验收
一般项目	2	表面允许偏差	标高	0,−50mm	−30	−20	−40	−25	−30	−35	−40	−35	−30	−25	
一般项目	3	表面允许偏差	坡度	2/1000,且不大于30mm	20	18	25	19	22	24	26	20	17	15	
一般项目	4	表面允许偏差	厚度	<1/10	10	11	14	11	12	15	20	16	12	18	

施工单位检查评定结果	经检查,工程主控项目、一般项目均符合《建筑地面工程施工质量验收规范》(GB 50209—2010)的规定,评定为合格 项目专业质量检查员:×××　　　　　　　　　　　　　　××年××月××日
监理(建设)单位验收结论	同意施工单位评定结果,验收合格 监理工程师(建设单位项目专业技术负责人):×××　　　　　　××年××月××日

5.2.2.2 灰土垫层的质量检查与验收

灰土垫层应采用熟化石灰与黏土（或粉质黏土、粉土）的拌合料铺设,其厚度不应小于100mm。熟化石灰粉可采用磨细生石灰,亦可用粉煤灰代替。灰土垫层应铺设在不受地下水浸泡的基土上。施工后应有防止水浸泡的措施。灰土垫层应分层夯实,经湿润养护、晾干后方可进行下一道工序施工。灰土垫层不宜在冬期施工。当必须在冬期施工时,应采取可靠措施。

(1) 灰土垫层的检查与验收

灰土垫层按主控项目和一般项目进行验收,其检测验收标准、方法和检查数量见表5-5。

表5-5　灰土垫层工程的质量检查验收标准

项	序号	项目	合格质量标准	检验方法	检查数量
主控项目	1	灰土体积比	灰土体积比应符合设计要求	观察检查和检查配合比通知单记录	按设计要求
一般项目	1	灰土材料质量	熟化石灰颗粒粒径不得大于5mm;黏土(或粉质黏土、粉土)内不得含有有机物质,颗粒粒径不得大于16mm	观察检查和检查材质合格记录	随机检验不应少于3间;不足3间,应全数检查;其中走廊(过道)应以10延长米为1间,工业厂房(按单跨计)、礼堂、门厅应以两个轴线为1间计算 有防水要求的按房间总数随机检验不应少于4间,不足4间,应全数检查
	2	灰土垫层表面允许偏差	表面平整度:10mm 标高:±10mm 坡度:不大于房间相应尺寸的2/1000,且不大于30mm 厚度:在个别地方不大于设计厚度的1/10,且不大于20mm	表面平整度:用2m靠尺和楔形塞尺检查 标高:用水准仪检查 坡度:用坡度尺检查 厚度:用钢尺检查	

(2) 灰土垫层检验批的质量检验说明

主控项目第一条:灰土垫层施工时,必须检查其体积比是否符合设计要求,当设计无具体要求时,一般采用熟化石灰:黏土为3:7的比例。

5.2.2.3 砂和砂石垫层的质量检查与验收

砂垫层厚度不应小于60mm;砂石垫层厚度不应小于100mm。砂石应选用天然级配材料。铺设时不应有粗细颗粒分离现象,压(夯)至不松动为止。

砂和砂石按主控项目和一般项目进行验收,其检测验收标准、方法和检查数量见表5-6。

表5-6　砂垫层和砂石垫层工程的质量检查验收标准

项	序号	项目	合格质量标准	检验方法	检查数量
主控项目	1	砂和砂石质量	砂和砂石不得含有草根等有机杂质;砂应采用中砂;石子最大粒径不得大于垫层厚度的2/3	观察检查和检查材质合格证明文件及检测报告	随机检验不应少于3间;不足3间,应全数检查;其中走廊(过道)应以10延长米为1间,工业厂房(按单跨计)、礼堂、门厅应以两个轴线为1间计算 有防水要求的按房间总数随机检验不应少于4间,不足4间,应全数检查
	2	垫层干密度	砂垫层和砂石垫层的干密度(或贯入度)应符合设计要求	观察检查和检查试验记录	
一般项目	1	垫层表面质量	表面不应有砂窝、石堆等质量缺陷	观察检查	
	2	砂垫层和砂石垫层表面允许偏差	表面平整度:15mm 标高:±20mm 坡度:不大于房间相应尺寸的2/1000,且不大于30mm 厚度:在个别地方不大于设计厚度的1/10,且不大于20mm	表面平整度:用2m靠尺和楔形塞尺检查 标高:用水准仪检查 坡度:用坡度尺检查 厚度:用钢尺检查	

注:1. 砂垫层厚度不应小于60mm;砂石垫层厚度不应小于100mm。
2. 砂石应选用天然级配材料。铺设时不应有粗细颗粒分离现象,压(夯)至不松动为止。

5.2.2.4 碎石垫层和碎砖垫层的质量检查与验收

碎石垫层和碎砖垫层厚度不应小于100mm。垫层应分层压（夯）实，达到表面坚实、平整。

碎石垫层和碎砖垫层按主控项目和一般项目进行验收，其检测验收标准、方法和检查数量见表5-7。

表5-7 碎石垫层和碎砖垫层工程的质量检查验收标准

项	序号	项目	合格质量标准	检验方法	检查数量
主控项目	1	材料质量	碎石的强度应均匀，最大粒径不应大于垫层厚度的2/3；碎砖不应采用风化、酥松、夹有有机杂质的砖料，颗粒粒径不应大于60mm	观察检查和检查材质合格证明文件及检测报告	随机检验不应少于3间；不足3间，应全数检查；其中走廊（过道）应以10延长米为1间，工业厂房（按单跨计）、礼堂、门厅应以两个轴线为1间计算；有防水要求的按房间总数随机检验不应少于4间，不足4间，应全数检查
主控项目	2	垫层密实度	碎石垫层、碎砖垫层的密实度应符合设计要求	观察检查和检查试验记录	
一般项目	1	碎石垫层、碎砖垫层表面允许偏差	表面平整度：15mm 标高：±20mm 坡度：不大于房间相应尺寸的2/1000，且不大于30mm 厚度：在个别地方不大于设计厚度的1/10，且不大于20mm	表面平整度：用2m靠尺和楔形塞尺检查 标高：用水准仪检查 坡度：用坡度尺检查 厚度：用钢尺检查	

5.2.2.5 三合土垫层的质量检查与验收

三合土垫层应采用石灰、砂（可掺入少量黏土）与碎砖的拌合料铺设，其厚度不应小于100mm；四合土垫层应采用水泥、石灰、砂（可掺少量黏土）与碎砖的拌合料铺设，其厚度不应小于80mm。三合土垫层和四合土垫层均应分层夯实。

三合土垫层按主控项目和一般项目进行验收，其检测验收标准、方法和检查数量见表5-8。

表5-8 三合土、四合土垫层工程的质量检查验收标准

项	序号	项目	合格质量标准	检验方法	检查数量
主控项目	1	材料质量	水泥宜采用硅酸盐水泥、普通硅酸盐水泥；熟化石灰颗粒粒径不得大于5mm；砂应用中砂，并不得含有草根等有机物质；碎砖不应采用风化、酥松和有机杂质的砖料，颗粒粒径不应大于60mm	观察检查和检查材质合格证明文件及检测报告	随机检验不应少于3间；不足3间，应全数检查；其中走廊（过道）应以10延长米为1间，工业厂房（按单跨计）、礼堂、门厅应以两个轴线为1间计算；有防水要求的按房间总数随机检验不应少于4间，不足4间，应全数检查
主控项目	2	体积比	体积比应符合设计要求，当设计无要求时一般常规提出熟化石灰与黏土的比例为：3：7	观察检查和检查配合比实验报告	同一工程、同一体积比检查一次
一般项目	1	垫层表面允许偏差	表面平整度：10mm 标高：±10mm 坡度：不大于房间相应尺寸的2/1000，且不大于30mm 厚度：在个别地方不大于设计厚度的1/10，且不大于20mm	表面平整度：用2m靠尺和楔形塞尺检查 标高：用水准仪检查 坡度：用坡度尺检查 厚度：用钢尺检查	随机检验不应少于3间；不足3间，应全数检查；其中走廊（过道）应以10延长米为1间，工业厂房（按单跨计）、礼堂、门厅应以两个轴线为1间计算；有防水要求的按房间总数随机检验不应少于4间，不足4间，应全数检查

5.2.2.6 炉渣垫层的质量检查与验收

炉渣垫层应采用炉渣或水泥与炉渣或水泥、石灰与炉渣的拌合料铺设，其厚度不应小于80mm。炉渣或水泥炉渣垫层的炉渣，使用前应浇水闷透；水泥石灰炉渣垫层的炉渣，使用前应用石灰浆或用熟化石灰浇水拌和闷透；闷透时间均不得少于5d。在垫层铺设前，其下一层应湿润；铺设时应分层压实，表面不得有泌水现象。铺设后应养护，待其凝结后方可进行下一道工序施工。炉渣垫层施工过程中不宜留施工缝。当必须留缝时，应留直槎，并保证间隙处密实，接槎时应先刷水泥浆，再铺炉渣拌合料。

炉渣垫层按主控项目和一般项目进行验收，其检测验收标准、方法和检查数量见表5-9。

表5-9 炉渣垫层工程的质量检查验收标准

项	序号	项目	合格质量标准	检验方法	检查数量
主控项目	1	材料质量	炉渣内不应含有有机杂质和未燃尽的煤块，颗粒粒径不应大于40mm,且颗粒粒径在5mm及其以下的颗粒，不得超过总体积的40%；熟化石灰颗粒粒径不得大于5mm	观察检查和检查材质合格证明文件及检测报告	随机检验不应少于3间；不足3间，应全数检查；其中走廊（过道）应以10延长米为1间，工业厂房（按单跨计）、礼堂、门厅应以两个轴线为1间计算；有防水要求的按房间总数随机检验不应少于4间，不足4间，应全数检查
	2	体积比	炉渣垫层的体积比应符合设计要求	观察检查和检查配合比通知单	
一般项目	1	垫层与下一层粘接	炉渣垫层与其下一层结合牢固，不得有空鼓和松散炉渣颗粒	观察检查和用小锤轻击检查	
	2	炉渣垫层的表面允许偏差	表面平整度：10mm 标高：±10mm 坡度：不大于房间相应尺寸的2/1000,且不大于30mm 厚度：在个别地方不大于设计厚度的1/10，且不大于20mm	表面平整度：用2m靠尺和楔形塞尺检查 标高：用水准仪检查 坡度：用坡度尺检查 厚度：用钢尺检查	

注：1. 炉渣垫层采用炉渣或水泥与炉渣或水泥、石灰与炉渣的拌合料铺设，其厚度不应小于80mm。
2. 炉渣或水泥炉渣垫层的炉渣，使用前应浇水闷透；水泥石灰炉渣垫层的炉渣，使用前应用石灰浆或用熟化石灰浇水拌和闷透；闷透时间均不得少于5d。
3. 在垫层铺设前，其下一层应湿润；铺设时应分层压实，铺设后应养护，待其凝结后方可进行下一道工序施工。

5.2.2.7 水泥混凝土垫层的质量检查与验收

水泥混凝土垫层的厚度不应小于60mm；陶粒混凝土垫层的厚度不应小于80mm。水泥混凝土垫层和陶粒混凝土垫层应铺设在基土上。当气温长期处于0℃以下，设计无要求时，垫层应设置缩缝，缝的位置、嵌缝做法等应与面层伸、缩缝相一致，并应符合规范的规定。室内地面的水泥混凝土垫层和陶粒混凝土垫层，应设置纵向缩缝和横向缩缝；纵向缩缝、横向缩缝的间距均不得大于6m。垫层的纵向缩缝应做平头缝或加肋板平头缝。当垫层厚度大于150mm时，可做企口缝。横向缩缝应做假缝。平头缝和企口缝的缝间不得放置隔离材料，浇筑时应互相紧贴。企口缝尺寸应符合设计要求，假缝宽度宜为5~20mm,深度宜为垫层厚度的1/3，填缝材料应与地面变形缝的填缝材料相一致。

在垫层铺设前，当为水泥类基层时，其下一层表面应湿润。工业厂房、礼堂、门厅等大面积水泥混凝土、陶粒混凝土垫层应分区段浇筑。分区段应结合变形缝位置、不同类型的建筑地面连接处和设备基础的位置进行划分，并应与设置的纵向、横向缩缝的间距相一致。

水泥混凝土、陶粒混凝土施工质量检验尚应符合国家现行标准《混凝土结构工程施工质量验收规范》(GB 50204)和《轻骨料混凝土技术规程》(JGJ 51)的有关规定。

水泥混凝土垫层按主控项目和一般项目进行验收,其检测验收标准、方法和检查数量见表 5-10。

表 5-10 水泥混凝土垫层工程的质量检查验收标准

项	序号	项目	合格质量标准	检验方法	检查数量
主控项目	1	材料质量	水泥混凝土垫层采用的粗骨料,其最大粒径不应大于垫层厚度的2/3;含泥量应不大于3%;砂为中粗砂,其含泥量不应大于3%	观察检查和检查材质合格证明文件及检测报告	同一工程、同一强度等级、同一配合比检查一次
主控项目	2	混凝土强度等级	混凝土的强度等级应符合设计要求	观察检查和检查配合比实验报告及强度等级检测报告	同一工程、同一强度等级、同一配合比检查一次。检验同一施工批次、同一配合比水泥混凝土和水泥砂浆强度的试块,应按每一层(或检验批)建筑地面工程不少于1组。当每一层(或检验批)建筑地面工程面积大于1000m²时,每增加1000m²应增做1组试块;小于1000m²按1000m²计算,取样1组;检验同一施工批次、同一配合比的散水、明沟、踏步、台阶、坡道的水泥混凝土、水泥砂浆强度的试块,每150延长米不少于1组
一般项目	1	水泥混凝土垫层表面允许偏差	表面平整度:10mm 标高:±10mm 坡度:不大于房间相应尺寸的2/1000,且不大于30mm 厚度:在个别地方不大于设计厚度的1/10,且不大于20mm	表面平整度:用2m靠尺和楔形塞尺检查 标高:用水准仪检查 坡度:用坡度尺检查 厚度:用钢尺检查	随机检验不应少于3间;不足3间,应全数检查;其中走廊(过道)应以10延长米为1间,工业厂房(按单跨计)、礼堂、门厅应以两个轴线为1间计算;有防水要求的按房间总数随机检验不应少于4间,不足4间,应全数检查

5.2.2.8 找平层的质量检查与验收

找平层宜采用水泥砂浆或水泥混凝土铺设。当找平层厚度小于30mm时,宜用水泥砂浆做找平层;当找平层厚度不小于30mm时,宜用细石混凝土做找平层。找平层铺设前,当其下一层有松散填充料时,应予铺平振实。有防水要求的建筑地面工程,铺设前必须对立管、套管和地漏与楼板节点之间进行密封处理,并应进行隐蔽验收;排水坡度应符合设计要求。

在预制钢筋混凝土板上铺设找平层前,板缝填嵌的施工应做到:预制钢筋混凝土板相邻缝底宽不应小于20mm;填嵌时,板缝内应清理干净,保持湿润;填缝应采用细石混凝土,其强度等级不应小于C20;填缝高度应低于板面10~20mm,且振捣密实;填缝后应养护。当填缝混凝土的强度等级达到C15后方可继续施工;当板缝底宽大于40mm时,应按设计要求配置钢筋。其板端应按设计要求做防裂的构造措施。

(1)找平层按主控项目和一般项目进行验收,其检测验收标准、方法和检查数量见表5-11。

(2)找平层检验批的质量检验说明

主控项目第二条:有防水要求的楼面工程,在铺设找平层前,应对立管、套管和地漏与楼板节点之间进行密封处理,并应在管四周留出深度8~10mm的沟槽,采用防水卷材或防水涂料裹住管口和地漏。规范要求必须进行蓄水、泼水检验,一般蓄水深度为20~30mm,24h内无渗漏为合格。

表 5-11 找平层工程的质量检查验收标准

项	序号	项目	合格质量标准	检验方法	检查数量
主控项目	1	材料质量	找平层采用碎石或卵石的粒径不应大于其厚度的2/3,含泥量不应大于2%;砂为中粗砂,其含泥量不应大于3%	观察检查和检查材质合格证明文件及检测报告	同一工程、同一强度等级、同一配合比检查一次
	2	配合比或强度等级	水泥砂浆体积比或水泥混凝土强度等级应符合设计要求,且水泥砂浆体积比不应小于1:3(或相应的强度等级);水泥混凝土强度等级不应小于C15	观察检查和检查配合比实验报告及强度等级检测报告	配合比实验报告按同一工程、同一强度等级、同一配合比检查一次;强度等级检测按同一施工批次、同一配合比水泥混凝土和水泥砂浆强度的试块,应按每一层(或检验批)建筑地面工程不少于1组。当每一层(或检验批)建筑地面工程面积大于1000m²时,每增加1000m²增做1组试块;小于1000m²按1000m²计算,取样1组;检验同一施工批次、同一配合比的散水、明沟、踏步、台阶、坡道的水泥混凝土、水泥砂浆强度的试块,应按每150延长米不少于1组
	3	有防水要求的立管、套管、地漏	有防水要求的建筑地面工程的立管、套管、地漏处严禁渗漏,坡向应正确、无积水	观察检查和蓄水、泼水检验及坡度尺检查	有防水要求的按房间总数随机检验不应少于4间,不足4间,应全数检查
	4	有防静电要求的整体面层	找平层施工前,其下敷设的导电地网系统应与接地引下线和地下接电体有可靠连接,经电性能检测且符合相关要求后进行隐蔽工程验收	观察检查和检查质量合格证明文件	随机检验不应少于3间;不足3间,应全数检查;其中走廊(过道)应以10延长米为1间,工业厂房(按单跨计)、礼堂、门厅应以两个轴线为1间计算
一般项目	1	找平层与下一层结合	找平层与其下一层结合牢固,不得有空鼓	用小锤轻击检查	有防水要求的按房间总数随机检验不应少于4间,不足4间,应全数检查
	2	找平层表面质量	找平层表面应密实,不得有起砂、蜂窝和裂缝等缺陷	观察检查	
	3	找平层表面允许偏差	见表5-2	见表5-2	随机检验不应少于3间;不足3间,应全数检查;其中走廊(过道)应以10延长米为1间,工业厂房(按单跨计)、礼堂、门厅应以两个轴线为1间计算;有防水要求的按房间总数随机检验不应少于4间,不足4间,应全数检查。分项工程施工质量检验的主控项目,应达到本规范规定的质量标准,认定为合格;一般项目80%以上的检查点(处)符合本规范规定的质量要求,其他检查点(处)不得有明显影响使用,且最大偏差值不超过允许偏差值的50%为合格

5.2.2.9 隔离层的质量检查与验收

隔离层材料的防水、防油渗性能应符合设计要求。隔离层的铺设层数(或道数)、上翻高度应符合设计要求。在水泥类找平层上铺设卷材类、涂料类防水、防油渗隔离层时,其表面应坚固、洁净、干燥。铺设前,应涂刷基层处理剂。基层处理剂应采用与卷材性能相容的配套材料或采用与涂料性能相容的同类涂料的底子油。当采用掺有防渗外加剂的水泥类隔离层时,其配合比、强度等级、外加剂的复合掺量等应符合设计要求。

铺设隔离层时,在管道穿过楼板面四周,防水、防油渗材料应向上铺涂,并超过套管的上口;在靠近柱、墙处,应高出面层200~300mm或按设计要求的高度铺涂。阳角和管道穿过楼板面的根部应增加铺涂附加防水、防油渗隔离层。

隔离层兼作面层时,其材料不得对人体及环境产生不利影响,并应符合现行国家有关标准的规定。

防水隔离层铺设后,应进行蓄水检验,并做记录。

隔离层按主控项目和一般项目进行验收,其检测验收标准、方法和检查数量见表 5-12。

表 5-12　隔离层工程的质量检查验收标准

项	序号	项目	合格质量标准	检验方法	检查数量
主控项目	1	材料质量	隔离层材料必须符合设计要求和国家产品标准的规定	观察检查和检查材质合格证明文件及检测报告	同一工程、同一材料、同一生产厂家、同一型号、同一规格、同一批号检查一次
	2	卷材类、涂料类隔离层材料进场验收	卷材类、涂料类隔离层材料进场,应对材料的主要物理性能指标进场复验	检查复验报告	执行现行国家标准《屋面工程质量验收规范》(GB 50207)的有关规定
	3	水泥类隔离层防水性能	水泥类防水隔离层的防水性能和强度等级必须符合设计要求	观察检查和检查防水等级、强度等级检测报告	检验同一施工批次、同一配合比水泥混凝土和水泥砂浆强度的试块,应按每一层(或检验批)建筑地面工程不少于 1 组。当每一层(或检验批)建筑地面工程面积大于 $1000m^2$ 时,每增加 $1000m^2$ 应多做 1 组试块;小于 $1000m^2$ 按 $1000m^2$ 计算,取样 1 组;检验同一施工批次、同一配合比的散水、明沟、踏步、台阶、坡道的水泥混凝土、水泥砂浆强度的试块,应按每 150 延长米不少于 1 组
	4	隔离层设置要求	厕浴间和有防水要求的建筑地面必须设置防水隔离层。楼层结构必须采用现浇混凝土或整块预制混凝土板,混凝土强度等级不应小于 C20;楼板四周除门洞外,应做混凝土翻边,其高度不应小于 200mm 宽同墙厚,混凝土强度等级不应小于 C20。施工时结构层标高和预留孔洞位置应准确,严禁乱凿洞	观察和钢尺检查	随机检验不应少于 3 间;不足 3 间,应全数检查;其中走廊(过道)应以 10 延长米为 1 间,工业厂房(按单跨计)、礼堂、门厅应以两个轴线为 1 间计算;有防水要求的按房间总数随机检验不应少于 4 间,不足 4 间,应全数检查
	5	防水隔离层防水要求	防水隔离层严禁渗漏,坡向应正确,排水通畅	观察检查和蓄水、泼水检验或坡度尺检查机检查检验记录	
一般项目	1	隔离层厚度	隔离层厚度应符合设计要求	观察检查和用钢尺检查	
	2	隔离层与下一层粘接	隔离层与其下一层粘接牢固,不得有空鼓;防水涂层应平整、均匀,无脱皮、起壳、裂缝、鼓泡等缺陷	用小锤轻击检查和观察检查	
	3	隔离层表面允许偏差	表面平整度:3mm 标高:±4mm 坡度:不大于房间相应尺寸的 2/1000,且不大于 30mm 厚度:在个别地方不大于设计厚度的 1/10,且不大于 20mm	表面平整度:用 2m 靠尺和楔形塞尺检查;标高:用水准仪检查;坡度:用坡度尺检查;厚度:用钢尺检查	随机检验不应少于 3 间;不足 3 间,应全数检查;其中走廊(过道)应以 10 延长米为 1 间,工业厂房(按单跨计)、礼堂、门厅应以两个轴线为 1 间计算;有防水要求的按房间总数随机检验不应少于 4 间,不足 4 间,应全数检查;主控项目,应达到本规范规定的质量标准,认定为合格;一般项目 80%以上的检查点(处)符合本规范规定的质量要求,其他检查点(处)不得有明显影响使用,且最大偏差值不超过允许偏差值的 50%为合格

5.2.2.10 填充层的质量检查与验收

填充层的下一层表面应平整。当为水泥类时，尚应洁净、干燥，并不得有空鼓、裂缝和起砂等缺陷。采用松散材料铺设填充层时，应分层铺平拍实；采用板、块状材料铺设填充层时，应分层错缝铺贴。有隔声要求的楼面，隔声垫在柱、墙面的上翻高度应超出楼面20mm，且应收口于踢脚线内。地面上有竖向管道时，隔声垫应包裹管道四周，高度同卷向柱、墙面的高度。隔声垫保护膜之间应错缝搭接，搭接长度应大于100mm，并用胶带等封闭。

隔声垫上部应设置保护层，其构造做法应符合设计要求。

填充层按主控项目和一般项目进行验收，其检测验收标准、方法和检查数量见表5-13。

表5-13 填充层工程的质量检查验收标准

项	序号	项目	合格质量标准	检验方法	检查数量
主控项目	1	材料质量	填充层的材料质量必须符合设计要求和国家产品标准的规定	观察检查和检查材料合格证明文件及检测报告	同一工程、同一材料、同一生产厂家、同一型号、同一规格、同一批号检查一次
	2	配合比	填充层的厚度、配合比必须符合设计要求	观察检查和检查配合比实验报告	随机检验不应少于3间；不足3间，应全数检查；其中走廊(过道)应以10延长米为1间，工业厂房(按单跨计)、礼堂、门厅应以两个轴线为1间计算；有防水要求的按房间总数随机检验不应少于4间，不足4间，应全数检查；主控项目，应达到本规范规定的质量标准，认定为合格；一般项目80%以上的检查点(处)符合本规范规定的质量要求，其他检查点(处)不得有明显影响使用，且最大偏差值不超过允许偏差值的50%为合格
	3	填充材料接缝	填充材料接缝有密闭要求的应密封良好	观察检查	
一般项目	1	填充层铺设	松散材料填充层铺设应密实；板块状材料填充层应压实、无翘曲	观察检查	
	2	填充层坡度	填充层的坡度应符合设计要求，不应有倒泛水和积水的现象	观察和采用泼水或坡度尺检查	
	3	填充层表面允许偏差	表面平整度 松散材料：7mm 板、块材料：5mm 标高：±4mm 坡度：不大于房间相应尺寸的2/1000，且不大于30mm 厚度：在个别地方不大于设计厚度的1/10，且不大于20mm	表面平整度：用2m靠尺和楔形塞尺检查 标高：用水准仪检查 坡度：用坡度尺检查 厚度：用钢尺检查	
	4	用作隔声的填充层其表面允许偏差	表面平整度：3mm 标高：±4mm 坡度：不大于房间相应尺寸的2/1000，且不大于30mm 厚度：在个别地方不大于设计厚度的1/10，且不大于20mm	表面平整度：用2m靠尺和楔形塞尺检查 标高：用水准仪检查 坡度：用坡度尺检查 厚度：用钢尺检查	

5.2.2.11 绝热层的质量检查与验收

建筑物室内接触基土的首层地面应增设水泥混凝土垫层后方可铺设绝热层，垫层的厚度及强度等级应符合设计要求。首层地面及楼层楼板铺设绝热层前，表面平整度宜控制在3mm以内。有防水、防潮要求的地面，宜在防水、防潮隔离层施工完毕并验收合格后再铺设绝热层。穿越地面进入非采暖保温区域的金属管道应采取隔断热桥的措施。

绝热层与地面面层之间应设有水泥混凝土结合层，构造做法及强度等级应符合设计要求。有地下室的建筑，地上、地下交界部位楼板的绝热层应采用外保温做法，绝热层表面应设有外保护层。外保护层应安全、耐候，表面应平整、无裂纹。

建筑物勒脚处绝热层的铺设应符合设计要求。

绝热层按主控项目和一般项目进行验收，其验收标准、方法和检查数量见表5-14。

表 5-14 绝热层工程的质量检查验收标准

项	序号	项目	合格质量标准	检验方法	检查数量
主控项目	1	材料质量	绝热层材料应符合设计要求和国家产品标准的规定	观察检查和检查型式检验报告、出厂检验报告、出厂合格证	同一工程、同一材料、同一生产厂家、同一型号、同一规格、同一批号检查一次
主控项目	2	材料进场验收	绝热层材料进场时,应对材料的热导率、表观密度、抗压强度或压缩强度、阻燃性进行复验	检查复验报告	同一工程、同一材料、同一生产厂家、同一型号、同一规格、同一批号复验一次
主控项目	3	绝热层的板材材料施工质量	应采用无缝铺贴法铺设,表面应平整	观察检查和楔形塞尺检查	随机检验不应少于3间;不足3间,应全数检查;其中走廊(过道)应以10延长米为1间,工业厂房(按单跨计)、礼堂、门厅应以两个轴线为1间计算;有防水要求的按房间总数随机检验不应少于4间,不足4间,全数检查
一般项目	1	绝热层厚度要求	绝热层的厚度应符合设计要求,不应出现负偏差,表面应平整	直尺或钢尺检查	
一般项目	2	绝热层表面质量	绝热层表面应无开裂	观察检查	
一般项目	3	水泥混凝土结合层或水泥砂浆找平层质量要求	水泥混凝土结合层或水泥砂浆找平层表面应平整,允许偏差为表面平整度:4mm 标高:±4mm 坡度:不大于房间相应尺寸的2/1000,且不大于30mm 厚度:在个别地方不大于设计厚度的1/10,且不大于20mm	表面平整度:用2m靠尺和楔形塞尺检查 标高:用水准仪检查 坡度:用坡度尺检查 厚度:用钢尺检查	随机检验不应少于3间;不足3间,应全数检查;其中走廊(过道)应以10延长米为1间,工业厂房(按单跨计)、礼堂、门厅应以两个轴线为1间计算;有防水要求的按房间总数随机检验不应少于4间,不足4间,全数检查;主控项目,应达到本规范规定的质量标准,认定为合格;一般项目80%以上的检查点(处)符合本规范规定的质量要求,其他检查点(处)不得有明显影响使用,且最大偏差值不超过允许偏差值的50%为合格

5.3 面层铺设工程施工质量检查

面层是直接承受各种物理和化学作用的建筑地面(地面与楼面)表面层,不仅应有足够的强度,还应满足各种特殊的功能性要求,有整体面层、块体面层和木、竹面层等。

5.3.1 整体面层铺设分项工程施工质量检查

5.3.1.1 整体面层铺设分项工程验收的一般规定

(1)本节适用于水泥混凝土(含细石混凝土)面层、水泥砂浆面层、水磨石面层、水泥钢(铁)屑面层、防油渗面层、不发火(防爆的)面层、自流平面层、涂料面层、塑胶面层、地面辐射供暖的整体面层等面层分项工程的施工质量检验。

(2)铺设整体面层时,其水泥类基层的抗压强度不得小于1.2MPa;表面应粗糙、洁净、湿润并不得有积水。铺设前宜凿毛或涂刷界面处理剂。硬化耐磨面层、自流平面层的基层处理应符合设计及产品的要求。

(3)铺设整体面层,应符合设计要求,并应符合下列规定:

1)建筑地面的沉降缝、伸缩缝和防震缝,应与结构相应缝的位置一致,且应贯通建筑地面的各构造层;

2)沉降缝和防震缝的宽度应符合设计要求,缝内清理干净,以柔性密封材料填嵌后用板封盖,并应与面层齐平。

（4）大面积水泥类面层应设置分隔缝。

（5）整体面层施工后，养护时间不应小于 7d；抗压强度应达到 5MPa 后，方准上人行走；抗压强度应达到设计要求后，方可正常使用。

（6）当采用掺有水泥拌合料做踢脚线时，不得用石灰浆打底。

（7）整体面层的抹平工作应在水泥初凝前完成，压光工作应在水泥终凝前完成。

（8）整体面层的允许偏差应符合表 5-15 的规定。

表 5-15 整体面层的允许偏差和检验方法　　　　　单位：mm

项次	项目	允许偏差									检验方法
		水泥混凝土面层	水泥砂浆面层	普通水磨石面层	高级水磨石面层	硬化耐磨面层	防油渗混凝土和不发火（防爆的）面层	自流平面层	涂料面层	塑胶面层	
1	表面平整度	5	4	3	2	4	5	2	2	2	用 2m 靠尺和楔形塞尺检查
2	踢脚线上口平直	4	4	3	3	4	4	3	3	3	拉 5m 线和用钢尺检查
3	缝格平直	3	3	3	2	3	3	2	2	2	

注：本表摘自《建筑地面工程施工质量验收规范》（GB 50209—2010）。

5.3.1.2 整体面层铺设分项工程的质量检查与验收

（1）水泥混凝土面层。水泥混凝土面层厚度应符合设计要求。水泥混凝土面层铺设不得留施工缝。当施工间隙超过允许时间规定时，应对接槎处进行处理。

1）水泥混凝土面层按主控项目和一般项目进行验收，其检测验收标准、方法和检查数量见表 5-16。

2）水泥混凝土面层检验批的质量检验说明

主控项目第二条：本条要求水泥混凝土面层浇筑施工时应与下一层牢固结合，无空鼓现象。混凝土必须搅拌均匀，浇注时其坍落度不宜大于 30mm，并应振捣密实。待其稍收水后，即用铁抹子预压一遍或用铁滚筒往复交叉滚压 3~5 遍，滚压密实至表面泛浆即可进行压光。混凝土浇捣过程中应随压随抹，达到表面光滑、无抹痕、色泽均匀一致。为避免面层开裂、脱落应在水泥初凝前完成找平，终凝前完成压光工作。水泥混凝土面层不应留设施工缝，当施工间歇超过允许时间规定，在继续浇注混凝土时，宜先刷一层水灰比 0.4~0.5 的水泥浆，再浇注混凝土，并捣实压平，不显接槎。

（2）水泥砂浆面层。水泥砂浆面层的厚度应符合设计要求。水泥砂浆面层按主控项目和一般项目进行验收，其检测验收标准、方法和检查数量见表 5-17。

（3）水磨石面层。面层厚度除有特殊要求外，宜为 12~18mm，且宜按石粒粒径确定。水磨石面层的颜色和图案应符合设计要求。白色或浅色的水磨石面层应采用白水泥；深色的水磨石面层宜采用硅酸盐水泥、普通硅酸盐水泥或矿渣硅酸盐水泥；同颜色的面层应使用同一批水泥。同一彩色面层应使用同厂、同批的颜料。水磨石面层的结合层采用水泥砂浆时，强度等级应符合设计要求且不应小于 M10，稠度宜为 30~35mm。普通水磨石面层磨光遍数不应少于 3 遍。高级水磨石面层的厚度和磨光遍数应由设计确定。水磨石面层磨光后，在涂草酸和上蜡前，其表面不得污染。

防静电水磨石面层应在表面经净、干燥后，在表面均匀涂抹一层防静电剂和地板蜡，并应做抛光处理。

水磨石面层按主控项目和一般项目进行验收，其检测验收标准、方法和检查数量见表 5-18。

表 5-16 水泥混凝土面层质量检查验收标准

项	序号	项目	合格质量标准	检验方法	检查数量
主控项目	1	粗骨料粒径	水泥混凝土采用的粗骨料,其最大粒径应不大于面层厚度的2/3,细石混凝土面层采用的石子粒径不应大于16mm	观察检查和检查材质合格证明文件	同一工程、同一强度等级、同一配合比检查一次
	2	面层强度等级	面层的强度等级应符合设计要求,且水泥混凝土面层强度等级不应小于C20;水泥混凝土垫层兼面层强度等级不应小于C15	检查配合比试验报告和强度等级检测报告	配合比试验报告按同一工程、同一强度等级、同一配合比检查一次;强度等级检测按同一施工批次、同一配合比水泥混凝土和水泥砂浆强度的试块,应按每一层(或检验批)建筑地面工程不少于1组。当每一层(或检验批)建筑地面工程面积大于1000m²时,每增加1000m²应增做1组试块;小于1000m²按1000m²计算,取样1组;检验同一施工批次、同一配合比的散水、明沟、踏步、台阶、坡道的水泥混凝土、水泥砂浆强度的试块,应按每150延长米不少于1组
	3	防水水泥混凝土中掺入的外加剂的技术性能	应符合国家现行有关标准的规定,外加剂的品种和掺量应经试验确定	检查外加剂合格证明文件和配合比试验报告	同一工程、同一品种、同一掺量检查一次
	4	面层与下一层结合	面层与下一层应结合牢固,无空鼓、裂纹 注:空鼓面积不应大于400cm²,且每自然间(标准间)不多于2处可不计	观察、用小锤轻击检查	
一般项目	1	表面质量	面层表面洁净且不应有裂纹、脱皮、麻面、起砂等缺陷	观察检查	随机检验不应少于3间;不足3间,应全数检查;其中走廊(过道)应以10延长米为1间,工业厂房(按单跨计)、礼堂、门厅应以两个轴线为1间计算;有防水要求的按房间总数随机检验不应少于4间,不足4间,应全数检查
	2	表面坡度	面层表面的坡度应符合设计要求,不得有倒泛水和积水现象	观察和采用泼水或坡度尺检查	
	3	踢脚线与柱、墙面结合	水泥砂浆踢脚线与柱、墙面应紧密结合,高度一致,出柱、墙厚度均匀 注:局部空鼓长度不应大于300mm,且每自然间(标准间)不多于2处可不计	用小锤轻击、钢尺和观察检查	
	4	楼梯踏步	楼梯踏步的宽度、高度应符合设计要求。楼层梯段相邻踏步高度差不应大于10mm,每踏步两端宽度差不应大于10mm;旋转楼梯梯段的每踏步两端宽度的允许偏差为5mm。楼梯踏步齿角应整齐,防滑条应顺直、牢固	观察和钢尺检查	
	5	水泥混凝土面层表面允许偏差	表面平整度:5mm 踢脚线上口平直:4mm 缝格平直:3mm	表面平整度:用2m靠尺和楔形塞尺检查 踢脚线上口平直和缝格平直:拉5m线和钢尺检查	随机检验不应少于3间;不足3间,应全数检查;其中走廊(过道)应以10延长米为1间,工业厂房(按单跨计)、礼堂、门厅应以两个轴线为1间计算;有防水要求的按房间总数随机检验不应少于4间,不足4间,应全数检查 主控项目,应达到本规范规定的质量标准,认定为合格;一般项目80%以上的检查点(处)符合本规范规定的质量要求,其他检查点(处)不得有明显影响使用,且最大偏差值不超过允许偏差值的50%为合格

表 5-17 水泥砂浆面层质量检查验收标准

项	序号	项目	合格质量标准	检验方法	检查数量
主控项目	1	材料质量	水泥采用硅酸盐水泥、普通硅酸盐水泥,其强度等级不应小于32.5,不同品种、不同强度等级的水泥严禁混用;砂应为中粗砂,当采用石屑时,其粒径应为1～5mm,且含泥量不应大于3%;防水水泥砂浆采用的砂或石屑,其含泥量不应大于1%	观察检查和检查材质合格证明文件	同一工程、同一强度等级、同一配合比检查一次
	2	防水水泥混凝土中掺入的外加剂的技术性能	应符合国家现行有关标准的规定,外加剂的品种和掺量应经试验确定	检查外加剂合格证明文件和配合比试验报告	同一工程、同一强度等级、同一配合比、同一外加剂品种、同一掺量检查一次
	3	体积比及强度等级	水泥砂浆面层的体积比(强度等级)必须符合设计要求;且体积比应为1:2,强度等级不应小于M15	检查强度等级检测报告	强度等级检测按同一施工批次、同一配合比水泥混凝土和水泥砂浆强度的试块,应按每一层(或检验批)建筑地面工程不少于1组。当每一层(或检验批)建筑地面工程面积大于1000m² 时,每增加1000m² 应增做1组试块;小于1000m² 按1000m² 计算,取样1组;检验同一施工批次、同一配合比的散水、明沟、踏步、台阶、坡道的水泥混凝土、水泥砂浆强度的试块,应按每150延长米不少于1组
	4	面层与下一层结合	面层与下一层应结合牢固,无空鼓、裂纹 注:空鼓面积不应大于400cm²,且每自然间(标准间)不多于2处可不计	用小锤轻击检查	
	5	有排水要求的水泥砂浆地面	坡向应正确、排水通畅;防水水泥砂浆面层不应渗漏	观察检查和蓄水、泼水检验或坡度尺检查及检查检验记录	
一般项目	1	表面坡度	面层表面的坡度应符合设计要求,不得有倒泛水和积水现象	观察和采用泼水或坡度尺检查	随机检验不应少于3间;不足3间,应全数检查;其中走廊(过道)应以10延长米为1间,工业厂房(按单跨计)、礼堂、门厅应以两个轴线为1间计算;有防水要求的按房间总数随机检验不应少于4间,不足4间,应全数检查
	2	表面质量	面层表面应洁净,无裂纹、脱皮、麻面、起砂等缺陷	观察检查	
	3	踢脚线质量	踢脚线与柱、墙面应紧密结合,高度一致,出柱、墙厚度均匀 注:局部空鼓长度不应大于300mm,且每自然间(标准间)不多于2处可不计	用小锤轻击、钢尺和观察检查	
	4	楼梯踏步	楼梯踏步的宽度、高度应符合设计要求。楼层梯段相邻踏步高度差不应大于10mm,每踏步两端宽度差不应大于10mm;旋转楼梯梯段的每踏步两端宽度的允许偏差为5mm。楼梯踏步齿角应整齐,防滑条应顺直、牢固	观察和钢尺检查	
	5	水泥砂浆面层允许偏差	表面平整度:4mm 踢脚线上口平直:4mm 缝格平直:3mm	表面平整度:用2m靠尺和楔形塞尺检查 踢脚线上口平直和缝格平直:拉5m线和钢尺检查	随机检验不应少于3间;不足3间,应全数检查;其中走廊(过道)应以10延长米为1间,工业厂房(按单跨计)、礼堂、门厅应以两个轴线为1间计算;有防水要求的按房间总数随机检验不应少于4间,不足4间,应全数检查,80%以上的检查点(处)符合本规范规定的质量要求,其他检查点(处)最大偏差值不超过允许偏差值的50%为合格

表 5-18　水磨石面层质量检查验收标准

项	序号	项目	合格质量标准	检验方法	检查数量
主控项目	1	材料质量	水磨石面层的石粒,应采用坚硬可磨白云石、大理石等岩石加工而成,石粒应洁净无杂物,其粒径除特殊要求外应为6~16mm;颜料应采用耐光、耐碱的矿物原料,不得使用酸性颜料	观察检查和检查材质合格证明文件	同一工程、同一体积比检查一次
	2	拌合料体积比	水磨石面层拌合料的体积比应符合设计要求;且为1:1.5~1:2.5(水泥:石粒)	检查配合比试验报告	
	3	防静电面层	防静电水磨石面层应在施工前及施工完成表面干燥后进行接地电阻和表面电阻检测,并应做好记录	检查施工记录和检测报告	
	4	面层与下一层结合	面层与下一层应结合牢固,无空鼓、裂纹。空鼓面积不应大于400cm²,且每自然间(标准间)不多于2处可不计	观察和用小锤轻击检查	
一般项目	1	面层表面质量	面层表面应光滑,无明显裂纹、砂眼和磨纹;石粒密实,显露均匀;颜色图案一致,不混色;分格条牢固、顺直和清晰	观察检查	随机检验不应少于3间;不足3间,应全数检查;其中走廊(过道)应以10延长米为1间,工业厂房(按单跨计)、礼堂、门厅应以两个轴线为1间计算;有防水要求的按房间总数随机检验不应少于4间,不足4间,应全数检查
	2	踢脚线质量	踢脚线与柱、墙面应紧密结合,踢脚线高度及出柱、墙厚度应符合设计要求且均匀一致 注:局部空鼓长度不大于300mm,且每自然间(标准间)不多于2处可不计	用小锤轻击、钢尺和观察检查	
	3	楼梯踏步	楼梯踏步的宽度、高度应符合设计要求。楼层梯段相邻踏步高度差不应大于10mm,每踏步两端宽度差不应大于10mm;旋转楼梯梯段的每踏步两端宽度的允许偏差为5mm。楼梯踏步齿角应整齐,防滑条应顺直	观察和钢尺检查	
	4	水磨石面层表面允许偏差	表面平整度 高级水磨石:2mm 普通水磨石:3mm 踢脚线上口平直:3mm 缝格平直 高级水磨石:2mm 普通水磨石:3mm	表面平整度:用2m靠尺和楔形塞尺检查 踢脚线上口平直和缝格平直:拉5m线和钢尺检查	随机检验不应少于3间;不足3间,应全数检查;其中走廊(过道)应以10延长米为1间,工业厂房(按单跨计)、礼堂、门厅应以两个轴线为1间计算;有防水要求的按房间总数随机检验不应少于4间,不足4间,应全数检查;80%以上的检查点(处)符合本规范规定的质量要求,其他检查点(处)最大偏差值不超过允许偏差值的50%为合格

(4)硬化耐磨面层。硬化耐磨面层应采用金属渣、屑、纤维或石英砂、金刚砂等,并应与水泥类胶凝材料拌和铺设或在水泥类基层上撒布铺设。硬化耐磨面层采用拌合料铺设时,拌合料的配合比应通过试验确定;采用撒布铺设时,耐磨材料的撒布量应符合设计要求,且应在水泥类基层初凝前完成撒布。硬化耐磨面层采用拌合料铺设时,宜先铺设一层强度等级不小于M15、厚度不小于20mm的水泥砂浆,或水灰比宜为0.4的素水泥浆结合层。硬化耐磨面层采用拌合料铺设时,铺设厚度和拌合料强度应符合设计要求。当设计无要求时,水泥钢(铁)屑面层铺设厚度不应小于30mm,抗压强度不应小于40MPa;水泥石英砂浆面层铺设厚度不应小于20mm,抗压强度不应小于30MPa;钢纤维混凝土面层铺设厚度不应小于40mm,抗压强度不应小于40MPa。

硬化耐磨面层采用撒布铺设时,耐磨材料应撒布均匀,厚度应符合设计要求;混凝土基层或砂浆基层的厚度及强度应符合设计要求。当设计无要求时,混凝土基层的厚度不应小于50mm,强度等级不应小于C25;砂浆基层的厚度不应小于20mm,强度等级不应小于M15。

硬化耐磨面层分格缝的间距及缝深、缝宽、填缝材料应符合设计要求。硬化耐磨面层铺设后应在湿润条件下静置养护，养护期限应符合材料的技术要求。硬化耐磨面层应在强度达到设计强度后方可投入使用。

硬化耐磨面层按主控项目和一般项目进行验收，其检测验收标准、方法和检查数量见表5-19。

表5-19 硬化耐磨面层质量检查验收标准

项	序号	项目	合格质量标准	检验方法	检查数量
主控项目	1	材料质量	硬化耐磨面层采用的材料应符合设计要求和国家现行有关标准的规定	观察检查和检查材质合格证明文件	采用拌和料铺设的，按同一工程、同一强度等级检查一次；采用撒布铺设的，按同一工程、同一材料、同一生产厂家、同一型号、同一规格、同一批号检查一次
	2	拌合料	硬化耐磨面层采用拌合料铺设时，水泥的强度不应小于42.5MPa。金属渣、屑、纤维不应有其他杂质，使用前应去油除锈、冲洗干净并干燥，石英砂应用中粗砂，含泥量不应大于2%	检查配合比试验报告	同一工程、同一强度等级检查一次
	3	面层质量	硬化耐磨面层的厚度、强度等级、耐磨性能应符合设计要求	用钢尺检查和检查配合比试验报告、强度等级检测报告、耐磨性能检测报告	厚度：随机检验不应少于3间；不足3间，应全数检查。其中走廊（过道）应以10延长米为1间，工业厂房（按单跨计）、礼堂、门厅应以两个轴线为1间计算； 有防水要求的按房间总数随机检验不应少于4间，不足4间，应全数检查 配合比试验报告按同一工程、同一强度等级、同一配合比检查一次；耐磨性能检测报告按同一工程抽样检查一次 强度等级：检验同一施工批次、同一配合比水泥混凝土和水泥砂浆强度的试块，应按每一层（或检验批）建筑地面工程不少于1组。当每一层（或检验批）建筑地面工程面积大于1000m²时，每增加1000m²应增做1组试块；小于1000m²按1000m²计算，取样1组；检验同一施工批次、同一配合比的散水、明沟、踏步、台阶、坡道的水泥混凝土、水泥砂浆强度的试块，应按每150延长米不少于1组
	4	面层与下一层结合	面层与下一层应结合牢固，无空鼓、裂纹 注：空鼓面积不应大于400cm²，且每自然间（标准间）不多于2处可不计	观察和用小锤轻击检查	
一般项目	1	面层表面质量	面层表面应色泽一致，切缝应顺直，不应有裂纹、脱皮、麻面、起砂等缺陷	观察检查	随机检验不应少于3间；不足3间，应全数检查；其中走廊（过道）应以10延长米为1间，工业厂房（按单跨计）、礼堂、门厅应以两个轴线为1间计算； 有防水要求的按房间总数随机检验不应少于4间，不足4间，应全数检查
	2	踢脚线质量	踢脚线与柱、墙面应紧密结合，踢脚线高度及出柱、墙厚度符合设计要求且均匀一致；局部空鼓长度不大于300mm，且每自然间（标准间）不多于2处可不计	用小锤轻击、钢尺和观察检查	
	3	面层表面坡度	面层表面坡度应符合设计要求，不应有倒泛水和积水现象	观察和采用泼水或用坡度尺检查	
	4	硬化耐磨面层表面允许偏差	表面平整度：4mm 踢脚线上口平直：4mm 缝格平直：3mm	表面平整度：用2m靠尺和楔形塞尺检查 踢脚线上口平直和缝格平直：拉5m线和钢尺检查	随机检验不应少于3间；不足3间，应全数检查；其中走廊（过道）应以10延长米为1间，工业厂房（按单跨计）、礼堂、门厅应以两个轴线为1间计算； 有防水要求的按房间总数随机检验不应少于4间，不足4间，应全数检查； 80%以上的检查点（处）符合本规范规定的质量要求，其他检查点（处）最大偏差值不超过允许偏差值的50%为合格

(5) 防油渗面层。防油渗面层应采用防油渗混凝土铺设或采用防油渗涂料涂刷。防油渗混凝土面层厚度应符合设计要求，防油渗混凝土的配合比应按设计要求的强度等级和抗渗性能通过试验确定。防油渗隔离层及防油渗面层与墙、柱连接处的构造应符合设计要求。

防油渗混凝土面层应按厂房柱网分区段浇注，区段划分及分区段缝应符合设计要求。防油渗混凝土面层内不得敷设管线。露出面层的电线管、接线盒、预埋套管和地脚螺栓等的处理，以及与墙、柱、变形缝、孔洞等连接处泛水均应采取防油渗措施并应符合设计要求。

防油渗面层采用防油渗涂料时，材料应按设计要求选用，涂层厚度宜为5~7mm。

防油渗面层按主控项目和一般项目进行验收，其检测验收标准、方法和检查数量见表5-20。

表5-20 防油渗面层质量检查验收标准

项	序号	项目	合格质量标准	检验方法	检查数量
主控项目	1	材料质量	防油渗混凝土所用的水泥应采用普通硅酸盐水泥，其强度等级应不小于32.5；碎石应采用花岗石或石英石，粒径为5~15mm，其最大粒径不应大于20mm，含泥量不应大于1%；砂应为洁净中砂，其细度模数应为2.3~2.6；掺入的外加剂和防油渗剂应符合产品质量标准。防油渗涂料应具有耐油、耐磨、耐火和粘接性能	观察检查和检查材质合格证明文件	同一工程、同一强度等级、同一配合比、同一粘结强度检查一次
	2	强度等级和抗渗性能	防油渗混凝土的强度等级和抗渗性能必须符合设计要求，且强度等级不应小于C30；防油渗涂料抗拉粘接强度不应小于0.3MPa	检查配合比试验报告、强度等级检测报告、粘接强度检测报告	配合比试验报告按同一工程、同一强度等级、同一配合比检查一次；强度等级：检验同一施工批次、同一配合比水泥混凝土和水泥砂浆强度的试块，应按每一层（或检验批）建筑地面工程不少于1组。当每一层（或检验批）建筑地面工程面积大于1000m²时，每增加1000m²应增做1组试块；小于1000m²按1000m²计算，取样1组；检验同一施工批次、同一配合比的散水、明沟、踏步、台阶、坡道的水泥混凝土、水泥砂浆强度的试块，应按每150延长米不少于1组长米不少于1组；抗拉粘接强度检测报告按同一工程、同一涂料品种、同一生产厂家、同一型号、同一规格、同一批号检查一次
	3	面层与下一层结合	防油渗混凝土面层与下一层应结合牢固，无空鼓	用小锤轻击检查	
	4	面层与基层粘接	防油渗涂料面层与基层应粘接牢固，严禁有起皮、开裂、漏涂等缺陷	观察检查	
一般项目	1	面层表面坡度	防油渗面层表面的坡度应符合设计要求，不得有倒泛水和积水现象	观察和泼水或用坡度尺检查	随机检验不应少于3间；不足3间，应全数检查；其中走廊（过道）应以10延长米为1间，工业厂房（按单跨计）、礼堂、门厅应以两个轴线为1间计算；有防水要求的按房间总数随机检验不应少于4间，不足4间，应全数检查
	2	表面质量	防油渗面层表面不应有裂纹、脱皮、麻面和起砂现象	观察检查	
	3	踢脚线与墙面结合	踢脚线与墙面应紧密结合，高度一致，出墙厚度均匀	用小锤轻击、钢尺和观察检查	
	4	面层表面允许偏差	表面平整度：5mm 踢脚线上口平直：4mm 缝格平直：3mm	表面平整度：用2m靠尺和楔形塞尺检查 踢脚线上口平直和缝格平直：拉5m线和钢尺检查	随机检验不应少于3间；不足3间，应全数检查；其中走廊（过道）应以10延长米为1间，工业厂房（按单跨计）、礼堂、门厅应以两个轴线为1间计算；有防水要求的按房间总数随机检验不应少于4间，不足4间，应全数检查；80%以上的检查点（处）符合本规范规定的质量要求，其他检查点（处）最大偏差值不超过允许偏差值的50%为合格

(6) 不发火（防爆）面层。不发火（防爆）面层应采用水泥类拌合料及其他不发火材料铺设，其材料和厚度应符合设计要求。不发火（防爆）面层采用的材料和硬化后的试件，应按《建筑地面工程施工质量验收规范》附录 A 做不发火性试验。

不发火（防爆）面层按主控项目和一般项目进行验收，其检测验收标准、方法和检查数量见表 5-21。

表 5-21　不发火（防爆）面层质量检查验收标准

项	序号	项目	合格质量标准	检验方法	检查数量
主控项目	1	材料质量	不发火（防爆）面层采用的碎石应选用大理石、白云石或其他石料加工而成，并以金属或石料撞击时不发生火花为合格；砂应质地坚硬、表面粗糙，其粒径宜为 0.15～5mm，含泥量不应大于 3%，有机物含量不应大于 0.5%；水泥应采用硅酸盐水泥、普通硅酸盐水泥，其强度等级不应小于 32.5，面层分格的嵌条应采用不发生火花的材料配制。配制时应随时检查，不得混入金属或其他易发生火花的杂质	观察检查和检查材质合格证明文件及检测报告	检验同一施工批次、同一配合比水泥混凝土和水泥砂浆强度的试块，应按每一层（或检验批）建筑地面工程不少于 1 组。当每一层（或检验批）建筑地面工程面积大于 1000m² 时，每增加 1000m² 应增做 1 组试块；小于 1000m² 按 1000m² 计算，取样 1 组；检验同一施工批次、同一配合比的散水、明沟、踏步、台阶、坡道的水泥混凝土、水泥砂浆强度的试块，应按每 150 延长米不少于 1 组
主控项目	2	面层强度等级	不发火（防爆）面层的强度等级应符合设计要求	检查配合比通知单和检测报告	配合比试验报告按同一工程、同一强度等级、同一配合比检查一次； 强度等级：检验同一施工批次、同一配合比水泥混凝土和水泥砂浆强度的试块，应按每一层（或检验批）建筑地面工程不少于 1 组。当每一层（或检验批）建筑地面工程面积大于 1000m² 时，每增加 1000m² 应增做 1 组试块；小于 1000m² 按 1000m² 计算，取样 1 组；检验同一施工批次、同一配合比的散水、明沟、踏步、台阶、坡道的水泥混凝土、水泥砂浆强度的试块，应按每 150 延长米不少于 1 组
主控项目	3	面层试件检验	不发火（防爆）面层的试件，必须检验合格	检查检测报告	同一工程、同一强度等级、同一配合比检查一次
主控项目	4	面层与下一层结合	面层与下一层应结合牢固，无空鼓、无裂纹 注：空鼓面积不应大于 400cm²，且每自然间（标准间）不多于 2 处可不计	用小锤轻击检查	随机检验不应少于 3 间，不足 3 间，应全数检查；其中走廊（过道）应以 10 延长米为 1 间，工业厂房（按单跨计）、礼堂、门厅应以两个轴线为 1 间计算；有防水要求的按房间总数随机检验不应少于 4 间，不足 4 间，应全数检查
一般项目	1	面层表面质量	面层表面应密实，无裂纹、蜂窝、麻面等缺陷	观察检查	
一般项目	2	踢脚线与墙面结合	踢脚线与柱、墙面应紧密结合，高度一致，出柱、墙厚度均匀	用小锤轻击、钢尺和观察检查	
一般项目	3	面层表面允许偏差	表面平整度：5mm 踢脚线上口平直：4mm 缝格平直：3mm	表面平整度：用 2m 靠尺和楔形塞尺检查 踢脚线上口平直和缝格平直：拉 5m 线和钢尺检查	随机检验不应少于 3 间，不足 3 间，应全数检查；其中走廊（过道）应以 10 延长米为 1 间，工业厂房（按单跨计）、礼堂、门厅应以两个轴线为 1 间计算；有防水要求的按房间总数随机检验不应少于 4 间，不足 4 间，应全数检查；80% 以上的检查点（处）符合本规范规定的质量要求，其他检查点（处）最大偏差值不超过允许偏差值的 50% 为合格

5.3.2 板块面层铺设分项工程施工质量检查

5.3.2.1 板块面层铺设分项工程验收的一般规定

（1）适用于砖面层、大理石面层和花岗石面层、预制板块面层、料石面层、塑料板面层、活动地板面层和地毯面层等面层分项工程的施工质量检验。

（2）铺设板块面层时，其水泥类基层的抗压强度不得小于1.2MPa。

（3）铺设板块面层的结合层和板块间的填缝采用水泥砂浆，应符合下列规定：

① 配制水泥砂浆应采用硅酸盐水泥、普通硅酸盐水泥或矿渣硅酸盐水泥；

② 配制水泥砂浆的砂应符合国家现行行业标准《普通混凝土用砂质量标准及检验方法》（JGJ 52）的规定；

③ 配制水泥砂浆的体积比（或强度等级）应符合设计要求。

（4）结合层和板块面层填缝的沥青胶结材料应符合国家现行有关产品标准和设计要求。

（5）板块的铺砌应符合设计要求，当无设计要求时，宜避免出现板块小于1/4边长的边角料。

（6）铺设水泥混凝土板块、水磨石板块、水泥花砖、陶瓷锦砖、陶瓷地砖、缸砖、料石、大理石和花岗石面层等的结合层和填缝的水泥砂浆，在面层铺设后，表面应覆盖、湿润，其养护时间不应少于7d。

当板块面层的水泥砂浆结合层的抗压强度达到设计要求后，方可正常使用。

（7）板块类踢脚线施工时，不得采用混合砂浆打底。

（8）板、块面层的允许偏差应符合表5-22的规定。

表5-22 板、块面层的允许偏差和检验方法

项次	项目	允许偏差/mm										检验方法
		陶瓷锦砖面层、高级水磨石板、陶瓷地砖面层	缸砖面层	水泥花砖面层	水磨石板块面层	大理石面层、花岗石面层、塑料板面层、人造石面层、金属板面层	塑料板面层	水泥混凝土板块面层	碎拼大理石、碎拼花岗石面层	活动地板面层	条石面层	块石面层	
1	表面平整度	2.0	4.0	3.0	3.0	1.0	2.0	4.0	3.0	2.0	10.0	10.0	用2m靠尺和楔形塞尺检查
2	缝格平直	3.0	3.0	3.0	3.0	2.0	3.0	3.0	—	2.5	8.0	8.0	拉5m线和用钢尺检查
3	接缝高低差	0.5	1.5	0.5	1.0	0.5	0.5	1.5	—	0.4	2.0	—	用钢尺和楔形塞尺检查
4	踢脚线上口平直	3.0	4.0	—	4.0	1.0	2.0	4.0	—	—	—	—	拉5m线和用钢尺检查
5	板块间隙宽度	2.0	2.0	2.0	2.0	1.0	2.0	6.0	—	0.3	5.0	—	用钢尺检查

注：本表摘自《建筑地面工程施工质量验收规范》（GB 50209—2010）。

5.3.2.2 块材面层铺设分项工程的质量检查与验收

（1）砖面层。砖面层应在结合层上铺设。在水泥砂浆结合层上铺贴缸砖、陶瓷地砖和水泥花砖面层时，在铺贴前，应对砖的规格尺寸、外观质量、色泽等进行预选；需要时，可浸水湿润晾干待用；勾缝和压缝应采用同品种、同强度等级、同颜色的水泥，并做养护和保护。

在水泥砂浆结合层上铺贴陶瓷锦砖面层时，砖底面应洁净，每联陶瓷锦砖之间、与结合层之间以及在墙角、镶边和靠柱、墙处应紧密贴合。在靠柱、墙处不得采用砂浆填补。

在胶结料结合层上铺贴缸砖面层时，缸砖应干净，铺贴应在胶结料凝结前完成。

1) 砖面层按主控项目和一般项目进行验收，其检测验收标准、方法和检查数量见表5-23。

表5-23 砖面层质量检查验收标准

项	序号	项目	合格质量标准	检验方法	检查数量
主控项目	1	板材质量	面层所用的板块的品种、质量必须符合设计要求	观察检查和检查材质合格证明文件及检测报告	同一工程、同一材料、同一生产厂家、同一型号、同一规格、同一批号检查一次
	2	放射性	砖面层所用板块产品进入施工现场时，应有放射性限量合格的检测报告	检查检测报告	
	3	面层与下一层结合	面层与下一层的结合(粘接)应牢固，无空鼓	用小锤轻击检查	
一般项目	1	面层表面质量	砖面层的表面应洁净，图案清晰，色泽一致，接缝平整，深浅一致，周边顺直。板块无裂纹、掉角和缺楞等缺陷	观察检查	随机检验不应少于3间；不足3间，应全数检查。其中走廊(过道)应以10延长米为1间，工业厂房(按单跨计)、礼堂、门厅应以两个轴线为1间计算；有防水要求的检验批抽查数量应按其房间总数随机检验应不少于4间，不足4间，应全数检查
	2	面层邻接处镶边	面层邻接处的镶边用料及尺寸应符合设计要求，边角整齐、光滑	观察和用钢尺检查	
	3	踢脚线质量	踢脚线表面应洁净、高度一致、结合牢固、出柱、墙厚度一致	观察和用小锤轻击及钢尺检查	
	4	楼梯踏步	踏步的宽度、高度应符合设计要求。踏步板块的缝隙宽度应一致；楼层梯段相邻踏步高度差不应大于10mm；每踏步两端宽度差不应大于10mm，旋转楼梯梯段的每踏步两端宽度的允许偏差不应大于5mm。踏步面层应做防滑处理，齿角应整齐，防滑条应顺直、牢固	观察和用钢尺检查	
	5	面层表面坡度	面层表面的坡度应符合设计要求，不倒泛水、无积水；与地漏、管道结合处应严密牢固，无渗漏	观察、泼水或坡度尺及蓄水检查	
	6	面层表面允许偏差	见表5-22	见表5-22	随机检验不应少于3间；不足3间，应全数检查；其中走廊(过道)应以10延长米为1间，工业厂房(按单跨计)、礼堂、门厅应以两个轴线为1间计算；有防水要求的按房间总数随机检验不应少于4间，不足4间，应全数检查；80%以上的检查点(处)符合本规范规定的质量要求，其他检查点(处)最大偏差值不超过允许偏差值的50%为合格

2) 砖面层检验批的质量检验说明

一般项目第一条：这是对砖面层观感质量的检验。砖面层的接缝宽度应符合设计要求，当设计无具体要求时，密缝铺贴的缝隙宽度不宜大于1mm；疏缝铺贴的缝隙宽度宜为5～10mm。面层铺贴应在24h内进行擦缝、勾缝和压缝工作，缝的深度宜为砖厚的1/3；擦缝和勾缝应采用同品种、同强度等级、同颜色的水泥。陶瓷锦砖面层在铺贴后，应淋水、揭纸，并采用白水泥擦缝。砖面层铺贴完成后，应坚实、平整、洁净、线路顺直，不应有空鼓、松动、脱落、裂缝、缺棱、掉角、污染等缺陷。

（2）大理石面层和花岗石面层。大理石、花岗石面层采用天然大理石、花岗石（或碎拼大理石、碎拼花岗石）板材，应在结合层上铺设。板材有裂缝、掉角、翘曲和表面有缺陷时应予剔除，品种不同的板材不得混杂使用；在铺设前，应根据石材的颜色、花纹、图案、纹理等按设计要求，试拼编号。铺设大理石、花岗石面层前，板材应浸湿、晾干；结合层与板材应分段同时铺设。

1）大理石面层和花岗石面层按主控项目和一般项目进行验收，其检测验收标准、方法和检查数量见表5-24。

表5-24 大理石面层和花岗石面层质量检查验收标准

项	序号	项目	合格质量标准	检验方法	检查数量
主控项目	1	板块品种、质量	大理石、花岗石面层所用板块的品种、质量应符合设计要求	观察检查和检查材质合格记录	同一工程、同一材料、同一生产厂家、同一型号、同一规格、同一批号检查一次
	2	放射性	大理石、花岗石面层所用板块产品进入施工现场时，应有放射性限量合格的检测报告	检查检测报告	
	3	面层与下一层结合	面层与下一层应结合牢固，无空鼓 注：凡单块板块边角有局部空鼓，且每自然间（标准间）不超过总数的5%可不计	用小锤轻击检查	
一般项目	1	防碱处理	大理石、花岗石面层铺设前，板块的背面和侧面应进行防碱处理	观察检查和检查施工记录	随机检验不应少于3间；不足3间，应全数检查；其中走廊（过道）应以10延长米为1间，工业厂房（按单跨计）、礼堂、门厅应以两个轴线为1间计算； 有防水要求的检验批抽查数量应按其房间总数随机检验应不少于4间，不足4间，应全数检查
	2	面层表面质量	大理石、花岗石面层的表面应洁净、平整、无磨痕，且应图案清晰、色泽均一致、接缝均匀、周边顺直、镶嵌正确、板块无裂纹、掉角、缺棱等缺陷	观察检查	
	3	踢脚线质量	踢脚线表面应洁净，与柱、墙面的结合应牢固。踢脚线高度及出柱、墙厚度应符合设计要求，且均匀一致	观察和用小锤轻击及钢尺检查	
	4	楼梯踏步	踏步的宽度、高度应符合设计要求。踏步板块的缝隙宽度应一致；楼层梯段相邻踏步高度差不应大于10mm；每踏步两端宽度差不应大于10mm；旋转楼梯梯段的每踏步两端宽度的允许偏差不应大于5mm。踏步面层应做防滑处理，齿角应整齐，防滑条应顺直、牢固	观察和用钢尺检查	
	5	面层坡度其他要求	面层表面的坡度应符合设计要求，不倒泛水、无积水；与地漏、管道结合处应严密牢固，无渗漏	观察、泼水或坡度尺及蓄水检查	
	6	面层表面允许偏差	见表5-22	见表5-22	随机检验不应少于3间；不足3间，应全数检查；其中走廊（过道）应以10延长米为1间，工业厂房（按单跨计）、礼堂、门厅应以两个轴线为1间计算； 有防水要求的按房间总数随机检验不应少于4间，不足4间，应全数检查； 80%以上的检查点（处）符合本规范规定的质量要求，其他检查点（处）最大偏差值不超过允许偏差值的50%为合格

2）大理石面层和花岗石面层检验批的质量检验说明

主控项目第二条：大理石面层和花岗石面层应与下一层牢固粘接，不得空鼓。在铺设时，板材应先用水浸湿，待擦干或表面晾干后方可铺设；结合层与板材应分段同时铺砌，铺砌时宜采用水泥浆或干铺水泥砂洒水粘接。

一般项目第一条：大理石面层和花岗石面层铺设时，板材间的缝隙宽度当设计无要求时，一般不应大于1mm。铺砌后表面应加以保护，待结合层水泥砂浆具有足够的强度后打蜡至光滑洁亮。

（3）预制板块面层。预制板块面层应在结合层上铺设。水泥混凝土板块面层的缝隙中，应采用水泥浆（或砂浆）填缝；彩色混凝土板块、水磨石板块、人造石板块应用同色水泥浆（或砂浆）擦缝。强度和品种不同的预制板块不宜混杂使用。板块间的缝隙宽度应符合设计要求。当设计无要求时，混凝土板块面层缝宽不宜大于6mm，水磨石板块、人造石板块间的缝宽不应大于2mm。预制板块面层铺完24h后，应用水泥砂浆灌缝至2/3高度，再用同色水泥浆擦（勾）缝。

预制板块面层按主控项目和一般项目进行验收，其检测验收标准、方法和检查数量见表5-25。

表5-25 预制板块面层的质量检查验收标准

项	序号	项目	合格质量标准	检验方法	检查数量
主控项目	1	板块强度、品种质量	预制板块的强度等级、规格、质量应符合设计要求；水磨石板块尚应符合国家现行行业标准《建筑水磨石制品》(JC507)的规定。	观察检查和检查材质合格证明文件及检测报告	同一工程、同一材料、同一生产厂家、同一型号、同一规格、同一批号检查一次
	2	放射性	预制板块面层所用板块产品进入施工现场时，应有放射性限量合格的检测报告	检查检测报告	
	3	面层与下一层结合	面层与下一层应结合牢固，无空鼓。注：凡单块板块料边角有局部空鼓，且每自然间（标准间）不超过总数的5%可不计	用小锤轻击检查	
一般项目	1	板块质量	预制板块表面应无裂缝、掉角、翘曲等明显缺陷	观察检查	随机检验不应少于3间；不足3间，应全数检查；其中走廊（过道）应以10延长米为1间，工业厂房（按单跨计）、礼堂、门厅应以两个轴线为1间计算。有防水要求的检验批抽查数量应按其房间总数随机检验应不少于4间，不足4间，应全数检查
	2	板块面层质量	预制板块面层应平整洁净，图案清晰，色泽一致，接缝均匀，周边顺直，镶嵌正确	观察检查	
	3	镶边用料	面层邻接处的镶边用料尺寸应符合设计要求，边角整齐、光滑	观察和钢尺检查	
	4	踢脚线质量	踢脚线表面应洁净、高度一致、结合牢固、出柱、墙厚度一致	观察和用小锤轻击及钢尺检查	
	5	楼梯踏步	踏步的宽度、高度应符合设计要求。踏步板块的缝隙宽度应一致；楼层梯段相邻踏步高度差不应大于10mm；每踏步两端宽度差不应大于10mm；旋转楼梯梯段的每踏步两端宽度的允许偏差不应大于5mm。踏步面层应做防滑处理，齿角应整齐，防滑条应顺直、牢固	观察和用钢尺检查	
	6	面层表面允许偏差	见表5-22	见表5-22	随机检验不应少于3间；不足3间，应全数检查；其中走廊（过道）应以10延长米为1间，工业厂房（按单跨计）、礼堂、门厅应以两个轴线为1间计算。有防水要求的按房间总数随机检验应不少于4间，不足4间，应全数检查；80%以上的检查点（处）符合本规范规定的质量要求，其他检查点（处）最大偏差值不超过允许偏差值的50%为合格

(4) 料石面层。料石面层采用天然条石和块石,应在结合层上铺设。条石和块石面层所用的石材的规格、技术等级和厚度应符合设计要求。条石的质量应均匀,形状为矩形六面体,厚度为80～120mm;块石形状为直棱柱体,顶面粗琢平整,底面面积不宜小于顶面面积的60%,厚度为100～150mm。

条石面层的结合层宜采用水泥砂浆,其厚度应符合设计要求;块石面层的结合层宜采用砂垫层,其厚度不应小于60mm;基土层应为均匀密实的基土或夯实的基土。

料石面层按主控项目和一般项目进行验收,其检测验收标准、方法和检查数量见表5-26。

表5-26 料石面层的质量检查验收标准

项	序号	项目	合格质量标准	检验方法	检查数量
主控项目	1	料石质量	面层材质应符合设计要求;条石的强度等级应大于MU60,块石的强度等级应大于MU30	观察检查和检查材质合格证明文件及检测报告	同一工程、同一材料、同一生产厂家、同一型号、同一规格、同一批号检查一次
	2	放射性	石材进入施工现场时,应有放射性限量合格的检测报告	检查检测报告	
	3	面层与下一层结合	面层与下一层应结合牢固、无松动	观察检查和用锤击检查	随机检验不应少于3间;不足3间,应全数检查;其中走廊(过道)应以10延长米为1间,工业厂房(按单跨计)、礼堂、门厅应以两个轴线为1间计算;有防水要求的检验批抽查数量应按其房间总数随机检验应不少于4间,不足4间,应全数检查
一般项目	1	组砌方法	条石面层应组砌合理,无十字缝,铺砌方向和坡度应符合设计要求;块石面层石料缝隙应相互错开,通缝不超过两块石料	观察和用坡度尺检查	
	2	面层允许偏差	见表5-22	见表5-22	随机检验不应少于3间;不足3间,应全数检查;其中走廊(过道)应以10延长米为1间,工业厂房(按单跨计)、礼堂、门厅应以两个轴线为1间计算;有防水要求的按房间总数随机检验应不少于4间,不足4间,应全数检查;80%以上的检查点(处)符合本规范规定的质量要求,其他检查点(处)最大偏差值不超过允许偏差值的50%为合格

(5) 塑料板面层。塑料板面层应采用塑料板块材、塑料板焊接、塑料卷材以胶黏剂在水泥类基层上采用满粘或点粘法铺设。水泥类基层表面应平整、坚硬、干燥、密实、洁净、无油脂及其他杂质,不应有麻面、起砂、裂缝等缺陷。胶黏剂应按基层材料和面层材料使用的相容性要求,通过试验确定,其质量应符合国家现行有关标准的规定。焊条成分和性能应与被焊的板相同,其质量应符合有关技术标准的规定,并应有出厂合格证。铺贴塑料板面层时,室内相对湿度不宜大于70%,温度宜在10～32℃之间。塑料板面层施工完成后的静置时间应符合产品的技术要求。防静电塑料板配套的胶黏剂、焊条等应具有防静电性能。

塑料板面层按主控项目和一般项目进行验收,其检测验收标准、方法和检查数量见表5-27。

(6) 活动地板面层。活动地板面层宜用于有防尘和防静电要求的专业用房的建筑地面。应在水泥类面层(或基层)上铺设。活动地板所有的支座柱和横梁应构成框架一体,并与基层连接牢固;支架抄平后高度应符合设计要求。活动地板面层应包括标准地板、异形地板和地板附件(即支架和横梁组件)。采用的活动地板块应平整、坚实,面层承载力不应小于

表 5-27 塑料板面层的质量检查验收标准

项	序号	项目	合格质量标准	检验方法	检查数量
主控项目	1	塑料板质量	塑料板面层所用的塑料板块和卷材的品种、规格、颜色、等级以及胶黏剂应符合设计要求和现行国家标准的规定	观察检查和检查型式检验报告、出厂检验报告、出厂合格证	同一工程、同一材料、同一生产厂家、同一型号、同一规格、同一批号检查一次
主控项目	2	有害物质限量	塑料板面层采用的胶黏剂进入施工现场时，应有以下有害物质限量合格的检测报告： a. 溶剂型胶黏剂中的挥发性有机化合物(VOC)、苯、甲苯+二甲苯； b. 水性胶黏剂中的挥发性有机化合物(VOC)和游离甲醛	检查检测报告	
主控项目	3	面层与下一层结合	面层与下一层的粘接应牢固、不翘边、不脱胶、无溢胶。 注：卷材局部脱胶处面积不应大于 $20cm^2$，且相隔间距不小于 50cm 可不计；凡单块板块料边角局部脱胶处且每自然间(标准间)不超过总数的 5%者可不计	观察检查和用敲击及钢尺检查	随机检验不应少于 3 间；不足 3 间，应全数检查；其中走廊(过道)应以 10 延长米为 1 间，工业厂房(按单跨计)、礼堂、门厅应以两个轴线为 1 间计算； 有防水要求的检验批抽查数量应按其房间总数随机检验应不少于 4 间，不足 4 间，应全数检查
一般项目	1	面层质量	塑料板面层应表面洁净，图案清晰，色泽一致，接缝严密，美观。拼缝处的图案、花纹吻合，无胶痕；与墙边交接严密，阴阳角收边方正	观察检查	
一般项目	2	焊接质量	板块的焊接，焊缝应平整、光洁、无焦化变色、斑点、焊瘤和起鳞等缺陷，其凹凸允许偏差为 +0.6mm。焊缝的抗拉强度不得小于塑料板强度的 75%	观察检查和检查检测报告	
一般项目	3	镶边用料	镶边用料应尺寸准确、边角整齐、拼缝严密、接缝顺直	用钢尺和观察检查	
一般项目	4	踢脚线质量	踢脚线宜与地面面层对缝一致，踢脚线与基层的粘合应密实	观察检查	
一般项目	5	面层允许偏差	见表 5-22	见表 5-22	随机检验不应少于 3 间；不足 3 间，应全数检查；其中走廊(过道)应以 10 延长米为 1 间，工业厂房(按单跨计)、礼堂、门厅应以两个轴线为 1 间计算； 有防水要求的按房间总数随机检验不应少于 4 间，不足 4 间，应全数检查； 80%以上的检查点(处)符合本规范规定的质量要求，其他检查点(处)最大偏差值不超过允许偏差值的 50%为合格

7.5MPa，A 级板的系统电阻应为 $1.0×10^5 \sim 1.0×10^8 \Omega$，B 级板的系统电阻应为 $1.0×10^5 \sim 1.0×10^{10} \Omega$。活动地板面层的金属支架应支撑在现浇水泥混凝土基层（或面层）上，基层表面应平整、光洁、不起灰。当房间的防静电要求较高，需要接地时，应将活动地板面层的金属支架、金属横梁连通跨接，并与接地体相连，接地方法应符合设计要求。

当活动地板不符合模数时，其不足部分可在现场根据实际尺寸将板块切割后镶补，并应配装相应的可调支撑和横梁。切割边不经处理不得镶补安装，并不得有局部膨胀变形情况。活动地板在门口处或预留洞口处应符合设置构造要求，四周侧边应用耐磨硬质板材封闭或用镀锌钢板包裹，胶条封边应符合耐磨要求。活动地板与柱、墙面接缝处的处理应符合设计要求，设计无要求时应做木踢脚线；通风口处，应选用异形活动地板铺贴。

活动地板面层按主控项目和一般项目进行验收，其检测验收标准、方法和检查数量见表5-28。

表5-28 活动地板面层的质量检查验收标准

项	序号	项目	合格质量标准	检验方法	检查数量
主控项目	1	材料质量	面层材质必须符合设计要求，且应具有耐磨、防潮、阻燃、耐污染、耐老化和导静电等特点	观察检查和检查型式检验报告、出厂检验报告、出厂合格证	同一工程、同一材料、同一生产厂家、同一型号、同一规格、同一批号检查一次
主控项目	2	面层质量要求	活动地板面层应无裂纹、掉角和缺棱等缺陷。行走无声响、无摆动	观察和行走检查	随机检验不应少于3间；不足3间，应全数检查；其中走廊（过道）应以10延长米为1间，工业厂房（按单跨计）、礼堂、门厅应以两个轴线为1间计算；有防水要求的检验批抽查数量应按其房间总数随机检验应不少于4间，不足4间，应全数检查
一般项目	1	面层表面质量	活动地板面层应排列整齐、表面洁净、色泽一致、接缝均匀、周边顺直	观察检查	随机检验不应少于3间；不足3间，应全数检查；其中走廊（过道）应以10延长米为1间，工业厂房（按单跨计）、礼堂、门厅应以两个轴线为1间计算；有防水要求的按房间总数随机检验不应少于4间，不足4间，应全数检查；80%以上的检查点（处）符合本规范规定的质量要求，其他检查点（处）最大偏差值不超过允许偏差值的50%为合格
一般项目	2	面层允许偏差	见表5-22	见表5-22	

（7）地毯面层。地毯面层应采用地毯块材或卷材，以空铺法或实铺法铺设。铺设地毯的地面面层（或基层）应坚实、平整、洁净、干燥、无凹坑、麻面、起砂、裂缝，并不得有油污、钉头及其他凸出物。地毯衬垫应满铺平整，地毯拼缝处不得露底衬。

空铺地毯面层应做到：块材地毯宜先拼成整块，然后按设计要求铺设；块材地毯的铺设，块与块之间应挤紧服帖；卷材地毯宜先长向缝合，然后按设计要求铺设；地毯面层的周边应压入踢脚线下；地毯面层与不同类型的建筑地面面层的连接处，其收口做法应符合设计要求。

实铺地毯面层应做到：实铺地毯面层采用的金属卡条（倒刺板）、金属压条、专用双面胶带、胶粘剂等应符合设计要求；铺设时，地毯的表面层宜张拉适度，四周应采用卡条固定；门口处宜用金属压条或双面胶带等固定；地毯周边应塞入卡条和踢脚线下；地毯面层采用胶黏剂或双面胶带粘接时，应与基层粘贴牢固。

楼梯地毯面层铺设时，梯段顶级（头）地毯应固定于平台上，其宽度应不小于标准楼梯、台阶踏步尺寸；阴角处应固定牢固；梯段末级（头）地毯与水平段地毯的连接处应顺畅、牢固。

地毯面层按主控项目和一般项目进行验收，其检测验收标准、方法和检查数量见表5-29。

表 5-29 地毯面层的质量检查验收标准

项	序号	项目	合格质量标准	检验方法	检查数量
主控项目	1	地毯、胶料及辅料质量	地毯面层采用的材料应符合设计要求和国家现行有关标准的规定;地毯面层采用的材料进入施工现场时,应有地毯、衬垫、胶黏剂中的挥发性有机化合物(VOC)和甲醛限量合格的检测报告	观察检查和检查型式检验报告、出厂检验报告、出厂合格证;检查检测报告	同一工程、同一材料、同一生产厂家、同一型号、同一规格、同一批号检查一次
	2	地毯铺设质量	地毯表面应平服、拼缝处粘贴牢固、严密平整、图案吻合	观察检查	随机检验不应少于 3 间,不足 3 间,应全数检查;其中走廊(过道)应以 10 延长米为 1 间,工业厂房(按单跨计)、礼堂、门厅应以两个轴线为 1 间计算)。有防水要求的检验批抽查数量应按其房间总数随机检验应不少于 4 间,不足 4 间,应全数检查
一般项目	1	地毯表面质量	地毯表面不应起鼓、起皱、翘边、卷边、显拼缝、露线和无毛边、绒面毛顺光一致,毯面干净、无污染和损伤	观察检查	
	2	地毯细部连接	地毯同其他面层连接处、收口处和墙边、柱子周围应顺直、压紧	观察检查	

5.3.3 木、竹面层铺设分项工程施工质量检查

5.3.3.1 木、竹面层铺设分项工程施工质量检查的一般规定

(1) 适用于实木地板面层、实木集成地板面层、竹地板面层、实木复合地板面层、浸渍纸层压木质地板面层、软木类地板面层、地面辐射供暖的木板面层等(包括免刨、免漆类)面层分项工程的施工质量检验。

(2) 木、竹地板面层下的木搁栅、垫木、垫层地板等采用木材的树种、选材标准和铺设时木材含水率以及防腐、防蛀处理等,均应符合现行国家标准《木结构工程施工质量验收规范》(GB 50206)的有关规定。所选用的材料应符合设计要求,进场时应对其断面尺寸、含水率等主要技术指标进行抽检,抽检数量应符合国家现行有关标准的规定。

(3) 用于固定和加固用的金属零部件应采用不锈蚀或经过防锈处理的金属件。

(4) 与厕浴间、厨房等潮湿场所相邻的木、竹面层的连接处应做防水(防潮)处理。

(5) 木、竹面层铺设在水泥类基层上,其基层表面应坚硬、平整、洁净、不起砂,表面含水率不应大于 8%。

(6) 建筑地面工程的木、竹面层搁栅下架空结构层(或构造层)的质量检验,应符合国家相应现行标准的规定。

(7) 木、竹面层的通风构造层包括室内通风沟、地面通风孔、室外通风窗等,均应符合设计要求。

(8) 木、竹面层的允许偏差和检验方法应符合表 5-30 的规定。

表 5-30 木、竹面层的允许偏差和检验方法

项次	项目	允许偏差/mm			检验方法
		实木地板、实木集成地板、竹地板面层		浸渍纸层压木质地板、实木复合地板、软木类地板面层	
		松木地板	硬木地板、竹地板	拼花地板	
1	板面缝隙宽度	1	0.5	0.2	0.5	用钢尺检查
2	表面平整度	3	2	2	2	用 2m 靠尺和楔形塞尺检查
3	踢脚线上口平齐	3	3	3	3	拉 5m 线和用钢尺检查
4	板面拼缝平直	3	3	3	3	
5	相邻板材高差	0.5	0.5	0.5	0.5	用钢尺和楔形塞尺检查
6	踢脚线与面层的接缝	1				楔形塞尺检查

注:本表摘自《建筑地面工程施工质量验收规范》(GB 50209—2010)。

5.3.3.2 实木地板、实木集成地板、竹地板面层铺设分项工程的质量检查与验收

(1) 实木地板、实木集成地板、竹地板面层。实木地板、实木集成地板、竹地板面层应采用条材或块材或拼花,以空铺或实铺方式在基层上铺设。

实木地板面层按主控项目和一般项目进行验收,其检测验收标准、方法和检查数量见表5-31。

表5-31 实木地板、实木集成地板、竹地板面层的质量检查验收标准

项	序号	项目	合格质量标准	检验方法	检查数量
主控项目	1	材料质量	实木地板、实木集成地板、竹地板面层采用的地板、铺设时的木(竹)材含水率、胶黏剂等应符合设计要求和国家现行有关标准的规定	观察检查和检查型式检验报告、出厂检验报告、出厂合格证	同一工程、同一材料、同一生产厂家、同一型号、同一规格、同一批号检查一次
	2	有害物质限量	实木地板、实木集成地板、竹地板面层采用的材料进入施工现场时,应有以下有害物质限量合格的检测报告: a. 地板中的游离甲醛(释放量或含量); b. 溶剂型胶黏剂中的挥发性有机化合物(VOC)、苯、甲苯+二甲苯; c. 水性胶黏剂中的挥发性有机化合物(VOC)和游离甲醛	检查检测报告	
	3	防护处理	木搁栅、垫木和垫层地板等应做防腐、防蛀处理	观察检查和检查验收记录	
	4	木搁栅安装	木搁栅安装应牢固、平直	观察、行走、钢尺测量等检查和检查验收记录	
	5	面层铺设	面层铺设应牢固;粘接无空鼓、松动	观察、行走或用小锤轻击检查	
一般项目	1	实木地板、实木集成地板面层质量	实木地板、实木集成地板面层应刨平、磨光,无明显刨痕和毛刺等现象;图案清晰、颜色均匀一致	观察、手摸和行走检查	随机检验不应少于3间;不足3间,应全数检查;其中走廊(过道)应以10延长米为1间,工业厂房(按单跨计)、礼堂、门厅应以两个轴线为1间计算; 有防水要求的检验批抽查数量应按其房间总数随机检验应不少于4间,不足4间,应全数检查
	2	竹地板面层质量	竹地板面层的品种与规格应符合设计要求,板面应无翘曲	观察、用2m靠尺和楔形塞尺检查	
	3	面层缝隙	面层缝隙应严密;接头位置应错开、表面洁净	观察检查	
	4	拼花地板	拼花地板接缝应对齐,粘、钉严密;缝隙宽度均匀一致;表面洁净,胶粘无溢胶	观察检查	
	5	踢脚线	踢脚线表面应光滑,接缝严密,高度一致	观察和钢尺检查	
	6	表面允许偏差	见表5-30	见表5-30	随机检验不应少于3间;不足3间,应全数检查;其中走廊(过道)应以10延长米为1间,工业厂房(按单跨计)、礼堂、门厅应以两个轴线为1间计算; 有防水要求的按房间总数随机检验应不少于4间,不足4间,应全数检查; 80%以上的检查点(处)符合质量要求,其他检查点(处)最大偏差值不超过允许偏差值的50%为合格

(2) 实木复合地板面层。实木复合地板面层应采用空铺法或粘贴法（满粘或点粘）铺设。采用粘贴法铺设时，粘贴材料应按设计要求选用，并应具有耐老化、防水、防菌、无毒等性能。实木复合地板面层下衬垫的材料和厚度应符合设计要求。实木复合地板面层铺设时，相邻板材接头位置应错开不小于300mm的距离；与柱、墙之间应留不小于10mm的空隙。当面层采用无龙骨的空铺法铺设时，应在面层与柱、墙之间的空隙内加设金属弹簧卡或木楔子，其间距宜为200～300mm。

大面积铺设实木复合地板面层时，应分段铺设，分段缝的处理应符合设计要求。实木复合地板面层按主控项目和一般项目进行验收，其检测验收标准、方法和检查数量见表5-32。

表5-32 实木复合地板面层的质量检查验收标准

项	序号	项目	合格质量标准	检验方法	检查数量
主控项目	1	材料质量	实木复合地板面层采用的地板、胶黏剂等应符合设计要求和国家现行有关标准的规定	观察检查和检查型式检验报告、出厂检验报告、出厂合格证	同一工程、同一材料、同一生产厂家、同一型号、同一规格、同一批号检查一次
	2	有害物质限量	实木复合地板面层采用的材料进入施工现场时，应有以下有害物质限量合格的检测报告： a.地板中的游离甲醛（释放量或含量）； b.溶剂型胶黏剂中的挥发性有机化合物（VOC）、苯、甲苯＋二甲苯； c.水性胶黏剂中的挥发性有机化合物（VOC）和游离甲醛	检查检测报告	
	3	防护处理	木搁栅、垫木和垫层地板等应做防腐、防蛀处理	观察检查和检查验收记录	随机检验不应少于3间；不足3间，应全数检查；其中走廊（过道）应以10延长米为1间，工业厂房（按单跨计）、礼堂、门厅应以两个轴线为1间计算； 有防水要求的检验批抽查数量应按其房间总数随机检验应不少于4间，不足4间，应全数检查
	4	木搁栅安装	木搁栅安装应牢固、平直	观察、行走、钢尺测量等检查和检查验收记录	
	5	面层铺设	面层铺设应牢固；粘接无空鼓、松动	观察、行走或用小锤轻击检查	
一般项目	1	面层质量	实木复合地板面层图案和颜色应符合设计要求，图案清晰，颜色一致，板面无翘曲	观察、用2m靠尺和楔形塞尺检查	
	2	面层接头	面层的接头应错开、缝隙严密、表面洁净	观察检查	
	3	拼花地板	拼花地板接缝应对齐，粘、钉严密；缝隙宽度均匀一致；表面洁净，胶粘时无溢胶	观察检查	
	4	踢脚线	踢脚线表面应光滑，接缝严密，高度一致	观察和钢尺检查	
	5	表面允许偏差	见表5-29	见表5-29	随机检验不应少于3间；不足3间，应全数检查；其中走廊（过道）应以10延长米为1间，工业厂房（按单跨计）、礼堂、门厅应以两个轴线为1间计算； 有防水要求的按房间总数随机检验不应少于4间，不足4间，应全数检查； 80%以上的检查点（处）符合本规范规定的质量要求，其他检查点（处）最大偏差值不超过允许偏差值的50%为合格

(3) 浸渍纸层压木质地板面层。浸渍纸层压木质地板面层应采用条材或块材,以空铺或粘贴方式在基层上铺设。浸渍纸层压木质地板面层可采用有垫层地板和无垫层地板的方式铺设。有垫层地板时,垫层地板的材料和厚度应符合设计要求。浸渍纸层压木质地板面层铺设时,相邻板材接头位置应错开不小于300mm的距离;衬垫层、垫层地板及面层与柱、墙之间均应留出不小于10mm的空隙。浸渍纸层压木质地板面层采用无龙骨的空铺法铺设时,宜在面层与基层之间设置衬垫层,衬垫层的材料和厚度应符合设计要求;并应在面层与柱、墙之间的空隙内加设金属弹簧卡或木楔子,其间距宜为200~300mm。

浸渍纸层压木质地板面层按主控项目和一般项目进行验收,其检测验收标准、方法和检查数量见表5-33。

表5-33 浸渍纸层压木质地板面层的质量检查验收标准

项	序号	项目	合格质量标准	检验方法	检查数量
主控项目	1	材料质量	浸渍纸层压木质地板面层采用的地板、胶黏剂等应符合设计要求和国家现行有关标准的规定	观察检查和检查型式检验报告、出厂检验报告、出厂合格证	同一工程、同一材料、同一生产厂家、同一型号、同一规格、同一批号检查一次
	2	有害物质限量	浸渍纸层压木质地板面层采用的材料进入施工现场时,应有以下有害物质限量合格的检测报告: a. 地板中的游离甲醛(释放量或含量); b. 溶剂型胶黏剂中的挥发性有机化合物(VOC)、苯、甲苯+二甲苯; c. 水性胶黏剂中的挥发性有机化合物(VOC)和游离甲醛	检查检测报告	
	3	防护处理	木搁栅、垫木和垫层地板等应做防腐、防蛀处理	观察检查和检查验收记录	随机检验不应少于3间;不足3间,应全数检查;其中走廊(过道)应以10延长米为1间,工业厂房(按单跨计)、礼堂、门厅应以两个轴线为1间计算;有防水要求的检验批抽查数量应按其房间总数随机检验应不少于4间,不足4间,应全数检查
	4	木搁栅安装	木搁栅安装应牢固、平直	观察、行走、钢尺测量等检查和检查验收记录	
	5	面层铺设	面层铺设应牢固;粘接无空鼓、松动	观察、行走、钢尺测量或用小锤轻击检查	
一般项目	1	面层质量	实木复合地板面层图案和颜色应符合设计要求,图案清晰,颜色一致,板面无翘曲	观察、用2m靠尺和楔形塞尺检查	
	2	面层接头	面层的接头应错开、缝隙严密、表面洁净	观察检查	
	3	踢脚线	踢脚线表面应光滑,接缝严密,高度一致	观察和钢尺检查	
	4	表面允许偏差	见表5-30	见表5-30	随机检验不应少于3间;不足3间,应全数检查;其中走廊(过道)应以10延长米为1间,工业厂房(按单跨计)、礼堂、门厅应以两个轴线为1间计算;有防水要求的按房间总数随机检验不应少于4间,不足4间,应全数检查;80%以上的检查点(处)符合质量要求,其他检查点(处)最大偏差值不超过允许偏差值的50%为合格

(4) 软木类地板面层。软木类地板面层应采用软木地板或软木复合地板的条材或块材，在水泥类基层或垫层地板上铺设。软木类地板面层应采用粘贴方式铺设，软木复合地板面层应采用空铺方式铺设。软木类地板面层的厚度应符合设计要求。软木类地板面层的垫层地板在铺设时，与柱、墙之间应留不大于 20mm 的空隙，表面应刨平。软木类地板面层铺设时，相邻板材接头位置应错开不小于 1/3 板长且不小于 200mm 的距离；面层与柱、墙之间应留出 8～12mm 的空隙；软木复合地板面层铺设时，应在面层与柱、墙之间的空隙内加设金属弹簧卡或木楔子，其间距宜为 200～300mm。

软木类地板面层按主控项目和一般项目进行验收，其检测验收标准、方法和检查数量见表 5-34。

表 5-34 软木类地板面层的质量检查验收标准

项	序号	项目	合格质量标准	检验方法	检查数量
主控项目	1	材料质量	软木类地板面层采用的地板、胶黏剂等应符合设计要求和国家现行有关标准的规定	观察检查和检查型式检验报告、出厂检验报告、出厂合格证	同一工程、同一材料、同一生产厂家、同一型号、同一规格、同一批号检查一次
主控项目	2	有害物质限量	软木类地板面层采用的材料进入施工现场时，应有以下有害物质限量合格的检测报告： a. 地板中的游离甲醛（释放量或含量）； b. 溶剂型胶粘剂中的挥发性有机化合物（VOC）、苯、甲苯＋二甲苯； c. 水性胶黏剂中的挥发性有机化合物（VOC）和游离甲醛	检查检测报告	随机检验不应少于 3 间；不足 3 间，应全数检查；其中走廊（过道）应以 10 延长米为 1 间，工业厂房（按单跨计）、礼堂、门厅应以两个轴线为 1 间计算； 有防水要求的检验批抽查数量应按其房间总数随机检验应不少于 4 间，不足 4 间，应全数检查
主控项目	3	防护处理	木搁栅、垫木和垫层地板等应做防腐、防蛀处理	观察检查和检查验收记录	
主控项目	4	木搁栅安装	木搁栅安装应牢固、平直	观察、行走、钢尺测量等检查和检查验收记录	
主控项目	5	面层铺设	面层铺设应牢固；粘接无空鼓、松动	观察、行走检查	
一般项目	1	面层质量	软木类地板面层图案和颜色应符合设计要求，图案清晰、颜色一致，板面无翘曲	观察、用 2m 靠尺和楔形塞尺检查	随机检验不应少于 3 间；不足 3 间，应全数检查；其中走廊（过道）应以 10 延长米为 1 间，工业厂房（按单跨计）、礼堂、门厅应以两个轴线为 1 间计算； 有防水要求的按房间总数随机检验不应少于 4 间，不足 4 间，应全数检查； 80% 以上的检查点（处）符合质量要求，其他检查点（处）最大偏差值不超过允许偏差值的 50% 为合格
一般项目	2	面层接头	面层的接头应错开、缝隙均匀严密、表面洁净	观察检查	
一般项目	3	踢脚线	踢脚线表面应光滑，接缝严密，高度一致	观察和钢尺检查	
一般项目	4	表面允许偏差	见表 5-30	见表 5-30	

5.4 建筑地面子分部工程施工质量验收

建筑地面分部（子分部）工程质量验收应在施工单位检查评定的基础上进行，各类面层子分部工程的面层铺设与其相应的基层铺设的分项工程施工质量检验应全部合格。

5.4.1 应检查的质量文件和记录

建筑地面工程子分部工程质量验收应检查下列工程质量文件和记录。
① 建筑地面工程设计图纸和变更文件等；
② 原材料的出厂检验报告和质量合格保证文件、材料进场检（试）验报告（含抽样报告）；
③ 各层的强度等级、密实度等试验报告和测定记录；
④ 各类建筑地面工程施工质量控制文件；
⑤ 各构造层的隐蔽验收及其他有关验收文件。

5.4.2 应检查的安全和功能项目

建筑地面工程子分部工程质量验收应检查下列安全和功能项目。
① 有防水要求的建筑地面子分部工程的分项工程施工质量的蓄水检验记录，并抽查复验认定；
② 建筑地面板块面层铺设子分部工程和木、竹面层铺设子分部工程采用的砖、天然石材、预制板块、地毯、人造板材以及胶黏剂、胶结料、涂料等材料证明及环保资料。

5.4.3 观感质量综合评价检查项目

建筑地面工程子分部工程观感质量综合评价应检查下列项目。
① 变形缝的位置和宽度以及填缝质量应符合规定；
② 室内建筑地面工程按各子分部工程经抽查分别作出评价；
③ 楼梯、踏步等工程项目经抽查分别作出评价。

复习思考题

1. 建筑地面检查过程中，其分项工程检验批如何划分？
2. 如何对建筑地面的基土铺设的质量进行检查？
3. 砂石垫层和碎砖垫层分项工程检验批的质量标准有哪些？
4. 水泥混凝土垫层分项工程检验批的质量检验标准涵盖哪些内容？
5. 水泥混凝土面层分项工程检验批的质量如何检查？如何判断其是否合格？
6. 板块面层常包括哪些类型？其安装的允许偏差和检验方法是什么？
7. 大理石和花岗岩面层分项工程检验批的质量应检查哪些内容？如何检查？如何判断其是否合格？
8. 竹木地面面层的允许偏差是多少？如何检查？
9. 实木地面面层分项工程检验批的质量如何检查，检查项目、检查方法有哪些？如何判断其是否合格？
10. 符合什么条件才能进行建筑地面工程子分部工程验收，具体验收时应检查哪些项目？

6 建筑装饰装修分部工程

【能力目标】
1. 结合工程实际情况，能正确地划分建筑装饰装修分部工程所含的子分部工程、分项工程和分项工程检验批。
2. 对常见的抹灰工程、门窗工程、饰面板（砖）工程、涂饰工程、建筑地面工程等子分部工程所包含的分项工程检验批，针对主控项目和一般项目的检验标准，能组织检查或验收，评定或认定该检验批项目的质量。
3. 能组织建筑装饰装修分部（子分部）工程的质量验收，正确判定该分部（子分部）是否合格。

【学习要求】
1. 掌握建筑装饰装修工程和建筑地面工程质量验收的基本规定。
2. 熟悉常见的抹灰工程、门窗工程、饰面板（砖）工程、涂饰工程、建筑地面工程等子分部工程所包含的分项工程检验批的检验标准；熟悉建筑装饰装修分部（子分部）工程质量验收的内容。

为了加强建筑工程质量管理，统一建筑装饰装修工程的质量验收，保证工程质量，国家制定了《建筑装饰装修工程质量验收规范》（GB 50210—2001）。

《建筑装饰装修工程质量验收规范》（GB 50210—2001）适用于新建、扩建、改建和既有建筑的装饰装修工程的质量验收，而不适应于古建筑和保护性建筑。

"统一标准"将建筑装饰装修工程列为一个分部工程，其子分部工程包括地面、抹灰、门窗、吊顶、轻质隔墙、饰面板（砖）、幕墙、涂饰、裱糊与软包、细部等工程，共计 10 个子分部工程。地面工程被列为建筑装饰装修分部工程的一个子分部工程，但因其特殊性和重要性，国家制定了专门的施工验收规范，故地面工程须按《建筑地面工程施工质量验收规范》（GB 50209—2010）进行验收。

本章内容主要依据《建筑装饰装修工程质量验收规范》（GB 50210—2001）、《建筑地面工程施工质量验收规范》（GB 50209—2010）和"统一标准"编写。因篇幅所限，吊顶、轻质隔墙、幕墙、裱糊与软包、细部等子分部工程内容从略。

6.1 基本规定

建筑装饰装修工程的基本规定是对建筑装饰装修分部工程提出的最基本要求，是《建筑装饰装修工程质量验收规范》（GB 50210—2001）的核心，是对保证该分部工程的质量所提出的明确规定。

6.1.1 关于建筑装饰装修材料的规定

《建筑装饰装修工程质量验收规范》（GB 50210—2001）对建筑装饰装修材料的基本规

定如下。

① 建筑装饰装修工程所用材料的品种、规格和质量应符合设计要求与国家现行标准的规定。当设计无要求时应符合国家现行标准的规定。严禁使用国家明令淘汰的材料。

② 建筑装饰装修工程所用材料的燃烧性能应符合现行国家标准《建筑内部装修设计防火规范》（GB 50222）、《建筑设计防火规范》（GBJ 16）和《高层民用建筑设计防火规范》（GB 50045）的规定。

③ 建筑装饰装修工程所用材料应符合国家有关建筑装饰装修材料有害物质限量标准的规定。

④ 所有材料进场时应对品种、规格、外观和尺寸进行验收。材料包装应完好，应有产品合格证书、中文说明书及相关性能的检测报告；进口产品应按规定进行商品检验。

⑤ 进场后需要进行复验的材料种类及项目应符合本规范各章的规定。同一厂家生产的同一品种、同一类型的进场材料应至少抽取一组样品进行复验，当合同另有约定时应按合同执行。

⑥ 当国家规定或合同约定应对材料进行见证检测，或对材料的质量发生争议时，应进行见证检测。

⑦ 承担建筑装饰装修材料检测的单位应具备相应的资质，并应建立质量管理体系。

⑧ 建筑装饰装修工程所使用的材料在运输、储存和施工过程中，必须采取有效措施防止损坏、变质和污染环境。

⑨ 建筑装饰装修工程所使用的材料应按设计要求进行防火、防腐和防虫处理。

⑩ 现场配制的材料如砂浆、胶黏剂等，应按设计要求或产品说明书配制。

从现行《建筑装饰装修工程质量验收规范》（GB 50210—2001）对材料的基本规定的条文可以看出，对材料的控制是一个系统的过程。从材料的品质、运输、进场、储存、见证检验和复验、处理、配制等方面都作了约束。明确的限定，是为了保证装饰装修工程质量，同时也明确了对材料质量控制的施工单位应该履行的责任。

材料进场时应按设计要求对材料的品种、规格、外观和尺寸进行验收，设计无要求时应按国家现行标准进行验收。进场材料应有产品合格证书、中文说明书及相关性能的检测报告。材料使用前，应按规定进行复检和见证检测。

6.1.2 施工的规定

《建筑装饰装修工程质量验收规范》（GB 50210—2001）对建筑装饰装修材料的基本规定如下。

① 装饰装修工程施工的单位应具备相应的资质，并应建立质量管理体系。施工单位应编制施工组织设计并应经过审查批准。施工单位应按有关的施工工艺标准或经审定的施工技术方案施工，并应对施工全过程实行质量控制。

② 承担建筑装饰装修工程施工的人员应有相应岗位的资格证书。

③ 建筑装饰装修工程的施工质量应符合设计要求和《建筑装饰装修工程质量验收规范》的规定，对于违反设计文件和《建筑装饰装修工程质量验收规范》的规定施工造成质量问题的应由施工单位负责。

④ 建筑装饰装修工程施工中严禁违反设计文件擅自改动建筑主体、承重结构或主要使用功能；严禁未经设计确认和有关部门批准擅自拆改水、暖、电、燃气、通信等配套设施。

在建筑装饰装修活动中，随意拆改承重墙，拆改供水、供电、采暖、通风等配套设施，就会影响到安全和主要的使用功能，故对施工单位从业活动做出了强制性规定，必须严格执行。

⑤ 施工单位应遵守有关环境保护的法律法规，并应采取有效措施控制施工现场的各种粉尘、废气、废弃物、噪声、振动等对周围环境造成的污染和危害。

建筑装饰装修工程在施工过程中，由于其特殊的施工环境和物化的劳动对象不尽相同，容易造成环境污染源，故对施工单位的行为做出强制性规定，必须严格执行。

⑥ 施工单位应遵守有关施工安全、劳动保护、防火和防毒的法律法规。应建立相应的管理制度，并应配备必要的设备、器具和标识。

⑦ 建筑装饰装修工程应在基体或基层的质量验收合格后施工。对既有建筑进行装饰装修前，应对基层进行处理并达到本规范的要求。

⑧ 建筑装饰装修工程施工前应有主要材料的样板或做样板间（件），并应经有关各方确认。

⑨ 墙面采用保温材料的建筑装饰装修工程，所用保温材料的类型、品种、规格及施工工艺应符合设计要求。

⑩ 管道、设备等的安装及调试应在建筑装饰装修工程施工前完成，当必须同步进行时，应在饰面层施工前完成。装饰装修工程不得影响管道、设备等的使用和维修。涉及燃气管道的建筑装饰装修工程必须符合有关安全管理的规定。

⑪ 建筑装饰装修工程的电器安装应符合设计要求和国家现行标准的规定。严禁不经穿管直接埋设电线。

⑫ 室内外装饰装修工程施工的环境条件应满足施工工艺的要求。施工环境温度不应低于5℃。当必须在低于5℃气温下施工时，应采取保证工程质量的有效措施。

⑬ 建筑装饰装修工程施工过程中应做好半成品、成品的保护，防止污染和损坏。

⑭ 建筑装饰装修工程验收前应将施工现场清理干净。

6.2 抹灰子分部工程

抹灰工程是一个子分部工程，包括一般抹灰、装饰抹灰、清水砌体勾缝等分项工程。下面介绍抹灰工程的一般规定和常见的抹灰分项工程。

6.2.1 一般规定

一般规定是针对子分部工程应达到的质量要求。主要有应检查的文件和记录、材料的复验及要求，隐蔽工程项目验收的内容、检验批的划分及检查数量、工艺要求等方面。抹灰工程一般规定的内容具体如下。

（1）适用于一般抹灰、装饰抹灰和清水砌体勾缝等分项工程的质量验收。

（2）抹灰工程验收时应检查下列文件和记录。

① 抹灰工程的施工图、设计说明及其他设计文件。

② 材料的产品合格证书、性能检测报告、进场验收记录和复验报告。

③ 隐蔽工程验收记录。

④ 施工记录。

验收时通过对相关技术文件和记录的检查，可以客观地反映出施工单位是否按图施工，是否符合设计要求、材料的品质是否合格以及在施工过程中是否进行了质量控制。

(3) 抹灰工程应对水泥的凝结时间和安定性进行复验。

(4) 抹灰工程应对下列隐蔽工程项目进行验收。

① 抹灰总厚度大于或等于 35mm 时的加固措施。

② 不同材料交接处的加固措施。

(5) 各分项工程的检验批应按下列规定划分。

① 相同材料、工艺和施工条件的室外抹灰工程每 500~1000m² 应划分为一个检验批，不足 500m²，也应划分为一个检验批。

② 相同材料、工艺和施工条件的室内抹工程每 50 个自然间（大面积房间和走廊按抹灰面积 30m² 为一间）应划分为一个检验批，不足 50 间也应划分为一个检验批。

(6) 检查数量应符合下列规定。

① 室内每个检验批应至少抽查 10%，并不得少于 3 间；不足 3 间时应全数检查。

② 室外每个检验批每 100m² 应至少抽查一处，每处不得小于 10m²。

(7) 外墙抹灰工程施工前应先安装钢木门窗框、护栏等，并应将墙上的施工孔洞堵塞密实。

(8) 抹灰用的石灰膏的熟化期不应少于 15d；罩面用的磨细石灰粉的熟化期不应少于 3d。

(9) 室内墙面、柱面和门洞口的阳角做法应符合设计要求。设计无要求时，应采用 1：2 水泥砂浆做暗护角，其高度不应低于 2m，每侧宽度不应小于 50mm。

(10) 当要求抹灰层具有防水、防潮功能时，应采用防水砂浆。

(11) 各种砂浆抹灰层，在凝结前应防止快干、水冲、撞击、振动和受冻，在凝结后应采取措施防止玷污和损坏。水泥砂浆抹灰层应在湿润条件下养护。

(12) 外墙和顶棚的抹灰层与基层之间及各抹灰层之间必须粘接牢固。

6.2.2 一般抹灰分项工程

一般抹灰分项工程检验批质量检验标准和检验方法见表 6-1。

一般抹灰分项工程检验批质量检验的说明如下。

主控项目第一项 本项要求是对基层处理的规定，在抹灰前应做检查，并在施工记录中记录实际情况，专职质量检查员应抽查实物情况。

主控项目第二项 材料质量是保证抹灰工程质量的基础，因此，抹灰工程所用材料如水泥、砂、石灰膏、石膏、有机聚合物等应符合设计要求及国家现行产品标准的规定，并应有出厂合格证；材料进场时应进行现场验收，不合格的材料不得用在抹灰工程上，对影响抹灰工程质量与安全的主要材料的某些性能如水泥的凝结时间和安定性进行现场抽样复验，复验合格后方可使用。

砂浆的配合比设计文件中应有明确要求，粉刷砂浆不同于砌筑砂浆或混凝土的强度要求，因此所用品种配合比设计文件必须给出，有些工程不按设计配合比施工造成粉刷层粉化、疏松、脱落，墙面渗水等严重质量问题，应引起重视。

主控项目第三项 抹灰工程的质量关键是粘接牢固，无开裂、空鼓与脱落。如果粘接不牢，出现空鼓、开裂、脱落等缺陷，会降低对墙体的保护作用，且影响装饰效果。经调研分析，抹灰层之所以出现开裂、空鼓和脱落等质量问题，主要原因是基体表面清理不干净，如基体表面尘埃及疏松物、脱模剂和油渍等影响抹灰粘接牢固的物质未彻底清除干净；基

表 6-1　一般抹灰分项工程检验批质量检验标准

项	序号	项目	合格质量标准	检验方法	检查数量
主控项目	1	基层表面	抹灰前基层表面的尘土、污垢、油渍等应清除干净,并应洒水润湿	检查施工记录	(1)室内每个检验批应至少抽查10%,并不得少于3间;不足3间时应全数检查 (2)室外每个检验批每100㎡应至少抽查一处,每处不得小于10㎡
	2	材料品种和性能	一般抹灰所用材料的品种和性能应符合设计要求。水泥的凝结时间和安定性复验应合格。砂浆的配合比应符合设计要求	检查产品合格证书、进场验收记录及复验报告和施工记录	
	3	操作要求	抹灰工程应分层进行。当抹灰总厚度大于或等于35mm时,应采取加强措施。不同材料基体交接处表面的抹灰,应采取防止开裂的加强措施,当采用加强网时,加强网与各基体的搭接宽度应不小于100mm	检查隐蔽工程验收记录和施工记录	
	4	层粘接及面层质量	抹灰层与基层之间及各抹灰层之间必须粘接牢固,抹灰层应无脱层、起鼓,面层应无爆灰和裂缝	观察;用小锤轻击检查;检查施工记录	
一般项目	1	表面质量	一般抹灰工程的表面质量应符合下列规定: (1)普通抹灰表面应光滑、洁净、接槎平整分格缝应清晰 (2)高级抹灰表面应光滑、洁净、颜色均匀无抹纹,分格缝和灰线应清晰美观	观察;手摸检查	
	2	细部质量	护角、孔洞、槽、盒周围的抹灰表面应整齐光洁。管道后面的抹灰表面应平整	观察	
	3	层总厚度及层间材料	抹灰层的总厚度应符合设计要求;水泥砂浆不得抹在石灰砂浆层上;罩面石膏灰不得抹在水泥砂浆层上	检查施工记录	
	4	分格缝	抹灰分格缝的设置应符合设计要求,宽度和深度应均匀,表面应光滑,棱角应整齐	观察;尺量检查	
	5	滴水线(槽)	有排水要求的部位应做滴水线(槽)。滴水线(槽)应整齐顺直,滴水线应内高外低,滴水槽的宽度和深度均应不小于10mm	观察;尺量检查	
	6	允许偏差	一般抹灰工程质量的允许偏差和检验方法应符合表6-2的规定	见表6-2	

体表面光滑,抹灰前未做毛化处理;抹灰前基体表面浇水不透,抹灰后砂浆中的水分很快被基体吸收,使砂浆中的水泥未充分水化生成水泥石,影响砂浆粘接力;砂浆质量不好,使用不当;一次抹灰过厚,干缩率较大等,都会影响抹灰层与基体的粘接牢固。抹灰厚度过大时,容易产生起鼓、脱落等质量问题;不同材料基体交接处,由于吸水和收缩性不一致,接缝处表面的抹灰层容易开裂,上述情况均应采取加强措施,以切实保证抹灰工程的质量。

主控项目第四项　抹灰工程经常出现的质量问题是裂缝。裂缝的形成可分为四种情况:第一种情况是大墙面出现裂缝;第二种情况是不同墙体材料交接处的表面或抹灰层与门窗框、墙裙、踢脚线等部件交接处出现裂缝;第三种情况是沿建筑结构缝处形成裂缝;第四种是抹灰层本身收缩引起的裂缝。规范规定抹灰工程的面层应无裂缝。

一般项目第六项　允许偏差和检验方法见表6-2。

表 6-2　一般抹灰工程的允许偏差和检验方法

项次	项目	允许偏差/mm 普通抹灰	允许偏差/mm 高级抹灰	检验方法
1	立面垂直度	4	3	用 2m 垂直检测尺检查
2	表面平整度	4	3	用 2m 靠尺和塞尺检查
3	阴阳角方正	4	3	用直角检测尺检查
4	分格条(缝)直线度	4	3	拉 5m 线,不足 5m 拉通线,用钢直尺检查
5	墙裙、勒脚上口直线度	4	3	拉 5m 线,不足 5m 拉通线,用钢直尺检查

注：1. 普通抹灰，第 3 项阴角方正可不检查。
　　2. 顶棚抹灰，第 2 项表面平整度可不检查。但应平顺。

6.2.3　装饰抹灰分项工程

装饰抹灰工程指的是水刷石、斩假石、干粘石、假面砖等装饰抹灰。装饰抹灰分项工程检验批质量检验标准和检验方法见表 6-3。

表 6-3　装饰抹灰分项工程检验批质量检验标准和检验方法

项	序号	项目	合格质量标准	检验方法	检查数量
主控项目	1	基层表面	抹灰前基层表面的尘土、污垢、油渍等应清除干净，并应洒水润湿见一般抹灰工程	检查施工记录	(1)室内每个检验批应至少抽查10%，并不得少于 3 间；不足 3 间时应全数检查 (2)室外每个检验批每 100m² 应至少抽查一处，每处不得小于 10m²
主控项目	2	材料品种和性能	一般抹灰所用材料的品种和性能应符合设计要求。水泥的凝结时间和安定性复验应合格。砂浆的配合比应符合设计要求	检查产品合格证书、进场验收复验报告和施工记录	
主控项目	3	操作要求	抹灰工程应分层进行。当抹灰总厚度大于或等于 35mm 时,应采取加强措施。不同材料基体交接处表面的抹灰,应采取防止开裂的加强措施,当采用加强网时,加强网与各基体的搭接宽度应不小于 100mm	检查隐蔽工程验收记录和施工记录	
主控项目	4	层粘接及面层质量	抹灰层与基层之间及各抹灰层之间必须粘接牢固,抹灰层应无脱层、空鼓,面层应无爆灰和裂缝	观察；用小锤轻击检查；检查施工记录	
一般项目	1	表面质量	装饰抹灰工程的表面质量应符合下列规定： (1)水刷石表面应石粒清晰、分布均匀、紧密平整、色泽一致,应无掉粒和接槎痕迹 (2)斩假石表面剁纹应均匀顺直、深浅一致,应无漏剁处,阳角应横剁并留出宽窄一致的不剁边条,棱角应无损坏 (3)干粘石表面应色泽一致、不露浆、不漏粘,石粒应粘接牢固,分布均匀,阳角处应无明显黑边 (4)假面砖表面应平整、沟纹清晰、留缝整齐、色泽一致,应无掉角、脱皮、起砂等缺陷	观察；手摸检查	
一般项目	2	分格条(缝)	装饰抹灰分格条(缝)的设置应符合设计要求,宽度和深度应均匀,表面应平整光滑,棱角应整齐	观察	
一般项目	3	滴水线	有排水要求的部位应做滴水线(槽)。滴水线(槽)应整齐顺直,滴水线应内高外低,滴水槽的宽度和深度均不小于 10mm	观察；尺量检查	
一般项目	4	允许偏差	装饰抹灰工程质量的允许偏差和检验方法应符合表 6-4 的规定	见表 6-4	

装饰抹灰工程和一般抹灰工程的主要区别是面层材料的不同，底层抹灰是一致的质量要求与一般抹灰工程质量要求相同。对保证装饰抹灰层粘接牢固，不出现空鼓、脱落、裂缝等方面都是相同的要求，故装饰抹灰工程主控项目及验收方法与一般抹灰工程完全一样。装饰抹灰工程在保证装饰效果的质量验收，反映在一般项目的有关标准中。

装饰抹灰工程质量的允许偏差和检验方法应符合表 6-4 的规定。

表 6-4　装饰抹灰的允许偏差和检验方法

项次	项目	允许偏差/mm				检验方法
		水刷石	斩假石	干粘石	假面砖	
1	立面垂直度	5	4	5	5	用 2m 垂直检测尺检查
2	表面平整度	3	3	5	4	用 2m 靠尺和塞尺检查
3	阳角方正	3	3	4	4	用直角检测尺检查
4	分格条(缝)直线度	3	3	3	3	拉 5m 线,不足 5m 拉通线,用钢直尺检查
5	墙裙、勒脚上口直线度	3	3	—	—	拉 5m 线,不足 5m 拉通线,用钢直尺检查

6.2.4　清水砌体勾缝分项工程

清水砌体勾缝工程一般指清水砌体砂浆勾缝和原浆勾缝。清水砌体勾缝分项工程质量检验标准略。

6.3　门窗子分部工程

门窗工程是一个子分部工程,一般包括木门窗制作与安装、金属门窗安装塑料门窗安装、特种门安装、门窗玻璃安装等分项工程。本节主要介绍门窗工程的一般规定、金属门窗安装、塑料门窗安装、门窗玻璃安装等内容。

6.3.1　门窗工程一般规定

验收规范对门窗工程作出的一般规定,主要是对材料性能的控制、材料的复验、隐蔽项目的验收、检验批的划分、工序及工期要求等。具体规定内容如下。

(1) 本节适用于木门窗制作与安装、金属门窗安装、塑料门窗安装、特种门安装、门窗玻璃安装等分项工程的质量验收。

(2) 门窗工程验收时应检查下列文件和记录。

① 门窗工程的施工图、设计说明及其他设计文件。

② 材料的产品合格证书、性能检测报告、进场验收记录和复验报告。

③ 特种门及其附件的生产许可文件。

④ 隐蔽工程验收记录。

⑤ 施工记录。

(3) 门窗工程应对下列材料及其性能指标进行复验。

① 人造木板的甲醛含量。民用建筑工程使用的人造木板是造成室内环境中甲醛污染的主要来源之一。甲醛对人有强烈的刺激性,伤害人的肺功能、肝功能及免疫功能,对人的身体危害较大。目前国内生产的人造板材大多采用脲醛树脂胶黏剂,因其粘接强度较低,加入过量的甲醛可以增强粘接强度。人造木板中甲醛释放持续时间长,释放量大,所以必须从材料上严加控制,禁止使用甲醛含量超标的人造板材。游离甲醛释放量应不大于 $0.12mg/m^3$。

② 建筑外墙金属窗、塑料窗的抗风压性能、空气渗透性能和雨水渗漏性能。

随着高层、超高层的建筑越来越多,上述的材料性能能否达到安全及满足使用功能(保温、隔声、防水），有较大的影响，故列为复验内容。

（4）门窗工程应对下列隐蔽工程项目进行验收。

① 预埋件和锚固件。

② 隐蔽部位的防腐、填嵌处理。

隐蔽工程项目的验收，主要是为了保证门窗安装牢固。

（5）各分项工程的检验批应按下列规定划分。

① 同一品种、类型和规格的木门窗、金属门窗、塑料门窗及门窗玻璃每100樘应划分为一个检验批，不足100樘也应划分为一个检验批。

② 同一品种、类型和规格的特种门每50樘应划分为一个检验批，不足50樘也应划分为一个检验批。

（6）检查数量应符合下列规定。

① 木门窗、金属门窗、塑料门窗及门窗玻璃，每个检验批应至少抽查5%，并不得少于3樘，不足3樘时应全数检查；高层建筑的外窗，每个检验批应至少抽查10%，并不得少于6樘，不足6樘时应全数检查。

高层建筑（10层及10层以上居住建筑和建筑高度超过24m的公共建筑）的外窗各项性能要求更为严格，每个检验批的检查数量需增加1倍。

② 特种门每个检验批应至少抽查50%，并不得少于10樘，不足10樘时应全数检查。

特种门一般指防火门、防盗门、自动门、全玻璃门、金属卷帘门等，特种门必须满足不同功能的使用要求，重要性明显高于普通门，加之数量比普通门少，每个检验批检查的数量要多。

（7）门窗安装前，应对门窗洞口尺寸进行检验。

本条规定了安装门窗前应对门窗洞口尺寸进行检查，除检查单个门窗洞口尺寸外，还应对能够通视的成排或成列的门窗洞口进行目测或拉通线检查。如果发现明显偏差，应采取处理措施后再安装门窗。

（8）金属门窗和塑料门窗安装应采用预留洞口的方法施工，不得采用边安装边砌口或先安装后砌口的方法施工。

本条规定是为了防止门窗框受挤压变形和表面保护层受损。木门窗安装也宜采用预留洞口的方法施工。如果采用先安装后砌口的方法施工时，则应注意避免木门窗在施工中受损、受挤压变形或受到污染。

（9）木门窗与砖石砌体、混凝土或抹灰层接触处应进行防腐处理并应设置防潮层；埋入砌体或混凝土中的木砖应进行防腐处理。

（10）当金属窗或塑料窗组合时，其拼樘料的尺寸、规格、壁厚应符合设计要求。

（11）建筑外门窗的安装必须牢固，在砌体上安装门窗严禁用射钉固定。

门窗安装无论采用何种方法固定，建筑外墙门窗均必须确保安装牢固，"规范"将此条列为强制性条文。内墙门窗安装也必须牢固，规范将内墙门窗安装牢固的要求列入主控项目而非强制性条文。考虑到砌体中砖、砌块以及灰缝的强度较低，如果在砌体上采用射钉枪紧固门窗框铁脚，容易受冲击破碎，故规定在砌体上安装门窗时严禁用射钉固定。

（12）特种门安装除应符合设计要求和本规范规定外，还应符合有关专业标准和主管部门的规定。

6.3.2 木门窗制作与安装分项工程

木门窗制作与安装分项工程按工艺形成两个检验批，一个是木门窗制作检验批，另一个是木门窗安装检验批。

6.3.2.1 木门窗制作工程
本部分内容略。

6.3.2.2 木门窗安装分项工程检验批质量检验标准
（1）木门窗安装分项工程检验批质量检验标准和检验方法 见表 6-5。

表 6-5 木门窗安装分项工程检验批质量检验标准和检验方法

项	序号	项目	合格质量标准	检验方法	检查数量
主控项目	1	木门窗品种、规格、安装方向位置	木门窗的品种、类型、规格、开启方向、安装位置及连接方式应符合设计要求	观察；尺量检查；检查成品门的产品合格证书	每个检验批应至少抽查 5%，并不得少于 3 樘，不足 3 樘时应全数检查；高层建筑外窗，每个检验批应至少抽查 10%，并不得少于 6 樘，不足 6 樘时应按全数检查
	2	木门窗安装牢固	木门窗框的安装必须牢固，预埋木砖的防腐处理、木窗框固定点的数量、位置及固定方法应符合设计要求	观察；手扳检查；检查隐蔽工程验收记录和施工记录	
	3	木门窗扇安装	木门窗扇必须安装牢固，并应开关灵活，关闭严密，无翘曲	观察；开启和关闭检查；手扳检查	
	4	门窗配件安装	木门窗配件的型号、规格、数量应符合设计要求，安装应牢固，位置应正确，功能应满足使用要求	观察；开启和关闭检查；手扳检查	
一般项目	1	缝隙嵌填材料	木门窗与墙体间缝隙的填嵌材料应符合设计要求，填嵌应饱满。寒冷地区外门窗（或门窗框）与砌体间的空隙应填充保温材料	轻敲门窗框检查；检查隐蔽工程验收记录和施工记录	
	2	批水条、盖口条等细部	木门窗批水条、盖口条、压缝条、密封条的安装应顺直，与门窗结合应牢固、严密	观察；手扳检查	
	3	安装留缝限值及允许偏差	木门窗安装的留缝限值、允许偏差和检验方法应符合表 6-6 的规定	见表 6-6	

（2）木门窗安装工程检验批质量检验的说明

主控项目第一项 观察和尺量检查门窗框安装的位置是否符合设计要求。检验时应与施工图纸对照，主要检查门窗框的标高、与墙体的相对尺寸、与墙面是外平还是内平或在墙身中某位置，如果是平开式的，还要检查开启方向是否正确。

主控项目第二项 一般规定中要求对预埋件和锚固件、隐蔽部位的防腐、填嵌处要进行隐蔽验收，在分项工程检查时不仅要查看实物还要查记录。

① 门窗框安装前应校正规方，钉好斜拉条（不得少于 2 根），无下坎的门框应加钉水平拉条，防止在运输和安装过程中变形。

② 门窗框（或成套门窗）应按设计要求的水平标高和平面位置在砌墙的过程中进行安装。

③ 在砖石墙上安装门框（或成套门窗）时，应用钉子固定于砌在墙内的木砖上，每边的固定点应不少于两处，其间距应不大于 1.2m。

④ 当需要先砌墙后安装门窗框（或成套门窗）时，宜在预留门窗洞口的同时留出门窗框走头的缺口，在门窗框调整就位后，封砌缺口。当受条件限制，门窗框不能留走头时，应采取可靠措施将门窗框固定在墙内的木砖上，以防在施工或使用过程中发生安全事故。

⑤ 当门窗框的一面需镶贴脸板时，则门窗框凸出的厚度应等于抹灰层能的厚度。

⑥ 寒冷地区的门窗框（或成套门窗）与外墙砌体间的空隙，应填塞保温材料。

木砖、木框与砌体接触处应进行防腐处理。

主控项目第三项 木门窗、金属门窗和塑料门窗的安装均应无倒翘。在正常情况下，当门窗扇关闭时，门窗扇的上端本应与下端同时或上端略早于下端贴紧门窗的上框。所谓"倒翘"通常是指当门窗关闭时，门窗扇的下端已经贴紧门窗下框，而门窗扇的上端由于翘曲而未能与门窗的上框贴紧，尚有离缝的现象。

主控项目第四项 所谓配件包括构件附带的或后配的各种零件，其中主要是各种五金件。门窗配件不仅影响门窗功能，有的也影响安全。

一般项目第一项 检查门窗框与墙体间保温材料的填塞是否饱满、均匀。保温材料凡填塞不密实将严重影响门窗防寒、防风等正常功能。保温材料应饱满，指填塞的材料应与框面齐平而不能有里外透亮的现象。

轻击门窗框检查主要是听其声音，凭经验判其填嵌材料是否饱满。

一般项目第二项 该项要求除有美观作用外，同时也是保证门窗扇使用功能的重要项目，如门窗披水、压缝条起防风、防雨的作用。固定时，应用木螺钉与框、扇拧紧。

一般项目第三项 木门窗安装的留缝限值、允许偏差和检验方法应符合表6-6的规定。

表6-6 木门窗安装的留缝限值、允许偏差和检验方法

项次	项 目		留缝限值/mm		允许偏差/mm		检验方法
			普通	高级	普通	高级	
1	门窗槽口对角线长度差		—	—	3	2	用钢尺检查
2	门窗框的正、侧面垂直度		—	—	2	1	用1m垂直检测尺检查
3	框与扇、扇与扇接缝高低差		—	—	2	1	用钢直尺和塞尺检查
4	门窗扇对口缝		1~2.5	1.5~2	—	—	用塞尺检查
5	工业厂房双扇大门对口缝		2~5	—	—	—	
6	门窗扇与上框间留缝		1~2	1~1.5	—	—	
7	门窗扇与侧框间留缝		1~2.5	1~1.5	—	—	
8	窗扇与下框间留缝		2~3	2~2.5	—	—	
9	门扇与下框间留缝		3~5	3~4	—	—	
10	双层门窗内外框间距		—	—	4	3	用钢尺检查
11	无下框时门扇与地面间留缝	外门	4~7	5~6	—	—	用塞尺检查
		内门	5~8	6~7	—	—	
		卫生间门	8~12	8~10	—	—	
		厂房大门	10~20	—	—	—	

注：1. 表中除给出允许偏差外，对留缝尺寸等也给出了尺寸限值。考虑到所给尺寸限值是一个范围，故不再给出允许偏差。

2. 表中允许偏差栏中所列数值，凡注明正负号的，表示GB 50210—2001对此偏差的不同方向有不同要求，应严格遵守。凡没有注明正负号的，即使其偏差可能具有方向性，但GB 50210—2001并未对这类偏差的方向性作出规定，故检查时对这些偏差可以不考虑方向性要求。

3. 本表摘自《建筑装饰装修工程质量验收规范》(GB 50210—2001)。

6.3.3 金属门窗安装分项工程

金属门窗安装工程一般指钢门窗、铝合金门窗、涂色镀锌钢板门窗等门窗的安装工程。

(1) 金属门窗安装分项工程检验批质量检验标准和检验方法见表6-7。

(2) 金属门窗安装分项工程检验批质量检验的说明

主控项目第一项 钢门窗和铝合金门窗及附件应有出厂合格证和需方在产品出厂前对产

表 6-7 金属门窗安装分项工程检验批质量检验标准和检验方法

项	序号	项目	合格质量标准	检验方法	检查数量
主控项目	1	门窗质量	金属门窗的品种、类型、规格、尺寸、性能、开启方向、安装位置、连接方式及铝合金门窗的型材壁厚应符合设计要求。金属门窗的防腐处理及填嵌、密封处理应符合设计要求	观察；尺量检查；检查产品合格证书、性能检测报告、进场验收记录和复验报告；检查隐蔽工程验收记录	每个检验批应至少抽查5%并不得少于3樘，不足3樘时应全数检查；高层建筑的外窗，每个检验批应至少抽查10%，并不得少于6樘，不足6樘时应全数检查
主控项目	2	框和副框安装及预埋件	金属门窗框和副框的安装必须牢固。预埋件的数量、位置、埋设方式、与框的连接方式必须符合设计要求	手扳检查；检查隐蔽工程验收记录	
主控项目	3	门窗扇安装	金属门窗扇必须安装牢固，并应开关灵活、关闭严密，无倒翘。推拉门窗扇必须有防脱落措施	观察；开启和关闭检查；手扳检查	
主控项目	4	配件质量及安装	金属门窗配件的型号、规格、数量应符合设计要求，安装应牢固，位置应正确，功能应满足使用要求	观察；开启和关闭检查；手扳检查	
一般项目	1	表面质量	金属门窗表面应洁净、平整、光滑、色泽一致，无锈蚀。大面应无划痕、碰伤。漆膜或保护层应连续	观察	
一般项目	2	框与墙体间缝隙	金属门窗框与墙体之间的缝隙应填嵌饱满，并采用密封胶密封。密封胶表面应光滑、顺直、无裂纹	观察；轻敲门窗框检查；检查隐蔽工程验收记录	
一般项目	3	留缝限值和允许偏差	金属门窗安装的留缝限值、允许偏差和检验方法应符合表 6-8～表 6-10 的规定	见表 6-8～表 6-10 的规定	
一般项目	4	排水孔	有排水孔的金属门窗，排水孔应畅通，位置和数量应符合设计要求	观察	
一般项目	5	扇密封胶条或毛毡密封条	金属门窗的橡胶密封条或毛毡密封条应安装完好，不得脱槽	观察；开启和关闭检查	
一般项目	6	开关力	对于铝合金门窗：合金门窗推拉门窗扇开关力应不大于100N	用弹簧秤检查	

品抽查的验收凭证，以防止产品进场后质量验收时存在问题。性能检测报告系指生产厂提供的材料性能检测报告，用于外墙的金属窗应有抗风压性能、空气渗透性能和雨水渗漏性能的检测报告。用料的规格、立面要求、结合形式、几何尺寸以及所用附件的材质、品种、形式、质量要求等应符合设计图纸和《钢窗检验规则》以及《铝合金检验规则》的规定。有的需方在货到后仅过数验收，对门窗的质量未在出厂前认真验收，进场也未验收检查，造成一些门窗质量不合格。另外，铝合金型材的壁厚经常达不到设计要求，由于铝合金型材的购销常以质量计算，所以施工单位往往会偷工减料，使用较薄的型材。

镀锌钢板门窗主控项目和一般项目除允许偏差与铝合金门窗不一致外，其余同铝合金门窗，下面不再提及。

主控项目第二项 钢门窗是通过连接在外框上的燕尾铁脚与墙体等进行固定的，大面积的组合钢窗则是通过纵、横拼管与墙体等相互连接后，再将钢窗外框逐樘固定在拼管上，安装好的钢门窗在框与墙体填塞前必须检查预埋件的数量、位置、预埋深度、连接点的数量、电焊的质量等是否符合要求，并做好隐蔽记录。如有缺陷应及时处理，符合要求后及时做好框与墙体之间缝隙的填塞处理。

铝合金门窗是通过连接在外框上的铁件与墙体等进行固定的，在框与墙体填塞前必须检查预埋件的数量、位置、埋设方式与框的连接方式等是否符合要求，并做好隐蔽记录。在砌体上安装门、窗时严禁用射钉固定。如有缺陷应及时处理,符合要求后及时做好框与墙体之间缝隙的填塞处理。

主控项目第三项 推拉门窗扇万一脱落极易造成人身安全事故,对高层建筑来说危险性更大,故规范规定金属门窗和塑料门窗的推拉门窗扇必须有防脱落措施。铝合金门窗的防脱落措施一般是在内框上边加装防止卸掉的装置。

主控项目第四项 钢门窗的配件包括铰链、执手、支撑、门锁、地弹簧、闭门器、密封条、石棉条等;铝合金门窗的配件包括执手、支撑、门锁、地弹簧、闭门器、密封条等。本身质量应符合设计要求,所有应装的配件必须装全,包括连接螺栓均不得遗漏。螺母应拧紧,不得松动,如需现场焊接的,其焊接质量应符合要求。钢门窗配件的安装,必须在墙面、平顶粉刷完毕后并在安装玻璃前进行。钢门窗进行校正达到关闭严密、开启灵活、无倒翘后方可安装配件,以防止配件安装后再行校正。

一般项目第二项 对钢门窗来说,除用燕尾钢脚与墙体连接外,还要对框与墙体间的缝隙填嵌密实,以增加其稳固和防止门窗边渗水,框与墙体间缝隙的填嵌材料,应符合设计要求,若设计无规定时,可用1:2水泥砂浆填嵌密实。严禁用石灰砂浆或混合砂浆嵌缝。

铝合金门窗除用铁件(应进行镀锌处理)与墙体连接外,还要对框与墙体间的缝隙填嵌密实,以增加其稳固和防止门窗边渗水,框与墙体间缝隙的填嵌材料,应符合设计要求。窗框与墙体之间填嵌后应用密封胶密封。在检查时要注意铝合金横竖框接头处、下框铆钉处的打胶。

一般项目第三项 金属门窗安装的留缝限值、允许偏差和检验方法应符合表6-8~表6-10的规定。

表6-8 钢门窗安装的留缝限值、允许偏差和检验方法

项次	项 目		留缝限值/mm	允许偏差/mm	检验方法
1	门窗槽口宽度、高度	≤1500mm	—	2.5	用钢尺检查
		>1500mm		3.5	
2	门窗槽对角线长度	≤2000mm	—	5	用钢尺检查
		>2000mm	—	6	
3	门窗框的正、侧面垂直度			3	用1m垂直检测尺检查
4	门窗横框的水平度			3	用1m水平尺和塞尺检查
5	门窗横框标高			5	用钢尺检查
6	门窗竖向偏离中心			4	用钢尺检查
7	双层门窗内外框间距			5	用钢尺检查
8	门窗框、扇配合间隙		≤2		用塞尺检查
9	无下框时门扇与地面间留缝		4~8	—	用塞尺检查

施工时,墙体洞口尺寸的大小应按设计要求留设,框边与洞壁结构的间隙应保持适当,一般不小于2cm。

对于铝合金门窗,装入洞口应横平竖直。外框与洞口应弹性连接牢固,不得将门窗外框直接埋入墙体。铝合金门窗安装密封条时应留有伸缩余量,一般比门窗的装配边长20~30mm,在转角处应斜面断开,并用胶黏剂粘牢固,以免产生收缩缝。门窗外框与墙体的缝隙填塞,应按设计要求处理。若设计无要求时,建筑工程施工质量检查与验收应采用闭孔弹性材料填塞,缝隙外表留5~8mm深的槽口,填嵌密封材料。有些工程在铝合金窗框与墙

体间的缝隙中直接填塞水泥砂浆，必须予以纠正。

表 6-9 铝合金门窗安装的缝隙限值、允许偏差和检验方法

项次	项目		允许偏差/mm	检验方法
1	门窗槽口宽度、高度	≤1500mm	1.5	用钢尺检查
		>1500mm	2	
2	门窗槽对角线长度	≤2000mm	3	用钢尺检查
		>2000mm	4	
3	门窗框的正、侧面垂直度		2.5	用垂直检测尺检查
4	门窗横框的水平度		2	用1m水平尺和塞尺检查
5	门窗横框标高		5	用钢尺检查
6	门窗竖向偏离中心		5	用钢尺检查
7	双层门窗内外框间距		4	用钢尺检查
8	推拉门窗扇与框搭接量		1.5	用钢直尺检查

表 6-10 涂色镀锌钢板门窗安装的允许偏差和检验方法

项次	项目		允许偏差/mm	检验方法
1	门窗槽的宽度、高度	≤1500mm	2	用钢尺检查
		>1500mm	3	
2	门窗槽对角线长度	≤2000mm	4	用钢尺检查
		>2000mm	5	
3	门窗框的正、侧面垂直度		3	用垂直检测尺检查
4	门窗横框的水平度		3	用1m水平尺和塞尺检查
5	门窗横框标高		5	用钢尺检查
6	门窗竖向偏离中心		5	用钢尺检查
7	双层门窗内外框间距		4	用钢尺检查
8	推拉门窗扇与框搭接量		2	用钢直尺检查

6.3.4 塑料门窗安装分项工程

（1）塑料门窗安装分项工程检验批质量检验标准和检验方法见表6-11。

（2）塑料门窗分项工程检验批质量检验的说明

主控项目第一项 门窗的品种、类型、规格、外观、外形尺寸、装配质量、力学性能应符合国家现行标准的有关规定；门窗中竖框、中横框或拼樘料等主要受力杆件中的增强型钢，应在产品说明中注明规格和尺寸。门窗的抗风压、空气渗透、雨水渗漏三项基本物理性能应符合《PVC塑料门》（JG/T 3017）和《PVC塑料窗》（JG/T 3018）中对这三项性能分级的规定及设计要求，供方应附有该等级的质量检测报告。如果设计对保温、隔声性能提出要求，其性能也应符合《PVC塑料门》（JG/T 3017）、《PVC塑料窗》（JG/T 3018）的规定及设计要求。门窗产品应有出厂合格证。三项性能还需现场取样复验，进场时还要验收并做记录。

主控项目第二项 门窗不得有焊脚开焊、型材断裂等损坏现象，框和扇的平整度、直角度和翘曲度以及装配间隙应符合国家标准《PVC塑料门》（JG/T 3017）、《PVC塑料窗》（JG/T 3018）的有关规定，并不得有下垂和翘曲变形，以免妨碍开关。塑料门窗安装工程

表 6-11 塑料门窗安装分项工程检验批质量检验标准和检验方法

项	序号	项目	合格质量标准	检验方法	检查数量
主控项目	1	门窗质量	塑料门窗的品种、类型、规格、尺寸、开启方向、安装位置、连接方式及填嵌密封处理应符合设计要求。内衬增强型钢的壁厚及设置应符合国家现行产品标准的质量要求	观察;尺量检查;检查产品合格证书、性能检测报告、进场验收记录和复验报告;检查隐蔽工程验收记录	每个检验批应至少抽查5%，并不得少于3樘,不足3樘时应全数检查;高层建筑的外窗，每个检验批应至少抽查10%并不得少于6樘，不足6樘时应全数检查
	2	框、扇安装	塑料门窗框、副框和扇的安装必须牢固。固定片或膨胀螺栓的数量与位置应正确,连接方式应符合设计要求。固定点应距窗角、中横框、中竖框150~200mm,固定点间距不应大于600mm	观察;手扳检查;检查隐蔽工程验收记录	
	3	拼樘料与框连接	塑料门窗拼樘料内衬增强型钢的规格、壁厚必须符合设计要求,型钢应与型材内腔紧密吻合,其两端必须与洞口固定牢固。窗框必须与拼樘料连接紧密,固定点间距不应大于600mm	观察;手扳检查;尺量检查;检查进场验收记录	
	4	门窗扇安装	塑料门窗应开关灵活、关闭严密,无倒翘。推拉门窗扇必须有防脱落措施	观察;开启和关闭检查;手扳检查	
	5	配件质量及安装	塑料门窗配件的型号、规格、数量应符合设计要求,安装应牢固,位置应正确,功能应满足使用要求	观察;手扳检查;尺量检查	
	6	框与墙体缝隙填嵌	塑料门窗框与墙体间缝隙应采用多孔弹性材料填嵌饱满,表面应采用密封胶密封。密封腔应粘接牢固,表面应光滑、顺直、无裂纹	观察;检查隐蔽工程验收记录	
一般项目	1	表面质量	塑料门窗表面应洁净、平整、光滑,大面应无划痕、碰伤	观察	
	2	密封条及旋转门窗间隙	塑料门窗扇的密封条不得脱槽。旋转窗间隙应基本均匀	观察	
	3	门窗扇开关力	塑料门窗的开关力应符合下列规定:(1)平开门窗扇平铰链的开关力应不大于80N;滑撑铰链的开关力应不大于80N,并不小于30N。(2)推拉门窗扇的开关力应不大于100N	观察;用弹簧秤检查	
	4	玻璃密封条、玻璃槽口	玻璃密封条与玻璃及玻璃槽口的接缝应平整,不得卷边、脱槽	观察	
	5	排水孔	排水孔应畅通,位置和数量应符合设计要求		
	6	安装允许偏差	塑料门窗安装的允许偏差和检验方法应符合表6-12的规定	见表6-12	

中经常遇到门窗框、扇变形的质量问题，其主要原因是型材的内衬增强型钢设置不合理。有的内衬增强型钢壁厚不够；有的型钢在型材腔内松旷、空隙大，不能与型材组合受力；有的少配型钢，分段插入型钢，甚至存在不配型钢的情况。为防止上述质量问题，规范规定内衬增强型钢的壁厚和设置应符合产品标准的要求。

主控项目第三项 近年来，建筑装饰装修采用组合窗的形式逐渐增多。拼樘料不仅起连接作用，而且是组合窗的重要受力部件，故必须保证拼樘料的规格和质量。拼樘料的规格、尺寸、壁厚等应由设计给出，并应使组合窗能够承受该地区的瞬时风压值。

主控项目第四项 参照铝合金门窗主控项目有关内容。

主控项目第五项 塑料门窗采用的紧固件、五金件、增强型钢等，应符合下列要求。

① 紧固件、五金件、增强型钢及金属衬板等，应进行表面防腐处理。

② 紧固件的镀锌金属及其厚度宜符合现行国家标准《螺纹紧固件电镀层》（GB 5269）的有关规定，紧固件的尺寸、螺纹、公差、十字槽及机械性能等技术条件应符合现行国家标准《十字槽盘头自攻螺钉》（GB 845）、《十字槽沉头自攻螺钉》（GB 846）的有关规定。

③ 五金件型号、规格和性能均应符合国家标准的有关规定；滑撑铰链不得使用铝合金材料。

④ 全防腐型门窗应采用相应的防腐型五金件及紧固件。

⑤ 固定片厚度应大于或等于1.5mm，最小宽度应大于或等于15mm，其材质应采用A235冷轧钢板，其表面应进行镀锌处理。

⑥ 组合窗及连窗门的拼樘料应采用与其内腔紧密吻合的增强型钢作为内衬，型钢两端应比拼樘料长出10～15mm。外窗的拼樘料截面尺寸及型钢形状、壁厚，应能使组合窗承受该地区的瞬时风压值。

塑料门窗装入洞口应横平竖直，外框与洞口应弹性连接牢固，不得将门窗外框直接埋入墙体。

横向及竖向组合时，应采取套插，搭接形成凸面组合，搭接长度宜为10mm，并用密封膏密封。

安装密封条时应留有伸缩余量，一般比门窗的装配边长20～30mm，在转角处应斜面断开，并用胶粘牢固，以免产生收缩缝。

若门窗为明螺钉连接时，应用与门窗颜色相同的密封材料将其掩埋密封。

安装后的门窗必须有可靠的刚性，必要时可增设加固件，并应做防腐处理。在使用闭孔泡沫塑料、发泡聚苯乙烯等弹性材料时应分层填塞，填塞不宜过紧。对于保温、隔声等级要求较高的工程，应采用相应的隔热、隔声材料填塞。填塞后，撤掉临时固定用木楔或垫块，其空隙也应采用闭孔弹性材料填塞。

塑料门窗的线性膨胀系数较大，由于温度升降易引起门窗变形或在门窗框与墙体间出现裂缝，为了防止上述现象出现，特规定塑料门窗框与墙体间缝隙应采用伸缩性能较好的闭孔弹性材料填嵌，并用密封胶密封。采用闭孔材料则是为了防止材料吸水导致连接件锈蚀，影响安装强度。

一般项目第六项 安装的允许偏差见表6-12。

表6-12 塑料门窗安装的允许偏差和检验方法

项次	项 目		允许偏差/mm	检验方法
1	门窗槽口宽度、高度	≤1500mm	2	用钢尺检查
		>1500mm	3	
2	门窗槽口对角线长度差	≤2000mm	3	用钢尺检查
		>2000mm	5	
3	门窗框的正、侧面垂直度		3	用1m垂直检测尺检查
4	门窗横框的水平度		3	用1m水平尺和塞尺检查
5	门窗横框标高		5	用钢尺检查
6	门窗竖向偏离中心		5	用钢直尺检查
7	双层门窗内外框间距		4	用钢尺检查
8	同樘平开门窗相邻扇高度差		2	用钢直尺检查
9	平开门窗铰链部位配合间隙		+2；-1	用塞尺检查
10	推拉门窗扇与框搭接量		+1.5；-2.5	用钢直尺检查
11	推拉门窗扇与竖框平行度		2	用1m水平尺和塞尺检查

6.3.5 门窗玻璃安装分项工程

（1）门窗玻璃安装分项工程检验批质量检验标准和检验方法见表6-13。

表6-13 门窗玻璃安装分项工程检验批质量检验标准和检验方法

项	序号	项目	合格质量标准	检验方法	检查数量
主控项目	1	玻璃质量	玻璃的品种、规格、尺寸、色彩、图案和涂膜朝向应符合设计要求。单块玻璃大于1.5m时应使用安全玻璃	观察；检查产品合格证书、性能检测报告和进场验收记录	每个检验批应至少抽查5%，不得少于3樘，不足3樘时应全数检查；高层建筑的外窗，每个检验批应至少抽查10%，并不得少于6樘，不足6樘时应全数检查
主控项目	2	玻璃裁割与安装质量	门窗玻璃裁割尺寸应正确。安装后的玻璃应牢固，不得有裂纹、损伤和松动	观察；轻敲检查	
主控项目	3	安装方法、钉子或钢丝卡	玻璃的安装方法应符合设计要求。固定玻璃的钉子或钢丝卡的数量、规格应保证玻璃安装牢固	观察；检查施工记录	
主控项目	4	木压条	镶钉木压条接触玻璃处，应与裁口边缘平齐。木压条应互相紧密连接，并与裁口边缘紧贴，割角应整齐	观察	
主控项目	5	密封条	密封条与玻璃、玻璃槽口的接触应紧密、平整。密封腔与玻璃、玻璃槽口的边缘应粘结牢固，接缝平齐	观察	
主控项目	6	带密封条的玻璃	带密封条的玻璃压条，其密封条必须与玻璃全部贴紧，压条与型材之间应无明显缝隙，压条接缝应不大于0.5mm	观察，尺量检查	
一般项目	1	玻璃表面	玻璃表面应洁净，不得有腻子、密封胶、涂料等污渍。中空玻璃内外表面均应洁净，玻璃中空层内不得有灰尘和水蒸气	观察	
一般项目	2	玻璃安装方向	门窗玻璃不应直接接触型材。单面镀膜玻璃的镀膜层及磨砂玻璃的磨砂面应朝向室内。中空玻璃的单面镀膜玻璃应在最外层，镀膜层应朝向室内	观察	
一般项目	3	腻子	腻子应填抹饱满、粘接牢固；腻子边缘与裁口应平齐。固定玻璃的卡子不应在腻子表面显露		

（2）门窗玻璃安装工程检验批质量检验的说明

主控项目第一项 对玻璃质量进行检查时，不仅要对玻璃外观质量进行检查，还要检查合格证和性能检测报告，当门、窗玻璃大于1.5m时，应使用安全玻璃，安全玻璃系指钢化玻璃、夹层玻璃和夹丝玻璃。

主控项目第二项 为防止门窗的框、扇型材胀缩、变形时导致玻璃破碎，门窗玻璃不应直接接触型材。油灰应用熟桐油等天然干性油拌制，其他油料拌制的油灰必须经试验合格后方可使用。油灰应具有塑性，嵌抹时不断裂、不出麻面，在常温下，应在20昼夜内硬化。用于钢门窗玻璃的油灰，应具有防锈性。

一般项目第一项 玻璃工程安装时注意玻璃的污染，安装后应进行清理，以保证玻璃的清洁，竣工后的玻璃工程，表面应洁净，不得留有油灰、浆水、油漆等斑污。

一般项目第二项 为防止窗的框扇型材胀缩、变形时导致玻璃破碎，门窗玻璃不应直接接触型材。为保护镀膜玻璃上的镀膜层及发挥镀膜层的作用，规范规定了此条内容。

一般项目第三项 安装玻璃前，应将裁口内污垢清理干净，沿裁口全长均匀涂抹1～3mm厚的底油灰，腻子应与玻璃挤紧、无缝隙。面腻子应刮成斜面，四角呈"八"字形，表面不得有流淌、裂缝和麻面。从斜面看不到裁口，从裁口面看不到灰边。

玻璃安装需要打底，检查时一定要注意，凡未打底的应返工。腻子质量也存在一定问题，有的混有杂质或石蜡，有的油性小，粉质填料多；调拌不匀，太软不易成形，太硬不易刮平。加上操作技术不熟练、不认真，致使涂抹的腻子达不到质量标准，存在粘接不牢，出现皲皮、断裂、脱落等缺陷。

6.4 吊顶子分部工程

6.4.1 一般规定

验收规范对暗龙骨吊顶、明龙骨吊顶等分项工程的质量验收，主要应检查文件和记录、材料的复检及要求、隐蔽工程项目验收的内容、检验批的划分及检查数量、工艺要求等方面。吊顶工程一般规定的内容具体如下。

(1) 吊顶工程验收时应检查下列文件和记录。
① 吊顶工程的施工图、设计说明及其他设计文件。
② 材料的产品合格证书、性能检测报告、进场验收记录和复验报告。
③ 隐蔽工程验收记录。
④ 施工记录。

(2) 吊顶工程应对人造木板的甲醛含量进行复验。

(3) 吊顶工程应对下列隐蔽工程项目进行验收。
① 吊顶内管道、设备的安装及水管试压。
② 木龙骨防火、防腐处理。
③ 预埋件或拉接筋。
④ 吊杆安装。
⑤ 龙骨安装。
⑥ 填充材料的设置。

为了既保证吊顶工程的使用安全，又做到竣工验收时不破坏饰面，吊顶工程的隐蔽工程验收非常重要，本条所列各款均应提供由监理工程师签名的隐蔽工程验收记录。

(4) 各分项工程的检验批应按下列规定划分：同一品种的吊顶工程每 50 间（大面积房间和走廊按吊顶面积 $30m^2$ 为一间）应划分为一个检验批，不足 50 间也应划分为一个检验批。

(5) 检查数量应符合下列规定：每个检验批应至少抽查 10%，并不得少于 3 间；不足 3 间时应全数检查。

(6) 安装龙骨前，应按设计要求对房间净高、洞口标高和吊顶内管道、设备及其支架的标高进行交接检验。

(7) 吊顶工程的木吊杆、木龙骨和木饰面板必须进行防火处理，并应符合有关设计防火规范的规定。

(8) 吊顶工程中的预埋件、钢筋吊杆和型钢吊杆应进行防锈处理。

(9) 安装饰面板前应完成吊顶内管道和设备的调试及验收。

(10) 吊杆距主龙骨端部距离不得大于 300mm，当大于 300mm 时，应增加吊杆。当吊杆长度大于 1.5m 时，应设置反支撑。当吊杆与设备相遇时，应调整并增设吊杆。

(11) 重型灯具、电扇及其他重型设备严禁安装在吊顶工程的龙骨上。

龙骨的设置主要是为了固定饰面材料，一些轻型设备如小型灯具、烟感器、喷淋头、风口篦子等也可以固定在饰面材料上。但如果把电扇和大型吊灯固定在龙骨上，可能会造成脱落伤人事故。为了保证吊顶工程的使用安全，特制定本条并作为强制性条文。

6.4.2 暗龙骨吊顶工程

暗龙骨吊顶是吊顶面层完成后龙骨隐藏在面层板内,多用在整体面层吊顶(如石膏板吊顶),常以轻钢龙骨、铝合金龙骨、木龙骨等为骨架,以石膏板、金属板、矿棉板、木板、塑料板或格栅等为饰面材料。

暗龙骨吊顶分项工程检验批质量检验标准见表 6-14,其允许偏差和检验方法见表 6-15。

表 6-14 暗龙骨吊顶分项工程检验批质量检验标准

项	序号	项目	合格质量标准	检验方法	检查数量
主控项目	1	吊顶标高、尺寸、起拱和造型	应符合设计要求	观察;尺量检查	每个检验批应至少抽查10%,并不得少于3间;不足3间时应全数检查
	2	饰面材料的材质、品种、规格、图案和颜色	应符合设计要求	观察;检查产品合格证书、性能检测报告、进场验收记录和复验报告	
	3	吊杆、龙骨和饰面材料的安装	安装必须牢固	观察;手扳检查;检查隐蔽工程验收记录和施工记录	
	4	吊杆、龙骨的材质、规格、安装间距及连接方式	应符合设计要求。金属吊杆、龙骨应经过表面防腐处理;木吊杆、龙骨应进行防腐、防火处理	观察;尺量检查;检查产品合格证书、性能检测报告、进场验收记录和隐蔽工程验收记录	
	5	石膏板的接缝	石膏板的接缝应按其施工工艺标准进行板缝防裂处理。安装双层石膏板时,面层板与基层板的接缝应错开,并不得在同一根龙骨上接缝	观察	
一般项目	1	饰面材料表面	表面应洁净、色泽一致,不得有翘曲、裂缝及缺损。压条应平直、宽窄一致	观察;尺量检查	
	2	饰面板上设备的位置及与饰面板的交接	饰面板上的灯具、烟感器、喷淋头、风口篦子等设备的位置应合理、美观,与饰面板的交接应吻合、严密	观察	
	3	金属吊杆、龙骨的接缝	金属吊杆、龙骨的接缝应均匀一致,角缝应吻合,表面应平整,无翘曲、锤印。木质吊杆、龙骨应顺直,无劈裂、变形	检查隐蔽工程验收记录和施工记录	
	4	吊顶内填充材料	吊顶内填充吸声材料的品种和铺设厚度应符合设计要求,并应有防散落措施	检查隐蔽工程验收记录和施工记录	
	5	允许偏差	暗龙骨吊顶工程安装的允许偏差和检验方法应符合表 6-15 的规定	见表 6-15	

表 6-15 暗龙骨吊顶工程安装的允许偏差和检验方法

项次	项目	允许偏差/mm				检验方法
		纸面石膏板	金属板	矿棉板	木板、塑料板、格栅	
1	表面平整度	3	2	2	3	用2m靠尺和塞尺检查
2	接缝直线度	3	1.5	3	3	拉5m线,不足5m拉通线,用钢直尺检查
3	接缝高低差	1	1	1.5	1	用钢直尺和塞尺检查

6.4.3 明龙骨吊顶工程

明龙骨吊顶是吊顶面层安装后,用来固定面层板的龙骨外露,多用在块料吊顶中(如矿棉板吊顶），明龙骨吊顶工程常以轻钢龙骨、铝合金龙骨、木龙骨等为骨架，以石膏板、金属板、矿棉板、塑料板、玻璃板或格栅等为饰面材料。

明龙骨吊顶分项工程检验批质量检验标准见表6-16，其允许偏差及检验方法见表6-17。

表6-16 明龙骨吊顶分项工程检验批质量检验标准

项	序号	项目	合格质量标准	检验方法	检查数量
主控项目	1	吊顶标高、尺寸、起拱和造型	应符合设计要求	观察；尺量检查	每个检验批应至少抽查10%，并不得少于3间；不足3间时应全数检查
	2	饰面材料的材质、品种、规格、图案和颜色	应符合设计要求。当饰面材料为玻璃板时，应使用安全玻璃或采取可靠的安全措施	观察；检查产品合格证书、性能检测报告和进场验收记录	
	3	饰面材料的安装	应稳固严密。饰面材料与龙骨的搭接宽度应大于龙骨受力面宽度的2/3	检验方法；观察；手扳检查；尺量检查	
	4	吊杆、龙骨的材质、规格、安装间距及连接方式	应符合设计要求。金属吊杆、龙骨应进行表面防腐处理；木龙骨应进行防腐、防火处理	观察；尺量检查；检查产品合格证书、进场验收记录和隐蔽工程验收记录	
	5	吊杆和龙骨安装	必须牢固	手扳检查；检查隐蔽工程验收记录和施工记录	
一般项目	1	饰面材料表面	应洁净、色泽一致，不得有翘曲、裂缝及缺损。饰面板与明龙骨的搭接应平整、吻合，压条应平直、宽窄一致	观察；尺量检查	
	2	饰面板上的灯具、烟感器、喷淋头、风口篦子等设备的位置	应合理、美观，与饰面板的交接应吻合、严密	观察	
	3	金属龙骨的接缝	应平整、吻合、颜色一致，不得有划伤、擦伤等表面缺陷。木质龙骨应平整、顺直，无劈裂	观察	
	4	吊顶内填充吸声材料的品种和铺设厚度	应符合设计要求，并应有防散落措施	检查隐蔽工程验收记录和施工记录	
	5	允许偏差和检验方法	应符合表6-17的规定	见表6-17	

表6-17 明龙骨吊顶工程安装的允许偏差和检验方法

项次	项目	允许偏差/mm				检验方法
		石膏板	金属板	矿棉板	塑料板、玻璃板	
1	表面平整度	3	2	3	3	用2m靠尺和塞尺检查
2	接缝直线度	3	2	3	3	拉5m线，不足5m拉通线，用钢直尺检查
3	接缝高低差	1	1	2	1	用钢直尺和塞尺检查

6.5 轻质隔墙工程

轻质隔墙是指非承重轻质内隔墙。轻质隔墙工程所用材料的种类和隔墙的构造方法很多，本节讲述板材隔墙、骨架隔墙、活动隔墙、玻璃隔墙四种类型。加气混凝土砌块、空心砌块及各种小型砌块先进砌体类轻质隔墙不在本节讲述范围内。

6.5.1 一般规定

本验收规范对轻质隔墙工程作出的一般规定，主要是应检查的文件和记录、材料的复检及要求、隐蔽工程项目验收的内容、检验批的划分及检查数量、工艺要求等方面。轻质隔墙工程一般规定的内容具体如下。

(1) 轻质隔墙工程验收时应检查下列文件和记录。
① 轻质隔墙工程的施工图、设计说明及其他设计文件。
② 材料的产品合格证书、性能检测报告、进场验收记录和复验报告。
③ 隐蔽工程验收记录。
④ 施工记录。
(2) 轻质隔墙工程应对人造木板的甲醛含量进行复验。
轻质隔墙施工要求对所使用人造木板的甲醛含量进行进场复验。目的是避免对室内空气环境造成污染。
(3) 轻质隔墙工程应对下列隐蔽工程项目进行验收。
① 骨架隔墙中设备管线的安装及水管试压。
② 木龙骨防火、防腐处理。
③ 预埋件或拉接筋。
④ 龙骨安装。
⑤ 填充材料的设置。
轻质隔墙工程中的隐蔽工程施工质量是这一分项工程质量的重要组成部分。轻质隔墙工程中的隐蔽工程验收内容，其中设备管线安装的隐蔽工程验收属于设备专业施工配合的项目，要求在骨架隔墙封面板前，对骨架中设备管线的安装进行隐蔽工程验收，隐蔽工程验收合格后才能封面板。
(4) 各分项工程的检验批应按下列规定划分。
同一品种的轻质隔墙工程每 50 间（大面积房间和走廊按轻质隔墙的墙面 $30m^2$ 为一间）应划分为一个检验批，不足 50 间也应划分为一个检验批。
(5) 轻质隔墙与顶棚和其他墙体的交接处应采取防开裂措施。
轻质隔墙与顶棚或其他材料墙体的交接处容易出现裂缝，因此，要求轻质隔墙的这些部位要采取防裂缝的措施。
(6) 民用建筑轻质隔墙工程的隔声性能应符合现行国家标准《民用建筑隔声设计规范》（GBJ 118）的规定。

6.5.2 板材隔墙工程

板材隔墙是指不需设置隔墙龙骨，由隔墙板材自承重，将预制或现制的隔墙板材直接固定于建筑主体结构上的隔墙工程。目前这类轻质隔墙的应用范围很广，使用的隔墙板材通常分为复合板材、单一材料板材、空心板材等类型。常见的隔板材如金属夹芯板、预制或现制的钢丝网水泥板、石膏夹芯板、石膏水泥板、石膏空心板、泰柏板（舒乐舍板）、增强水泥聚苯板（GRC板）、加气混凝土条板、水泥陶粒板等。随着建材行业的技术进步，这类轻质隔墙板材的性能会不断提高，板材的品种也会不断变化。本节适用于复合轻质墙板、石膏空心板、预制或现制的钢丝网水泥板等板材隔墙工程的质量验收。板材隔墙分项工程检验批质量检验标准见表 6-18，其允许偏差和检验方法见表 6-19。

6.5.3 骨架隔墙工程

骨架隔墙是指在隔墙龙骨两侧安装墙面板以形成墙体的轻质隔墙。这一类隔墙主要是由龙骨作为受力骨架固定于建筑主体结构上。目前大量应用的轻钢龙骨石膏板隔墙就是典型的骨架隔墙。龙骨骨架中根据隔声或保温设计要求可以设置填充材料，根据设备安装要求安装一些设备管线等。龙骨常见的有轻钢龙骨系列、其他金属龙骨以木龙骨。墙面板常见的纸面石膏板、人造木板、防火板、金属板、水泥纤维板以及塑料板等。

表6-18 板材隔墙分项工程检验批质量检验标准

项	序号	项目	合格质量标准	检验方法	检查数量
主控项目	1	品种、规格、性能、颜色	应符合设计要求。有隔声、隔热、阻燃、防潮等特殊要求的工程,板材应有相应性能等级的检测报告	观察;检查产品合格证书、进场验收记录和性能检测报告	每个检验批应至少抽查10%,并不得少于3间;不足3间时应全数检查
	2	预埋件、连接件的位置、数量及连接方法	应符合设计要求	观察;尺量检查;检查隐蔽工程验收记录	
	3	隔墙板材安装	安装必须牢固。现制钢丝网水泥隔墙与周边墙体的连接方法应符合设计要求,并应连接牢固	观察;手扳检查	
	4	接缝材料的品种及接缝方法	应符合设计要求	观察;检查产品合格证书和施工记录	
一般项目	1	隔墙板材安装	应垂直、平整、位置正确,板材不应有裂缝或缺损	观察;尺量检查	
	2	板材隔墙表面	平整光滑、色泽一致、洁净,接缝应均匀、顺直	观察;手摸检查	
	3	隔墙上的孔洞、槽、盒	应位置正确、套割方正、边缘整齐	观察	
	4	安装的允许偏差和检验方法	应符合表6-19的规定	见表6-19	

表6-19 板材隔墙安装的允许偏差和检验方法

项次	项目	允许偏差/mm				检验方法
		复合轻质墙板		石膏空心板	钢丝网水泥板	
		金属夹芯板	其他复合板			
1	立面垂直度	2	3	3	3	用2m垂直检测尺检查
2	表面平整度	2	3	3	3	用2m靠尺和塞尺检查
3	阴阳角方正	3	3	3	4	用直角检测尺检查
4	接缝高低差	1	2	2	3	用钢直尺和塞尺检查

(1) 骨架隔墙吊顶分项工程检验批质量检验标准见表6-20。
(2) 骨架隔墙吊顶分项工程检验批质量检验的说明

主控项目第二项 龙骨体系沿地面、顶棚设置的龙骨及边框龙骨,是隔墙与主体结构之间重要的传力构件,要求这些龙骨必须与基体结构连接牢固,垂直和平整,交接处平直,位置准确。由于这是骨架隔墙施工质量的关键部位,故应作为隐蔽工程项目加以验收。

主控项目第三项 目前我国使用的轻钢龙骨主要有两大系列,一种是仿日本系列,一种是仿欧美系列。这两种系列的构造不同,仿日本龙骨系列要求安装贯通龙骨并在竖向龙骨竖向开口处安装支撑卡,以增强龙骨的整体性和刚度,而仿欧美系列则没有这项要求。在对龙骨进行隐蔽工程验收时可根据设计选用不同龙骨系列的有关规定进行检验,并符合设计要求。

骨架隔墙在有门窗洞口、设备管线安装或其他受力部位,应安装加强龙骨,增强龙骨骨架的强度,以保证在门窗开启使用或受力时隔墙的稳定。

一些有特殊结构要求的墙面,如曲面、斜面等,应按照设计要求进行龙骨安装。

一般项目第四项 骨架隔墙安装的允许偏差和检验方法见表6-21。

表 6-20 骨架隔墙吊顶分项工程检验批质量检验标准

项	序号	项目	合格质量标准	检验方法	检查数量
主控项目	1	材料的性能	骨架隔墙所用龙骨、配件、墙面板、填充材料及嵌缝材料的品种、规格、性能和木材的含水率应符合设计要求。有隔声、隔热、阻燃、防潮等特殊要求的工程,材料应有相应性能等级的检测报告	观察;检查产品合格证书、进场验收记录、性能检测报告和复验报告	每个检验批应至少抽查10%,并不得少于3间;不足3间时应全数检查
	2	边框龙骨与基体结构连接	骨架隔墙工程边框龙骨必须与基体结构连接牢固,并应平整、垂直、位置正确	手扳检查;尺量检查;检查隐蔽工程验收记录	
	3	骨架隔墙中的构造连接、安装	骨架隔墙中龙骨间距和构造连接方法应符合设计要求。骨架内设备管线的安装、门窗洞口等部位加强龙骨应安装牢固、位置正确,填充材料的设置应符合设计要求	检查隐蔽工程验收记录	
	4	木龙骨及木墙面板的防火和防腐处理	必须符合设计要求	检查隐蔽工程验收记录	
	5	骨架隔墙的墙面板	应安装牢固,无脱层、翘曲、折裂及缺损	观察;手扳检查	
	6	墙面板接缝	接缝材料及接缝方法应符合设计要求	观察	
一般项目	1	骨架隔墙表面	应平整光滑、色泽一致、洁净、无裂缝,接缝应均匀、顺直	观察;手摸检查	
	2	骨架隔墙上的孔洞、槽、盒	应位置正确、套割吻合、边缘整齐	观察	
	3	骨架隔墙内的填充材料	应干燥,填充应密实、均匀、无下坠	轻敲检查;检查隐蔽工程验收记录	
	4	安装的允许偏差和检验方法	应符合表6-21的规定	见表6-21	

表 6-21 骨架隔墙安装的允许偏差和检验方法

项次	项目	允许偏差/mm		检验方法
		纸面石膏板	人造木板、水泥纤维板	
1	立面垂直度	3	4	用2m垂直检测尺检查
2	表面平整度	3	3	用2m靠尺和塞尺检查
3	阴阳角方正	3	3	用直角检测尺检查
4	接缝直线度	—	3	拉5m线,不足5m拉通线,用钢直尺检查
5	压条直线度	—	3	拉5m线,不足5m拉通线,用钢直尺检查
6	接缝高低差	1	1	用钢直尺和塞尺检查

6.5.4 活动隔墙工程

活动隔墙是指推拉式活动隔墙、可拆装的活动隔墙等。这一类隔墙大多使用成品板材及其金属框架、附件在现场组装而成,金属框架及饰面板一般不需再做饰面层。也有一些活动隔墙不需要金属框架,完全是使用半成品板材现场加工制作成活动隔墙。

(1) 活动隔墙吊顶分项工程检验批质量检验标准 见表6-22。
(2) 活动隔墙吊顶分项工程检验批质量检验的说明

主控项目第三项 推拉式活动隔墙在使用过程中,经常会由于滑轨推拉制动装置的质量问题而使得推拉使用不灵活,这是一个带有普遍性的质量问题,本条规定了要进行推拉开启检查,应该推拉平稳、灵活。

一般项目第四项 活动隔墙的允许偏差和检验方法见表 6-23。

表 6-22 活动隔墙吊顶分项工程检验批质量检验标准

项	序号	项目	合格质量标准	检验方法	检查数量
主控项目	1	材料的性能	活动隔墙所用墙板、配件等材料的品种、规格、性能和木材的含水率应符合设计要求。有阻燃、防潮等特性要求的工程,材料应有相应性能等级的检测报告	观察;检查产品合格证书、进场验收记录、性能检测报告和复验报告	每个检验批应至少抽查20%,并不得少于6间;不足6间时应全数检查
主控项目	2	活动隔墙轨道与基体结构连接	必须与基体结构连接牢固,并应位置正确	尺量检查;手扳检查	每个检验批应至少抽查20%,并不得少于6间;不足6间时应全数检查
主控项目	3	活动隔墙的构配件	用于组装、推拉和制动的构配件必须安装牢固、位置正确,推拉必须安全、平稳、灵活	尺量检查;手扳检查;推拉检查	每个检验批应至少抽查20%,并不得少于6间;不足6间时应全数检查
主控项目	4	活动隔墙制作方法、组合方式	应符合设计要求	观察	每个检验批应至少抽查20%,并不得少于6间;不足6间时应全数检查
一般项目	1	活动隔墙表面	色泽一致、平整光滑、洁净、线条应顺直、清晰	观察;手摸检查	每个检验批应至少抽查20%,并不得少于6间;不足6间时应全数检查
一般项目	2	活动隔墙上的孔、洞、槽、盒	应位置正确,套割吻合、边缘整齐	观察;尺量检查	每个检验批应至少抽查20%,并不得少于6间;不足6间时应全数检查
一般项目	3	活动隔墙推拉	应无噪声	推拉检查	每个检验批应至少抽查20%,并不得少于6间;不足6间时应全数检查
一般项目	4	安装的允许偏差和检验方法	应符合表 6-23 的规定	见表 6-23	每个检验批应至少抽查20%,并不得少于6间;不足6间时应全数检查

注:活动隔墙在大空间多功能厅室中经常使用,由于这类内隔墙是重复及动态使用,必须保证使用的安全性和灵活性。因此,每个检验批抽查的比例有所增加。

表 6-23 活动隔墙安装的允许偏差和检验方法

项次	项目	允许偏差/mm	检验方法
1	立面垂直度	3	用2m垂直检测尺检查
2	表面平整度	2	用2m靠尺和塞尺检查
3	接缝直线度	3	拉5m线,不足5m拉通线,用钢直尺检查
4	接缝高低差	2	用钢直尺和塞尺检查
5	接缝宽度	2	用钢直尺检查

6.5.5 玻璃隔墙工程

玻璃隔墙在装饰装修工程中用钢化玻璃作内隔墙或用玻璃砖砌筑内隔墙。
(1) 玻璃隔墙分项工程检验批质量检验标准 见表 6-24。

表 6-24 玻璃隔墙分项工程检验批质量检验标准

项	序号	项目	合格质量标准	检验方法	检查数量
主控项目	1	材料的要求	玻璃隔墙所用材料的品种、规格、性能、图案和颜色应符合设计要求。玻璃板隔墙应使用安全玻璃	观察;检查产品合格证书、进场验收记录和性能检测报告	每个检验批应至少抽查20%,并不得少于6间;不足6间时应全数检查
主控项目	2	玻璃砖隔墙的或玻璃板隔墙的安装方法	应符合设计要求	观察	每个检验批应至少抽查20%,并不得少于6间;不足6间时应全数检查
主控项目	3	拉接筋必须与基体结构连接	玻璃砖隔墙砌筑中埋设的拉接筋必须与基体结构连接牢固,并应位置正确	手扳检查;尺量检查;检查隐蔽工程验收记录	每个检验批应至少抽查20%,并不得少于6间;不足6间时应全数检查
主控项目	4	隔墙与胶垫的安装	玻璃板隔墙的安装必须牢固;玻璃隔墙胶垫的安装应正确	观察;手推检查;检查施工记录	每个检验批应至少抽查20%,并不得少于6间;不足6间时应全数检查

续表

项	序号	项目	合格质量标准	检验方法	检查数量
一般项目	1	玻璃隔墙表面	应色泽一致、平整洁净、清晰美观	观察	每个检验批应至少抽查20%，并不得少于6间；不足6间时应全数检查
	2	玻璃隔墙接缝	应横平竖直，玻璃应无裂痕、缺损和划痕	观察	
	3	玻璃板隔墙嵌缝及玻璃砖隔墙勾缝	应密实平整、均匀顺直、深浅一致	观察	
	4	安装的允许偏差和检验方法	应符合表6-25的规定	见表6-25	

注：玻璃隔墙或玻璃砖砌筑隔墙在轻质隔墙中用量一般不是很大，但是有些玻璃隔墙的单块玻璃面积比较大，其安全性就很突出，因此，要对涉及安全性的部位和节点进行检查，而且每个检验批抽查的比例也有所提高。

(2) 玻璃隔墙吊顶分项工程检验批质量检验的说明

主控项目第三项 玻璃砖砌筑隔墙中应埋设拉结筋，拉结筋要与建筑主体结构或受力杆件有可靠的连接；玻璃板隔墙的受力边也要与建筑主体结构或受力杆件有可靠的连接，以充分保证其整体稳定性，保证墙体的安全。

一般项目第四项 玻璃隔墙的允许偏差和检验方法见表6-25。

表6-25 玻璃隔墙安装的允许偏差和检验方法

项次	项目	允许偏差/mm		检验方法
		玻璃砖	玻璃板	
1	立面垂直度	3	2	用2m垂直检测尺检查
2	表面平整度	3	—	用2m靠尺和塞尺检查
3	阴阳角方正	—	2	用直角检测尺检查
4	接缝直线度	—	2	拉5m线，不足5m拉通线，用钢直尺检查
5	接缝高低差	3	2	用钢直尺和塞尺检查
6	接缝宽度	—	1	用钢直尺检查

6.6 饰面板（砖）子分部工程

饰面板（砖）工程的应用十分广泛，在南方或北方的城乡各地，高层建筑或多层建筑的室内或室外随处可见饰面板（砖）工程。饰面板（砖）工程材料的品种、规格十分丰富，目前市场上产品质量的差异比较大。饰面板（砖）工程的质量事故也比较多，尤其是外墙饰面板（砖）工程空鼓脱落的质量问题直接关系到人民群众的生命安全。

本节主要适用于饰面板安装、饰面砖粘贴等分项工程的质量验收。

6.6.1 一般规定

验收规范对饰面板（砖）工程作出的一般规定，主要涉及应检查的文件、对材料性能的控制和复验、隐蔽项目的验收、检验批的划分、工序及工艺要求等。具体规定内容如下。

(1) 本节适用于饰面板安装、饰面砖粘贴等分项工程的质量验收。

(2) 饰面板（砖）工程验收时应检查下列文件和记录。

① 饰面板（砖）工程的施工图、设计说明及其他设计文件。

② 材料的产品合格证书、性能检测报告、进场验收记录和复验报告。

③ 后置埋件的现场拉拔检测报告。

④ 外墙饰面砖样板件的粘接强度检测报告。

⑤ 隐蔽工程验收记录。
⑥ 施工记录。

(3) 饰面板（砖）工程应对下列材料及其性能指标进行复验。
① 室内用花岗石的放射性。
② 粘贴用水泥的凝结时间、安定性和抗压强度。
③ 外墙陶瓷面砖的吸水率。
④ 寒冷地区外墙陶瓷面砖的抗冻性。

(4) 饰面板（砖）工程应对下列隐蔽工程项目进行验收。
① 预埋件（或后置埋件）。
② 连接节点。
③ 防水层。

(5) 各分项工程的检验批应按下列规定划分。
① 相同材料、工艺和施工条件的室内饰面板（砖）工程每 50 间（大面积房间和走廊按施工面积 30m^2 为一间）应划分为一个检验批，不足 50 间也应划分为一个检验批。
② 相同材料、工艺和施工的室外饰面板（砖）工程每 500~1000m^2 应划分为一个检验批，不足 500m^2 也应划分为一个检验批。

(6) 检查数量应符合下列规定。
① 室内每个检验批应至少抽查 10%，并不得少于 3 间；不足 3 间时应全数检查。
② 室外每个检验批每 100m^2 应至少抽查一处，每处不得小于 10m^2。

(7) 外墙饰面砖粘贴前和施工过程中，均应在相同基层上做样板件，并对样板件的饰面砖粘接强度进行检验，其检验方法和结果判定应符合《建筑工程饰面砖粘接强度检验标准》(JGJ 110) 的规定。

(8) 饰面板（砖）工程的防震缝、伸缩缝、沉降缝等部位的处理应保证缝的使用功能和饰面的完整性。

本节一般规定还要求进行材料复验。无机非金属材料含有放射性核素，会影响到人身健康，考虑天然石材中花岗石的放射性存在一定的超标，因此要求对室内用花岗岩的放射性进行复验。

外墙陶瓷面砖的吸水率和寒冷地区外墙陶瓷面砖的抗冻性应进行复验。

关于外墙饰面砖样板件的粘结强度检测的具体要求，行业标准《外墙饰面砖工程施工及验收规程》(JGJ 126—2000) 中 6.0.6 条第 3 款规定："外墙饰面砖工程，应进行粘接强度检验。其取样数量、检验方法、检验结果判定均应符合现行行业标准《建筑工程饰面砖粘结强度检验标准》(JGJ 110) 的规定。"由于该方法为破坏性检验，破损饰面砖不易复原，且检验操作有一定难度，在实际验收中较少采用。规范规定在外墙饰面砖粘贴前和施工过程中应制作样板件并做黏接强度试验。

外墙饰面板（砖）工程在防震缝、伸缩缝、沉降缝等部位的构造方法应保证防震缝、伸缩缝、沉降缝的使用功能。有些工程在使用过程中仅考虑装饰效果，而忽视了结构缝的使用功能，几年后饰面板随着主体结构的应力变化而受挤破损，带来质量安全隐患，又严重影响美观，这是在设计中应该充分注意的问题。

6.6.2 饰面板安装分项工程

饰面板安装工程的质量检查与验收，一是指内墙饰面安装工程；二是指外墙饰面安装工程（高度不大于 24m、抗震设防烈度不大于 7 度）的质量验收。

外墙饰面板安装工程"高度不大于 24m、抗震设防烈度不大于 7 度"的适用范围，是参考了《高层民用建筑设计防火规范》中建筑高度的适用范围。目的是限制外墙饰面板工程的应用高度，以保证其安全。因为饰面板安装与幕墙工程相比，一般不需要进行严格的计算和检测。如果在24m以上的高度安装饰面板，应当按照幕墙工程的要求进行严格的结构计算，并应进行相应项目的检测。

（1）饰面板安装分项工程检验批质量检验标准和检验方法　见表6-26。

表6-26　饰面板安装分项工程检验批质量检验标准和检验方法

项	序号	项目	合格质量标准	检验方法	检查数量
主控项目	1	材料质量	饰面板的品种、规格、颜色和性能应符合设计要求，木龙骨、木饰面板和塑料饰面板的燃烧性能等级应符合设计要求	观察；检查产品合格证书，进场验收记录和性能检测报告	室内每个检验批应至少抽查10%，并不得少于3间；不足3间时应全数检查。室外每个检验批每100m²应至少抽查一处，每处不得小于10m²
	2	饰面板孔、槽	饰面板孔、槽的数量、位置和尺寸应符合设计要求	检查进场验收记录和施工记录	
	3	饰面板安装	饰面板安装工程的预埋件、连接件的数量、规格、位置、连接方法和防腐处理磐须符合设计要求。后置埋件的现场拉拔强度必须符合设计要求。饰面板安装必须牢固	手扳检查；检查进场验收记录、现场拉拔检测报告、隐蔽工程验收记录和施工记录	
一般项目	1	饰面板表面质量	饰面板表面应平整、洁净、色泽一致，无裂痕和缺损；石材表面应无泛碱等污染	观察	
	2	饰面板嵌缝	饰面板嵌缝应密实、平直，宽度和深度应符合设计要求，嵌填材料色泽应一致	观察；尺量检查	
	3	湿作业施工	采用湿作业法施工的饰面板工程，石材应进行防碱背涂处理。饰面板与基体之间的灌注材料应饱满、密实	用小锤轻击检查；检查施工记录	
	4	饰面板孔洞套割	饰面板上的孔洞应套割吻合，边缘应整齐	观察	
	5	安装允许偏差	饰面板安装的允许偏差和检验方法应符合表6-27的规定	见表6-27	

（2）饰面板安装分项工程检验批质量检验的说明

主控项目第一项　由于饰面材料的品种、规格、颜色和图案繁多，质量差异很大，为确保饰面工程的质量，饰面板（砖）的品种、规格、种类和型号以及光泽度、抗折强度、抗压强度、吸水率、抗冻性能都应满足设计要求，并符合建筑材料的有关规定。白瓷砖和不耐风化的大理石不能镶贴在室外，使其裸露在风吹、日晒、雨淋、霜冻的环境中，应对照施工图进行检查。

主控项目第三项　这是一条强制性条文，必须严格执行，对饰面板安装工程涉及安全的五个重要检查项目：预埋件、连接件、防腐处理、后置埋件现场拉拔强度以及饰面板的安装，这五个重要检查项目是质量过程控制的重点，也是保证其安装安全质量的关键，因此作为强制性条文来要求。在施工过程中可以通过手扳检查，检查材料实样和进场验收记录、检查现场后置埋件的拉拔强度检测报告、做好隐蔽工程的质量控制。

饰面板安装工程的施工方法主要有干作业施工和湿作业施工两种方法，目前主要应用于室内墙面装修和室外多层建筑的墙面装修。饰面板工程采用的石材有花岗岩、大理石、青石板和人造石材；采用的瓷板有抛光板和磨边板建筑工程施工质量检查与验收两种；金属饰面板有钢板、铝板等品种；木材饰面板主要用于内墙裙；另外铝塑板、塑料板也经常应用。

一般项目第一项　饰面板安装工程的外观质量除一些常规的要求外，应注意采用传统的湿作业法安装天然石材容易泛碱的问题，这种严重影响饰面板观感质量的问题，是由于板后空腔中灌注的水泥砂浆在水化时析出的氢氧化钙，泛到石材表面，产生不规则的花斑，严重影响建筑物室外石材饰面的装饰效果。因此，在天然石材安装前，应对石材板进行"防碱背涂剂"进行背涂处理。

施工和检查时应注意下列问题。

① 预制水磨石饰面板接缝应干接，并用与饰面板同颜色的水泥浆填抹，保证表面美观。

② 水刷石饰面板的接缝应垫水泥砂浆，并用水泥砂浆勾缝。

③ 釉面砖和外墙面砖的接缝，室外应用水泥浆或水泥砂浆勾缝；室内接缝宜用与釉面砖相同颜色的石膏灰或水泥浆缝，但潮湿的房间不得用石膏灰勾缝。

④ 天然石饰面板的接缝，安装光面和镜面的饰面板，室内接缝应干接，接缝处应用与饰面板相同颜色的水泥浆填抹；室外接缝为干接或在水平缝中垫铅条时，应将压出部分铲除至饰面板表面平齐。干接缝应用干性油脂腻子填抹。

粗磨面、麻面、条纹面、天然面饰面板的接缝和勾缝应用水泥砂浆。

⑤ 板（砖）的压向应正确。如门口两侧的阳角处，大面（墙面）应压小面（门口里侧）。反之小面砖容易撞掉，也不美观。在有排水的阴阳角处，防止水渗入，同时应注意板（砖）的压向问题。

⑥ 非整砖使用部位应适宜，在镶贴前应做好"选砖"和"预排"工作。在同一墙面上横竖排列，不得有一行以上的非整块。

一般项目第三项 本项规定的目的之一是为了第一项的"石材表面应无泛碱污染"，所以石材应进行防碱背涂处理，也就是用酸和水泥中析出的碱进行中和，防止泛碱。饰面板与基体之间的灌筑材料不饱满、不密实也容易引起泛碱，作为是常见的质量缺陷，应予以控制。

一般项目第五项 饰面板安装的允许偏差和检验方法应符合表6-27的规定。

表6-27 饰面板安装的允许偏差和检验方法

项次	项目	允许偏差/mm							检验方法
		石材			瓷板	木材	塑料	金属	
		光面	剁斧石	蘑菇石					
1	立面垂直度	2	3	3	2	1.5	2	2	用2m垂直检测尺检查
2	表面平整度	2	3		1.5	1	2	3	用2m靠尺和塞尺检查
3	阴阳角方正	2	4	4	2	1.5	3		用直角检测足检查
4	接缝直线度	2	4	4	2	1	1	1	拉5m线，不足5m拉通线，用钢直尺检查
5	墙裙、勒脚上口直线度	2	3	3	22	2	2	2	拉5m线，不足5m拉通线，用钢直尺检查
6	接缝高低差	0.5	3		0.5	0.5			用钢直尺和塞尺检查
7	接缝宽度	1	2	2	1	1		1	用钢直尺检查

6.6.3 饰面砖粘贴分项工程

饰面砖粘贴工程是采用粘贴法施工。其中陶瓷面砖主要包括釉面瓷砖、外墙面砖、陶瓷锦砖、陶瓷壁画、劈裂砖等；玻璃面砖主要包括玻璃饰砖、彩色玻璃面砖、釉面玻璃等。

釉面砖（瓷砖）有白色釉面砖、彩色釉面砖、印花砖、图案砖以及各种装饰面砖等。釉面砖表面光滑、美观，易清洗。目前釉面砖存在的问题主要是色泽不一致、几何尺寸不准确、表面平整度差等，检查时应加强对原材料的验收。

陶瓷锦砖现在普遍使用的是陶瓷、玻瓷、玻璃三种锦砖。陶瓷锦砖质地坚实，经久耐用。玻瓷和玻璃锦砖较差，但色泽多样，一般都耐酸、耐磨、不渗水，有一定的抗压力，吸水率小。陶瓷锦砖不易碎裂，玻璃锦砖比较差。

饰面砖粘贴工程适用于内墙饰面砖粘贴工程和高度不大于100m、抗震设防烈度不大于8度、采用满粘法施工的外墙饰面砖粘贴工程的质量验收。

（1）饰面砖粘贴分项工程质量检验标准和检验方法　见表 6-28。

表 6-28　饰面砖粘贴分项工程质量检验标准和检验方法

项	序号	项目	合格质量标准	检验方法	检查数量
主控项目	1	饰面砖质量	饰面砖的品种、规格、图案、颜色和性能应符合设计要求	观察；检查产品合格证书、进场验收记录、性能检测报告和复验报告	室内每个检验批应至少抽查10%，并不得少于3间；不足3间时应全数检查。室外每个检验批每100m²应至少抽查一处，每处不得小于10m²
	2	饰面砖粘贴材料	饰面砖粘贴工程的找平、防水、粘接和勾缝材料及施工方法应符合设计要求及国家现行产品标准和工程技术标准的规定	检查产品合格证书、复验报告和隐蔽工程验收记录	
	3	饰面砖粘贴	饰面砖粘贴必须牢固	检查样板件粘接强度检测报告和施工记录	
	4	满粘法施工	满粘法施工的饰面砖工程应无空鼓、裂缝	观察；用小锤轻击检查	
一般项目	1	饰面砖表面质量	饰面砖表面应平整、洁净、色泽一致，无裂痕和缺损	观察	
	2	阴阳角及非整砖	阴阳角处搭接方式、非整砖使用部位应符合设计要求	观察	
	3	墙面突出物	墙面突出物周围的饰面砖应整砖套割吻合，边角应整齐。墙裙、贴脸突出墙面的厚度应一致	观察；尺量检查	
	4	饰面砖接缝、填嵌、宽深	饰面砖接缝应平直、光滑，填嵌应连续、密实，宽度和深度应符合设计要求	观察；尺量检查	
	5	滴水线	有排水要求的部位应做滴水线（槽）。滴水线（槽）应顺直，流水坡向应正确，坡度符合设计要求	观察；用水平尺检查	
	6	允许偏差	饰面砖粘贴的允许偏差和检验方法应符合表 6-29 的规定	见表 6-29	

（2）饰面砖粘贴分项工程检验批质量检验的说明

主控项目第一项　随着新型材料的不断发展，饰面砖面临一定的挑战。饰面砖本身存在质量和防污染、防墙面渗水的不足，现有些地区已不提倡使用。

面砖的吸水率、抗冻性（寒冷地区）、粘贴用水泥的安定性、凝结时间和抗压强度应进行复验。

主控项目第二项　关于饰面砖粘贴工程的找平、防水、粘接和勾缝材料及施工方法应符合设计要求，并参照《外墙饰面砖工程施工及验收规程》（JGJ 126）的有关规定。

主控项目第三项　饰面砖粘贴必须牢固。这是必须严格执行的强制性条文。我国从 20 世纪 80 年代后期开始，城乡各地采用饰面砖进行外墙面装修迅速增加。有些地方没有很好地执行国家质量检验标准，饰面砖由于各种原因空鼓、脱落的质量事故也不断出现，这不仅仅破坏了建筑物的装饰效果，同时给人民群众带来安全隐患，由此造成的工程返工以及经济索赔也造成了很大的经济损失。要求饰面砖粘贴必须牢固就是要求施工中要认真选材并符合国家现行产品标准，同时要做好样板件粘接强度的检测。施工方法应是满粘法并应在施工中控制找平、防水、粘接和勾缝各道工序，保证饰面砖粘贴无空鼓、裂缝、粘贴牢固。

主控项目第四项　镶贴饰面的基体，应有足够的稳定性、刚度和强度，其表面的要求应按一般抹灰的规定执行。

空鼓是检验是否牢固的一个重要指标，施工方法为满粘法的饰面工程应严禁空鼓。

一般项目第二项　在贴面砖之前，应根据面砖的尺寸和饰面的尺寸进行认真设计，运用计算机进行计算排列。施工时根据设计弹线、排砖，以保证非整砖用得最少，以达到美观的目的。

一般项目第三项　面砖粘贴质量除了牢固以外，主要是观感的要求，而其关键点就在细部的处理。

一般项目第四项 贴面砖接缝宽度不一的原因主要是没有排砖，没有进行整体布局的设计，造成施工时随意粘贴。故面砖粘贴前一定要进行设计。

一般项目第六项 饰面砖粘贴的允许偏差和检验方法见表 6-29。

表 6-29 饰面砖粘贴的允许偏差和检验方法

项次	项目	允许偏差/mm		检验方法
		外墙面砖	内墙面砖	
1	立面垂直度	3	2	用 2m 垂直检测尺检查
2	表面平整度	4	3	用 2m 靠尺和塞尺检查
3	阴阳角方正	3	3	用直角检测尺检查
4	接缝直线度	3	—	拉 5m 线，不足 5m 拉通线，用钢直尺检查
5	接缝高低差	1	0.5	用钢直尺和塞尺检查
6	接缝宽度	1	1	用钢直尺

在镶贴面砖前要注意挑选，使其色泽、纹理一致。瓷砖材料质地疏松，如施工前浸泡不透，砂浆中的浆水渗进砖内，表面污染变色，同时瓷砖还会吸收粘贴材料中的水分，影响粘贴材料强度及密实度；施工后要注意擦洗，表面残留砂浆、污点均应擦干净，并应注意镶贴后的饰面保护。

6.7 幕墙工程

由金属构件与各种板材组成的悬挂在主体结构上、不承担主体结构荷载与作用的建筑物外围护结构，称为建筑幕墙。按建筑幕墙的面板可将其分为玻璃幕墙、金属幕墙、石材幕墙、混凝土幕墙及组合幕墙等。按建筑幕墙的安装形式又可将其分为散装建筑幕墙、半单元建筑幕墙、单元建筑幕墙、小单元建筑幕墙等。

6.7.1 一般规定

验收规范对幕墙工程作出的一般规定，主要应检查文件和记录、材料的复检及要求、隐蔽工程项目验收的内容、检验批的划分及检查数量、工艺要求等方面。吊顶工程一般规定的内容具体如下。

(1) 幕墙工程验收时应检查下列文件和记录。

① 幕墙工程的施工图、结构计算书、设计说明及其他设计文件。

② 建筑设计单位对幕墙工程设计的确认文件。

③ 幕墙工程所用各种材料、五金配件、构件及组件的产品合格证书、性能检测报告、进场验收记录和复验报告。

④ 幕墙工程所用聚硅氧烷结构胶的认定证书和抽查合格证明；进口聚硅氧烷结构胶的商检证；国家指定检测机构出具的聚硅氧烷结构胶相容性和剥离黏结性试验报告；石材用密封胶的耐污染性试验报告。

⑤ 后置埋件的现场拉拔强度检测报告。

⑥ 幕墙的抗风压性能、空气渗透性能、雨水渗漏性能及平面变形性能检测报告。

⑦ 打胶、养护环境的温度、湿度记录；双组分聚硅氧烷结构胶的混匀性试验记录及拉断试验记录。

⑧ 防雷装置测试记录。
⑨ 隐蔽工程验收记录。
⑩ 幕墙构件和组件的加工制作记录；幕墙安装施工记录。
（2）幕墙工程应对下列材料及其性能指标进行复验。
① 铝塑复合板的剥离强度。
② 石材的弯曲度；寒冷地区石材的耐冻融性；室内用花岗石的放射性。
③ 玻璃幕墙用结构胶的邵氏硬度、标准条件拉伸粘接强度、相容性试验；石材用结构胶的粘接强度；石材用密封胶的污染性。
（3）幕墙工程应对下列隐蔽工程项目进行验收。
① 预埋件（或后置埋件）。
② 构件的连接节点。
③ 变形缝及墙面转角处的构造节点。
④ 幕墙防雷装置。
⑤ 幕墙防火构造。
（4）各分项工程的检验批应按下列规定划分。
① 相同设计、材料、工艺和施工条件的幕墙工程每 500~1000m^2 应划分为一个检验批，不足 500m^2 也应划分为一个检验批。
② 同一单位工程的不连续的幕墙工程应单独划分检验批。
③ 对于异型或有特殊要求的幕墙，检验批的划分应根据幕墙的结构、工艺特点及幕墙工程规模，由监理单位（或建设单位）和施工单位协商确定。
（5）检查数量应符合下列规定。
① 每个检验批每 100m^2 应至少抽查一处，每处不得小于 10m^2。
② 对于异型或有特殊要求的幕墙工程，应根据幕墙的结构和工艺特点，由监理单位（或建设单位）和施工单位协商确定。
（6）幕墙及其连接件应具有足够的承载力、刚度和相对于主体结构的位移能力。幕墙构架立柱的连接金属角钢与其他连接件应采用螺栓连接，并应有防松动措施。
（7）隐框、半隐框幕墙所采用的结构粘接材料必须是中性聚硅氧烷结构密封胶，其性能必须符合《建筑用聚硅氧烷结构密封胶》（GB 16776）的规定；聚硅氧烷结构密封胶必须在有效期内使用。

隐框、半隐框玻璃幕墙所采用的中性聚硅氧烷结构密封胶，是保证隐框、半隐框玻璃幕墙安全性的关键材料。中性聚硅氧烷结构密封胶有单组分之分，单组分聚硅氧烷结构密封胶靠吸收空气中水分而固化，因此，单组分聚硅氧烷结构密封胶的固化时间较长，一般需要 14~21d，双组分固化时间较短，一般为 7~10d，聚硅氧烷结构密封胶在完全固化前，其粘接拉伸强度是很弱的，因此，玻璃幕墙构件在打注结构胶后，应在温度 20℃、湿度 50%以上的干净室内养护，待完全固化后才能进行下道工序。

幕墙工程使用的聚硅氧烷结构密封胶，应选用法定检测机构检测合格的产品，在使用前必须对幕墙工程选用的铝合金型材、玻璃、双面胶带、聚硅氧烷耐候密封胶、塑料泡沫棒等与聚硅氧烷结构密封胶接触的材料做相容性试验和粘接剥离性试验，试验合格后才能进行打胶。

（8）立柱和横梁等主要受力构件，其截面受力部分的壁厚应经计算确定，且铝合金型材壁厚不应小于 3.0mm，钢型材壁厚不应小于 3.5mm。

本条规定有双重含意，一是说幕墙的立柱和横梁等主要受力杆件，其截面受力部分的壁厚应经计算确定，但又规定了最小壁厚。如果计算的壁厚小于规定的最小壁厚时，应取最小壁厚值；如果计算的壁厚大于规定的最小壁厚时，应取计算值。这主要是由于某些构造要求无法计算，为保证幕墙的安全可靠而采取的双控措施。

（9）隐框、半隐框幕墙构件中板材与金属框之间聚硅氧烷结构密封胶的粘接宽度，应分别计算风荷载标准值和板材自重标准值作用下聚硅氧烷结构密封胶的粘接宽度，并取其较大值，且不得小于 7.0mm。

聚硅氧烷结构密封胶的粘接宽度是保证半隐框、隐框玻璃幕墙安全的关键环节之一，当采用半隐框、隐框幕墙时，聚硅氧烷结构密封胶的粘接宽度一定要通过计算来确定。当计算的粘接宽度小于规定的最小值时则采用最小值，当计算值大于规定的最小值时则采用计算值。

（10）聚硅氧烷结构密封胶应打注饱满，并应在温度 15～30℃、相对湿度 50% 以上且洁净的室内进行；不得在现场墙上打注。

（11）幕墙的防火除应符合现行国家标准《建筑设计防火规范》(GBJ 16) 和《高层民用建筑设计防火规范》(GB 50045) 的有关规定外，还应符合下列规定。

① 应根据防火材料的耐火极限决定防火层的厚度和宽度，并应在楼板处形成防火带。
② 防火层应采取隔离措施。防火层的衬板应采用经防腐处理且厚度不小于 1.5mm 的钢板，不得采用铝板。
③ 防火层的密封材料应采用防火密封胶。
④ 防火层与玻璃不应直接接触，一块玻璃不应跨两个防火分区。

（12）主体结构与幕墙连接的各种预埋件，其数量、规格、位置和防腐处理必须符合设计要求。

幕墙工程使用的各种预埋件必须经过计算确定，以保证其具有足够的承载力。为了保证幕墙与主体结构连接牢固可靠，幕墙与主体结构连接的预埋件应在主体结构施工时，按设计要求的数量、位置和方法进行埋设，埋设位置应正确。施工过程中如将预埋件的防腐层损坏，应按设计要求重新对其进行防腐处理。

（13）金属框架与主体结构预埋件的连接、立柱与横梁的连接及幕墙面板的安装必须符合设计要求，安装必须牢固。

（14）单元幕墙连接处和吊挂处的铝合金型材的壁厚应通过计算确定，并不得小于 5.0mm。

本条所提到单元幕墙连接处和吊挂处的壁厚，是按照板块的大小、自重及材质、连接型式严格计算的，并留有一定的安全系数，壁厚计算值如果大于 5mm，应取计算值，如果壁厚计算值小于 5mm，应取 5mm。

（15）幕墙的金属框架与主体结构应通过预埋件连接，预埋件应在主体结构混凝土施工时埋入，预埋件的位置应准确。当没有条件采用预埋件连接时，应采用其他可靠的连接措施，并应通过试验确定其承载力。

幕墙构件与混凝土结构的连接一般是通过预埋件实现的。预埋件的锚固钢筋是锚固作用的主要来源，混凝土对锚固钢筋的粘接力是决定性的，因此预埋件必须在混凝土浇灌前埋入，施工时混凝土必须振捣密实。目前实际施工中，往往由于放入预埋件时，未采取有效措施来固定预埋件，混凝土浇铸时往往使预埋件偏离设计位置，影响立柱的连接，甚至无法使用。因此应将预埋件可靠地固定在模板上或钢筋上。

当施工未设预埋件、预埋件漏放、预埋件偏离设计位置、设计变更、旧建筑加装幕墙时，往往要使用后置埋件。采用后置埋件（膨胀螺栓或化学螺栓）时，应符合设计要求并应进行现场拉拔试验。

6.7.2 玻璃幕墙分项工程

《玻璃幕墙工程技术规范》(JGJ 102—2003)主要适用于建筑高度不大于150m、抗震设防烈度不大于8度的隐框玻璃幕墙、半隐框玻璃幕墙、明框玻璃幕墙、全玻璃幕墙及点支撑玻璃幕墙工程的质量验收。

(1)玻璃幕墙分项工程检验批质量检验标准和检验方法见表6-30。

表6-30 玻璃幕墙分项工程检验批质量检验标准和检验方法

项	序号	项目	合格质量标准	检验方法	检查数量
主控项目	1	玻璃幕墙工程所使用的各种材料、构件和组件的质量	应符合设计要求及国家现行产品标准和工程技术规范的规定	检查材料、构件、组件的产品合格证书、进场验收记录、性能检测报告和材料的复验报告	(1)每个检验批每100m²应至少抽查一处,每处不得小于10m² (2)对于异型或有特殊要求的幕墙工程,应根据幕墙的结构和工艺特点,由监理单位(或建设单位)和施工单位协商确定
	2	玻璃幕墙的造型和立面分格	应符合设计要求	观察;尺量检查	
	3	玻璃幕墙使用的玻璃	玻璃幕墙使用的玻璃应符合下列规定: (1)幕墙应使用安全玻璃,玻璃的品种、规格、颜色、光学性能及安装方向应符合设计要求。 (2)幕墙玻璃的厚度不应小于6.0mm。全玻璃幕墙肋玻璃的厚度不应小于12mm (3)幕墙的中空玻璃应采用双道密封。明框幕墙的中空玻璃应采用聚硫密封胶及丁基密封胶;隐框和半隐框幕墙的中空玻璃应采用聚硅氧烷结构密封胶及丁基密封胶;镀膜面应在中空玻璃的第2或第3面上 (4)幕墙的夹层玻璃应采用聚乙烯醇缩丁醛(PVB)胶片干法加工夹层玻璃。点支撑玻璃幕墙夹层胶片(PVB)厚度不应小于0.76mm (5)钢化玻璃表面不得有损伤;8.0mm以下的钢化玻璃应进行引爆处理 (6)所有幕墙玻璃均应进行边缘处理	观察;尺量检查;检查施工记录	
	4	各种预埋件、连接件、紧固件	玻璃幕墙与主体结构连接的各种预埋件、连接件、紧固件必须安装牢固,其数量、规格、位置、连接方法和防腐处理应符合设计要求	观察;检查隐蔽工程验收记录和施工记录	
	5	螺栓连接及焊接连接	各种连接件、紧固件的螺栓应有防松动措施;焊接连接应符合设计要求和焊接规范的规定	观察;检查隐蔽工程验收记录和施工记录	
	6	隐框或半隐框玻璃幕墙,每块玻璃下端应设置的铝合金或不锈钢托条	应设置两个铝合金或不锈钢托条,其长度不应小于100mm,厚度不应小于2mm,托条外端应低于玻璃外表面2mm	观察;检查施工记录	
	7	明框玻璃幕墙的玻璃安装	应符合下列规定: (1)玻璃槽口与玻璃的配合尺寸应符合设计要求和技术标准的规定 (2)玻璃与构件不得直接接触,玻璃四周与构件凹槽底部应保持一定的空隙,每块玻璃下部至少放置两块宽度与槽口宽度相同、长度不小于100mm的弹性定位垫块;玻璃两边嵌入量及空隙应符合设计要求 (3)玻璃四周橡胶条的材质、型号应符合设计要求,镶嵌应平整,橡胶条长度应比边框内槽长1.5%~2.0%,橡胶条在转角处应斜面断开,并应用黏结剂粘接牢固后嵌入槽内	观察;检查施工记录	
	8	全玻璃幕墙吊挂在主体结构上	高度超过4m的全玻璃幕墙应吊挂在主体结构上,吊夹具应符合设计要求,玻璃与玻璃、玻璃与玻璃肋之间的缝隙,应采用聚硅氧烷结构密封胶填嵌严密	观察;检查隐蔽工程验收记录和施工记录	

续表

项	序号	项目	合格质量标准	检验方法	检查数量
主控项目	9	点支撑玻璃幕墙应采用带万向头的活动不锈钢爪	其钢爪间的中心距离应大于250mm	观察；尺量检查	(1)每个检验批每100m²应至少抽查一处，每处不得小于10m² (2)对于异型或有特殊要求的幕墙工程，应根据幕墙的结构和工艺特点，由监理单位（或建设单位）和施工单位协商确定
	10	连接节点	玻璃幕墙四周、玻璃幕墙内表面与主体结构之间的连接节点、各种变形缝、墙角的连接节点应符合设计要求和技术标准的规定	观察；检查隐蔽工程验收记录和施工记录	
	11	渗漏	玻璃幕墙应无渗漏	在易渗漏部位进行淋水检查	
	12	结构胶和密封胶的打注	玻璃幕墙结构胶和密封胶的打注应饱满、密实、连续、均匀、无气泡，宽度和厚度应符合设计要求和技术标准的规定	观察；尺量检查；检查施工记录	
	13	开启窗的配件	玻璃幕墙开启窗的配件应齐全，安装应牢固，安装位置和开启方向、角度应正确；开启应灵活，关闭应严密	观察；手扳检查；开启和关闭检查	
	14	防雷装置	玻璃幕墙的防雷装置必须与主体结构的防雷装置可靠连接	观察；检查隐蔽工程验收记录和施工记录	
一般项目	1	玻璃幕墙表面	玻璃幕墙表面应平整、洁净；整幅玻璃的色泽应均匀一致；不得有污染和镀膜损坏	观察	
	2	每平方米玻璃的表面质量和检验方法	应符合表6-31的规定		
	3	一个分格铝合金型材的表面质量和检验方法	应符合表6-32的规定		
	4	明框玻璃幕墙的外露框或压条；单元玻璃幕墙的单元拼缝或隐框玻璃幕墙的分格玻璃拼缝	明框玻璃幕墙的外露框或压条应横平竖直，颜色、规格应符合设计要求，压条安装应牢固。单元玻璃幕墙的单元拼缝或隐框玻璃幕墙的分格玻璃拼缝应横平竖直、均匀一致	观察；手扳检查；检查进场验收记录	
	5	密封胶缝	应横平竖直、深浅一致、宽窄均匀、光滑顺直	观察；手摸检查	
	6	防火、保温材料填充	应饱满、均匀，表面应密实、平整	检查隐蔽工程验收记录	
	7	隐蔽节点的遮封装修	应牢固、整齐、美观	观察；手扳检查	
	8	明框玻璃幕墙安装的允许偏差和检验方法	应符合表6-33的规定		
	9	隐框、半隐框玻璃幕墙安装的允许偏差和检验方法	应符合表6-34的规定		

(2) 玻璃幕墙分项工程检验批质量检验的说明

主控项目第三项 本条规定幕墙应使用安全玻璃，安全玻璃时指夹层玻璃和钢化玻璃，但不包括半钢化玻璃。夹层玻璃是一种性能良好的安全玻璃，它的制作方法是用聚乙烯醇缩丁醛胶片（PVB）将两块玻璃牢固地粘接起来，受到外力冲击时，玻璃碎片粘在PVB胶片上，可以避免飞溅伤人。钢化玻璃是普通玻璃加热后急速冷却形成的，被打破时变成很多细小无锐角的碎片,不会造成割伤。半钢化玻璃虽然强度也比较大,但其破碎时仍然会形成锐利的碎片,因而不属于安全玻璃。

一般项目第二项 每平方米玻璃的表面质量和检验方法应符合表6-31的规定。

表6-31 每平方米玻璃的表面质量和检验方法

项次	项目	质量要求	检验方法
1	明显划伤和长度>100mm的轻微划伤	不允许	观察
2	长度≤100mm的轻微划伤	≤8条	用钢尺检查
3	擦伤总面积	≤500mm²	用钢尺检查

一般项目第三项 一个分格铝合金型材的表面质量和检验方法应符合表6-32的规定。

表6-32 一个分格铝合金型材的表面质量和检验方法

项次	项目	质量要求	检验方法
1	明显划伤和长度>100mm的轻微划伤	不允许	观察
2	长度≤100mm的轻微划伤	≤2条	用钢尺检查
3	擦伤总面积	≤500mm²	用钢尺检查

一般项目第八项 明框玻璃幕墙安装的允许偏差和检验方法应符合表6-33的规定。

表6-33 明框玻璃幕墙安装的允许偏差和检验方法

项次	项目		允许偏差/mm		检验方法
1	幕墙垂直度	幕墙高度≤30m	10		用经纬仪检查
		30m<幕墙高度≤60m	15		
		60m<幕墙高度≤90m	20		
		幕墙高度>90m	25		
2	幕墙水平度	幕墙幅宽≤35m	5		用水平仪检查
		幕墙幅宽>35m	7		
3	构件直线度		2		用2m靠尺和塞尺检查
4	构件水平度	构件长度≤2m	2		用水平仪检查
		构件长度>2m	3		
5	相邻构件错位		1		用钢直尺检查
6	分格框对角线长度差	对角线长度≤2m	3		用钢尺检查
		对角线长度>2m	4		

一般项目第九项 明框玻璃幕墙安装的允许偏差和检验方法应符合表6-34的规定。

表6-34 隐框、半隐框玻璃幕墙安装的允许偏差和检验方法

项次	项目		允许偏差/mm	检验方法
1	幕墙垂直度	幕墙高度≤30m	10	用经纬仪检查
		30m<幕墙高度≤60m	15	
		60m<幕墙高度≤90m	20	
		幕墙高度>90m	25	
2	幕墙水平度	层高≤3m	3	用水平仪检查
		层高>3m	5	

续表

项次	项目	允许偏差/mm	检验方法
3	幕墙表面平整度	2	用2m靠尺和塞尺检查
4	板材立面垂直度	2	用垂直检测尺检查
5	板材上沿水平度	2	用1m水平尺和钢直尺检查
6	相邻板材板角错位	1	用钢直尺检查
7	阳角方正	2	用直角检测尺检查
8	接缝直线度	3	拉5m线,不足5m拉通线,用钢直尺检查
9	接缝高低差	1	用钢直尺和塞尺检查
10	接缝宽度	1	用钢直尺检查

表 6-35　金属幕墙分项工程检验批质量检验标准和检验方法

项	序号	项目	合格质量标准	检验方法	检查数量
主控项目	1	各种材料和配件	应符合设计要求及国家现行产品标准和工程技术规范的规定	检查产品合格证书、性能检测报告、材料进场验收记录和复验报告	(1)每个检验批每100m²应至少抽查一处,每处不得小于10m² (2)对于异型或有特殊要求的幕墙工程,应根据幕墙的结构和工艺特点,由监理单位(或建设单位)和施工单位协商确定
	2	造型和立面分格	应符合设计要求	观察;尺量检查	
	3	面板的品种、规格、颜色、光泽及安装方向	应符合设计要求	观察;检查进场验收记录	
	4	预埋件、后置埋件的数量、位置及后置埋件的拉拔力	必须符合设计要求	检查拉拔力检测报告和隐蔽工程验收记录	
	5	金属框架立柱与主体结构预埋件的连接、立柱与横梁的连接、金属面板的安装	必须符合设计要求,安装必须牢固	手扳检查;检查隐蔽工程验收记录	
	6	防火、保温、防潮材料的设置	应符合设计要求,并应密实、均匀、厚度一致	检查隐蔽工程验收记录	
	7	金属框架及连接件的防腐处理	应符合设计要求	检查隐蔽工程验收记录和施工记录	
	8	防雷装置	金属幕墙的必须与主体结构的防雷装置可靠连接	检查隐蔽工程验收记录	
	9	各种变形缝、墙角的连接节点	应符合设计要求和技术标准的规定	观察;检查隐蔽工程验收记录	
	10	板缝注胶	应饱满、密实、连续、均匀、无气泡,宽度和厚度应符合设计要求和技术标准的规定	尺量检查;检查施工记录	
	11	渗漏	金属幕墙应无渗漏	在易渗漏部位进行淋水检查	
一般项目	1	金属板表面	应平整、洁净、色泽一致	观察	
	2	金属幕墙的压条	应平直、洁净、接口严密、安装牢固	观察;手扳检查	
	3	金属幕墙的密封胶缝	应横平竖直、深浅一致、宽窄均匀、光滑顺直	观察	
	4	金属幕墙上的滴水线、流水坡向	应正确、顺直	观察;用水平尺检查	
	5	每平方米金属板的表面质量和检验方法	应符合表6-36的规定	见表6-36	
	6	金属幕墙安装的允许偏差和检验方法	应符合表6-37的规定	见表6-37	

6.7.3 金属幕墙工程

本节适用于建筑高度不大于150m的金属幕墙工程的质量验收。本条所规定的金属幕墙适用范围，参照了《金属与石材幕墙工程技术规范》（JGJ 133—2001）的规定，建筑高度大于150m的金属幕墙工程目前尚无国家或行业的设计和施工标准，故不包含在本规范规定的范围内。

（1）金属幕墙分项工程检验批质量检验标准和检验方法　见表6-35。

（2）金属幕墙分项工程检验批质量检验的说明

主控项目第一项　金属幕墙工程所使用的各种材料、配件大部分都有国家标准，应按设计要求严格检查材料产品合格证书及性能检测报告、材料进场验收记录、复验报告。不符合规定要求的严禁使用。

主控项目第八项　金属幕墙结构中自上而下的防雷达装置与主体结构的防雷装置可靠连接十分重要，导线与主体结构连接时应除掉表面的保护层，与金属直接连接。幕墙的防雷装置应由建筑设计单位认可。

一般项目第五项　每平方米金属板的表面质量和检验方法应符合表6-36的规定。

表6-36　每平方米金属板的表面质量和检验方法

项次	项　目	质量要求	检验方法
1	明显划伤和长度>100mm的轻微划伤	不允许	观察
2	长度≤100mm的轻微划伤	≤8条	用钢尺检查
3	擦伤总面积	≤500mm²	用钢尺检查

一般项目第六项　金属幕墙安装的允许偏差和检验方法应符合表6-37的规定。

表6-37　金属幕墙安装的允许偏差和检验方法

项次	项　目		允许偏差/mm	检验方法
1	幕墙垂直度	幕墙高度≤30m	10	用经纬仪检查
		30m<幕墙高度≤60m	15	
		60m<幕墙高度≤90m	20	
		幕墙高度>90m	25	
2	幕墙水平度	层高≤3m	3	用水平仪检查
		层高>3m	5	
3	幕墙表面平整度		2	用2m靠尺和塞尺检查
4	板材立面垂直度		3	用垂直检测尺检查
5	板材上沿水平度		2	用1m水平尺和钢直尺检查
6	相邻板材板角错位		1	用钢直尺检查
7	阳角方正		2	用直角检测尺检查
8	接缝直线度		3	拉5m线，不足5m拉通线，用钢直尺检查
9	接缝高低差		1	用钢直尺和塞尺检查
10	接缝宽度		1	用钢直尺检查

6.7.4 石材幕墙工程

本节适用于建筑高度不大于100m、抗震设防烈度不大于8度的石材幕墙工程的质量验收。本节所规定的石材幕墙适用范围，参照了《金属与石材幕墙工程技术规范》（JGJ 133—2001）的规定。对于建筑高度大于100m的石材幕墙工程，由于我国目前尚无国家或行业的设计和施工标准，故不包含在本规范规定的范围内。

（1）石材幕墙分项工程检验批质量检验标准和检验方法　见表 6-38。

表 6-38　石材幕墙分项工程检验批质量检验标准和检验方法

项	序号	项目	合格质量标准	检验方法	检查数量
主控项目	1	所用材料的品种、规格、性能等级	应符合设计要求及国家现行产品标准和工程技术规范的规定。石材的弯曲强度不应小于 8.0MPa；吸水率应小于 0.8%。石材幕墙的铝合金挂件厚度不应小于 4.0mm，不锈钢挂件厚度不应小于 3.0mm	观察；尺量检查；检查产品合格证书、性能检测报告、材料进场验收记录和复验报告	（1）每个检验批每 100m² 应至少抽查一处，每处不得小于 10m² （2）对于异型或有特殊要求的幕墙工程，应根据幕墙的结构和工艺特点，由监理单位（或建设单位）和施工单位协商确定
	2	造型、立面分格、颜色、光泽、花纹和图案	应符合设计要求	观察	
	3	石材孔、槽的数量、深度、位置、尺寸	应符合设计要求	检查进场验收记录或施工记录	
	4	石材幕墙主体结构上的预埋件和后置埋件的位置、数量及后置埋件的拉拔力	必须符合设计要求	检查拉拔力检测报告和隐蔽工程验收记录	
	5	石材幕墙的金属框架立柱与主体结构预埋件的连接、立柱与横梁的连接、连接件与金属框架的连接、连接件与石材面板的连接	必须符合设计要求，安装必须牢固	手扳检查；检查隐蔽工程验收记录	
	6	金属框架的连接件和防腐处理	应符合设计要求	检查隐蔽工程验收记录	
	7	防雷装置	石材幕墙的防雷装置必须与主体结构防雷装置可靠连接	观察；检查隐蔽工程验收记录和施工记录	
	8	防火、保温、防潮材料的设置	应符合设计要求，填充应密实、均匀，厚度一致	检查隐蔽工程验收记录	
	9	各种结构变形缝、墙角的连接节点	应符合设计要求和技术标准的规定	检查隐蔽工程验收记录和施工记录	
	10	石材表面和板缝的处理	应符合设计要求	观察	
	11	板缝注胶	应饱满、密实、连续、均匀、无气泡，板缝宽度和厚度应符合设计要求和技术标准的规定	观察；尺量检查；检查施工记录	
	12	渗漏	石材幕墙应无渗漏	在易渗漏部位进行淋水检查	
一般项目	1	石材幕墙表面	应平整、洁净，无污染、缺损和裂痕。颜色和花纹应协调一致，无明显色差，无明显修痕	观察	
	2	石材幕墙的压条	应平直、洁净、接口严密、安装牢固	观察；手扳检查	
	3	石材接缝	应横平竖直、宽窄均匀；阴阳角石板压向应正确，板边合缝应顺直；凸凹线出墙厚度应一致，上下口应平直；石材面板上洞口、槽边应套割吻合，边缘应整齐	观察；尺量检查	
	4	密封胶缝	应横平竖直、深浅一致、宽窄均匀、光滑顺直	观察	
	5	滴水线、流水坡向	应正确、顺直	观察；用水平尺检查	
	6	每平方米石材的表面质量和检验方法	应符合表 6-39 的规定	见表 6-39	
	7	石材幕墙安装的允许偏差和检验方法	应符合表 6-40 的规定	见表 6-40	

（2）石材幕墙分项工程检验批质量检验的说明

主控项目第一项 石材幕墙所用的主要材料如石材的弯曲强度、金属框架杆件和金属挂件的壁厚应经过设计计算确定。本条款规定了最小限值，如计算值低于最小限值时，应取最小限值，这是为了保证石材幕墙安全而采取的双控措施。

主控项目第二项 由于石材幕墙的饰面板大都是选用天然石材，同一品种的石材在颜色、光泽和花纹上容易出现很大的差异；在工程施工中，又经常出现石材排版放样时，石材幕墙的立面分格与设计分格有很大的出入；这些问题都不同程度地降低了石材幕墙整体的装饰效果。本条要求石材幕墙的石材样品和石材的施工分格尺寸放样图应符合设计要求并取得设计的确认。

主控项目第三项 石板上用于安装的钻孔或开槽是石板受力的主要部位，加工时容易出现位置不正、数量不足、深度不够或孔槽壁太薄等质量问题，本条要求对石板上孔或槽的位置、数量、深度以及孔或槽的壁厚进行进场验收；如果是现场开孔或开槽，监理单位和施工单位应对其进行抽检，并做好施工记录。

主控项目第十项 本条是考虑目前石材幕墙在石材表面处理上有不同做法，有些工程设计要求在石材表面涂刷保护剂，形成一层保护膜，有些工程设计要求石材表面不做任何处理，以保持天然石材本色的装饰效果；在石材板缝的做法上也有开缝和密封缝的不同做法，在施工质量验收时应符合设计要求。

一般项目第一项 石材幕墙要求石板不能有影响其弯曲强度的裂缝。石板进场安装前应进行参拼，拼对石材表面花纹纹路，以保证幕墙整体观感无明显色差，石材表面纹路协调美观。天然石材的修痕应力求与石材表面质感和光泽一致。

一般项目第六项 每平方米石材的表面质量和检验方法应符合表 6-39 的规定。

表 6-39 每平方米石材的表面质量和检验方法

项次	项 目	质量要求	检验方法
1	明显划伤和长度>100mm 的轻微划伤	不允许	观察
2	长度≤100mm 的轻微划伤	≤8 条	用钢尺检查
3	擦伤总面积	≤500mm²	用钢尺检查

一般项目第七项 石材幕墙安装的允许偏差和检验方法应符合表 6-40 的规定。

表 6-40 石材幕墙安装的允许偏差和检验方法

项次	项 目		允许偏差/mm		检 验 方 法
			光面	麻面	
1	幕墙垂直度	幕墙高度≤30m	10		用经纬仪检查
		30m<幕墙高度≤60m	15		
		60m<幕墙高度≤90m	20		
		幕墙高度>90m	25		
2	幕墙水平度		3		用水平仪检查
3	板材立面垂直度		3		用水平仪检查
4	板材上沿水平度		2		用1m水平尺和钢直尺检查
5	相邻板材板角错位		1		用钢直尺检查
6	阳角方正		2	3	用垂直检测尺检查
7	接缝直线度		2	4	用直角检测尺检查
8	接缝高低差		3	4	拉5m线,不足5m拉通线,用钢直尺检查
9	接缝宽度		1	—	用钢直尺和塞尺检查
10	板材立面垂直度		1	2	用钢直尺检查

6.8 涂饰子分部工程

涂饰工程一般指水性涂料涂饰、溶剂型涂料涂饰、美术涂饰等。

6.8.1 涂饰工程的一般规定

对于水性涂料涂饰、溶剂型涂料涂饰、美术涂饰等分项工程的质量验收，验收时主要检查文件和记录，同时对检验批的划分和检查数量、基层的质量、施工环境温度、验收的时间等作出规定如下。

6.8.1.1 检验批的划分

各分项工程检验批应按下列规定划分。

① 室外涂饰工程每一栋楼的同类涂料涂饰的墙面 500~1000m^2。应划分为一个检验批，不足 500m^2 也应划分为一个检验批。

② 室内涂饰工程同类涂料涂饰的墙面每 50 间（大面积房间和走廊按涂饰面积 30m^2 为一间）应划分为一个检验批。不足 50 间也应划分为一个检验批。

6.8.1.2 应检查的文件和记录

验收时应检查以下文件和记录。

① 涂饰工程的施工图、设计说明及其他设计文件。检查设计说明很重要，一般涂饰工程涂料的选用、颜色、涂饰方法等，都要用文字的形式标注在施工图上。

② 材料的产品合格证书、性能检测报告和进场验收记录。

③ 施工记录。

6.8.1.3 检查数量

检查数量应符合下列规定。

① 室外涂饰工程每 100m^2。应至少检查一处，每处不得小于 10m^2。

② 室内涂饰工程每个检验批应至少抽查 10%，并不得少于 3 间；不足 3 间应全数检查。

6.8.1.4 涂饰工程的基层处理

涂饰工程的基层处理应符合下列要求。

① 新建筑物的混凝土或抹灰基层在涂饰涂料前应涂刷抗碱封闭底漆。

一般涂料大多呈弱碱性或中性，如果涂在龄期很短的混凝土或抹灰基体上，其基体的强碱反应会使涂料破乳，性能发生变化。已有建筑涂饰的基体也应该剔除疏松的表层，进行修补、清洁处理，并涂刷界面剂，以利于涂料的附着。

② 旧墙面在涂饰涂料前应清除疏松的旧装修层，并涂刷界面剂。

③ 混凝土或抹灰基层涂刷溶剂型涂料时，含水率不得大于 8%；涂刷乳液型涂料时，含水率不得大于 10%。木材基层的含水率不得大于 12%。

④ 基层腻子应平整、坚实、牢固，无粉化、起皮和裂缝；内墙腻子的粘接强度应符合《建筑室内用腻子》(JG/T 3049) 的规定。

刮腻子的质量是否达到规定要求，对涂饰工程质量影响很大。

⑤ 厨房、卫生间墙面必须使用耐水腻子。

6.8.1.5 涂饰工程的质量验收

涂饰工程应在涂层养护期满后进行质量验收。

与涂饰工程有关的相关标准如下。

①《合成树脂乳液砂壁状建筑涂料》(JG/T 24)。

② 《合成树脂乳液外墙涂料》（GB/T 9755）。
③ 《合成树脂乳液内墙涂料》（GB/T 9756）。
④ 《溶剂型外墙涂料》（GB/T 9757）。
⑤ 《复层建筑涂料》（GB/T 9779）。
⑥ 《外墙无机建筑涂料》（JG/T 26）。
⑦ 《饰面型防火涂料通用技术标准》（GB 12441）。
⑧ 《水溶性内墙涂料》（JC/T 423）。
⑨ 《多彩内墙涂料》（JG/T 3003）。
⑩ 《聚氨酯清漆》（HG/T 2454）。
⑪ 《聚氨酯磁漆》（HG/T 2660）。
⑫ 《建筑室内用腻子》（JG/T 3049）。
⑬ 《溶剂型木器涂料中有害物质限量》（GB 18581）。
⑭ 《内墙涂料中有害物质限量》（GB 18582）。
⑮ 《民用建筑室内环境污染控制规范》（GB 50325）。

6.8.2 水性涂料涂饰分项工程

水性涂料是完全或主要用水作为稀释剂的涂料，有乳液型涂料、无机涂料、水溶性涂料等。对于水性涂料，过低的温度或过高的温度都会破坏涂料的成膜，应注意涂饰工程施工的环境温度，同时，还应该注意涂饰工程环境的清洁，外墙面涂饰时风力不要过大，这些环境因素都会对涂饰工程的质量产生影响，施工时应注意。涂料不仅要有合格证，还要有性能检测报告。

（1）水性涂料涂饰分项工程检验批质量检验标准和检验方法　见表6-41。

表6-41　水性涂料涂饰分项工程检验批质量检验标准和检验方法

项	序号	项目	合格质量标准	检验方法	检查数量
主控项目	1	材料质量	水性涂饰涂饰工程所用涂料的品种、型号和性能应符合设计要求	检查产品合格证书、性能检测报告和进场验收记录	室外涂饰工程每100m²应至少抽查一处，每处不得小于10m²　室内涂饰工程每个检验批应至少抽查10%，并不得少于3间；不足3间时应全数检查
主控项目	2	涂饰颜色和图案	水性涂料涂饰工程的颜色、图案应符合设计要求	观察	
主控项目	3	涂饰综合质量	水性涂料涂饰工程应涂饰均匀、粘接牢固、不得漏涂、透底、起皮和掉粉	观察；手摸检查	
主控项目	4	基层处理的要求	水性涂料涂饰工程的基层处理应符合基层处理	观察；手摸检查；检查施工记录	
一般项目	1	与其他材料和设备衔接处	涂层与其他装修材料和设备衔接处应吻合界面应清晰	观察；手摸检查；检查施工记录	
一般项目	2	薄涂料涂饰质量允许偏差	薄涂料的涂饰质量和检验方法应符合表6-42的规定	见表6-42	
一般项目	3	厚涂料涂饰质量允许偏差	厚涂料的涂饰质量和检验方法应符合表6-43的规定	见表6-43	
一般项目	4	复层涂料涂饰质量允许偏差	复层涂料的涂饰质量和检验方法应符合表6-44的规定	见表6-44	

（2）水性涂料涂饰分项工程质量检验的说明

主控项目第一项　对于涂料的性能，在工程实践中常发现施工单位和业主对涂料的质量没有约定，工程竣工后，发现涂料涂饰工程变色、掉粉、起皮，此时施工单位无法提供涂料的质量证明书，结果是不管基层是否有问题，涂料施工单位都要承担主要责任。因为涂料施工单位不能证明自己使用的涂料是合格的。

主控项目第三项　涂料的透底、起皮和掉粉主要与涂料质量有关，而透底与施涂的遍数和涂料涂层厚度有关。

一般项目第二项　薄涂料的涂饰质量和检验方法见表 6-42。

表 6-42　薄涂料的涂饰质量和检验方法

项次	项目	普通涂饰	高级涂饰	检验方法
1	颜色	均匀一致	均匀一致	观察
2	泛碱、咬色	允许少量轻微	不允许	
3	流坠、疙瘩	允许少量轻微	不允许	
4	砂眼、刷纹	允许少量轻微砂眼，刷纹通顺	无砂眼，无刷纹	
5	装饰线、分色线直线度允许偏差/mm	2	1	拉 5m 线，不足 5m 拉通线，用钢直尺检查

一般项目第三项　厚涂料的涂饰质量和检验方法见表 6-43。

表 6-43　厚涂料的涂饰质量和检验方法

项次	项目	普通涂饰	高级涂饰	检验方法
1	颜色	均匀一致	均匀一致	观察
2	泛碱、咬色	允许少量轻微	不允许	
3	点状分布	—	疏密均匀	

一般项目第四项　复层涂料的涂饰质量和检验方法见表 6-44。

表 6-44　复层涂料的涂饰质量和检验方法

项次	项目	普通涂饰	质量要求	检验方法
1	颜色	均匀一致	均匀一致	观察
2	泛碱、咬色	允许少量轻微	不允许	
3	喷点疏密程度	—	均匀，不允许连片	

6.8.3　溶剂型涂料涂饰分项工程

溶剂型涂料涂饰工程，一般是指采用丙烯酸酯涂料、聚氨酯丙烯酸涂料、有机硅丙烯酸涂料等涂饰基层。

（1）溶剂型涂料涂饰分项工程质量检验标准和检验方法见表 6-45。

（2）溶剂型涂料涂饰分项工程质量检验的说明。

主控项目第一项　一般施工单位不具备对油漆涂料检测的条件，工程检测机构也不具备对油漆的检测条件，只能凭经验、观察和试用等办法来确定油漆质量的优劣，故在工程施工前要检查其合格证书和性能检测报告。

一般项目第二项　色漆的涂饰质量和检验方法见表 6-46。

一般项目第三项　清漆的涂饰质量和检验方法见表 6-47。

表6-45 溶剂型涂料涂饰分项工程质量检验标准

项	序号	项目	合格质量标准	检验方法	检查数量
主控项目	1	涂料质量	溶剂型涂料涂饰工程所选用涂料的品种、型号和性能应符合设计要求	检查产品合格证书、性能检测报告和进场验收记录	室外涂饰工程每100m²应至少检查一处,每处不得小于10m²
	2	颜色、光泽、图案	溶剂型涂料涂饰工程的颜色、光泽、图案应符合设计要求	观察	
	3	涂饰综合质量	溶剂型涂料涂饰工程应涂饰均匀、粘接牢固,不得漏涂、透底、起皮和反锈	观察;手摸检查	
	4	基层处理	溶剂型涂料涂饰工程的基层处理应符合以下要求: (1)新建筑物的混凝土或抹灰基层在涂饰涂料前应涂刷抗碱封闭底漆 (2)旧墙面在涂饰涂料前应清除疏松的旧装修层,并涂刷界面剂 (3)混凝或抹灰基层涂刷溶剂型涂料时,含水率不得大于8%;涂刷乳液型涂料时,含水率不得大于12%。木材基层的含水率不得大于12% (4)基层腻子应平整、坚实、牢固,无粉化、起皮和裂缝;内墙腻子的粘接强度应符合《建筑室内用腻子》(JG/T 3049)的规定 (5)厨房、卫生间墙面必须使用耐水腻子	观察;手摸检查;检查施工记录	
一般项目	1	与其他材料、设备衔接	涂层与其他装修材料和设备衔接处应吻合,界面应清晰	观察	
	2	色漆涂饰质量	色漆的涂饰质量和检验方法应符合表6-46的规定	见表6-46	
	3	清漆涂饰质量	清漆的涂饰质量和检验方法应符合表6-47的规定	见表6-47	

表6-46 色漆的涂饰质量和检验方法

项次	项目	普通涂饰	高级涂饰	检验方法
1	颜色	均匀一致	均匀一致	观察
2	光泽、光滑	光泽基本均匀,光滑无挡手感	光泽均匀一致,光滑	观察、手摸检查
3	刷纹	刷纹通顺	无刷纹	观察
4	裹棱、流坠、皱皮	明显处不允许	不允许	观察
5	装饰线、分色线直线度允许偏差/mm	2	1	拉5m线,不足5m拉通线,用钢直尺检查

表6-47 清漆的涂饰质量和检验方法

项次	项目	普通涂饰	高级涂饰	检验方法
1	颜色	基本一致	均匀一致	观察
2	木纹	棕眼刮平、木纹清楚	棕眼刮平、木纹清楚	观察
3	光泽、光滑	光泽基本均匀,光滑无挡手感	光泽均匀一致,光滑	观察、手摸检查
4	刷纹	无刷纹	无刷纹	观察
5	裹棱、流坠、皱皮	明显处不允许	不允许	观察

6.9 室内环境质量验收

在建筑物中，由于建筑材料、装饰装修材料中所含有害物质造成的建筑物内的环境污染，尤其对房屋室内的空气污染，严重地影响用户身心健康。许多案例说明，长期在空气污染严重、通风状况不良的室内居住或工作，会导致许多健康问题，轻者出现头痛、嗜睡、疲惫、无力等症状，重者会导致支气管炎、癌症等疾病，此类病症被国际医学界统称为"建筑综合征"。劣质建筑及装饰装修材料散发出的有害气体是导致室内空气污染的主要原因，必须对建筑材料有害物质进行控制，对室内环境质量进行验收。

近年来，我国政府逐步加强了对室内环境问题的管理，正逐步将有关内容纳入技术法规。《建筑装饰装修工程质量验收规范》（GB 50210—2001）要求，在分部工程质量验收时，室内环境质量应符合《民用建筑工程室内环境污染控制规范》（GB 50325—2010）的规定，应按该规范要求进行室内环境质量验收。

室内环境验收内容（检测项目）及取样有关规定如下。

室内环境验收检测项目有氡（Rn 222）、甲醛、氨、苯、总挥发性有机化合物。

6.9.1 取样要求

民用建筑工程验收时，应抽检有代表性的房间室内环境污染物浓度。抽检数量不得少于5%，并不得少于3间；房间总数少于3间时，应全数检测。凡进行了样板间室内环境污染物浓度检测且检测合格的，抽检数量减半，但不得少于3间。

6.9.2 取样数量

① 室内环境污染物浓度检测点应按房间的面积设置。
② 房间使用面积小于 50m^2 时，设 1 个检测点。
③ 房间使用面积 50～100m^2 时，设 2 个检测点。
④ 房间使用面积大于 100m^2 时，设 3～5 个检测点。

6.9.3 取样方法

① 环境污染物浓度现场检测点应距内墙面不小于 0.5m，距地面高度 0.8～1.5m。检测点应均匀分布，并应避开通风道和通风口。
② 对采用集中空调的建筑工程室内环境中游离甲醛、苯、氨、总挥发性有机化合物（TVOC），检测浓度时，应在空调正确运转的条件下进行；对采用自然通风的建筑工程室内环境中游离甲醛、苯、氨、总挥发性有机化合物（TVOC），检测浓度时应在房间的门窗关闭 1h 后进行；检测氡浓度时，应在房间的对外门窗关闭 24h 以后进行。

6.9.4 检测质量评价

（1）评价指标 室内环境污染物浓度限量按国家规定的民用建筑工程室内环境污染物浓度限量进行检测和评价。室内环境污染物浓度限量见表 6-48。

（2）验收评价
① 当室内环境污染浓度的全部检测结果符合相关规定时，可判定该工程室内环境质量合格。
② 当室内环境污染物浓度检测结果不符合规范的规定时，应查找原因，采取措施进行处理，并可进行再次检测。再次检测时，抽检数量应增加 1 倍。室内环境污染物浓度再次检

测结果全部符合规范的规定时，可判定为室内环境质量合格。

表 6-48　室内环境污染物浓度限量

污染物	Ⅰ类民用建筑工程	Ⅱ类民用建筑工程
氡/(Bq/m³)	≤200	≤400
游离甲醛/(mg/m³)	≤0.08	≤0.12
苯/(mg/m³)	≤0.09	≤0.09
氨/(mg/m³)	≤0.2	≤0.5
TVOC/(mg/m³)	≤0.5	≤0.6

注：1. Ⅰ类民用建筑工程：住宅、医院、老年建筑、幼儿园、学校教室等。
　　2. Ⅱ类民用建筑工程：办公楼、商店、旅馆、娱乐场所、书店、图书馆、展览馆、体育馆、公共交通等候车室、餐厅、理发店等。

③ 室内环境质量验收不合格的工程，严禁投入使用。为控制室内环境质量，国家质检总局于2001年12月10日正式批准发布了《室内装饰装修材料有害物质限量》10项国家标准，并于2002年1月1日实施。要求各有关生产企业生产的产品应严格执行新的国家标准，并规定自2002年7月1日起，市场上停止销售不符合该10项国家标准的产品。

控制有害物质限量的十种材料为人造板及其制品、溶剂型木器涂料、内墙涂料、胶黏剂、木家具、壁纸、聚氯乙烯卷材地板、地毯、地毯衬垫及地毯胶黏剂、混凝土外加剂中释放氨、建筑材料放射性元素。

室内环境质量必须经有资质的检测单位抽测确定，其结果是建筑装饰装修分部工程验收合格的条件之一。室内环境质量验收不合格的民用建筑工程，严禁投入使用。

6.10　分部工程验收

6.10.1　验收的程序和组织

建筑装饰装修工程质量验收的程序和组织应符合"统一标准"的有关规定。

6.10.2　一般规定

一般规定是针对子分部工程应达到质量要求。主控项目、一般项目是对各个分项工程的施工的质量要求。主控项目是把涉及安全、环保以及主要使用功能等方面，列为控制的质量项目。一般项目的质量要求，一般是指外观的质量要求。

6.10.3　检验批合格的判定

① 抽查样本均应符合主控项目的规定。
② 抽查样本的80%以上符合一般项目的规定，但不符合一般项目的20%抽查样本，不得有影响使用功能的缺陷或明显影响装饰效果的缺陷。这样既考虑了外观质量缺陷返工成本高，又考虑了当前装饰装修施工水平参差不齐的实际状况。
③ 一般项目中有允许偏差的检验项目，其最大偏差值不得超过允许偏差值的1.5倍。

6.10.4　隐蔽工程的验收

建筑装饰装修工程施工过程中，应对隐蔽工程进行验收，并按表6-49的格式填写记录。

表 6-49 隐蔽工程验收记录

装饰装修工程名称		项目经理	
分项工程名称		专业工长	
隐蔽工程项目			
施工单位			
施工标准名称及代号			
施工图名称及编号			
隐蔽工程部位	质量要求	施工单位自查记录	监理(建设)单位验收记录
施工单位自查结论	施工单位项目技术负责人:		年　月　日
监理(建设)单位验收结论	监理工程师(建设单位项目负责人):		年　月　日

6.10.5 子分部工程质量验收合格的判定

① 子分部工程中各分项工程的质量均验收合格。
② 应具备各子分部工程规定检查的文件和记录。
③ 涉及有关安全和功能的检测项目,应具备合格报告表。
各子分部工程需要进行安全和功能检测的项目见表 6-50。

表 6-50 有关安全和功能的检测项目表

项次	子分部工程	检　测　项　目
1	门窗工程	(1)建筑外墙金属窗的抗风压性能、空气渗透性能和雨水渗漏性能 (2)建筑外墙塑料窗的抗风压性能、空气渗透性能和雨水渗漏性能
2	饰面板(砖)工程	(1)饰面板后置埋件的现场拉拔强度 (2)饰面砖样板件的粘接强度
3	幕墙工程	(1)聚硅氧烷结构胶的相容性试验 (2)幕墙后置埋件的现场拉拔强度 (3)幕墙的抗风压性能、空气渗透性能、雨水渗漏性能及平面变形性能

④ 观感质量应符合装饰规范各分项工程中一般项目的要求。

6.10.6 分部工程质量验收合格的判定

建筑装饰装修工程质量验收规范,是决定该分部工程是否能够交付使用的质量要求,因此只有一个合格标准。

分部工程中各子分部工程的质量均应验收合格,并按上述第五条 1～4 子项的规定进行核查,特别是按规定的相关检测项目逐项进行检查,同时室内环境质量抽检合格,才能达到验收合格。

当建筑工程只有装饰装修分部工程时,可作为单位工程验收。

对有特殊要求建筑装饰装修工程,如满足声学、光学、屏蔽、绝缘、超净、防雷、防辐射等,往往按设计要求采用一些特殊装饰装修材料和工艺,在对此类工程验收时,应按合同约定加测相关技术指标。

建筑装饰装修工程的室内环境质量,应符合《民用建筑工程室内环境污染控制规范》(GB 50325—2010)的规定,见表 6-51。表中污染物浓度限量,除氡外均应以同步测定的室外空气相应值为空白值；室内环境污染物的浓度测定表中的规定时，可判定该工程室内环境质量合格。未经竣工验收合格的建筑装饰装修工程不得投入使用。

复习思考题

1. 一般来说建筑装饰装修分部工程可以分为哪些子分部工程？
2. 抹灰工程的分项工程的检验批应如何划分？
3. 抹灰层出现开裂、空鼓和脱落等质量问题的主要原因是什么？
4. 门窗工程验收时应检查哪些文件和记录？
5. 门窗工程检查数量应符合哪些规定？
6. 如何区分明暗龙骨吊顶工程？
7. 外墙陶瓷面砖的吸水率和寒冷地区外墙陶瓷面砖的抗冻性为什么应进行复验？
8. 在饰面板安装工程有哪些涉及安全的检查项目？
9. 幕墙工程应对哪些隐蔽工程项目进行验收？
10. 涂饰工程施工时应注意哪些环境因素会对质量产生影响？
11. 室内环境验收内容是检测哪些项目？
12. 对各分项工程的检验批是否合格如何判定？

7 建筑屋面分部工程

【职业能力目标】
1. 结合工程实际情况,正确地划分屋面分部工程所包括的子分部工程、分项工程和分项工程检验批。
2. 对屋面工程的基层与保护、保温与隔热、防水与密封、瓦面与板面、细部构造等子分部工程所包含的分项工程检验批,按照主控项目和一般项目的检验标准,能组织检查或验收,能正确地评定或认定该检验批项目的质量。
3. 能组织屋面分部(子分部)工程的质量验收,正确判定该分部(子分部)是否合格。

【学习要求】
1. 掌握屋面工程施工质量验收的基本规定。
2. 熟悉屋面工程中较常见的分项工程检验批主控项目和一般项目的验收标准;熟悉屋面分部(子分部)工程质量验收的内容。

屋面分部工程包括基层与保护、保温与隔热、防水与密封、瓦面与板面、细部构造五个子分部工程,共 31 个分项工程。

由于原材料、设计和施工等原因,屋面渗水时有发生,严重影响使用功能。屋面工程的各种原材料、拌合物、制品和配件的质量必须符合设计要求或技术标准规定。施工中应严格检查产品出厂合格证和试验报告,这对保证屋面工程的质量有着重要作用。为了加强建筑屋面工程质量管理,统一屋面工程的质量验收,保证其功能和质量,国家制定了《屋面工程质量验收规范》(GB 50207—2012),该规范适用于工业与民用建筑屋面工程质量的验收。与其他专业规范不同的是,该规范不仅是施工质量验收规范,还涉及质量管理、材料、设计等方面的问题。

本章主要按照《屋面工程质量验收规范》(GB 50207—2012)和《建筑工程施工质量验收统一标准》(GB 50300—2001)编写。

7.1 屋面分部工程验收的基本规定

屋面工程的基本规定,主要是对屋面的防水等级、设防要求、防水层的施工条件、施工过程的质量控制、屋面工程子分部分项的划分,检验批的规定、验收程序以及合格判定作出了明确的要求。

7.1.1 屋面工程施工质量的控制要求

(1) 屋面工程的防水层应由经资质审查合格的防水专业队伍进行施工;作业人员应持有当地建设行政主管部门颁发的上岗证。

防水工程施工属于专业施工范围，承担施工的单位须具有专项资质，要求具有较强的综合能力和施工经验。

（2）施工单位应建立、健全施工质量的检验制度，严格工序管理，做好隐蔽工程的质量检查和记录。屋面工程施工时，应建立各道工序的自检、交接检和专职人员检查的"三检"制度，并有完整的检查记录。每道工序完成，应经监理单位（或建设单位）检查验收，合格后方可进行下道工序的施工。

（3）屋面工程施工前，施工单位应进行图纸会审，并应编制屋面工程专项施工方案，并应经监理单位或建设单位审查确认后执行。

（4）对屋面工程采用的新技术，应按有关规定经过科技成果鉴定、评估或新产品、新技术鉴定。施工单位应对新的或首次采用的新技术进行工艺评价，并应制定相应技术质量标准。

（5）下道工序或相邻工程施工时，对屋面已完成的部分应采取保护措施。伸出屋面的管道、设备或预埋件等，应在防水层施工前安设完毕；屋面防水层完工后，不得在其上凿孔打洞或重物冲击。

（6）屋面工程完工后，应按规范的有关规定对细部构造、接缝、保护层等进行外观检验，并进行淋水或蓄水检验。

屋面工程必须做到无渗漏，才能保证使用的要求。无论是防水层本身还是屋面细部构造，通过外观检验只能看到表面的特征是否符合设计和规范的要求，肉眼很难判断是否会渗漏。只有经过雨后或持续淋水 2h 后使屋面处于工作状态下经受实际考验，才能观察出屋面工程是否有渗漏。能作蓄水检验的屋面，其蓄水时间不应小于 24h，淋水或蓄水检验应做记录并经监理签证。

7.1.2 防水材料的质量要求

防水材料的质量是保证屋面防水的首要条件。

（1）屋面工程所用的防水、保温材料应有产品合格证书和性能检测报告。材料的品种、规格、性能等必须符合国家现行产品标准和设计要求。产品质量应由经过省级以上建设行政主管部门对其资质认可和质量技术监督部门对其计量认证的质量检测单位进行检测。

（2）材料进场后，应按规范规定抽样复验，并提出试验报告；不合格的材料，不得在屋面工程中使用。防水、保温材料进场验收应符合下列规定：

1）应根据设计要求对材料的质量证明文件进行检查，并应经监理工程师或建设单位代表确认后纳入工程技术档案；

2）应对材料的品种、规格、包装、外观和尺寸等进行检查验收，并应经监理工程师或建设单位代表确认，形成相应验收记录；

3）防水、保温材料进场检验项目及材料标准应符合规范的规定。材料进场检验应执行见证取样送检制度，并应提出进场检验报告；

4）进场检验报告的全部项目指标均达到技术标准规定应为合格；不合格材料不得在工程中使用。

（3）屋面工程使用的材料应符合国家现行有关标准对材料有害物质限量的规定，不得对周围环境造成污染。屋面工程各构造层的组成材料，应分别与相邻层次的材料相容。

（4）屋面工程各分项工程宜按屋面面积每 500～1000m^2 划分为一个检验批，不足 500m^2

应按一个检验批；每个检验批的抽检数量应按规范要求执行。

7.1.3 屋面子分部工程和分项工程的划分

屋面工程是按材料种类、施工特点、专业类别等划分为若干子分部工程和分项工程，有助于及时纠正施工中出现的质量问题，符合施工实际的需要。屋面子分部工程和分项工程的划分应符合表 7-1 的要求。

表 7-1　屋面工程各子分部工程和分项工程的划分

分部工程	子分部工程	分项工程
屋面工程	基层与保护	找坡层，找平层，隔汽层，隔离层，保护层
	保温与隔热	板状材料保温层，纤维材料保温层，喷涂硬泡聚氨酯保温层；现浇泡沫混凝土保温层，种植隔热层，架空隔热层，蓄水隔热层
	防水与密封	卷材防水层，涂膜防水层，复合防水层，接缝密封防水
	瓦面与板面	烧结瓦和混凝土瓦铺装，沥青瓦铺装，金属板铺装，玻璃采光顶铺装
	细部构造	檐口，檐沟和天沟，女儿墙和山墙，水落口，变形缝，伸出屋面管道，屋面出入口，反梁过水孔，设施基座，屋脊，屋顶窗

7.2 基层与保护层子分部工程

7.2.1 一般规定

（1）适用于与屋面保温层、防水层相关的找坡层、找平层、隔汽层、隔离层、保护层等分项工程的施工质量验收。

（2）屋面混凝土结构层的施工，应符合现行国家标准《混凝土结构工程施工质量验收规范》(GB 50204) 的有关规定。

（3）天沟纵向找坡不应小于 1%，沟底水落差不得超过 200mm。

（4）上人屋面或其他使用功能屋面，其保护及铺面的施工除应符合本章的规定外，尚应符合现行国家标准《建筑地面工程施工质量验收规范》(GB 50209) 等的有关规定。

7.2.2 找坡层和找平层分项工程

（1）一般要求

1）装配式钢筋混凝土板的板缝嵌填混凝土时板缝内应清理干净，并应保持湿润；当板缝宽度大于 40mm 或上窄下宽时，板缝内应按设计要求配置钢筋；嵌填细石混凝土的强度等级不应低于 C20，嵌填深度宜低于板面 10~20mm，且应振捣密实和浇水养护；板端缝应按设计要求增加防裂的构造措施。

2）找坡层宜采用轻骨料混凝土；找坡材料应分层铺设并适当压实，表面应平整。

3）找平层宜采用水泥砂浆或细石混凝土；找平层的抹平工序应在初凝前完成，压光工序应在终凝前完成，终凝后应进行养护。

4）找平层分格缝纵横间距不宜大于 6m，分格缝的宽度宜为 5~20mm。

（2）屋面找平层分项工程检验批质量检查与验收　屋面找平层分项工程检验批质量按主

控项目和一般项目进行验收,其验收标准、方法和检查数量见表 7-2。

表 7-2 找坡层和找平层分项工程检验批质量检验标准和检验方法

项	序号	项 目	合格质量标准	检验方法	检查数量
主控项目	1	材料的质量及配合比	找坡层和找平层所用材料的质量及配合比,应符合设计要求	检查出厂合格证、质量检验报告和计量措施	应按屋面面积每 100m² 抽查一处,每处应为 10m²,且不得少于 3 处
主控项目	2	排水坡度	找坡层和找平层的排水坡度,应符合设计要求	坡度尺检查	
一般项目	1	表面质量	找平层应抹平、压光,不得有酥松、起砂、起皮现象	观察检查	
一般项目	2	防水层的基层与突出屋面结构的交接处	卷材防水层的基层与突出屋面结构的交接处,以及基层的转角处,找平层应做成圆弧形,且应整齐平顺	观察检查	
一般项目	3	分格缝	找平层分格缝的宽度和间距,均应符合设计要求	观察和尺量检查	
一般项目	4	表面平整度允许偏差	找坡层:7mm 找平层:5mm	用 2m 靠尺和楔形塞尺检查	

(3) 屋面找平层分项工程检验批质量检验的说明

主控项目第二项 屋面找平层是铺设卷材、涂膜防水层的基层。基层找坡正确,能将屋面上的雨水迅速排走,延长防水层的使用寿命。

一般项目第二项 卷材防水层的基层与突出屋面结构的交接处以及基层的转角处,找平层应按技术规范的规定做成圆弧形,以保证卷材防水层的质量,圆弧半径应符合表 7-3 的要求。

表 7-3 转角处圆弧半径

卷材种类	圆弧半径/mm
沥青防水卷材	100～150
高聚物改性沥青防水卷材	50
合成高分子防水卷材	20

一般项目第三项 卷材、涂膜防水层的不规则拉裂,是由于找平层的开裂造成的,而水泥砂浆找平层的开裂又是难以避免的。找平层合理分格后,可将变形集中到分格缝处。当设计未作规定时,规范规定找平层分格纵横缝的最大间距为 6m,分格缝宽度宜为 5～20mm,深度应与找平层厚度一致。

7.2.3 隔汽层分项工程

(1) 一般要求

1) 隔汽层的基层应平整、干净、干燥。

2) 隔汽层应设置在结构层与保温层之间;隔汽层应选用气密性、水密性好的材料。

3) 在屋面与墙的连接处,隔汽层应沿墙面向上连续铺设,高出保温层上表面不得小于 150 mm。

4) 隔汽层采用卷材时宜空铺,卷材搭接缝应满粘,其搭接宽度不应小于 80mm;隔汽层采用涂料时,应涂刷均匀。

5) 穿过隔汽层的管线周围应封严,转角处应无折损;隔汽层凡有缺陷或破损的部位,均应进行返修。

(2) 隔汽层分项工程检验批质量检查与验收 隔汽层分项工程检验批质量按主控项目和

一般项目进行验收,其验收标准、方法和检查数量见表 7-4。

表 7-4 隔汽层分项工程检验批质量检验标准和检验方法

项	序号	项 目	合格质量标准	检验方法	检查数量
主控项目	1	材料质量	隔汽层所用材料的质量,应符合设计要求	检查出厂合格证、质量检验报告和进场检验报告	应按屋面面积每 100m² 抽查一处,每处应为 10m²,且不得少于 3 处
主控项目	2	整体性	隔汽层不得有破损现象	观察检查	
一般项目	1	卷材隔汽层施工质量	卷材隔汽层应铺设平整,卷材搭接缝应粘结牢固,密封应严密,不得有扭曲、皱折和起泡等缺陷	观察检查	
一般项目	2	涂膜隔汽层施工质量	涂膜隔汽层应粘结牢固,表面平整,涂布均匀,不得有堆积、起泡和露底等缺陷	观察检查	

(3) 隔汽层分项工程检验批质量检验的说明

主控项目第一项 隔汽层所用材料均为常用的防水卷材或涂料,但隔汽层所用材料的品种和厚度应符合热工设计所必需的水蒸气渗透阻。

7.2.4 隔离层分项工程

(1) 一般要求

1) 块体材料、水泥砂浆或细石混凝土保护层与卷材、涂膜防水层之间,应设置隔离层。
2) 隔离层可采用干铺塑料膜、土工布、卷材或铺抹低强度等级砂浆。

(2) 隔离层分项工程检验批质量检查与验收 隔离层分项工程检验批质量按主控项目和一般项目进行验收,其验收标准、方法和检查数量见表 7-5。

表 7-5 隔离层分项工程检验批质量检验标准和检验方法

项	序号	项 目	合格质量标准	检验方法	检查数量
主控项目	1	材料质量	隔离层所用材料的质量及配合比,应合设计要求	检查出厂合格证和计量措施	应按屋面面积每 100m² 抽查一处,每处应为 10m²,且不得少于 3 处
主控项目	2	整体性	隔离层不得有破损和漏铺现象	观察检查	
一般项目	1	施工质量	塑料膜、土工布、卷材应铺设平整,其搭接宽度不应小于 50mm,不得有皱折	观察和尺量检查	
一般项目	2	施工质量	低强度等级砂浆表面应压实、平整,不得有起壳、起砂现象	观察检查	

(3) 隔离层分项工程检验批质量检验的说明

主控项目第一项 隔离层所用材料的质量必须符合设计要求,当设计无要求时,隔离层所用的材料应能经得起保护层的施工荷载,故建议塑料膜的厚度不应小于 0.4mm,土工布应采用聚酯土工布,单位面积质量不应小于 200g/m²,卷材厚度不应小于 2mm。

主控项目第二项 为了消除保护层与防水层之间的粘接力及机械咬合力,隔离层必须是完全隔离,对隔离层的破损或漏铺部位应及时修复。

7.2.5 保护层分项工程

(1) 一般要求

1) 防水层上的保护层施工,应待卷材铺贴完成或涂料固化成膜,并经检验合格后进行。
2) 用块体材料做保护层时,宜设置分格缝,分格缝纵横间距不应大于 10m,分格缝宽度宜为 20mm。

3）用水泥砂浆做保护层时，表面应抹平压光，并应设表面分格缝，分格面积宜为$1m^2$。

4）用细石混凝土做保护层时，混凝土应振捣密实，表面应抹平压光，分格缝纵横间距不应大于6m。分格缝的宽度宜为10～20mm。

5）块体材料、水泥砂浆或细石混凝土保护层与女儿墙和山墙之间，应预留宽度为30mm的缝隙，缝内宜填塞聚苯乙烯泡沫塑料，并应用密封材料嵌填密实。

(2) 保护层分项工程检验批质量检查与验收　保护层分项工程检验批质量按主控项目和一般项目进行验收，其验收标准、方法和检查数量见表7-6。

表7-6　保护层分项工程检验批质量检验标准和检验方法

项	序号	项目	合格质量标准	检验方法	检查数量
主控项目	1	材料质量	保护层所用材料的质量及配合比，应符合设计要求	检查出厂合格证、质量检验报告和计量措施	应按屋面面积每$100m^2$抽查一处，每处应为$10m^2$，且不得少于3处
主控项目	2	材料强度	块体材料、水泥砂浆或细石混凝土保护层的强度等级，应符合设计要求	检查块体材料、水泥砂浆或混凝土抗压强度试验报告	
主控项目	3	排水坡度	保护层的排水坡度，应符合设计要求	坡度尺检查	
一般项目	1	块体材料保护层	块体材料保护层表面应干净，接缝应平整，周边应顺直，镶嵌应正确，应无空鼓现象	小锤轻击和观察检查	
一般项目	2	水泥砂浆、细石混凝土保护层	水泥砂浆、细石混凝土保护层不得有裂纹、脱皮、麻面和起砂等现象	观察检查	
一般项目	3	浅色涂料保护层	浅色涂料应与防水层粘结牢固，厚薄应均匀，不得漏涂	观察检查	
一般项目	4	保护层的允许偏差	保护层的允许偏差和检验方法应符合表7-7的规定	见表7-7	

表7-7　保护层的允许偏差和检验方法

项目	允许偏差/mm			检验方法
	块体材料	水泥砂浆	细石混凝土	
表面平整度	4.0	4.0	5.0	2m靠尺和塞尺检查
缝格平直	3.0	3.0	3.0	拉线和尺量检查
接缝高低差	1.5	—	—	直尺和塞尺检查
板块间隙宽度	2.0	—	—	尺量检查
保护层厚度	设计厚度的10%，且不得大于5mm			钢针插入和尺量检查

(3) 保护层分项工程检验批质量检验的说明：

主控项目第二项　保护层材料强度应符合设计要求，设计无要求时水泥砂浆不应低于M15，细石混凝土不应低于C20。

7.3　保温与隔热子分部工程

7.3.1　一般规定

（1）本章适用于板状材料、纤维材料、喷涂硬泡聚氨酯、现浇泡沫混凝土保温层和种植、架空、蓄水隔热层分项工程的施工质量验收。

（2）铺设保温层的基层应平整、干燥和干净。保温材料在施工过程中应采取防潮、防水和防火等措施。

（3）保温与隔热工程的构造及选用材料应符合设计要求。

（4）保温材料使用时的含水率，应相当于该材料在当地自然风干状态下的平衡含水率。

（5）保温与隔热工程质量验收除应符合本章规定外，尚应符合现行国家标准《建筑节能工程施工质量验收规范》(GB 50411)的有关规定。

（6）保温材料的热导率、表观密度或干密度、抗压强度或压缩强度、燃烧性能，必须符合设计要求。

（7）种植、架空、蓄水隔热层施工前，防水层均应验收合格。

7.3.2 板状材料保温层分项工程

（1）一般要求

1）板状材料保温层采用干铺法施工时，板状保温材料应紧靠在基层表面上，应铺平垫稳；分层铺设的板块上下层接缝应相互错开，板间缝隙应采用同类材料的碎屑嵌填密实。

2）板状材料保温层采用粘贴法施工时，胶黏剂应与保温材料的材性相容，并应贴严、粘牢；板状材料保温层的平面接缝应挤紧拼严，不得在板块侧面涂抹胶黏剂，超过2mm的缝隙应采用相同材料板条或片填塞严实。

3）板状保温材料采用机械固定法施工时，应选择专用螺钉和垫片；固定件与结构层之间应连接牢固。

（2）分项工程检验批质量检查与验收　隔气层分项工程检验批质量按主控项目和一般项目进行验收，其验收标准、方法和检查数量见表7-8。

表7-8　板状材料保温层分项工程检验批质量检验标准和检验方法

项	序号	项　目	合格质量标准	检验方法	检查数量
主控项目	1	材料质量	板状保温材料的质量，应符合设计要求	检查出厂合格证、质量检验报告和进场检验报告	应按屋面面积每100m²抽查一处，每处应为10m²，且不得少于3处
主控项目	2	施工厚度偏差	板状保温层的厚度应符合设计要求，其正偏差应不限，负偏差应为5%，且不得大于4mm	钢针插入和尺量检查	
主控项目	3	热桥部位处理	屋面热桥部位处理应符合设计要求	观察检查	
一般项目	1	保温材料铺设	板状保温材料铺设应紧贴基层，应铺平垫稳，拼缝应严密，粘贴应牢固	观察检查	
一般项目	2	固定件、垫片安装	固定件的规格、数量和位置均应符合设计要求；垫片应与保温层表面齐平	观察检查	
一般项目	3	表面平整度	板状材料保温层表面平整度的允许偏差为5mm	2m靠尺和塞尺检查	
一般项目	4	接缝高低差	板状材料保温层接缝高低差的允许偏差为2mm	直尺和塞尺检查	

（3）分项工程检验批质量检验的说明

主控项目第三项　对严寒和寒冷地区的屋面热桥部位提出要求。屋面与外墙都是外围护结构，一般说来居住建筑外围护结构的内表面大面积结露的可能性不大，结露大都出现在外墙和屋面交接的位置附近，屋面的热桥主要出现在檐口、女儿墙与屋面连接等处，设计时应注意屋面热桥部位的特殊处理，即加强热桥部位的保温，减少采暖负荷。

一般项目第二项　板状保温材料采用机械固定法施工，固定件的规格、数量和位置应符合设计要求。当设计无要求时，固定件数量和位置宜符合表7-9的规定。当屋面坡度大于50%时，应适当增加固定件数量。

表 7-9　板状保温材料固定件数量和位置

板状保温材料	每块板固定件最少数量	固定位置
挤塑聚苯板、模塑聚苯板、硬泡聚氨酯板	各边长均≤1.2m时为4个，任一边长＞1.2m时为6个	四个角及沿长向中线均匀布置，固定垫片距离板边缘不得大于150mm

7.3.3　纤维材料保温层分项工程

(1) 一般要求

1) 纤维保温材料应紧靠在基层表面上，平面接缝应挤紧拼严，上下层接缝应相互错开；屋面坡度较大时，宜采用金属或塑料专用固定件将纤维保温材料与基层固定；纤维材料填充后，不得上人踩踏。

2) 装配式骨架纤维保温材料施工时，应先在基层上铺设保温龙骨或金属龙骨，龙骨之间应填充纤维保温材料，再在龙骨上铺钉水泥纤维板。金属龙骨和固定件应经防锈处理，金属龙骨与基层之间应采取隔热断桥措施。

(2) 纤维材料保温层分项工程检验批质量检查与验收　纤维材料保温层分项工程检验批质量按主控项目和一般项目进行验收，其验收标准、方法和检查数量见表 7-10。

表 7-10　纤维材料保温层分项工程检验批质量检验标准和检验方法

项	序号	项目	合格质量标准	检验方法	检查数量
主控项目	1	材料质量	纤维保温材料的质量，应符合设计要求	检查出厂合格证、质量检测报告和进场检验报告	应按屋面面积每100m²抽查一处，每处为10m²，且不得少于3处
	2	施工厚度偏差	纤维材料保温层的厚度应符合设计要求，其正偏差应不限，毡不得有负偏差，板负偏差应为4%，且不得大于3mm	钢针插入和尺量检查	
	3	热桥部位处理	屋面热桥部位处理应符合设计要求	观察检查	
一般项目	1	保温材料铺设	纤维保温材料铺设应紧贴基层，拼缝应严密，表面应平整	观察检查	
	2	固定件、垫片安装	固定件的规格、数量和位置应符合设计要求；垫片应与保温层表面齐平	观察检查	
	3	骨架和水泥纤维板铺钉	装配式骨架和水泥纤维板应铺钉牢固，表面应平整；龙骨间距和板材厚度应符合设计要求	观察和尺量检查	
	4	抗水蒸气渗透外覆面	具有抗水蒸气渗透外覆面的玻璃棉制品，其外覆面应朝向室内，拼缝应用防水密封胶带封严	观察检查	

(3) 纤维材料保温层分项工程检验批质量检验的说明

一般项目第三项　龙骨尺寸和铺设的间距，是根据设计图纸和纤维保温材料的规格尺寸确定的。龙骨断面的高度应与填充材料的厚度一致，龙骨间距应根据填充材料的宽度确定。板材的品种和厚度，应符合设计图纸的要求。在龙骨上铺钉的板材，相当于屋面防水层的基层，所以在铺钉板材时不仅要铺钉牢固，而且要表面平整。

7.3.4　喷涂硬泡聚氨酯保温层分项工程

(1) 一般要求

1) 保温层施工前应对喷涂设备进行调试，并应制备试样进行硬泡聚氨酯的性能检测。

2) 喷涂硬泡聚氨酯的配比应准确计量，发泡厚度应均匀一致。

3) 喷涂时喷嘴与施工基面的间距应由试验确定。

4）一个作业面应分遍喷涂完成，每遍厚度不宜大于15mm；当日的作业面应当日连续地喷涂施工完毕。

5）硬泡聚氨酯喷涂后20min内严禁上人；喷涂硬泡聚氨酯保温层完成后，应及时做保护层。

(2) 喷涂硬泡聚氨酯保温层分项工程检验批质量检查与验收　喷涂硬泡聚氨酯保温层分项工程检验批质量按主控项目和一般项目进行验收，其验收标准、方法和检查数量见表7-11。

表7-11　喷涂硬泡聚氨酯保温层分项工程检验批质量检验标准和检验方法

项	序号	项　目	合格质量标准	检验方法	检查数量
主控项目	1	材料质量	喷涂硬泡聚氨酯所用原材料的质量及配合比，应符合设计要求	检查原材料出厂合格证、质量检验报告和计量措施	应按屋面面积每100m²抽查一处，每处应为10m²，且不得少于3处
	2	厚度偏差	喷涂硬泡聚氨酯保温层的厚度应符合设计要求，其正偏差应不限，不得有负偏差	钢针插入和尺量检查	
	3	热桥部位处理	屋面热桥部位处理应符合设计要求	观察检查	
一般项目	1	保温材料施工	喷涂硬泡聚氨酯应分遍喷涂，粘接应牢固，表面应平整，找坡应正确	观察检查	
	2	表面平整度	允许偏差：5mm	2m靠尺和塞尺检查	

(3) 喷涂硬泡聚氨酯保温层分项工程检验批质量检验的说明

主控项目第一项　为了检验喷涂硬泡聚氨酯保温层的实际保温效果，施工现场应制备试样，检测其热导率、表观密度和压缩强度。喷涂硬泡聚氨酯的质量，应符合现行行业标准《喷涂聚氨酯硬泡体保温材料》(JC/T 998)的要求。

7.3.5　现浇泡沫混凝土保温层分项工程

(1) 一般要求

1）在浇筑泡沫混凝土前，应将基层上的杂物和油污清理干净；基层应浇水湿润，但不得有积水。

2）保温层施工前应对设备进行调试，并应制备试样进行泡沫混凝土的性能检测。

3）泡沫混凝土的配合比应准确计量，制备好的泡沫加入水泥料浆中应搅拌均匀。

4）浇筑过程中，应随时检查泡沫混凝土的湿密度。

(2) 现浇泡沫混凝土保温层分项工程检验批质量检查与验收

现浇泡沫混凝土保温层分项工程检验批质量按主控项目和一般项目进行验收，其验收标准、方法和检查数量见表7-12。

表7-12　现浇泡沫混凝土保温层分项工程检验批质量检验标准和检验方法

项	序号	项　目	合格质量标准	检验方法	检查数量
主控项目	1	材料质量	现浇泡沫混凝土所用原材料的质量及配合比，应符合设计要求	检查原材料出厂合格证、质量检验报告和计量措施	应按屋面面积每100m²抽查一处，每处应为10m²，且不得少于3处
	2	厚度偏差	现浇泡沫混凝土保温层的厚度应符合设计要求，其正负偏差应为5%，且不得大于5mm	钢针插入和尺量检查	
	3	热桥部位处理	屋面热桥部位处理应符合设计要求	观察检查	
一般项目	1	保温材料施工	现浇泡沫混凝土应分层施工，粘接应牢固，表面应平整，找坡应正确	观察检查	
	2	外观质量	现浇泡沫混凝土不得有贯通性裂缝，以及疏松、起砂、起皮现象	观察检查	
	3	表面平整度	现浇泡沫混凝土保温层表面平整度的允许偏差为5mm	2m靠尺和塞尺检查	

(3) 现浇泡沫混凝土保温层分项工程检验批质量检验的说明

主控项目第一项 为了检验泡沫混凝土保温层的实际保温效果，施工现场应制作试件，检测其热导率、干密度和抗压强度。主要是为了防止泡沫混凝土料浆中泡沫破裂造成性能指标的降低。

一般项目第二项 现浇泡沫混凝土不得有贯通性裂缝，施工时应重视泡沫混凝土终凝后的养护和成品保护。对已经出现的严重缺陷，应由施工单位提出技术处理方案，并经监理或建设单位认可后进行处理。

7.3.6 种植隔热层分项工程

(1) 一般要求

1) 种植隔热层与防水层之间宜设细石混凝土保护层。种植隔热层的屋面坡度大于20%时，其排水层、种植土层应采取防滑措施。

2) 排水层陶粒的粒径不应小于25mm，大粒径应在下，小粒径应在上；凹凸形排水板宜采用搭接法施工，网状交织排水板宜采用对接法施工；排水层上应铺设过滤层土工布；挡墙或挡板的下部应设泄水孔，孔周围应放置疏水粗细骨料。

3) 过滤层土工布应沿种植土周边向上铺设至种植土高度，并应与挡墙或挡板粘牢；土工布的搭接宽度不应小于100mm，接缝宜采用粘合或缝合。

4) 种植土的厚度及自重应符合设计要求。种植土表面应低于挡墙高度100mm。

(2) 分项工程检验批质量检查与验收 隔气层分项工程检验批质量按主控项目和一般项目进行验收，其验收标准、方法和检查数量见表7-13。

表7-13 种植隔热层分项工程检验批质量检验标准和检验方法

项	序号	项目	合格质量标准	检验方法	检查数量
主控项目	1	材料质量	种植隔热层所用材料的质量，应符合设计要求	检查出厂合格证和质量检验报告	应按屋面面积每100m²抽查一处，每处应为10m²，且不得少于3处
主控项目	2	排水	排水层应与排水系统连通	观察检查	
主控项目	3	泄水孔留设	挡墙或挡板泄水孔的留设应符合设计要求，并不得堵塞	观察和尺量检查	
一般项目	1	隔热材料施工	陶粒应铺设平整、均匀，厚度应符合设计要求	观察和尺量检查	
一般项目	2	排水板	排水板应铺设平整，接缝方法应符合国家现行有关标准的规定	观察和尺量检查	
一般项目	3	过滤层	过滤层土工布应铺设平整、接缝严密，其搭接宽度的允许偏差为−10mm	观察和尺量检查	
一般项目	4	种植土厚度允许偏差	种植土应铺设平整、均匀，其厚度的允许偏差为±5%，且不得大于30mm	尺量检查	

(3) 分项工程检验批质量检验的说明

主控项目第一项 种植隔热层所用材料应符合以下设计要求：

1) 排水层应选用抗压强度大、耐久性好的轻质材料。陶粒堆积密度不宜大于500kg/m³，铺设厚度宜为100～150mm；凹凸形或网状交织排水板应选用塑料或橡胶类材料，并具有一定的抗压强度。

2) 过滤层应选用200～400g/m²的聚酯纤维土工布。

3) 种植土可选用田园土、改良土或无机复合种植土。种植土的湿密度一般为干密度的 1.2～1.5 倍。

7.3.7 架空隔热层分项工程

(1) 一般要求

1) 架空隔热层的高度当设计无要求时，架空隔热层的高度宜为 180～300mm。当屋面宽度大于 10m 时，应在屋面中部设置通风屋脊，通风口处应设置通风箅子。架空隔热制品支座底面的卷材、涂膜防水层，应采取加强措施。

2) 架空隔热制品的质量应符合下列要求：非上人屋面的砌块强度等级不应低于 MU7.5；上人屋面的砌块强度等级不应低于 MU10；混凝土板的强度等级不应低于 C20，板厚及配筋应符合设计要求。

(2) 架空隔热层分项工程检验批质量检查与验收　架空隔热层分项工程检验批质量按主控项目和一般项目进行验收，其验收标准、方法和检查数量见表 7-14。

表 7-14　架空隔热层分项工程检验批质量检验标准和检验方法

项	序号	项　目	合格质量标准	检验方法	检查数量
主控项目	1	材料质量	架空隔热制品的质量,应符合设计要求	检查材料或构件合格证和质量检验报告	应按屋面面积每 100m² 抽查一处,每处应为 10m²,且不得少于 3 处
主控项目	2	架空隔热制品的铺设	架空隔热制品的铺设应平整、稳固,缝隙勾填应密实	观察检查	
一般项目	1	距墙面的距离	架空隔热制品距山墙或女儿墙不得小于 250mm	观察和尺量检查	
一般项目	2	架空隔热层做法	架空隔热层的高度及通风屋脊、变形缝做法,应符合设计要求	观察和尺量检查	
一般项目	3	允许偏差	架空隔热制品接缝高低差的允许偏差为 3mm	直尺和塞尺检查	

(3) 架空隔热层分项工程检验批质量检验的说明

一般项目第一项　架空隔热制品与山墙或女儿墙的距离不应小于 250mm，以保证屋面膨胀变形的同时，防止堵塞和便于清理。但间距也不应过大，太宽了将会降低架空隔热的作用。

7.3.8 蓄水隔热层分项工程

(1) 一般要求

1) 蓄水隔热层与屋面防水层之间应设隔离层。

2) 蓄水池的所有孔洞应预留，不得后凿；所设置的给水管、排水管和溢水管等，均应在蓄水池混凝土施工前安装完毕。

3) 每个蓄水区的防水混凝土应一次浇筑完毕，不得留施工缝。

4) 防水混凝土应用机械振捣密实，表面应抹平和压光，初凝后应覆盖养护，终凝后浇水养护不得少于 14d；蓄水后不得断水。

(2) 蓄水隔热层分项工程检验批质量检查与验收　蓄水隔热层分项工程检验批质量按主控项目和一般项目进行验收，其验收标准、方法和检查数量见表 7-15。

表 7-15 蓄水隔热层分项工程检验批质量检验标准和检验方法

项	序号	项目	合格质量标准	检验方法	检查数量
主控项目	1	材料质量	防水混凝土所用材料的质量及配合比,应符合设计要求	检查出厂合格证、质量检验报告、进场检验报告和计量措施	按屋面面积每 100m² 抽查一处,每处应为 10m²,且不得少于 3 处
	2	混凝土质量	防水混凝土的抗压强度和抗渗性能,应符合设计要求	检查混凝土抗压和抗渗试验报告	
	3	蓄水功能	蓄水池不得有渗漏现象	蓄水至规定高度观察检查	
一般项目	1	外观质量	防水混凝土表面应密实、平整,不得有蜂窝、麻面、露筋等缺陷	观察检查	
	2	表面的裂缝宽度	防水混凝土表面的裂缝宽度不应大于 0.2mm,并不得贯通	刻度放大镜检查	
	3	进排水管道	蓄水池上所留设的溢水口、过水孔、排水管、溢水管等,其位置、标高和尺寸均应符合设计要求	观察和尺量检查	
	4	允许偏差	蓄水池结构的允许偏差和检验方法应符合表 7-16 的规定	见表 7-16	

表 7-16 蓄水池结构的允许偏差和检验方法

项目	允许偏差/mm	检验方法
长度、宽度	+15,-10	尺量检查
厚度	+5	
表面平整度	5	2m 靠尺和塞尺检查
排水坡度	符合设计要求	坡度尺检查

(3) 蓄水隔热层分项工程检验批质量检验的说明

主控项目第三项 蓄水池是否有渗漏现象检验,应在池内蓄水至规定高度,蓄水时间不应少于 24h。

7.4 防水与密封子分部工程

7.4.1 一般规定

(1) 本章适用于卷材防水层、涂膜防水层、复合防水层和接缝密封防水等分项工程的施工质量验收。

(2) 防水层施工前,基层应坚实、平整、干净、干燥。

(3) 基层处理剂应配比准确,并应搅拌均匀;喷涂或涂刷基层处理剂应均匀一致,待其干燥后应及时进行卷材、涂膜防水层和接缝密封防水施工。

(4) 防水层完工并经验收合格后,应及时做好成品保护。

7.4.2 卷材防水层分项工程

(1) 一般要求

1) 屋面坡度大于 25% 时,卷材应采取满粘和钉压固定措施。

2) 卷材宜平行屋脊铺贴;上下层卷材不得相互垂直铺贴。

3) 平行屋脊的卷材搭接缝应顺流水方向,卷材搭接宽度应符合表 7-17 的规定;相邻两幅卷材短边搭接缝应错开,且不得小于500mm;上下层卷材长边搭接缝应错开,且不得小于幅宽的1/3。

表7-17 卷材搭接宽度　　　　　　　　　　　　　　　　　　　　单位:mm

卷材类别		搭接宽度
合成高分子防水卷材	胶黏剂	80
	胶黏带	50
	单缝焊	60,有效焊接宽度不小于25
	双缝焊	80,有效焊接宽度10×2+空腔宽
高聚物改性沥青防水卷材	胶黏剂	100
	自粘	80

4) 冷粘法铺贴卷材时胶粘剂涂刷应均匀,不应露底,不应堆积;应控制胶黏剂涂刷与卷材铺贴的间隔时间;卷材下面的空气应排尽,并应辊压粘牢固;卷材铺贴应平整顺直,搭接尺寸应准确,不得扭曲、皱折;接缝口应用密封材料封严,宽度不应小于10mm。

5) 热粘法铺贴卷材在熔化热熔型改性沥青胶结料时,宜采用专用导热油炉加热,加热温度不应高于200℃,使用温度不宜低于180℃;粘贴卷材的热熔型改性沥青胶结料厚度宜为1.0~1.5mm;采用热熔型改性沥青胶结料粘贴卷材时,应随刮随铺,并应展平压实。

6) 热熔法铺贴卷材时火焰加热器加热卷材应均匀,不得加热不足或烧穿卷材;卷材表面热熔后应立即滚铺,卷材下面的空气应排尽,并应辊压粘贴牢固;卷材接缝部位应溢出热熔的改性沥青胶,溢出的改性沥青胶宽度宜为8mm;铺贴的卷材应平整顺直,搭接尺寸应准确,不得扭曲、皱折;厚度小于3mm的高聚物改性沥青防水卷材,严禁采用热熔法施工。

7) 自粘法铺贴卷材时应将自粘胶底面的隔离纸全部撕净;卷材下面的空气应排尽,并应辊压粘贴牢固;铺贴的卷材应平整顺直,搭接尺寸应准确,不得扭曲、皱折;接缝口应用密封材料封严,宽度不应小于10mm;低温施工时,接缝部位宜采用热风加热,并应随即粘贴牢固。

8) 焊接法铺贴卷材时,在焊接前卷材应铺设平整、顺直,搭接尺寸应准确,不得扭曲、皱折;卷材焊接缝的结合面应干净、干燥,不得有水滴、油污及附着物;焊接时应先焊长边搭接缝,后焊短边搭接缝;控制加热温度和时间,焊接缝不得有漏焊、跳焊、焊焦或焊接不牢现象;焊接时不得损害非焊接部位的卷材。

9) 机械固定法铺贴卷材是卷材应采用专用固定件进行机械固定;固定件应设置在卷材搭接缝内,外露固定件应用卷材封严;固定件应垂直钉入结构层有效固定,固定件数量和位置应符合设计要求;卷材搭接缝应粘接或焊接牢固,密封应严密;卷材周边800mm范围内应满粘。

(2) 卷材防水层分项工程检验批质量检查与验收　卷材防水层分项工程检验批质量按主控项目和一般项目进行验收,其验收标准、方法和检查数量见表7-18。

(3) 卷材防水层分项工程检验批质量检验的说明

主控项目第二项　防水是屋面的主要功能之一,应检查屋面有无渗漏和积水、排水系统是否通畅,可在雨后或持续淋水2h以后进行。有可能作蓄水试验的屋面,其蓄水时间不应少于24h。

表 7-18 卷材防水层分项工程检验批质量检验标准和检验方法

项	序号	项 目	合格质量标准	检验方法	检查数量
主控项目	1	材料质量	防水卷材及其配套材料的质量,应符合设计要求。	检查出厂合格证、质量检验报告和进场检验报告	按屋面面积每100m²抽查一处,每处应为10m²,且不得少于3处
	2	卷材防水层质量	卷材防水层不得有渗漏和积水现象	雨后观察或淋水、蓄水试验	
	3	防水层细部构造	卷材防水层在檐口、檐沟、天沟、水落口、泛水、变形缝和伸出屋面管道的防水构造,应符合设计要求	观察检查	
一般项目	1	搭接缝	卷材的搭接缝应粘接或焊接牢固,密封应严密,不得扭曲、皱折和翘边	观察检查	
	2	防水层的收头	卷材防水层的收头应与基层粘接,钉压应牢固,密封应严密	观察检查	
	3	铺贴方向	卷材防水层的铺贴方向应正确,卷材搭接宽度的允许偏差为-10mm	观察和尺量检查	
	4	屋面排汽构造	屋面排汽构造的排汽道应纵横贯通,不得堵塞;排汽管应安装牢固,位置应正确,封闭应严密	观察检查	

一般项目第二项 卷材防水层的搭接缝质量是卷材防水层成败的关键。搭接缝粘接或焊接牢固,密封严密;搭接缝宽度符合设计要求和规范规定。冷粘法施工胶黏剂的选择至关重要;热熔法施工,卷材的质量和厚度是保证搭接缝的前提,完工的搭接缝以溢出沥青胶为度;热风焊接法关键是焊机的温度和速度的把握,不得出现虚焊、漏焊或焊焦现象。

一般项目第三项 卷材防水层收头是屋面细部构造施工的关键环节。檐口800mm范围内的卷材应满粘,卷材端头应压入找平层的凹槽内,卷材收头应用金属压条钉压固定,并用密封材料封严;檐沟内卷材应由沟底翻上至沟外侧顶部,卷材收头应用金属压条钉压固定,并用密封材料封严;女儿墙和山墙泛水高度不应小于250mm,卷材收头可直接铺至女儿墙压顶下,用金属压条钉压固定,并用密封材料封严;伸出屋面管道泛水高度不应小于250mm,卷材收头处应用金属箍箍紧,并用密封材料封严;水落口部位的防水层,伸入水落口杯内不应小于50mm,并应粘接牢固。

7.4.3 涂膜防水层分项工程

(1) 一般要求

1) 防水涂料应多遍涂布,并应待前一遍涂布的涂料干燥成膜后,再涂布后一遍涂料,且前后两遍涂料的涂布方向应相互垂直。

2) 铺设胎体增强材料时胎体增强材料宜采用聚酯无纺布或化纤无纺布;胎体增强材料长边搭接宽度不应小于50mm,短边搭接宽度不应小于70mm;上下层胎体增强材料的长边搭接缝应错开,且不得小于幅宽的1/3;上下层胎体增强材料不得相互垂直铺设。

3) 多组分防水涂料应按配合比准确计量,搅拌应均匀,并应根据有效时间确定每次配制的数量。

(2) 涂膜防水层分项工程检验批质量检查与验收

涂膜防水层分项工程检验批质量按主控项目和一般项目进行验收,其验收标准、方法和检查数量见表7-19。

表 7-19 涂膜防水层分项工程检验批质量检验标准和检验方法

项	序号	项 目	合格质量标准	检验方法	检查数量
主控项目	1	材料质量	防水涂料和胎体增强材料的质量,应符合设计要求	检查出厂合格证、质量检验报告和进场检验报告	按屋面面积每 100m² 抽查一处,每处应为 10m²,且不得少于 3 处
	2	防水层质量	涂膜防水层不得有渗漏和积水现象	雨后观察或淋水、蓄水试验	
	3	防水层细部构造	涂膜防水层在檐口、檐沟、天沟、水落口、泛水、变形缝和伸出屋面管道的防水构造,应符合设计要求	观察检查	
	4	防水层的厚度	涂膜防水层的平均厚度应符合设计要求,且最小厚度不得小于设计厚度的 80%	针测法或取样量测	
一般项目	1	防水层与基层的粘接	涂膜防水层与基层应粘接牢固,表面应平整,涂布应均匀,不得有流淌、皱折、起泡和露胎体等缺陷	观察检查	
	2	防水层的收头	涂膜防水层的收头应用防水涂料多遍涂刷	观察检查	
	3	胎体增强材料铺贴	铺贴胎体增强材料应平整顺直,搭接尺寸应准确,应排除气泡,并应与涂料粘结牢固;胎体增强材料搭接宽度的允许偏差为 −10mm	观察和尺量检查	

(3) 涂膜防水层分项工程检验批质量检验的说明

主控项目第一项 胎体增强材料主要有聚酯无纺布和化纤无纺布,聚酯无纺布纵向拉力不应小于 150N/50mm,横向拉力不应小于 100N/50mm,延伸率纵向不应小于 10%,横向不应小于 20%;化纤无纺布纵向拉力不应小于 45N/50mm,横向拉力不应小于 35N/50mm;延伸率纵向不应小于 20%,横向不应小于 25%。

主控项目第二项 防水是屋面的主要功能之一,应检查屋面有无渗漏和积水、排水系统是否通畅,可在雨后或持续淋水 2h 以后进行。有可能作蓄水试验的屋面,其蓄水时间不应少于 24h。

一般项目第三项 胎体增强材料应随防水涂料边涂刷边铺贴,用毛刷或纤维布抹平,与防水涂料完全粘接,如粘接不牢固,不平整,涂膜防水层会出现分层现象。同一层短边搭接缝和上下层搭接缝错开的目的是避免接缝重叠,胎体厚度太大,影响涂膜防水层厚薄均匀度。胎体增强材料搭接宽度的控制,是涂膜防水层整体强度均匀性的保证,规定搭接宽度允许偏差为 10mm。

7.4.4 复合防水层分项工程

(1) 一般要求

1) 卷材与涂料复合使用时,涂膜防水层宜设置在卷材防水层的下面。

2) 卷材与涂料复合使用时,防水卷材的粘接质量应符合表 7-20 的规定。

表 7-20 防水卷材的粘接质量

项 目	自粘聚合物改性沥青防水卷材和带自粘层防水卷材	高聚物改性沥青防水卷材胶黏剂	合成高分子防水卷材胶黏剂
粘接剥离强度/(N/10mm)	≥10 或卷材断裂	≥8 或卷材断裂	≥15 或卷材断裂
剪切状态下的粘接强度/(N/10mm)	≥20 或卷材断裂	≥20 或卷材断裂	≥20 或卷材断裂
浸水 168h 后粘接剥离强度保持率/%	—	—	≥70

3)防水涂料作为防水卷材粘接材料复合使用时,应符合相应的防水卷材胶黏剂规定。

(2)复合防水层分项工程检验批质量检查与验收 复合防水层分项工程检验批质量按主控项目和一般项目进行验收,其验收标准、方法和检查数量见表7-21。

表7-21 复合防水层分项工程检验批质量检验标准和检验方法

项	序号	项 目	合格质量标准	检验方法	检查数量
主控项目	1	材料质量	复合防水层所用防水材料及其配套材料的质量,应符合设计要求	检查出厂合格证、质量检验报告和进场检验报告	按屋面面积每100m²抽查一处,每处应为10m²,且不得少于3处
	2	防水层质量	复合防水层不得有渗漏和积水现象	雨后观察或淋水、蓄水试验	
	3	防水层细部构造	复合防水层在天沟、檐沟、檐口、水落口、泛水、变形缝和伸出屋面管道的防水构造,应符合设计要求	观察检查	
一般项目	1	防水层间的粘接	卷材与涂膜应粘贴牢固,不得有空鼓和分层现象	观察检查	
	2	防水层厚度	复合防水层的总厚度应符合设计要求	针测法或取样量测	

(3)复合防水层分项工程检验批质量检验的说明

一般项目第三项 复合防水层的总厚度,主要包括卷材厚度、卷材胶黏剂厚度和涂膜厚度。在复合防水层中,如果防水涂料既是涂膜防水层,又是防水卷材的胶黏剂,那么涂膜厚度应给予适当增加。有关复合防水层的涂膜厚度,涂膜防水层的平均厚度应符合设计要求,且最小厚度不得小于设计厚度的80%。

7.4.5 接缝密封防水分项工程

(1)一般要求

1)密封防水部位的基层应牢固,表面应平整、密实,不得有裂缝、蜂窝、麻面、起皮和起砂现象;基层应清洁、干燥,并应无油污、无灰尘;嵌入的背衬材料与接缝壁间不得留有空隙;密封防水部位的基层宜涂刷基层处理剂,涂刷应均匀,不得漏涂。

2)多组分密封材料应按配合比准确计量,拌和应均匀,并应根据有效时间确定每次配制的数量。

3)密封材料嵌填完成后,在固化前应避免灰尘、破损及污染,且不得踩踏。

(2)接缝密封防水分项工程检验批质量检查与验收

接缝密封防水分项工程检验批质量按主控项目和一般项目进行验收,其验收标准、方法和检查数量见表7-22。

(3)接缝密封防水分项工程检验批质量检验的说明

主控项目第一项 改性石油沥青密封材料按耐热度和低温柔性分为Ⅰ和Ⅱ类,Ⅰ类产品代号为"702",即耐热性为70℃,低温柔性为−20℃,适合北方地区使用;Ⅱ类产品代号为"801",即耐热性为80℃,低温柔性为−10℃,适合南方地区使用。合成高分子密封材料按密封胶位移能力分为25、20、12.5、7.5四个级别,把25级、20级和12.5级密封胶称为弹性密封胶,而把12.5P级和7.5P级密封胶称为塑性密封胶。

表 7-22 接缝密封防水分项工程检验批质量检验标准和检验方法

项	序号	项 目	合格质量标准	检验方法	检查数量
主控项目	1	材料质量	密封材料及其配套材料的质量,应符合设计要求	检查出厂合格证、质量检验报告和进场检验报告	每50m抽查一处,每处应为5m,且不得少于3处
	2	密封防水质量	密封材料嵌填应密实、连续、饱满,粘接牢固。不得有气泡、开裂、脱落等缺陷	观察检查	
一般项目	1	密封防水部位的基层	密封防水部位的基层应牢固,表面应平整、密实,不得有裂缝、蜂窝、麻面、起皮和起砂现象;基层应清洁、干燥,并应无油污、无灰尘;嵌入的背衬材料与接缝壁间不得留有空隙;密封防水部位的基层宜涂刷基层处理剂,涂刷应均匀,不得漏涂	观察检查	
	2	接缝宽度和嵌填深度	接缝宽度和密封材料的嵌填深度应符合设计要求,接缝宽度的允许偏差为±10%	尺量检查	
	3	外观质量	嵌填的密封材料表面应平滑,缝边应顺直,应无明显不平和周边污染现象	观察检查	

主控项目第二项 改性石油沥青密封材料嵌填时采用热灌法施工应由下向上进行,并减少接头;垂直于屋脊的板缝宜先浇灌,同时在纵横交叉处宜沿平行于屋脊的两侧板缝各延伸浇灌150mm,并留成斜槎。密封材料熬制及浇灌温度应按不同材料要求严格控制。冷嵌法施工应先将少量密封材料批刮到缝槽两侧,分次将密封材料嵌填在缝内,用力压嵌密实。嵌填时密封材料与缝壁不得留有空隙,并防止裹入空气。接头应采用斜槎。采用合成高分子密封材料嵌填时,不管是用挤出枪还是用腻子刀施工,表面都不会光滑平直,可能还会出现凹陷、漏嵌填、孔洞、气泡等现象,故应在密封材料表干前进行修整。如果表干前不修整,则表干后不易修整,且容易将成膜固化的密封材料破坏。上述目的是使嵌填的密封材料饱满、密实,无气泡、孔洞现象。

一般项目第三项 接缝宽度规定不应大于40mm,且不应小于10mm。考虑到接缝宽度太窄密封材料不易嵌填,太宽则会造成材料浪费,故规定接缝宽度的允许偏差为±10%。如果接缝宽度不符合上述要求,应进行调整或用聚合物水泥砂浆处理。

7.5 瓦面与板面子分部工程

7.5.1 一般规定

(1) 适用于烧结瓦、混凝土瓦、沥青瓦和金属板、玻璃采光顶铺装等分项工程的施工质量验收。

(2) 瓦面与板面工程施工前,主体结构质量应验收合格,并做好资料经监理认可存档。

(3) 木质望板、檩条、顺水条、挂瓦条等构件,均应做防腐、防蛀和防火处理;金属顺水条、挂瓦条以及金属板、固定件,均应做防锈处理。

(4) 瓦材或板材与山墙及突出屋面结构的交接处,均应做泛水处理。

(5) 在大风及地震设防地区或屋面坡度大于10%时,瓦材应采取固定加强措施。

(6) 在瓦材的下面应铺设防水层或防水垫层,其品种、厚度和搭接宽度均应符合设计要求。

(7) 严寒和寒冷地区的檐口部位,应采取防雪融冰坠的安全措施。

7.5.2 烧结瓦和混凝土瓦铺装分项工程

(1) 一般要求

1) 平瓦和脊瓦应边缘整齐，表面光洁，不得有分层、裂纹和露砂等缺陷；平瓦的瓦爪与瓦槽的尺寸应配合。

2) 基层应平整、干净、干燥；持钉层厚度应符合设计要求；顺水条应垂直正脊方向铺钉在基层上，顺水条表面应平整，其间距不宜大于500mm；挂瓦条的间距应根据瓦片尺寸和屋面坡长经计算确定；挂瓦条应铺钉平整、牢固，上棱应成一直线。

3) 挂瓦应从两坡的檐口同时对称进行。瓦后爪应与挂瓦条挂牢，并应与邻边、下面两瓦落槽密合；檐口瓦、斜天沟瓦应用镀锌铁丝拴牢在挂瓦条上，每片瓦均应与挂瓦条固定牢固；整坡瓦面应平整，行列应横平竖直，不得有翘角和张口现象；正脊和斜脊应铺平挂直，脊瓦搭盖应顺主导风向和流水方向。

4) 烧结瓦和混凝土瓦屋面檐口挑出墙面的长度不宜小于300mm；脊瓦在两坡面瓦上的搭盖宽度，每边不应小于40mm；脊瓦下端距坡面瓦的高度不宜大于80mm；瓦头伸入檐沟、天沟内的长度宜为50~70mm；金属檐沟、天沟伸入瓦内的宽度不应小于150mm；瓦头挑出檐口的长度宜为50~70mm；突出屋面结构的侧面瓦伸入泛水的宽度不应小于50mm。

(2) 烧结瓦和混凝土瓦铺装分项工程检验批质量检查与验收 烧结瓦和混凝土瓦铺装分项工程检验批质量按主控项目和一般项目进行验收，其验收标准、方法和检查数量见表7-23。

表7-23 烧结瓦和混凝土瓦铺装分项工程检验批质量检验标准和检验方法

项	序号	项 目	合格质量标准	检验方法	检查数量
主控项目	1	材料质量	瓦材及防水垫层的质量，应符合设计要求	检查出厂合格证、质量检验报告和进场检验报告	按屋面面积每100m²抽一处，每处应为10m²，且不得少于3处
	2	防水质量	烧结瓦、混凝土瓦屋面不得有渗漏现象	雨后观察或淋水试验	
	3	铺装加固	瓦片必须铺置牢固。在大风及地震设防地区或屋面坡度大于10%时，应按设计要求采取固定加强措施	观察或手扳检查	
一般项目	1	挂瓦条、瓦面、檐口施工	挂瓦条应分档均匀，铺钉应平整、牢固；瓦面应平整，行列应整齐，搭接应紧密，檐口应平直	观察检查	
	2	脊瓦施工	脊瓦应搭盖正确，间距应均匀，封固应严密；正脊和斜脊应顺直，应无起伏现象	观察检查	
	3	泛水施工	泛水做法应符合设计要求，并应顺直整齐、结合严密	观察检查	
	4	铺装尺寸	烧结瓦和混凝土瓦铺装的有关尺寸，应符合设计要求	尺量检查	

(3) 烧结瓦和混凝土瓦铺装分项工程检验批质量检验的说明

主控项目第二项 由于烧结瓦、混凝土瓦屋面形状、构造、防水做法多种多样，屋面上的天窗、屋顶采光窗、封口封檐等情况也十分复杂，这些在设计图纸中均会有明确的规定，所以施工时必须按照设计施工，以免造成屋面渗漏。

一般项目第一项 挂瓦条的间距是根据瓦片的规格和屋面坡度的长度确定的，而瓦片则直接铺设在其上。所以只有将挂瓦条铺设平整、牢固，才能保证瓦片铺设的平整、牢固，也才能做到行列整齐、檐口平直。

一般项目第二项 脊瓦起封闭两坡面瓦之间缝隙的作用,如脊瓦搭接不正确,封闭不严密,就可能导致屋面渗漏。另外,在铺设脊瓦时宜拉线找直、找平,使脊瓦在屋脊上铺成一条直线,以保证外表美观。

7.5.3 金属板铺装分项工程

(1) 一般要求

1) 金属板材应边缘整齐,表面应光滑,色泽应均匀,外形应规则,不得有翘曲、脱膜和锈蚀等缺陷。

2) 金属板材应用专用吊具安装,安装和运输过程中不得损伤金属板材。

3) 金属板材应根据要求板型和深化设计的排板图铺设,并应按设计图纸规定的连接方式固定。

4) 金属板固定支架或支座位置应准确,安装应牢固。

5) 金属板屋面檐口挑出墙面的长度不应小于200mm;金属板伸入檐沟、天沟内的长度不应小于100mm;泛水板与突出屋面墙体的搭接高度不应小于250mm;金属泛水板、变形缝盖板与金属板的搭接宽度不应小于200mm;金属屋脊盖板在两坡面金属板上的搭盖宽度不应小于250mm。

(2) 金属板铺装分项工程检验批质量检查与验收 金属板铺装分项工程检验批质量按主控项目和一般项目进行验收,其验收标准、方法和检查数量见表7-24。

表7-24 金属板铺装分项工程检验批质量检验标准和检验方法

项	序号	项 目	合格质量标准	检验方法	检查数量
主控项目	1	材料质量	金属板材及其辅助材料的质量,应符合设计要求	检查出厂合格证、质量检验报告和进场检验报告	按屋面面积每100m²抽查一处,每处应为10m²,且不得少于3处
	2	防水质量	金属板屋面不得有渗漏现象	雨后观察或淋水试验	
一般项目	1	金属板铺装及排水坡度	金属板铺装应平整、顺滑;排水坡度应符合设计要求	坡度尺检查	
	2	咬口锁边	压型金属板的咬口锁边连接应严密、连续、平整,不得扭曲和裂口	观察检查	
	3	紧固件连接	压型金属板的紧固件连接应采用带防水垫圈的自攻螺钉,固定点应设在波峰上;所有自攻螺钉外露的部位均应密封处理	观察检查	
	4	纵(横)向搭接	金属面绝热夹芯板的纵向和横向搭接,应符合设计要求	观察检查	
	5	细部构造	金属板的屋脊、檐口、泛水,直线段应顺直,曲线段应顺畅	观察检查	
	6	铺装允许偏差	金属板材铺装的允许偏差和检验方法,应符合表7-25的规定	见表7-25	

表7-25 金属板铺装的允许偏差和检验方法

项 目	允许偏差/mm	检验方法
檐口与屋脊的平行度	15	拉线和尺量检查
金属板对屋脊的垂直度	单坡长度的1/800,且不大于25	
金属板咬缝的平整度	10	
檐口相邻两板的端部错位	6	
金属板铺装的有关尺寸	符合设计要求	尺量检查

(3) 金属板铺装分项工程检验批质量检验的说明

主控项目第一项 金属板材的合理选材，不仅可以满足使用要求，而且可以最大限度地降低成本，因此应给予高度重视。以彩色涂层钢板及钢带（简称彩涂板）为例，彩涂板的选择主要是指力学性能、基板类型和镀层质量，以及正面涂层性能和反面涂层性能。

力学性能主要依据用途、加工方式和变形程度等因素进行选择。在强度要求不高、变形不复杂时，可采用 TDC51D、TDC52D 系列的彩涂板；当对成形性有较高要求时，应选用 TDC53D、TDC54D 系列的彩涂板；对于有承重要求的构件，应根据设计要求选择合适的结构钢，如 TS280GD、TS350GD 系列的彩涂板。

基板类型和镀层重量主要依据用途、使用环境的腐蚀性、使用寿命和耐久性等因素进行选择。基板类型和镀层重量是影响彩涂板耐腐蚀性的主要因素，通常彩涂板应选用热镀锌基板和热镀铝锌基板。电镀锌基板由于受工艺限制，镀层较薄、耐腐蚀性相对较差，而且成本较高，因此很少使用。镀层重量应根据使用环境的腐蚀性来确定。

正面涂层性能主要依据涂料种类、涂层厚度、涂层色差、涂层光泽、涂层硬度、涂层柔韧性和附着力、涂层的耐久性等选择。正面涂层性能主要依据用途、使用环境来选择。

主控项目第二项 金属板屋面主要包括压型金属板和金属面绝热夹芯板两类。压型金属板的板型可分为高波板和低波板，其连接方式分为紧固件连接、咬口锁边连接；金属面绝热夹芯板是由彩涂钢板与保温材料在工厂制作而成，屋面用夹芯板的波形应为波形板，其连接方式为紧固件连接。

金属板屋面要做到不渗漏，对金属板的连接和密封处理是防水技术的关键。金属板铺装完成后，应对局部或整体进行雨后观察或淋水试验。

一般项目第四项 金属面绝热夹芯板的连接方式，是采用紧固件将夹芯板固定在檩条上。夹芯板的纵向搭接位于檩条处，两块板均应伸至支承构件上，每块板支座长度不应小于 50mm，夹芯板纵向搭接长度不应小于 200mm，搭接部位均应设密封防水胶带；夹芯板的横向搭接尺寸应按具体板型确定。

7.5.4 玻璃采光顶铺装分项工程

（1）一般要求

1）玻璃采光顶的预埋件应位置准确，安装应牢固。

2）采光顶玻璃及玻璃组件的制作，应符合现行行业标准《建筑玻璃采光顶》（JG/T 231）的有关规定。

3）采光顶玻璃表面应平整、洁净，颜色应均匀一致。

4）玻璃采光顶与周边墙体之间的连接，应符合设计要求。

（2）玻璃采光顶铺装分项工程检验批质量检查与验收 玻璃采光顶铺装分项工程检验批质量按主控项目和一般项目进行验收，其验收标准、方法和检查数量见表 7-26。

（3）玻璃采光顶铺装分项工程检验批质量检验的说明

主控项目第一项 聚硅氧烷（硅酮）结构密封胶使用前，应经国家认可的检测机构进行与其相接触的有机材料相容性和被粘接材料的粘接性试验，并应对邵氏硬度、标准状态拉伸粘接性能进行复验。聚硅氧烷结构密封胶生产商应提供其结构胶的变位承受能力数据和质量保证书。

表 7-26 玻璃采光顶铺装分项工程检验批质量检验标准和检验方法

项	序号	项目	合格质量标准	检验方法	检查数量
主控项目	1	材料质量	采光顶玻璃及其配套材料的质量,应符合设计要求	检查出厂合格证和质量检验报告	按屋面面积每100m²抽查一处,每处应为10m²,且不得少于3处
	2	防水质量	玻璃采光顶不得有渗漏现象	雨后观察或淋水试验	
	3	耐候密封胶	聚硅氧烷(硅酮)耐候密封胶的打注应密实、连续、饱满,粘接应牢固,不得有气泡、开裂、脱落等缺陷	观察检查	
一般项目	1	采光顶铺装及排水坡度	玻璃采光顶铺装应平整、顺直;排水坡度应符合设计	观察和坡度尺检查	
	2	采光顶的冷凝水收集和排除	玻璃采光顶的冷凝水收集和排除构造,应符合设计要求	观察检查	
	3	明框玻璃采光顶安装	明框玻璃采光顶的外露金属框或压条应横平竖直,压条安装应牢固;隐框玻璃采光顶的玻璃分格拼缝应横平竖直,均匀一致	观察和手扳检查	
	4	点支撑玻璃采光顶的安装	点支撑玻璃采光顶的支承装置应安装牢固,配合应严密;支承装置不得与玻璃直接接触	观察检查	
	5	玻璃采光顶的密封胶缝	采光顶玻璃的密封胶缝应横平竖直,深浅应一致,宽窄应均匀,应光滑顺直	观察检查	
	6	明框采光顶铺装的允许偏差	明框玻璃采光顶铺装的允许偏差和检验方法,应符合表 7-27 的规定	见表 7-27	
	7	隐框采光顶铺装的允许偏差	隐框玻璃采光顶铺装的允许偏差和检验方法,应符合表 7-28 的规定	见表 7-29	
	8	点支撑采光顶铺装的允许偏差	点支撑玻璃采光顶铺装的允许偏差和检验方法,应符合表 7-29 的规定	见表 7-29	

表 7-27 明框玻璃采光顶铺装的允许偏差和检验方法

项目		允许偏差/mm		检验方法
		铝构件	钢构件	
通长构件水平度(纵向或横向)	构件长度≤30m	10	15	水准仪检查
	构件长度≤60m	15	20	
	构件长度≤90m	20	25	
	构件长度≤150m	25	30	
	构件长度>150m	30	35	
单一构件直线度(纵向或横向)	构件长度≤2m	2	3	拉线和尺量检查
	构件长度>2m	3	4	
相邻构件平面高低差		1	2	直尺和塞尺检查
通长构件直线度(纵向或横向)	构件长度≤35m	5	7	经纬仪检查
	构件长度>35m	7	9	
分格框对角线差	对角线长度≤2m	3	4	尺量检查
	对角线长度>2m	3.5	5	

表 7-28 隐框玻璃采光顶铺装的允许偏差和检验方法

项　目		允许偏差/mm	检验方法
通长接缝水平度 （纵向或横向）	接缝长度≤30m	10	水准仪检查
	接缝长度≤60m	15	
	接缝长度≤90m	20	
	接缝长度≤150m	25	
	接缝长度>150m	30	
相邻板块的平面高低差		1	直尺和塞尺检查
相邻板块的接缝直线度		2.5	拉线和尺量检查
通长接缝直线度 （纵向或横向）	接缝长度≤35m	5	经纬仪检查
	接缝长度>35m	7	
玻璃间接缝宽度（与设计尺寸比）		2	尺量检查

表 7-29 点支撑玻璃采光顶铺装的允许偏差和检验方法

项　目		允许偏差/mm	检验方法
通长接缝水平度 （纵向或横向）	接缝长度≤30m	10	水准仪检查
	接缝长度≤60m	15	
	接缝长度>60m	20	
相邻板块的平面高低差		1	直尺和塞尺检查
相邻板块的接缝直线度		2.5	拉线和尺量检查
通长接缝直线度 （纵向或横向）	接缝长度≤35m	5	经纬仪检查
	接缝长度>35m	7	
玻璃间接缝宽度（与设计尺寸比）		2	尺量检查

主控项目第二项 玻璃采光顶按其支撑方式分为框支撑和点支撑两类。框支撑玻璃采光顶的连接，主要按采光顶玻璃组装方式确定。当玻璃组装为镶嵌方式时，玻璃四周应用密封胶条镶嵌；当玻璃组装为胶粘方式时，中空玻璃的两层玻璃之间的周边以及隐框和半隐框构件的玻璃与金属框之间，应采用聚硅氧烷结构密封胶粘接。点支撑玻璃采光顶的组装方式，支撑装置与玻璃连接件的结合面之间应加衬垫，并有竖向调节作用。采光顶玻璃的接缝宽度应能满足玻璃和胶的变形要求，且不应小于 10mm；接缝厚度宜为接缝宽度的 50%～70%；玻璃接缝密封宜采用位移能力级别为 25 级的聚硅氧烷耐候密封胶。

由于玻璃采光顶一般跨度大、坡度小、形状复杂、安全耐久要求高，在风雨同时作用或积雪局部融化屋面积水的情况下，采光顶应具有阻止雨水渗漏室内的性能。玻璃采光顶要做到不渗漏，对采光顶的连接和密封处理必须符合设计要求，采光顶铺装完成后，应对局部或整体进行雨后观察或淋水试验。

7.6 细部构造子分部工程

7.6.1 一般规定

(1) 本章适用于檐口、檐沟和天沟、女儿墙和山墙、水落口、变形缝、伸出屋面管道、屋面出入口、反梁过水孔、设施基座、屋脊、屋顶窗等分项工程的施工质量验收。

(2) 细部构造工程各分项工程每个检验批应全数进行检验。

(3) 细部构造所使用卷材、涂料和密封材料的质量应符合设计要求，两种材料之间应具有相容性。

(4) 屋面细部构造热桥部位的保温处理应符合设计要求。

7.6.2 檐口分项工程

(1) 檐口分项工程检验批质量检查与验收

檐口分项工程检验批质量按主控项目和一般项目进行验收,其验收标准、方法和检查数量见表7-30。

表7-30 檐口分项工程检验批质量检验标准和检验方法

项	序号	项目	合格质量标准	检验方法	检查数量
主控项目	1	防水构造	檐口的防水构造应符合设计要求	观察检查	全数检验
	2	排水坡度	檐口的排水坡度应符合设计要求;檐口部位不得有渗漏和积水现象	坡度尺检查和雨后观察或淋水试验	
一般项目	1	卷材粘贴	檐口800mm范围内的卷材应满粘	观察检查	
	2	卷材收头	卷材收头应在找平层的凹槽内用金属压条钉压固定,并应用密封材料封严	观察检查	
	3	涂膜收头	涂膜收头应用防水涂料多遍涂刷	观察检查	
	4	檐口端部处理	檐口端部应抹聚合物水泥砂浆,其下端应做成鹰嘴和滴水槽	观察检查	

(2) 檐口分项工程检验批质量检验的说明

主控项目第一项 檐口部位的防水层收头和滴水是檐口防水处理的关键,卷材防水屋面檐口800mm范围内的卷材应满粘,卷材收头应采用金属压条钉压,并用密封材料封严;涂膜防水屋面檐口的涂膜收头,应用防水涂料多遍涂刷。檐口下端应做鹰嘴和滴水槽。瓦屋面的瓦头挑出檐口的尺寸、滴水板的设置要求等应符合设计要求。验收时对构造做法必须进行严格检查,确保符合设计和现行相关规范的要求。

一般项目第四项 由于檐口做法属于无组织排水,檐口雨水冲刷量大,檐口端部应采用聚合物水泥砂浆铺抹,以提高檐口的防水能力。为防止雨水沿檐口下端流向墙面,檐口下端应同时做鹰嘴和滴水槽。

7.6.3 檐沟和天沟分项工程

(1) 檐沟和天沟分项工程检验批质量检查与验收

檐沟和天沟分项工程检验批质量按主控项目和一般项目进行验收,其验收标准、方法和检查数量见表7-31。

表7-31 檐沟和天沟分项工程检验批质量检验标准和检验方法

项	序号	项目	合格质量标准	检验方法	检查数量
主控项目	1	防水构造	檐沟、天沟的防水构造应符合设计要求	观察检查	全数检验
	2	排水坡度	檐沟、天沟的排水坡度应符合设计要求;沟内不得有渗漏和积水现象	坡度尺检查和雨后观察或淋水、蓄水试验	
一般项目	1	附加层铺设	檐沟、天沟附加层铺设应符合设计要求	观察和尺量检查	
	2	防水层施工	檐沟防水层应由沟底翻上至外侧顶部,卷材收头应用金属压条钉压固定,并应用密封材料封严;涂膜收头应用防水涂料多遍涂刷	观察检查	
	3	檐沟外侧处理	檐沟外侧顶部及侧面均应抹聚合物水泥砂浆,其下端应做成鹰嘴或滴水槽	观察检查	

(2) 檐沟和天沟分项工程检验批质量检验的说明

主控项目第一项 檐沟、天沟是排水最集中部位，檐沟、天沟与屋面的交接处，由于构件断面变化和屋面的变形，常在此处发生裂缝。同时，沟内防水层因受雨水冲刷和清扫的影响较大，卷材或涂膜防水屋面檐沟和天沟的防水层下应增设附加层，附加层伸入屋面的宽度不应小于250mm；防水层应由沟底翻上至外侧顶部，卷材收头应用金属压条钉压，并用密封材料封严；涂膜收头应用防水涂料多遍涂刷；檐沟外侧下端应做成鹰嘴或滴水槽。瓦屋面檐沟和天沟防水层下应增设附加层，附加层伸入屋面的宽度不应小于500mm；檐沟和天沟防水层伸入瓦内的宽度不应小于150mm，并应与屋面防水层或防水垫层顺流水方向搭接。烧结瓦、混凝土瓦伸入檐沟、天沟内的长度宜为50～70mm，验收时对构造做法必须进行严格检查，确保符合设计和现行相关规范的要求。

7.6.4 女儿墙和山墙分项工程

（1）女儿墙和山墙分项工程检验批质量检查与验收 女儿墙和山墙分项工程检验批质量按主控项目和一般项目进行验收，其验收标准、方法和检查数量见表7-32。

表7-32 女儿墙和山墙分项工程检验批质量检验标准和检验方法

项	序号	项目	合格质量标准	检验方法	检查数量
主控项目	1	防水构造	女儿墙和山墙的防水构造应符合设计要求	观察检查	全数检验
	2	排水坡度	女儿墙和山墙的压顶向内排水坡度不应小于5%，压顶内侧下端应做成鹰嘴或滴水槽	观察和坡度尺检查	
	3	墙根部质量	女儿墙和山墙的根部不得有渗漏和积水现象	雨后观察或淋水试验	
一般项目	1	附加层铺设	女儿墙和山墙的泛水高度及附加层铺设应符合设计要求	观察和尺量检查	
	2	防水层施工	女儿墙和山墙的卷材应满粘，卷材收头应用金属压条钉压固定，并应用密封材料封严	观察检查	
	3	涂膜施工	女儿墙和山墙的涂膜应直接涂刷至压顶下，涂膜收头应用防水涂料多遍涂刷	观察检查	

（2）女儿墙和山墙分项工程检验批质量检验的说明

主控项目第一项 女儿墙和山墙无论是采用混凝土还是砌体都会产生开裂现象，女儿墙和山墙上的抹灰及压顶出现裂缝也是很常见的，如不做防水设防，雨水会沿裂缝或墙流入室内。泛水部位如不做附加层防水增强处理，防水层收缩易使泛水转角部位产生空鼓，防水层容易破坏。泛水收头若处理不当易产生翘边现象，使雨水从开口处渗入防水层下部。故女儿墙和山墙应按设计要求做好防水构造处理。

一般项目第一项 泛水部位容易产生应力集中导致开裂，因此该部位防水层的泛水高度和附加层铺设应符合设计要求，防止雨水从防水收头处流入室内。附加层在防水层施工前应进行验收，并填写隐蔽工程验收记录。

一般项目第二项 卷材防水层铺贴至女儿墙和山墙时，卷材立面部位应满粘防止下滑。砌体低女儿墙和山墙的卷材防水层可直接铺贴至压顶下，卷材收头用金属压条钉压固定，并用密封材料封严。砌体高女儿墙和山墙可在距屋面不小于250mm的部位留设凹槽，将卷材防水层收头压入凹槽内，用金属压条钉压固定并用密封材料封严，凹槽上部的墙体应做防水处理。混凝土女儿墙和山墙难以设置凹槽，可将卷材防水层直接用金属压条钉压在墙体上，卷材收头用密封材料封严，再做金属盖板保护。

7.6.5 水落口分项工程

(1) 水落口分项工程检验批质量检查与验收　水落口分项工程检验批质量按主控项目和一般项目进行验收，其验收标准、方法和检查数量见表 7-33。

表 7-33　水落口分项工程检验批质量检验标准和检验方法

项	序号	项　目	合格质量标准	检验方法	检查数量
主控项目	1	防水构造	水落口的防水构造应符合设计要求	观察检查	全数检验
	2	水落口设置	水落口杯上口应设在沟底的最低处；水落口处不得有渗漏和积水现象	雨后观察或淋水、蓄水试验	
一般项目	1	水落口的数量和位置	水落口的数量和位置应符合设计要求；水落口杯应安装牢固	观察和手扳检查	全数检验
	2	排水坡度	水落口周围直径 500mm 范围内坡度不应小于 5%，水落口周围的附加层铺设应符合设计要求	观察和尺量检查	
	3	防水层及附加层	防水层及附加层伸入水落口杯内不应小于 50mm，并应粘结牢固	观察和尺量检查	

(2) 水落口分项工程检验批质量检验的说明

主控项目第二项　水落口杯的安设高度应充分考虑水落口部位增加的附加层和排水坡度加大的尺寸，屋面上每个水落口应单独计算出标高后进行埋设，保证水落口杯上口设置在屋面排水沟的最低处，避免水落口周围积水。为保证水落口处无渗漏和积水现象，屋面防水层施工完成后，应进行雨后观察或淋水、蓄水试验。

一般项目第二项　水落口是排水最集中的部位，由于水落口周围坡度过小，施工困难且不易找准，影响水落口的排水能力。同时，水落口周围的防水层受雨水冲刷是屋面中最严重的，因此水落口周围直径 500mm 范围内增大坡度为不小于 5%，并按设计要求作附加增强处理。

7.6.6 变形缝分项工程

(1) 变形缝分项工程检验批质量检查与验收　变形缝分项工程检验批质量按主控项目和一般项目进行验收，其验收标准、方法和检查数量见表 7-34。

表 7-34　变形缝分项工程检验批质量检验标准和检验方法

项	序号	项　目	合格质量标准	检验方法	检查数量
主控项目	1	防水构造	变形缝的防水构造应符合设计要求	观察检查	全数检验
	2	变形缝防水	变形缝处不得有渗漏和积水现象	雨后观察或淋水试验	
一般项目	1	变形缝泛水及附加层	变形缝的泛水高度及附加层铺设应符合设计要求	观察和尺量检查	全数检验
	2	防水层铺贴	防水层应铺贴或涂刷至泛水墙的顶部	观察检查	
	3	等高变形缝顶部	等高变形缝顶部宜加扣混凝土或金属盖板。混凝土盖板的接缝应用密封材料封严；金属盖板应顺钉牢固，搭接缝应顺流水方向，并应做好防锈处理	观察检查	
	4	高低跨变形缝顶部	高低跨变形缝在高跨墙面上的防水卷材封盖和金属盖板，应用金属压条钉压固定，并应用密封材料封严	观察检查	

(2) 变形缝分项工程检验批质量检验的说明

主控项目第一项 变形缝是为了防止建筑物产生变形、开裂甚至破坏而预先设置的构造缝，因此变形缝的防水构造应能满足变形要求。变形缝泛水处的防水层下应按设计要求增设防水附加层；防水层应铺贴或涂刷至泛水墙的顶部；变形缝内应填塞保温材料，其上铺设卷材封盖和金属盖板。由于变形缝内的防水构造会被盖板覆盖，故质量检查验收应随工序的开展而进行，并及时做好隐蔽工程验收记录。

7.6.7 伸出屋面管道分项工程

（1）伸出屋面管道分项工程检验批质量检查与验收

伸出屋面管道分项工程检验批质量按主控项目和一般项目进行验收，其验收标准、方法和检查数量见表7-35。

表7-35 伸出屋面管道分项工程检验批质量检验标准和检验方法

项	序号	项 目	合格质量标准	检验方法	检查数量
主控项目	1	防水构造	伸出屋面管道的防水构造应符合设计要求	观察检查	全数检验
	2	管道根部防水	伸出屋面管道根部不得有渗漏和积水现象	雨后观察或淋水试验	
一般项目	1	泛水及附加层	伸出屋面管道的泛水高度和附加层铺设，应符合设计要求	观察和尺量检查	
	2	排水坡	伸出屋面管道周围的找平层应抹出高度不小于30mm的排水坡	观察和尺量检查	
	3	防水层收头处理	卷材防水层收头应用金属箍固定，并应用密封材料封严；涂膜防水层收头应用防水涂料多遍涂刷	观察检查	

（2）伸出屋面管道分项工程检验批质量检验的说明

主控项目第一项 伸出屋面管道通在管壁四周应设附加层做防水增强处理。卷材防水层收头处应用管箍或镀锌铁丝扎紧后用密封材料封严。验收时应按每道工序进行质量检查，并做好隐蔽工程验收记录。

7.6.8 屋面出入口分项工程

（1）屋面出入口分项工程检验批质量检查与验收

屋面出入口分项工程检验批质量按主控项目和一般项目进行验收，其验收标准、方法和检查数量见表7-36。

表7-36 屋面出入口分项工程检验批质量检验标准和检验方法

项	序号	项 目	合格质量标准	检验方法	检查数量
主控项目	1	防水构造	屋面出入口的防水构造应符合设计要求	观察检查	全数检验
	2	管道根部防水	屋面出入口处不得有渗漏和积水现象	雨后观察或淋水试验	
一般项目	1	防水层收头及附加层	屋面垂直出入口防水层收头应压在压顶圈下，附加层铺设应符合设计要求	观察检查	
	2	防水层收头	屋面水平出入口防水层收头应压在混凝土踏步下，附加层铺设和护墙应符合设计要求	观察检查	
	3	泛水高度	屋面出入口的泛水高度不应小于250mm	观察和尺量检查	

(2) 屋面出入口分项工程检验批质量检验的说明

主控项目第一项 屋面出入口有垂直出入口和水平出入口两种，构造上有很大的区别，防水处理做法也多有不同，设计应根据工程实际情况做好屋面出入口的防水构造设计。施工和验收时，其做法必须符合设计要求，附加层及防水层收头处理等应做好隐蔽工程验收记录。

7.6.9 屋脊分项工程

(1) 屋脊分项工程检验批质量检查与验收　屋脊分项工程检验批质量按主控项目和一般项目进行验收，其验收标准、方法和检查数量见表 7-37。

表 7-37　屋脊分项工程检验批质量检验标准和检验方法

项	序号	项　目	合格质量标准	检验方法	检查数量
主控项目	1	防水构造	屋脊的防水构造应符合设计要求	观察检查	全数检验
	2	屋脊防水	屋脊处不得有渗漏现象	雨后观察或淋水试验	
一般项目	1	屋脊外观	平脊和斜脊铺设应顺直，应无起伏现象	观察检查	
	2	脊瓦搭盖	脊瓦应搭盖正确，间距应均匀，封固应严密	观察和手扳检查	

(2) 屋脊分项工程检验批质量检验的说明

主控项目第一项　烧结瓦、混凝土瓦的脊瓦与坡面瓦之间的缝隙，一般采用聚合物水泥砂浆填实抹平。脊瓦下端距坡面瓦的高度不宜超过 80mm，脊瓦在两坡面瓦上的搭盖宽度每边不应小于 40mm。沥青瓦屋面的脊瓦在两坡面瓦上的搭盖宽度每边不应小于 150mm。正脊脊瓦外露搭接边宜顺常年风向一侧；每张屋脊瓦片的两侧各采用 1 个固定钉固定，固定钉距离侧边 25mm；外露的固定钉钉帽应用沥青胶涂盖。

瓦屋面的屋脊处均应增设防水垫层附加层，附加层宽度不应小于 500mm。

7.6.10 屋顶窗分项工程

(1) 屋顶窗分项工程检验批质量检查与验收　屋顶窗分项工程检验批质量按主控项目和一般项目进行验收，其验收标准、方法和检查数量见表 7-38。

表 7-38　屋顶窗分项工程检验批质量检验标准和检验方法

项	序号	项　目	合格质量标准	检验方法	检查数量
主控项目	1	防水构造	屋顶窗的防水构造应符合设计要求	观察检查	全数检验
	2	屋脊防水	屋顶窗及其周围不得有渗漏现象	雨后观察或淋水试验	
一般项目	1	屋脊外观	屋顶窗用金属排水板、窗框固定铁脚应与屋面连接牢固	观察检查	
	2	脊瓦搭盖	屋顶窗与窗口防水卷材应铺贴平整，粘结应牢固	观察检查	

(2) 屋顶窗分项工程检验批质量检验的说明

主控项目第一项　屋顶窗所用窗料及相关的各种零部件，均应由屋顶窗的生产厂家配套供应。屋顶窗的防水设计为两道防水设防，即金属排水板采用涂有防氧化涂层的铝合金板，排水板与屋面瓦有效紧密搭接，第二道防水设防采用厚度为 3mm 的 SBS 防水卷材热熔施工；屋顶窗的排水设计应充分发挥排水板的作用，同时注意瓦与屋顶窗排水板的距离。因此屋顶窗的防水构造必须符合设计要求。

7.7 屋面分部工程验收

建筑屋面工程是一个分部工程，包括基层与保护、保温与隔热、防水与密封、瓦面与板面、细部构造五个子分部工程，各子分部工程由若干个分项工程组成，各分项工程又由一个或多个检验批组成。检验批是工程验收的最小单位，是分项工程乃至整个建筑工程质量验收的基础。

7.7.1 屋面分部工程验收的程序

（1）检验批的质量验收　检验批应由监理工程师组织施工单位项目专业质量或技术负责人等进行验收。验收前，施工单位先填好"检验批和分项工程的质量验收记录"，并由项目专业质量检验员在验收记录中签字，然后由监理工程师组织按规定程序进行。检验批质量验收合格应符合下列规定：

1）主控项目的质量应经抽查检验合格；

2）一般项目的质量应经抽查检验合格；有允许偏差值的项目，其抽查点应有80%及其以上在允许偏差范围内，且最大偏差值不得超过允许偏差值的1.5倍；

3）应具有完整的施工操作依据和质量检查记录。

（2）分项工程的质量验收　分项工程应按构成分项工程的检验批验收合格的基础上进行，由专业监理工程师组织施工单位项目专业质量或技术负责人等进行验收。分项工程质量验收合格应符合下列规定：

1）分项工程所含检验批的质量均应验收合格；

2）分项工程所含检验批的质量验收记录应完整。

（3）分部（子分部）工程的验收　分部（子分部）工程的验收在其所含各分项工程验收的基础上进行。屋面工程完工后，施工单位先行自检，并整理施工过程中的有关文件记录，确认合格后，报监理单位。分部工程应由总监理工程师（建设单位项目负责人）组织施工单位的技术、质量负责人进行验收。分部（子分部）工程质量验收合格应符合下列规定：

1）分部（子分部）所含分项工程的质量均应验收合格；

2）质量控制资料应完整、真实、准确，不得有涂改和伪造，各级技术负责人签字后方可有效；

3）安全与功能抽样检验应符合现行国家标准《建筑工程施工质量验收统一标准》（GB 50300）的有关规定；

4）观感质量检查应符合规范的规定。

屋面工程验收的文件和记录见表7-39。

表7-39　屋面工程验收的文件和记录

序号	项目	文件和记录
1	防水设计	设计图纸及会审记录、设计变更通知单和材料代用核定单
2	施工方案	施工方法、技术措施、质量保证措施
3	技术交底记录	施工操作要求及注意事项
4	材料质量证明文件	出厂合格证、型式检验报告、出厂检验报告、进场验收记录和进场检验报告
5	施工日志	逐日施工情况
6	工程检验记录	工序交接检验记录、检验批质量验收记录、隐蔽工程验收记录、淋水或蓄水试验记录、观感质量检查记录、安全与功能抽样检验（检测）记录
7	其他技术资料	事故处理报告、技术总结

7.7.2 屋面分部（子分部）工程验收的内容

（1）统计核查子分部工程和所包含的分项工程数量　屋面分部工程所包含的全部子分部工程应全部完成，并验收合格；同时每个分项工程和子分部工程验收过程正确，资料完整，手续符合要求。

（2）核查质量控制资料　分部工程验收时应核查下列资料：

1）图纸会审、设计变更、洽商记录。

2）原材料出厂合格证书及检（试）验报告。

3）施工试验报告及见证检测报告。

4）隐蔽验收记录。屋面工程应对下列部位进行隐蔽工程验收：

① 卷材、涂膜防水层的基层；

② 保温层的隔汽和排汽措施；

③ 保温层的铺设方式、厚度、板材缝隙填充质量及热桥部位的保温措施；

④ 接缝的密封处理；

⑤ 瓦材与基层的固定措施；

⑥ 檐沟、天沟、泛水、水落口和变形缝等细部做法；

⑦ 在屋面易开裂和渗水部位的附加层；

⑧ 保护层与卷材、涂膜防水层之间的隔离层；

⑨ 金属板材与基层的固定和板缝间的密封处理；

⑩ 坡度较大时，防止卷材和保温层下滑的措施。

5）施工记录。

6）分项工程质量验收记录。

7）新材料、新工艺施工记录。

（3）屋面工程观感质量验收　工程的观感质量应由有关各方组成的验收人员通过现场检查共同确认。屋面工程观感质量检查应符合下列要求：

1）卷材铺贴方向应正确，搭接缝应粘结或焊接牢固，搭接宽度应符合设计要求，表面应平整，不得有扭曲、皱折和翘边等缺陷；

2）涂膜防水层粘结应牢固，表面应平整，涂刷应均匀，不得有流淌、起泡和露胎体等缺陷；

3）嵌填的密封材料应与接缝两侧粘接牢固，表面应平滑，缝边应顺直，不得有气泡、开裂和剥离等缺陷；

4）檐口、檐沟、天沟、女儿墙、山墙、水落口、变形缝和伸出屋面管道等防水构造，应符合设计要求；

5）烧结瓦、混凝土瓦铺装应平整、牢固，应行列整齐，搭接应紧密，檐口应顺直；脊瓦应搭盖正确，间距应均匀，封固应严密；正脊和斜脊应顺直，应无起伏现象；泛水应顺直整齐，结合应严密；

6）沥青瓦铺装应搭接正确，瓦片外露部分不得超过切口长度，钉帽不得外露；沥青瓦应与基层钉粘牢固，瓦面应平整，檐口应顺直；泛水应顺直整齐，结合应严密；

7）金属板铺装应平整、顺滑；连接应正确，接缝应严密；屋脊、檐口、泛水直线段应顺直，曲线段应顺畅；

8）玻璃采光顶铺装应平整、顺直，外露金属框或压条应横平竖直，压条应安装牢固；玻璃密封胶缝应横平竖直、深浅一致，宽窄应均匀，应光滑顺直；

9) 上人屋面或其他使用功能屋面，其保护及铺面应符合设计要求。

(4) 安全和使用功能的检验

1) 检查屋面有无渗漏、积水和排水系统是否通畅，应在雨后或持续淋水 2h 后进行，并应填写淋水试验记录。具备蓄水条件的檐沟、天沟应进行蓄水试验，蓄水时间不得少于 24h，并应填写蓄水试验记录。

2) 屋面工程验收后，应填写分部工程质量验收记录，并应交建设单位和施工单位存档。

3) 对安全与功能有特殊要求的建筑屋面，工程质量验收除应符合本规范的规定外，尚应按合同约定和设计要求进行专项检验（检测）和专项验收。

复习思考题

1. 屋面分部工程可分为哪些子分部工程和分项工程？
2. 屋面工程各分项工程的检验批应如何划分？
3. 屋面工程检验批质量是如何验收的，合格的标准是什么？
4. 屋面找平层平整度允许偏差为多少？如何检查？
5. 屋面保温层材料质量是如何规定的？
6. 屋面工程所用材料质量如何检测？
7. 屋面防水层检验批抽检数量是如何规定的？
8. 屋面接缝密封材料检验批抽检数量是如何规定的？
9. 屋面细部构造分享工程抽检数量是如何规定的？
10. 屋面应对哪些部位进行隐蔽验收？

8 建筑安装工程质量检查与验收简介

> 【能力目标】
> 　　结合工程实际情况，能正确地确定单位工程所包括的建筑给水排水及采暖工程、建筑电气工程、通风与空调工程、电梯工程和智能建筑化工程等分部工程。
> 【学习要求】
> 　　了解建筑安装工程的施工质量验收标准，主要分部的划分及其适用范围。

　　建筑安装工程包括建筑给水排水及采暖工程、建筑电气工程、通风与空调工程、智能建筑化工程、电梯工程等五大分部工程。它们是建筑工程不可分割的一部分，直接与使用功能有关，需要进行检查与验收，是单位工程验收的基础和验收合格的前提条件。

　　地基与基础工程、主体结构工程、建筑装饰装修工程和屋面工程四大分部俗称土建工程，在建筑工程中缺一不可；建筑安装五大分部工程在建筑工程中不一定全部出现，可能只是包括其中的两个或两个以上分部。

　　本章仅对建筑安装五大分部进行简要的介绍。

8.1 建筑给水、排水及采暖分部工程

8.1.1 建筑给水、排水及采暖分部工程划分

　　建筑给水、排水及采暖工程是房屋建筑工程不可缺少的分部工程。建筑给水、排水及采暖工程直接涉及建筑物的使用功能，关系到人民群众的日常生活，因此国家制定了《建筑给水排水及采暖工程施工质量验收规范》（GB 50242—2002）。

　　建筑给水、排水及采暖工程属于建筑工程九大分部工程之一，其施工质量的验收应按《建筑给水排水及采暖工程施工质量验收规范》（GB 50242—2002）、《建筑工程施工质量验收统一标准》（GB 50300—2001）进行。

　　建筑给水、排水及采暖分部工程依然按照检验批、分项工程、子分部工程、分部工程进行验收，各层次的合格条件遵循"统一标准"的规定。

　　根据《建筑给水排水及采暖工程施工质量验收规范》，建筑给水、排水及采暖工程划分为室内给水系统、室内排水系统、室内热水供应系统、卫生器具安装、室内采暖系统、室外给水管网、室外排水管网、室外供热管网、建筑中水系统及游泳池系统、供热锅炉及辅助设备安装等十个子分部工程；各子分部工程的分项工程划分见表 8-1。

8.1.2 建筑给水、排水及采暖分部工程质量检查与验收简介

　　建筑给水、排水及采暖工程施工现场应具有必要的施工技术标准、健全的质量管理体系和工程质量检测制度，实现施工全过程质量控制。建筑给水、排水及采暖工程的施工应按照

表 8-1 建筑给水、排水及采暖工程分部、分项工程划分表

分部工程	序号	子分部工程	分项工程
建筑给水、排水及采暖工程	1	室内给水系统	给水管道及配件安装、室内消火栓系统安装、给水设备安装、管道防腐、绝热
	2	室内排水系统	排水管道及配件安装、雨水管道及配件安装
	3	室内热水供应系统	管道及配件安装、辅助设备安装、防腐、绝热
	4	卫生器具安装	卫生器具安装、卫生器具给水配件安装、卫生器具排水管道安装
	5	室内采暖系统	管道及配件安装、辅助设备及散热器安装、金属辐射板安装、低温热水地板辐射采暖系统安装、系统水压试验及调试、防腐、绝热
	6	室外给水管网	给水管道安装、消防水泵接合器及室外消火栓安装、管沟及井室
	7	室外排水管网	排水管道安装、排水管沟与井池
	8	室外供热管网	管道及配件安装、系统水压试验及调试、防腐、绝热
	9	建筑中水系统及游泳池系统	建筑中水系统管道及辅助设备安装、游泳池水系统安装
	10	供热锅炉及辅助设备安装	锅炉安装、辅助设备及管道安装、安全附件安装、烘炉、煮炉和试运行、换热站安装、防腐、绝热

批准的工程设计文件和施工技术标准进行施工；修改设计应有设计单位出具的设计变更通知单。建筑给水、排水及采暖工程的施工应编制施工组织设计或施工方案，经批准后方可实施。建筑给水、排水及采暖工程的施工单位应当具有相应的资质。工程质量验收人员应具备相应的专业技术资格。

建筑给水、排水及采暖工程的分项工程，应按系统、区域、施工段或楼层等划分。分项工程应划分成若干个检验批进行验收。《建筑给水排水及采暖工程施工质量验收规范》的主要内容及适用范围如下：

① 室内给水系统适应于工作压力不大于 1.0MPa 的室内给水和消火栓系统管道安装工程的质量检查与验收。

② 室内排水系统适应于室内排水管道、雨水管道安装工程的质量检查与验收。

③ 室内热水供应系统适应于工作压力不大于 1.0MPa，热水温度不超过 75℃ 的室内热水供应管道安装工程的质量检查与验收。

④ 卫生器具安装适应于室内污水盆、洗涤盆、洗脸（手）盆、盥洗槽、浴盆、淋浴器、大便器、小便器、小便槽、大便冲洗槽、妇女卫生盆、化验盆、排水栓、地漏、加热器、煮沸消毒器和饮水器等卫生器具安装的质量检查与验收。

⑤ 室内采暖系统适应于饱和蒸汽压力不大于 0.7MPa，热水温度不超过 130℃ 的室内采暖系统安装工程的质量检查与验收。

⑥ 室外给水管网安装适用于民用建筑群（住宅小区）及厂区的室外给水管网安装工程的质量检验与验收。

⑦ 室外排水管网安装适用于民用建筑群（住宅小区）及厂区的室外排水管网安装工程的质量检验与验收。

⑧ 室外供热管网安装适用于民用建筑群（住宅小区）及厂区的饱和蒸汽压力不大于 0.7MPa、热水温度不超过 130℃ 的室外供热管网安装工程的质量检验与验收。

⑨ 建筑中水系统及游泳池系统适用于建筑中水系统管道及辅助设备安装、游泳池水系统安装工程的质量检验与验收。

⑩ 供热锅炉及辅助设备安装适用于建筑供热和生活热水供应的额定工作压力不大于

1.25MPa、热水温度不超过130℃的整装蒸汽和热水锅炉及辅助设备安装工程的质量检验与验收。

8.2 建筑电气分部工程

8.2.1 建筑电气分部工程划分

建筑电气工程是房屋建筑工程不可缺少的分部工程之一。为了加强建筑工程质量管理，统一建筑电气工程施工质量的验收，保证工程质量，国家制定了《建筑电气工程施工质量验收规范》(GB 50303—2002)，该规范适用于满足建筑物预期使用功能要求的电气安装工程施工质量验收。适用电压等级为10kV及以下。使用该规范时应与《建筑工程施工质量验收统一标准》(GB 50300—2001)和相应的设计规范配套适应。

建筑电气分部工程质量验收时，依然按照检验批、分项工程、子分部工程、分部工程进行验收，各层次的合格条件遵循"统一标准"的规定。发生工程质量不符合规定的处理以及验收中使用的表格及填写方法等，均必须遵循验收"统一标准"的规定。

建筑电气工程施工质量验收除应执行《建筑电气工程施工质量验收规范》(GB 50303—2002)外，还应符合国家现行有关标准、规范的规定。根据《建筑电气工程施工质量验收规范》，建筑电气工程划分为室外电气、变配电室、供电干线、电气动力、电气照明安装、备用和不间断电源安装、防雷及接地安装等7个子分部工程；各子分部工程、分项工程划分见表8-2。

表8-2 建筑电气子分部、分项工程划分表

分部工程	序号	子分部工程	分 项 工 程
建筑电气	1	室外电气	架空线路及杆上电气设备安装,变压器、箱式变电所安装,成套配电柜、控制柜(屏、台)和动力、照明配电箱(盘)及控制柜安装,电线、电缆导管和线槽敷设,电线、电缆穿管和线槽敷设,电缆头制作、导线连接和线路电气试验,建筑物外部装饰灯具、航空障碍标志灯和庭院路灯安装,建筑照明通电试运行,接地装置安装
	2	变配电室	变压器、箱式变电所安装,成套配电柜、控制柜(屏、台)和动力、照明配电箱(盘)安装,裸母线、封闭母线、插接式母线安装,电缆沟内和电缆竖井内电缆敷设,电缆头制作、导线连接和线路电气试验,接地装置安装,避雷引下线和变配电室接地干线敷设
	3	供电干线	裸母线、封闭母线、插接式母线安装,桥架安装和桥架内电缆敷设,电缆沟内和电缆竖井内电缆敷设,电线、电缆导管和线槽敷设,电线、电缆穿管和线槽敷线,电缆头制作、导线连接和线路电气试验
	4	电气动力	成套配电柜、控制柜(屏、台)和动力、照明配电箱(盘)及安装,低压电动机、电加热器及电动执行机构检查、接线,低压电气动力设备检测、试验和空载试运行,桥架安装和桥架内电缆敷设,电线、电缆导管和线槽敷设,电线、电缆穿管和线槽敷线,电缆头制作、导线连接和线路电气试验,插座、开关、风扇安装
	5	电气照明安装	成套配电柜、控制柜(屏、台)和动力、照明配电箱(盘)安装,电线、电缆导管和线槽敷设,电线、电缆穿管和线槽敷线,槽板配线,钢索配线,电缆头制作、导线连接和线路电气试验,普通灯具安装,专用灯具安装,插座、开关、风扇安装,建筑照明通电试运行
	6	备用和不间断电源安装	成套配电柜、控制柜(屏、台)和动力、照明配电箱(盘)安装,柴油发电机组安装,不间断电源的其他功能单元安装,裸母线、封闭母线、插接式母线安装,电线、电缆导管和线槽敷设,电线、电缆穿管和线槽敷线,电缆头制作、导线连接和线路电气试验,接地装置安装
	7	防雷及接地安装	接地装置安装,避雷引下线和变配电室接地干线敷设,建筑物等电位连接,接闪器安装

8.2.2 建筑电气分部工程质量检验与验收简介

建筑电气工程安装电工、焊工、起重吊装工和电气调试等人员，均应按要求持证上岗；安装和调试用各类计量器具，应检定合格，使用时在有效期内。

主要设备、材料、成品和半成品进场检验结论应有记录，确认符合本规范要求才能在施工中应用；对有异议送有资质试验室进行抽样检测的，试验室应出具检测报告，确认符合规范和相关技术标准规定，才能在施工中应用；对按法定程序批准进入市场的新电气设备、器具和材料进场验收，还应提供安装、使用、维修和试验要求等技术文件；对进口电气设备、器具和材料进场验收，除符合规范规定外，尚应提供商检证明和中文的质量合格证明文件、规格、型号、性能检测报告以及中文的安装、使用、维修和试验要求等技术文件。

施工过程中，对不同的施工内容应按规范规定的程序进行工序交接确认。只有在上道工序验收合格并确认后，才能进行下道工序施工。

建筑电气分部工程各分项工程应划分成若干个检验批进行检验与验收；检验批的划分应符合下列规定。

① 室外电气安装工程中分项工程的检验批，依据庭院大小、投运时间先后、功能区块不同划分；

② 变配电室安装工程中分项工程的检验批，主变配电室为1个检验批；有数个分变配电室，且不属于子单位工程的子分部工程，各为1个检验批，其验收记录汇入所有变配电室有关分项工程的验收记录中；如各分变配电室属于各子单位工程的子分部工程，所属分项工程各为1个检验批，其验收记录应为一个分项工程验收记录，经子分部工程验收记录汇入分部工程验收记录中；

③ 供电干线安装工程分项工程的检验批，依据供电区段和电气线缆竖井的编号划分；

④ 电气动力和电气照明安装工程中分项工程及建筑物等电位联结分项工程的检验批，其划分的界区，应与建筑土建工程一致；

⑤ 备用和不间断电源安装工程中分项工程各自成为1个检验批；

⑥ 防雷及接地装置安装工程中分项工程检验批，人工接地装置和利用建筑物基础钢筋的接地体各为1个检验批，大型基础可按区块划分成几个检验批；避雷引下线安装6层以下的建筑为1个检验批，高层建筑依均压环设置间隔的层数为1个检验批；接闪器安装同一屋面为1个检验批。

检验批按规范规定的主控项目和一般项目检验内容进行检验与验收。

8.3 智能建筑分部工程

8.3.1 智能建筑分部工程划分

智能建筑工程属于九大分部工程之一，智能建筑工程的验收依据是"统一标准"和《智能建筑工程质量验收规范》（GB 50339—2003）。该规范内容是对通信网络系统、信息网络系统、建筑设备监控系统、火灾自动报警及消防联动系统、安全防范系统、综合布线系统、智能化系统集成、电源与接地、环境和住宅智能化等智能建筑工程的质量控制、系统检测和竣工验收作出规定，由总则、术语和符号、基本规定、通信网络系统、信息网络系统、建筑设备监控系统、火灾自动报警及消防联动系统、安全防范系统、综合布线系统、智能化系统集成、电源与接地、环境、住宅（小区）智能化等13章构成。

智能建筑工程子分部工程、分项工程的划分见表8-3。

表8-3 智能建筑工程子分部工程、分项工程的划分

分部工程	序号	子分部工程	分项工程
智能建筑	1	通信网络系统	通信系统、卫星及有线电视系统、公共广播系统
	2	办公自动化系统	计算机网络系统、信息平台及办公自动化应用软件、网络安全系统
	3	建筑设备监控系统	空调与通风系统、变配电系统、照明系统、给水排水系统、热源和热交换系统、冷冻和冷却系统、电梯和自动扶梯系统、中央管理工作站与操作分站、子系统通信接口
	4	火灾报警及消防联动系统	火灾和可燃气体探测系统、火灾报警控制系统、消防联动系统
	5	安全防范系统	电视监控系统、入侵报警系统、巡更系统、出入口控制（门禁）系统、停车管理系统
	6	综合布线系统	缆线敷设和终接、机柜、机架、配线架的安装、信息插座和光缆芯线终端的安装
	7	智能化集成系统	集成系统网络、实时数据库、信息安全、功能接口
	8	电源与接地	智能建筑电源、防雷及接地
	9	环境	空间环境、室内空调环境、视觉照明环境、电磁环境
	10	住宅(小区)智能化系统	火灾自动报警及消防联动系统、安全防范系统(含电视监控系统、入侵报警系统、巡更系统、门禁系统、楼宇对讲系统、住户对讲呼救系统、停车管理系统)、物业管理系统(多表现场计量及与远程传输系统、建筑设备监控系统、公共广播系统、小区网络及信息服务系统、物业办公自动化系统)、智能家庭信息平台

8.3.2 智能建筑分部工程质量检验与验收简介

规范主要是对通信网络系统、信息网络系统、建筑设备监控系统、火灾自动报警及消防联动系统、安全防范系统、综合布线系统、智能化系统集成、电源与接地、环境和住宅（小区）智能化等智能建筑工程的质量控制、系统检测和竣工验收作出了规定。

《智能建筑工程质量验收规范》（GB 50339—2003）适用于智能建筑工程的系统检测和施工验收。具体要求如下。

① 通信网络系统适用于智能建筑工程中安装的通信网络系统及其与公用通信网之间的接口的系统检测和施工验收。

② 信息网络系统适用于智能建筑工程中信息网络系统的系统检测和施工验收。

③ 建筑设备监控系统适用于智能建筑工程中建筑设备监控系统的系统检测和竣工验收。

④ 火灾报警及消防联动系统适用于智能建筑工程中的火灾自动报警及消防联动系统的系统检测和施工验收。

⑤ 安全防范系统适用于智能建筑工程中的安全防范系统的工程施工及质量控制、系统检测和竣工验收。对银行、金融、证券、文博等高风险建筑还必须执行公共安全行业对特殊行业的相关规定和标准。

安全防范系统的范围应包括视频安防监控系统、入侵报警系统、出入口控制（门禁）系统、巡更管理系统、停车场（库）管理系统等各子系统。

⑥ 综合布线系统适用于智能建筑工程中综合布线系统的工程施工及质量控制、系统检测和竣工验收。综合布线系统的检测和验收，还应符合《建筑与建筑群综合布线系统工程验收规范》(GB/T 50312—2000)的规定。

⑦ 智能化集成系统适用于智能建筑工程中的智能化系统集成的工程实施及质量控制、系统检测和竣工验收。

⑧ 电源与接地适用于智能建筑工程中的智能化系统电源、防雷及接地系统的系统检测和竣工验收。

⑨ 环境适用于智能建筑内计算机房、通信控制室、监控室及重要办公区域环境的系统检测和验收。环境的检测验收内容包括：空间环境、室内空调环境、视觉照明环境、室内噪声及室内电磁环境。

⑩ 住宅（小区）智能化适用于建筑工程中的新建、扩建或改建的民用住宅和住宅小区智能化的工程实施及质量控制、系统检测和竣工验收。

住宅（小区）智能化包括火灾自动报警及消防联动系统、安全防范系统、通信网络系统、信息网络系统、监控与管理系统、家庭控制器、综合布线系统、电源和接地、环境、室外设备及管网等。

8.4 通风与空调分部工程

8.4.1 建筑通风与空调分部工程划分

建筑通风与空调工程属于九大分部工程之一。建筑通风与空调工程的验收依据是《建筑工程施工质量验收统一标准》(GB 50300—2001)、《通风与空调工程施工质量验收规范》(GB 50243—2002)、被批准的设计图纸、合同约定的内容和相关技术标准的规定进行。施工图纸修改必须有设计单位的设计变更通知书或技术核定签证。

《通风与空调工程施工质量验收规范》由总则、术语和符号、基本规定、风管制作、风管部件与消声器制作、风管系统安装、通风与空调设备安装、空调制冷系统安装、空调水系统管道与设备安装、防腐与绝热、系统调试、竣工验收和综合效能的测定与调整等13章构成。建筑通风与空调工程子分部工程、分项工程的划分见表8-4。

表8-4 建筑通风与空调工程子分部工程、分项工程的划分

分部工程	序号	子分部工程	分 项 工 程	
建筑通风与空调	1	送排风系统	风管与配件制作部件制作风管系统安装风管与设备防腐风机安装系统调试	通风设备安装,消声设备制作与安装
	2	防排烟系统		排烟风口、常闭正压风口与设备安装
	3	除尘系统		除尘器与排污设备安装
	4	空调风系统		空调设备安装,消声设备制作与安装,风管与设备绝热
	5	净化空调系统		空调设备安装,消声设备制作与安装,风管与设备绝热,高效过滤器安装,净化设备安装
	6	制冷设备系统	制冷机组安装,制冷剂管道及配件安装,制冷附属设备安装,管道及设备的防腐与绝热,系统调试	
	7	空调水系统	冷热水管道系统安装,冷却水管道系统安装,冷凝水管道系统安装,阀门及部件安装,冷却塔安装,水泵及附属设备安装,管道与设备的防腐与绝热,系统调试	

8.4.2 建筑通风与空调分部工程质量检验与验收简介

《通风与空调工程施工质量验收规范》（GB 50243—2002）是国家为了加强建筑工程质量管理、统一通风与空调工程施工质量的验收、保证工程质量而制定的，该规范适用于建筑工程通风与空调工程施工质量的验收。应当指出，通风与空调工程施工质量的验收所涉及的工程技术和设备在《通风与空调工程施工质量验收规范》中不可能全部包括。为满足和完善工程的验收标准，通风与空调工程施工质量的验收除应执行《通风与空调工程施工质量验收规范》规范的规定外，还应符合现行国家有关标准、规范的规定。各分项工程验收分检验批按主控项目和一般项目进行验收。

① 风管制作部分适用于建筑工程通风与空调工程中，使用的金属、非金属风管与复合材料风管或风道的加工、制作质量的检验与验收。对风管制作质量的验收，应按其材料、系统类别和使用场所的不同分别进行，主要包括风管的材质、规格、强度、严密性与成品外观质量等项内容。

② 风管部件与消声器制作部分适用于通风与空调工程中风口、风阀、排风罩等其他部件及消声器的加工制作或产成品质量的验收。一般风量调节阀按设计文件和风阀制作的要求进行验收，其他风阀按外购产品质量进行验收。

③ 风管系统安装部分适用于通风与空调工程中的金属和非金属风管系统安装质量的检验和验收。风管系统安装后，必须进行严密性检验，合格后方能交付下道工序。风管系统严密性检验以主、干管为主。在加工工艺得到保证的前提下，低压风管系统可采用漏光法检测。

④ 通风与空调设备安装部分适用于工作压力不大于 5kPa 的通风机与空调设备安装质量的检验与验收。

⑤ 空调制冷系统安装部分适用于空调工程中工作压力不高于 2.5MPa，工作温度在 $-20 \sim 150 \, ^\circ C$ 的整体式、组装式及单元式制冷设备（包括热泵）、制冷附属设备、其他配套设备和管路系统安装工程施工质量的检验和验收。

⑥ 空调水系统管道与设备安装部分适用于空调工程水系统安装子分部工程，包括冷（热）水、冷却水、凝结水系统的设备（不包括末端设备）、管道及附件施工质量的检验及验收。

⑦ 风管与部件及空调设备绝热工程施工应在风管系统严密性检验合格后进行。空调工程的制冷系统管道，包括制冷剂和空调水系统绝热工程的施工，应在管路系统强度与严密性检验合格和防腐处理结束后进行。

⑧ 通风与空调工程的系统调试，应由施工单位负责、监理单位监督，设计单位与建设单位参与和配合。系统调试的实施可以是施工企业本身或委托给具有调试能力的其他单位。系统调试前，承包单位应编制调试方案，报送专业监理工程师审核批准；调试结束后，必须提供完整的调试资料和报告。

⑨ 通风与空调工程的竣工验收，应由建设单位负责，组织施工、设计、监理等单位共同进行，合格后即应办理竣工验收手续。通风与空调工程竣工验收时，应检查竣工验收的资料。

⑩ 通风与空调工程交工前，应进行系统生产负荷的综合效能试验的测定与调整；带生产负荷的综合效能试验与调整，应在已具备生产试运行的条件下进行，由建设单位负责，设计、施工单位配合；其试验测定与调整的项目，应由建设单位根据工程性质、工艺和设计的要求进行确定。

8.5 电梯分部工程

8.5.1 电梯分部工程划分

电梯工程的验收依据主要有《建筑工程施工质量验收统一标准》(GB 50300—2001)、《电梯工程施工质量验收规范》(GB 50310—2002)、被批准的设计图纸、合同约定的内容和相关技术标准的规定进行，施工图纸修改必须有设计单位的设计变更通知书或技术核定签证。

《电梯工程施工质量验收规范》由总则、术语和符号、基本规定、电力驱动的曳引式或强制式电梯安装工程、液压电梯安装工程、自动扶梯、自动人行道安装工程和分部（子分部）工程质量验收等 7 章构成。电梯工程子分部工程、分项工程的划分见表 8-5。

表 8-5 电梯工程子分部工程、分项工程的划分

分部工程	序号	子分部工程	分项工程
电梯	1	电力驱动的曳引式或强制式电梯安装工程	设备进场验收,土建交接检验,驱动主机,导轨,门系统,轿厢,对重(平衡重),安全部件,悬挂装置,随行电缆,补偿装置,电气装置,整机安装验收
	2	液压电梯安装工程	设备进场验收,土建交接检验,液压系统,导轨,门系统,轿厢,平衡重,安全部件,悬挂装置,随行电缆,电气装置,整机安装验收
	3	自动扶梯、自动人行道安装工程	设备进场验收,土建交接检验,整机安装验收

8.5.2 电梯分部工程质量检验与验收简介

为了加强建筑工程质量管理，统一电梯安装工程施工质量的验收，国家制定了《电梯工程施工质量验收规范》，该规范适用于电力驱动的曳引式或强制式电梯，液压电梯及自动扶梯和自动人行道三个子分部安装工程质量验收，不适用于杂物电梯安装工程质量的验收。

各分项工程验收分检验批按主控项目和一般项目进行验收。

8.6 建筑节能工程质量检验与验收简介

8.6.1 建筑节能分部工程划分

建筑节能工程施工质量验收依据主要有《建筑工程施工质量验收统一标准》(GB 50300—2001)、《建筑节能工程施工质量验收规范》(GB 50411—2007)、被批准的设计图纸、合同约定的内容和相关技术标准的规定进行，施工图纸修改必须有设计单位的设计变更通知书或技术核定签证。

《建筑节能工程施工质量验收规范》由总则、术语和符号、基本规定、墙体节能工程、幕墙节能工程、门窗节能工程、屋面节能工程、地面节能工程、采暖节能工程、通风与空调节能工程、空调与采暖系统的冷热源及管网节能工程、配电与照明节能工程、监测与控制节能工程、建筑节能工程现场检验和建筑节能分部工程质量验收等 15 章组成。建筑节能工程子分部工程、分项工程的划分见表 8-6。

表 8-6 建筑节能工程子分部工程、分项工程的划分

分部工程	序号	子分部工程	分项工程
建筑节能工程	1	墙体节能工程	主体结构基层；保温材料；饰面层等
	2	幕墙节能工程	主体结构基层；隔热材料；保温材料；隔汽层；幕墙玻璃；单元式幕墙板块；通风换气系统；遮阳设施；冷凝水收集排放系统等
	3	门窗节能工程	门；窗；玻璃；遮阳设施等
	4	屋面节能工程	基层；保温隔热层；保护层；防水层；面层等
	5	地面节能工程	基层；保温层；保护层；面层等
	6	采暖节能工程	系统制式；散热器；阀门与仪表；热力入口装置；保温材料；调试等
	7	通风与空气调节节能工程	系统制式；通风与空调设备；阀门与仪表；绝热材料；调试等
	8	空调与采暖系统的冷热源及管网节能工程	系统制式；冷热源设备，辅助设备，管网；阀门与仪表；绝热、保温材料；调试等
	9	配电与照明节能工程	低压配电电源；照明光源、灯具；附属装置；控制功能；调试等
	10	监测与控制节能工程	冷、热源系统的监测控制系统；空调水系统的监测控制系统；通风与空调系统的监测控制系统；监测与计量装置；供配电的监测控制系统；照明自动控制系统；综合控制系统等

8.6.2 建筑节能分部工程质量检验与验收简介

为了加强建筑节能工程的施工质量管理，统一建筑节能工程工质量验收，提高建筑工程节能效果，依据现行国家有关工程质量和建筑节能的法律、法规、管理要求和相关技术标准，制定了《建筑节能工程施工质量验收规范》。规范适用于新建、改建和扩建的民用建筑工程中墙体、幕墙、门窗、屋面、地面、采暖、通风与空调、空调与采暖系统的冷热源及管网、配电与照明、监测与控制等建筑节能工程质量的验收。建筑节能工程中采用的工程技术文件、承包合同文件对工程质量的要求不得低于本规范的要求。单位工程竣工验收应在建筑节能分部工程验收合格后进行。

承担建筑节能工程的施工企业应具备相应的资质；施工现场应建立相应的质量管理体系、施工质量控制和检验制度，具有相应的施工技术标准；设计变更不得降低建筑节能效果。当设计变更涉及建筑节能效果时，应经原施工图设计审查机构审查，在实施前应办理设计变更手续，并获得监理或建设单位的确认。建筑节能工程施工前，施工单位应编制建筑节能工程施工方案并经监理（建设）单位审查批准。施工单位应对从事建筑节能工程施工作业的人员进行技术交底和必要的实际操作培训。

建筑节能工程使用的材料、设备等，必须符合设计要求及国家有关标准的规定。严禁使用国家明令禁止使用与淘汰的材料和设备。

对进场的材料和设备的品种、规格、包装、外观和尺寸等应进行检查验收，同时应对材料和设备的质量证明文件进行核查，并按规定进行见证取样复检；对进场检查验收、质量证明文件的核查和材料的复检均应经监理工程师或建设单位代表确认，形成相应的验收记录。

建筑节能工程应按照经审查合格的设计文件和经审查批准的施工方案施工。

各分项工程施工质量分检验批按主控项目和一般项目进行检查验收；同时要求满足以下要求。

① 墙体节能工程验收规范内容适用于采用板材、浆料、块材及预制复合墙板等墙体保

温材料或构件的建筑墙体节能工程质量验收。墙体节能工程施工应在主体结构完成，基层质量验收合格后进行，施工过程中应及时进行质量检查、隐蔽工程验收和检验批验收，施工完成后应进行墙体节能分项工程验收。与主体结构同时施工的墙体节能工程，应与主体结构一同验收。

② 幕墙节能工程验收规范内容适用于透明和非透明的各类建筑幕墙的节能工程质量验收。附着于主体结构上的隔汽层、保温层应在主体结构工程质量验收合格后施工。施工过程中应及时进行质量检查、隐蔽工程验收和检验批验收，施工完成后应进行幕墙节能分项工程验收。

③ 门窗节能工程验收规范内容适用于建筑外门窗节能工程的质量验收，包括金属门窗、塑料门窗、木质门窗、各种复合门窗、特种门窗、天窗以及门窗玻璃安装等节能工程质量验收。建筑门窗进场后，应对其外观、品种、规格及附件等进行检查验收，对质量证明文件进行核查。建筑外门窗工程施工中，应对门窗框与墙体接缝处的保温填充做法进行隐蔽工程验收，并应有隐蔽工程验收记录和必要的图像资料。

④ 屋面节能工程验收规范内容适用于建筑屋面节能工程，包括采用松散保温材料、现浇保温材料、喷涂保温材料、板材、块材等保温隔热材料的屋面节能工程的质量验收。屋面保温隔热工程的施工，应在基层质量验收合格后进行。施工过程中应及时进行质量检查、隐蔽工程验收和检验批验收，施工完成后应进行屋面节能分项工程验收。

⑤ 地面节能工程验收规范内容适用于建筑地面节能工程的质量验收。包括底面接触室外空气、土壤或毗邻不采暖空间的地面节能工程。地面节能工程的施工，应在主体或基层质量验收合格后进行。施工过程中应及时进行质量检查、隐蔽工程验收和检验批验收，施工完成后应进行地面节能分项工程验收。

⑥ 采暖节能工程验收规范内容适用于温度不超过 95℃室内集中热水采暖系统节能工程施工质量的验收，验收时可按系统、楼层等分检验批进行。

⑦ 通风与空调节能工程验收规范内容适用于通风与空调系统节能工程施工质量的验收，验收时可按系统、楼层等分检验批进行。

⑧ 空调与采暖系统冷热源及管网节能工程验收规范内容适用于空调与采暖系统中冷热源设备、辅助设备及其管道和室外管网系统节能工程施工质量的验收，验收时可分别按冷源和热源系统及室外管网分检验批进行。

⑨ 配电与照明节能工程验收规范内容适用于建筑节能工程配电与照明的施工质量验收，验收时可按照系统、楼层、建筑分区划分为若干个检验批进行。

⑩ 监测与控制节能工程验收规范内容适用于建筑节能工程监测与控制系统的施工质量验收。系统施工质量的验收同时应执行《智能建筑工程质量验收规范》相关章节的规定。

复习思考题

1. 建筑给水、排水及采暖分部工程的子分部工程是如何划分的？
2. 建筑电气分部工程的子分部工程是如何划分的？
3. 防雷及接地装置安装工程中分项工程检验批是如何划分的？
4. 智能建筑工程的子分部工程是如何划分的？
5. 建筑通风与空调工程的子分部工程是如何划分的？
6. 建筑节能工程的子分部工程是如何划分的？
7. 对建筑节能工程设计变更有何要求？
8. 地面节能工程验收包括哪些内容？
9. 屋面节能工程验收包括哪些内容？

9 单位工程安全和功能检验以及观感质量检查

【能力目标】
1. 正确进行建筑工程安全和功能检验资料的核查和主要功能的抽查。
2. 能进行一般项目的观感质量检查的要求和方法。

【学习要求】
1. 掌握需进行安全和功能检验和只需要功能抽查的项目。
2. 熟悉建筑工程安全和功能检验资料的核查和主要功能的抽查内容。
3. 熟悉一般项目的观感质量检查内容和评价要求。

9.1 建筑工程安全和功能检验资料核查及主要功能抽查

建筑工程安全和功能检验资料所要核查的项目分为 6 大项 26 个测试项目，这些指标是本次验收规范新增的项目，目的是确保工程安全和使用功能，其样表见表 2-7。当然，针对每一个具体的工程，并不是这 26 个测试项目都全部存在，要根据具体工程的情况来确定。比如，对于低层建筑，可能就没有电梯工程，那相应的测试项目就不存在。

9.1.1 建筑工程安全和功能检验资料核查及主要功能抽查要求及内容

建筑工程安全和功能检验资料核查及主要功能抽查要求有以下四个方面。

（1）该有的资料项目是否都有了。检查各施工质量验收规范中规定的检测项目是否都进行了验收，不能进行检测的项目要求说明原因。

（2）该有的资料和数据是否都有了。检查各项检测记录（报告）的内容、数据是否符合要求，包括检测项目的内容，所遵循的检测方法标准，检测结果的数据是否达到了规定的要求。资料中证明工程安全和功能的数据必须具备，如果其重要数据没有或不完备，这项资料就是无效的，就是有这样的资料，也证明不了该工程安全和功能的性能，也不能算资料完整。如室内环境检测报告，只列出游离甲醛、苯、氨、TVOC 含量，没有放射性指标检测的确切数据及结论，这种资料就是无效的。

（3）核查资料的检测程序，有关取样人、检测人、审核人、试验负责人以及单位加盖公章，有关人员的签字是否有效、齐全等。

（4）在单位工程竣工验收时，核查各分部（子分部）工程应该检测的项目是否按照规定的程序和内容、数量进行了测试。

（5）核查的主要内容

① 验收组对建筑工程安全和功能检验资料进行核查。

② 对主要功能进行抽查，主要是在现场对影响安全和使用的主要功能进行抽查，能动

的要动，能看的要看。

9.1.2 建筑与结构工程安全和功能检验资料核查及主要功能抽查

建筑与结构工程安全和功能检验项目有：屋面淋水试验记录，地下室防水效果检查记录，有防水要求的地面蓄水记录，建筑物垂直度、标高、全高测量记录，抽气（风）道检查记录，幕墙及外墙抗风压、空气渗透、雨水渗透、气密性、水密性、耐风性能检测报告，建筑物沉降观测测量记录，节能、保温测试记录，室内环境检测报告等。

9.1.2.1 屋面淋水试验记录

建筑物的屋面形式主要可以分为坡屋面、平屋面和拱形屋面三种。建筑物的屋面施工完毕后能否达到防水、防渗漏的要求，必须对屋面进行泼水、淋水或蓄水试验来检验。一般来说，坡屋面可以进行泼水或淋水试验，平屋面可以进行泼水、淋水或蓄水试验。

① 屋面工程完工后，应对细部构造包括屋面天沟、檐沟、檐口、泛水、压顶、水落口、变形缝、伸出屋面管道以及接缝处的女儿墙、管道、排气孔（道）和保护层进行检查，必须满足设计要求，并进行雨期观察或淋水、蓄水检查。

② 检查屋面有无渗漏、积水和排水系统是否畅通，应在雨后或持续淋水 2h 后进行。有可能作蓄水检验的屋面，其蓄水时间不应少于 24h。

③ 宏观检查各部位的防水效果，首先要查验施工单位的自检记录，还应实地查看工程实体有无渗漏现象，具体查看是否有湿渍、渗水、水珠、滴漏或线漏等现象。

④ 屋面淋水试验应记录工程名称、检查部位、检查日期、检查方法，蓄水深度、淋水（蓄水）时间、检查结果等。

9.1.2.2 地下室防水效果检查

地下室验收时，施工单位必须在"背水内表面的结构工程展开图"上详细标示以下内容。

① 在工程自检时发现的裂缝，并表明位置、宽度、长度和渗漏水的现象。

② 经修补、堵漏的渗漏水部位。

③ 防水等级标准允许的渗漏水现象位置。

对地下室有无渗漏现象进行实地检查后，应填写"地下室防水效果检查记录"，检查内容包括裂缝、渗漏部位、渗漏面积大小、渗漏情况、处理意见等。

检查时应记录工程名称、检查部位、检查时间、检查方法和内容以及检查结果等。

9.1.2.3 有防水要求的地面蓄水试验

凡是有防水要求的房间应有防水层完工后和装修后的蓄水检查记录。

(1) 有防水要求的地面必须全部进行蓄水试验。

(2) 蓄水试验程序和方法。

① 蓄水前，应将地漏和下水管口堵塞严密；

② 蓄水深度一般为 30～100mm，不得超过设计允许的活荷载，并不得超过立管套管的高度；

③ 蓄水时间不少于 24h，观察无渗漏为合格；

④ 如果发现渗漏，要及时查找原因进行整改直到合格为止。

(3) 蓄水试验应记录检查方法（蓄水时间、深度）、检查结果以及复查意见等。

9.1.2.4 建筑物垂直度、标高、全高测量

在房屋结构施工的过程中，应随时对建筑物的垂直度、标高进行检测。并在建筑物结构

完工后，进行全高测量。其记录主要包括以下内容。

① 建筑物结构工程完成后和工程竣工验收时，对建筑物垂直度和全高进行实测并记录，包括"实测部位"、"实测偏差"、测量结果说明并有"观测示意图"。

② 楼层及全高标高测量，填写标高记录的相关表格，包括有实测部位和实测值。

③ 超过允许偏差且影响结构性能的部位，应由施工单位提出技术处理方案，并经建设（监理）单位认可，必要时，经原设计单位认可后可进行处理并记录。

9.1.2.5 抽气（风）道检查

通风道、烟道应全数做通风、抽风和漏风以及串风试验，检查畅通情况，并做记录。检查时应重点记录主烟道、风道、副风道等的检查结果，并填写通风（烟）道检查记录。

9.1.2.6 幕墙及外窗抗风压、空气渗透、雨水渗漏、气密性、水密性、耐风压检测

幕墙应检测抗风压性能、空气渗透性能、雨水渗漏性能及平面变形性能等；外墙金属窗和塑料窗应检测抗风压性能、空气渗透性能和雨水渗漏性能。

检测报告应包括幕墙和外窗的种类、检测日期、检测部位、检测项目及内容、检测方法、检测结果以及复查结论等。

9.1.2.7 建筑物沉降观测测量

建筑物变形测量是影响建筑安全和使用功能的必测项目，主要包括沉降观测、倾斜观测、位移观测和裂缝观测等。

沉降观测应由建设单位委托有资质的观测测量单位进行施工过程及竣工后的沉降观测工作。测量单位按照设计要求和规范规定，制订观测方案，经批准后，定期进行沉降观测记录，并应绘制沉降观测点的沉降量与时间、荷载关系曲线图和沉降观测技术报告。

9.1.2.8 节能、保温测试

建筑工程应按照建筑节能标准，对建筑物所使用的材料、构配件、设备、采暖、通风空调、照明等涉及节能、保温的项目进行检测，其检测由专业的、具有相应资质的检测单位进行，由检测单位出具相关的检测报告。

9.1.2.9 室内环境检测

建筑工程及室内装饰装修工程在工程完工至少 7d 以后和工程交付使用前对室内环境进行质量验收。室内环境检测由建设单位委托经考核认可的检测机构进行，并出具室内环境污染物浓度检测报告。

检测报告中应包括检测部位、检测项目（氡、甲醛、氨、苯、TVOC 等）、取样位置、取样数量、取样方法、测试结果、检测日期等。

9.1.3 建筑安装工程安全和功能检验资料核查及主要功能抽查

建筑安装工程安全和功能检测资料包括给排水与采暖、电气、通风与空调、电梯、智能建筑等几个分部工程的有关资料。

给排水与采暖的安全和功能检验资料包括给水管道通水试验记录、暖气管道散热器压力试验记录、卫生器具满水试验记录、消防管道、燃气管道压力试验记录以及排水干管通球试验记录等。

电气工程的安全和功能检验资料包括照明全负荷试验记录、大型灯具牢固性试验记录、避雷接地电阻测试记录、线路、插座、开关接地试验记录等。

通风与空调工程的安全和功能检验资料包括通风、空调系统试运行记录；风量、温度测试记录；洁净室洁净度测试记录；制冷机组试运行调试记录等。

电梯工程的安全和功能检验资料包括电梯运行记录、电梯安全装置检测报告。

智能建筑的安全和功能检验资料包括系统试运行记录、系统电源及接地检测报告。

9.2 建筑工程观感质量检查

9.2.1 建筑工程观感质量检查评定等级划分

现行的建筑工程施工质量验收标准和规范规定了对分部（子分部）工程、单位（子单位）工程分别进行观感质量检查，评价结论分为"好"、"一般"、"差"三个等级。

①"好"：施工部位的质量较好，符合标准。

②"一般"：施工部位的质量没有明显达不到要求的。如果是有允许偏差的项目，即是指在允许偏差的一定比例范围内（其范围按照相应专业验收规范规定确定，一般是抽样样本的80%符合指标，其余20%可以超出，但不能超出允许偏差值的150%）。

③"差"：有的部位达不到要求，或者有明显缺陷，但不影响安全或使用功能的。所谓达不到要求，是指检查点超出了允许偏差的一定比例范围以外。评为差的项目应进行返修。

由于观感质量的评定，在现行施工验收标准中（统一标准和各专业验收标准规范）中定性的成分较多，容易受到检查人员个人喜好、经验等的影响。

参照2006年11月1日实施的《建筑工程施工质量评价标准》（GB/T 50375—2006）的有关规定，观感质量的评定方法更具有可操作性，该标准对观感质量的评定有如下规定。

(1) 检查标准 每个检查项目的检查点按"好"、"一般"、"差"给出评价，项目检查点90%及其以上达到"好"，其余检查点为"一般"的为一档，取100%的标准分值；项目检查点"好"的达到70%及其以上但不足90%，其余检查点达到"一般"的为二档，取85%的标准分值；项目检查点"好"的达到30%及其以上但不足70%，其余检查点达到"一般"的为三档，取70%的标准分值。

以上三档可以对应理解为检查项目评定的三个等级："好"、"一般"、"差"，其分值权重，各地区取值略有不同。

(2) 检查方法 观察辅以必要的量测和检查分部（子分部）工程质量验收记录，并进行分析计算。

9.2.2 建筑与结构工程观感质量检查评定

观感质量评价是工程的一项重要评价工作，是全面评价一个分部、子分部、单位工程的外观及使用功能，促进施工质量的管理，成品保护，提高社会效益和环境效益的重要手段。现将单位工程建筑与结构部分的观感质量评价验收内容汇总如下。

9.2.2.1 室外墙面的观感质量要求

(1) 一般抹灰

① 普通抹灰表面应光滑、洁净、接槎平整，分格缝应清晰。

② 高级抹灰表面应光滑、洁净、颜色均匀、无抹纹，分格缝和灰线应清晰美观。护角、孔洞、槽、盒周转的抹灰表面应整齐、光滑；管道后面的抹灰表面应平整。抹灰分格缝的设计应符合设计要求，宽度和深度应均匀，表面应光滑，棱角应整齐。有排水要求的部位应做滴水线（槽）。滴水线（槽）应整齐顺直，滴水线应内高外低，滴水槽的宽度和深度不应小于10mm。

③ 普通抹灰的立面垂直度、表面平整度、分格条（缝）直线度、墙裙、勒脚上口直线度允许偏差为4mm；高级抹灰的立面垂直度、表面平整度、阴阳角方正、分格条（缝）直

线度、墙裙、勒脚上口直线度允许偏差为3mm。对于顶棚抹灰，可以不检查表面平整度，但抹灰应顺直。

（2）装饰抹灰

① 水刷石表面：石粒应清晰、分布均匀、紧密平整，应无掉粒与接茬痕迹。

② 斩假石表面：剁纹应均匀顺直、深浅一致，应无漏剁处；阳角处应横剁并留出宽窄一致的不剁边条，棱角应无损坏。

③ 干粘石表面：应色泽一致，不露浆，不漏粘，石粒应粘接牢固，分布均匀，阳角处应无明显墨边。

④ 假面砖表面：应平整、沟纹清晰、色泽一致，应无掉角、脱皮、起砂等缺陷。

（3）滴水线（槽）

① 装饰抹灰分格条（缝）的设置应符合设计要求，宽度和深度应均匀，表面应平整光滑，棱角应整齐。

② 有排水要求的部位应做滴水线（槽）。滴水线（槽）应整齐顺直，滴水线应内高外低，滴水槽的宽度和深度不应小于10mm。

（4）清水墙勾缝表面　清水砌体勾缝应横平竖直，交接处应平顺，宽度和深度应均匀，表面应压实抹平。灰缝应颜色一致，砌体表面应洁净。

（5）饰面板

① 饰面板表面应平整、洁净、色泽一致，无裂痕和缺损。石材表面应无泛碱等污染。

② 饰面板嵌缝应密实、平直，宽度和深度应符合设计要求，嵌缝材料色泽应一致。

③ 采用湿作业法施工的饰面板工程，石材应进行防碱背涂处理，饰面板与集体之间的灌注材料应饱满、密实。

④ 饰面板上的孔洞应套割吻合，边缘应整齐。

（6）饰面砖

① 饰面砖表面应平整、洁净、色泽一致，无裂痕和缺损。阴阳角处搭接方式、非整砖使用部位应符合设计要求。

② 墙面突出物周围的饰面砖应整砖套割吻合边缘应整齐。墙裙、贴脸突出墙面的厚度应一致。

③ 饰面砖接缝应平直、光滑、填嵌应连续、密实，宽度和深度应符合设计要求。

④ 有排水要求的部位应做滴水线（槽）。滴水线（槽）应顺直，流水坡向应正确，坡度应符合设计要求。

9.2.2.2　室外墙面的观感质量要求

（1）花饰安装　花饰表面应洁净，接缝应严密吻合，不得有斜、裂缝、翘曲及损坏。

（2）涂饰工程（水性涂料）　见表9-1～表9-3。涂层与其他装修材料和设备衔接处应吻合，界面应清晰。

表9-1　薄涂料的涂饰质量要求

项次	项目	普通涂饰	高级涂饰
1	颜色	均匀一致	均匀一致
2	泛碱、咬色	允许少量轻微	不允许
3	流坠、疙瘩	允许少量轻微	不允许
4	砂眼、刷纹	允许少量轻微砂眼,刷纹通顺	无砂眼、无刷纹
5	装饰线、分色线直线度允许偏差/mm	2	1

表 9-2　厚涂料的涂饰质量要求

项次	项目	普通涂饰	高级涂饰
1	颜色	均匀一致	均匀一致
2	泛碱、咬色	允许少量轻微	不允许
3	点状分布	—	疏密均匀

表 9-3　复层涂料的涂饰质量要求

项次	项目	质量要求
1	颜色	均匀一致
2	泛碱、咬色	不允许
3	喷点疏密程度	均匀,不允许连片

（3）涂料工程（溶剂型涂料）　见表 9-4、表 9-5。

表 9-4　色漆的涂饰质量要求

项次	项目	普通涂饰	高级涂饰
1	颜色	均匀一致	均匀一致
2	光泽、光滑	光泽基本均匀、光滑无挡手感	光泽基本均匀、光滑
3	刷纹	刷纹通顺	无刷纹
4	裹棱、流坠、皱皮	明显处不允许	不允许
5	装饰线、分色线直线度允许偏差/mm	2	1

注：无光色漆不检查光泽。

表 9-5　清漆的涂饰质量要求

项次	项目	普通涂饰	高级涂饰
1	颜色	基本一致	均匀一致
2	木纹	棕眼刮平、木纹清楚	棕眼刮平、木纹清楚
3	光泽、光滑	光泽基本均匀、光滑无挡手感	光泽基本均匀、光滑
4	刷纹	无刷纹	无刷纹
5	裹棱、流坠、皱皮	明显处不允许	不允许

9.2.2.3　卷材防水屋面

（1）屋面细部

① 卷材防水层的搭接缝应粘（焊）接牢固，密封严密，不得有皱褶、翘边和鼓泡等缺陷；防水层的收头应与基层贴接和固定牢固，缝口封严，不得翘边。

② 卷材防水层上的撒布材料和浅色涂料保护层应铺均匀或涂刷均匀，粘接牢固；水泥砂浆、块材或细石混凝土保护层与卷材防水层间应设置隔离层；刚性保护层的分格缝留置应符合设计要求。

③ 排气屋面的排气道应纵横贯通，不得堵塞。排气管应安装牢固，位置正确，封闭严密。

④ 卷材的铺贴方向应正确，卷材搭接宽度的允许偏差为 −10mm。

（2）保护层

① 绿豆砂应清洁、预热、铺撒均匀，并使其与沥青胶粘接牢固，不得残留未粘的绿豆砂。

② 云母或蛭石保护层不得有粉料，撒铺应均匀，不得露底，多余的云母或蛭石应清除。
③ 水泥砂浆保护层的表面应抹平压光，并设表面分格缝，分格面积宜为 $1m^2$。
④ 块体材料保护层应留设分格缝，分格面积不宜大于 $100m^2$，分格缝宽度不宜小于 20mm。
⑤ 细石混凝土保护层，混凝土应密实，表面抹平压光，并留设分格缝，分格面积不大于 $36m^2$。
⑥ 浅色涂料保护层应与卷材粘接牢固，厚薄均匀，不得漏涂。
⑦ 水泥砂浆、块材或细石混凝土保护层与防水层之间应设置隔离层。
⑧ 刚性保护层与女儿墙、山墙之间应预留宽度为 30mm 的缝隙，并用密封材料嵌填严密。

9.2.2.4 涂膜防水屋面

（1）防水层
① 涂膜防水层与基层应粘接牢固，表面平整，涂刷均匀，无流淌、皱褶、鼓泡、露胎体和翘边等缺陷。
② 涂膜防水层上的撒布材料或浅色涂料保护层应铺均匀或涂刷均匀，粘接牢固；水泥砂浆、块材或细石混凝土保护层与涂膜防水层间应设置隔离层；刚性保护层的分格缝留置应符合设计要求。
（2）细部做法　天沟、檐沟、檐口涂膜收头应用防水涂料多遍涂刷或用密封材料封严。

9.2.2.5 刚性防水屋面

（1）刚性防水层　女儿墙泛水涂膜防水层应直接涂刷至女儿墙的压顶下，收头处理应用防水涂料多遍涂刷封严，压顶应做防水处理。
（2）密封材料嵌缝
① 细石混凝土防水层应表面平整、压实抹光，不得有裂缝、起壳、起砂等缺陷。
② 细石混凝土分格缝的位置和间距应符合设计要求。
③ 细石混凝土防水层表面平整度的允许偏差为 5mm。
④ 嵌缝的密封材料表面应平整，缝边应顺直，无凹凸不平现象。
⑤ 密封防水接缝宽度的允许偏差为 ±10%，接缝深度为宽度的 0.5～0.7 倍。
（3）细部做法
① 细石混凝土防水层的分格缝，应设在屋面板的支承端、屋面转折处、防水层与突出屋面结构的交接处，其纵横间距不宜大于 6m。分格缝内应嵌填密封材料。
② 细石混凝土防水层与立墙及突出屋面结构等交接处，均应做柔性密封处理；细石混凝土防水层与基层间宜设置隔离层。

9.2.2.6 瓦屋面

（1）平瓦屋面
1）脊瓦应搭盖正确，封固严密；脊瓦和斜脊应顺直，无起伏现象。
2）泛水做法应符合设计要求，收头顺直整齐，结合严密，无渗漏。
3）平瓦屋面的有关尺寸应符合下列要求。
① 脊瓦在两坡面瓦上的搭盖宽度，每边不小于 40mm。
② 瓦伸入天沟、檐沟的长度为 50～70mm。
③ 天沟、檐沟的防水层伸入瓦内宽度不小于 150mm。
④ 瓦头挑出封檐板的长度为 50～70mm。
⑤ 突出屋面的墙或烟囱的侧面瓦伸入泛水宽度不小于 50mm。

(2) 油毡瓦屋面　油毡瓦屋面的有关尺寸应符合下列要求。
① 脊瓦与两坡面油毡瓦搭盖宽度每边不小于100mm。
② 脊瓦与脊瓦的压盖面不小于脊瓦面积的1/2。
③ 油毡瓦在瓦面与突出屋面结构的交接处铺贴高度不小于250mm。
　　油毡瓦的铺设方法应正确；油毡瓦之间的对缝，上下层不得重合。泛水做法应符合设计要求，顺直整齐，结合严密，无渗漏。
(3) 金属板材屋面
① 压型板的横向搭接不小于一个波，纵向搭接不小于200mm。
② 压型板挑出墙面的长度不小于200mm。
③ 压型板伸入檐沟内的长度不小于150mm。
④ 压型板与泛水的搭接宽度不小于200mm。
⑤ 金属板材屋面应安装平整，固定方法正确，密封完整；排水坡度应符合设计要求。
⑥ 金属板材屋面的檐口线，泛水应顺直，无起鼓现象。

9.2.2.7　隔热屋面

(1) 架空屋面
① 架空隔热层的高度应按照屋面宽度或坡度大小的变化确定。如设计无要求，一般以100～300mm为宜。当屋面宽度大于10m时，应设置通风屋脊。
② 架空隔热制品的铺设应平整、稳固，缝隙勾填应密实；架空隔热制品距山墙或女儿墙不得小于250mm，架空层中不得堵塞，架空高度及变形缝做法应符合设计要求。
③ 相邻两块制品的高低差不得大于3mm。
(2) 蓄水屋面　蓄水屋面所设排水管、溢水口和给水管等，应在防水屋面施工前安装完毕。
(3) 种植屋面
① 种植屋面采用卷材防水层时，上部应设置细石混凝土保护层。
② 种植屋面应有1%～3%的坡度。种植屋面四周应设挡墙，挡墙下部应设灌水孔，孔内侧放置疏水粗细骨料。

9.2.2.8　变形缝

变形缝的防水构造应符合下列要求。
① 变形缝的泛水高度不应小于250mm。
② 防水层应铺贴到变形缝两侧砌体的上部。
③ 变形缝内应填充聚苯乙烯泡沫塑料，上部填放衬垫材料，并用卷材封盖。
　　变形缝顶部应加扣混凝土或金属盖板，混凝土盖板的接缝应用密封材料嵌填。

9.2.2.9　室内墙面

(1) 一般抹灰　参照室外墙面。
(2) 装饰抹灰　参照室外墙面。
(3) 饰面砖（板）　参照室外墙面。
(4) 涂料工程（水性涂料涂饰、溶剂型涂料涂饰）　参照室外墙面。
(5) 美术涂饰工程
① 涂层与其他装修材料和设备衔接处应吻合，界面应清晰。
② 美术涂饰表面应洁净，不得有流坠现象。
③ 仿花纹涂饰的饰面应具有被模仿材料的纹理。
④ 套色涂饰的图案不得移位，纹理和轮廓应清晰。

(6) 裱糊工程

① 裱糊后的壁纸、墙布表面应平整,色泽应一致,不得有波纹起伏、气泡、裂纹、皱褶及斑污,斜视时应无胶痕。
② 复合压花壁纸的压痕及发泡壁纸的发泡层应无损坏。
③ 壁纸、墙布与各种装饰线、设备线盒应交接严密。
④ 壁纸、墙布边缘应平直整齐,不得有纸毛、飞刺。
⑤ 壁纸、墙布阴角处搭接应顺光,阳角处应无接缝。

(7) 软包工程

① 软包工程表面应平整、洁净,无凹凸不平、皱褶;图案应清晰,软包边框应平整、顺直、接缝吻合。其表面涂饰质量应符合涂饰工程的有关规定。
② 清漆涂饰木制边框的颜色、木纹应协调一致。
③ 软包工程安装的允许偏差应符合下列规定(表9-6)。

表9-6 软包工程安装的允许偏差

项次	项目	允许偏差/mm
1	垂直度	3
2	边框宽度、高度	0;-2
3	对角线长度差	3
4	裁口、线条接缝高低差	1

9.2.2.10 室内顶棚

(1) 一般抹灰顶棚涂饰工程、装饰抹灰顶棚 参考墙面工程。

(2) 暗龙骨吊顶工程

① 饰面材料表面应洁净,色泽一致,不得有翘曲、裂缝及缺损。压条应平直、宽窄一致。
② 饰面板上的灯具、烟感器、喷淋头、风口箅子等设备的位置应合理、美观,与饰面板的交接应吻合、严密。

(3) 明龙骨吊顶工程

① 饰面材料表面应洁净,色泽一致,不得有翘曲、裂缝及缺损。饰面板与明龙骨的搭接应平整、吻合,压条应平直、宽窄一致。
② 饰面板上的灯具、烟感器、喷淋头、风口箅子等设备的位置应合理、美观,与饰面板的交接应吻合、严密。
③ 金属龙骨的接缝应平整、吻合,颜色一致,不得有划伤、擦伤等表面缺陷。木质龙骨应平整、顺直,无劈裂。
④ 吊顶内填充吸声材料的品种和铺设厚度应符合设计要求,并应有防散落措施。

9.2.2.11 室内地面

(1) 整体楼、地面

1) 混凝土、砂浆面层

① 面层表面不应有裂纹、脱皮、麻面、起砂等缺陷。
② 面层表面的坡度应符合设计要求,不得有倒泛水和积水现象。
③ 水泥砂浆踢脚线与墙面应紧密结合,高度一致,出墙厚度均匀。

2) 水磨石地面

① 面层表面应光滑;无明显裂纹、砂眼和磨纹;石粒密实,显露均匀;颜色图案一致,

不混色；分格条牢固、顺直和清晰。

② 踢脚线与墙面应紧密结合，高度一致，出墙厚度均匀。

3) 水泥钢（铁）屑面层

① 面层表面坡度应符合设计要求。

② 面层表面不应有裂纹、脱皮、麻面等缺陷。

③ 踢脚线与墙面应结合牢固，高度一致，出墙厚度均匀。

4) 防油渗面层

① 防油渗面层表面坡度应符合设计要求，不得有倒泛水和积水现象。

② 防油渗混凝土面层表面不得有裂纹、脱皮、麻面和起砂现象。

③ 踢脚线与墙面应结合牢固，高度一致，出墙厚度均匀。

5) 不发火（防爆）面层

① 面层表面应密实，无裂缝、蜂窝、麻面等缺陷。

② 踢脚线与墙面应结合牢固，高度一致，出墙厚度均匀。

③ 不发火（防爆）面层的允许偏差应符合要求。

(2) 板块楼、地面

1) 砖面层

① 砖面层的表面应洁净、图案清晰，色泽一致，接缝平整，深浅一致，周边顺直。板块无裂纹、掉角和缺棱等缺陷。

② 面层邻接处的镶边用料及尺寸应符合设计要求，边角整齐、光滑。

③ 楼梯踏步和台阶块材的缝隙宽度应一致，齿角整齐；楼层梯段相邻踏步高度差不应大于10mm；防滑条顺直。

④ 面层表面的坡度应符合设计要求，不倒泛水、无积水；与地漏、管道结合处应严密、牢固、无渗漏。

2) 大理石面层和花岗岩面层

① 大理石和花岗岩面层的表面应洁净、平整，无磨痕，且图案清晰，色泽一致，接缝均匀，周边顺直，镶嵌正确，板块无裂纹、掉角、缺棱等缺陷。

② 踢脚线表面应洁净，高度一致，结合牢固，出墙厚度一致。

③ 面层表面的坡度应符合设计要求，不倒泛水、无积水；与地漏、管道结合处应严密、牢固、无渗漏。

3) 木质板楼、地面

① 实木地板面层应刨平、磨光，无明显刨痕和毛刺现象；图案清晰，颜色均匀一致。

② 面层接缝应严密；接头位置应错开，表面洁净。

③ 拼花地板接缝应对齐，粘、钉严密；缝隙宽度均匀一致；表面洁净，胶黏无溢胶。

④ 踢脚线表面应光滑，接缝严密，高度一致。

9.2.2.12 楼梯踏步护栏

楼梯踏步的宽度、高度应符合设计要求。楼层梯段相应踏步高差不应大于10mm，每个踏步两端宽度差不应大于10mm；旋转楼梯梯段的每个踏步两侧宽度的允许偏差为5mm。楼梯踏步的齿角应整齐，防滑条应顺直。护栏和扶手转角弧度应符合设计要求，接缝应严密，表面应光滑，色泽应一致，不得有裂缝、翘曲及损坏。

9.2.2.13 门窗

(1) 木门窗安装

1) 木门窗表面应洁净，不得有刨痕、锤印。

2) 木门窗的割角、拼缝应严密平整。门窗框、扇裁口应顺直，刨面应平整。
3) 木门窗上的槽、孔边缘应整齐，无毛刺。
4) 木门窗批水、盖口条、压缝条、密封条的安装应顺直，与门窗结合应牢固、严密。

(2) 金属门窗安装

1) 金属门窗表面应洁净、平整、光滑、色泽一致，无锈蚀。大面应无划痕、碰伤。漆膜或保护层应连接。
2) 铝合金门窗推拉门窗扇开关力不大于100N。
3) 金属门窗框与墙体之间的缝隙应填嵌饱满，并采用密封胶密封。密封胶表面应光滑、顺直、无裂纹。
4) 金属门窗扇的橡胶密封条或毛毡密封条应安装完好，不得脱槽。
5) 有排水孔的金属门窗，排水孔应畅通，位置和数量应符合设计要求。

(3) 塑料门窗安装

1) 塑料门窗表面应洁净、平整、光滑，大面应无划痕、碰伤。
2) 塑料门窗扇的密封条不得脱槽，旋转窗间隙应基本均匀。
3) 玻璃密封条与玻璃及玻璃槽口的接缝应平整，不得卷边、脱槽。
4) 排水孔应畅通，位置和数量应符合设计要求。
5) 塑料门窗扇的开关力应符合下列规定。

① 平开门窗扇平铰链的开关力不大于80N；滑撑铰链的开关力应不大于80N，并不小于30N。
② 推拉门窗扇的开关力应不大于100N。

(4) 玻璃

1) 玻璃表面应洁净，不得有腻子、密封胶、涂料等污渍。中空玻璃内外表面均应洁净，玻璃中空层内不得有灰尘和水蒸气。
2) 门窗玻璃不应直接接触型材。单面镀膜玻璃的镀膜层及磨砂玻璃的磨砂面应朝向室内。中空玻璃的单面镀膜玻璃应在最外层，镀膜层应朝向室内。
3) 腻子应填抹饱满、粘接牢固；腻子边缘与裁口应平齐。固定玻璃卡子不应在腻子表面显露。

9.2.3 建筑安装工程观感质量检查评定简介

建筑安装工程观感质量包括给排水与采暖、建筑电气、通风与空调、电梯、智能建筑等5个分部工程。

9.2.3.1 给排水与采暖分部工程观感质量检查

给排水与采暖分部工程观感质量一般检查以下几个方面。

① 给排水与采暖管道接口、坡度及支架。
② 卫生器具、支架阀门。
③ 检查口、扫除口、地漏。
④ 散热器、支架。

9.2.3.2 建筑电气分部工程观感质量检查

建筑电气分部工程观感质量一般检查以下几个方面。

① 配电箱、盘、板接线盒。
② 设备器具、开关、插座。
③ 防雷、接地。

9.2.3.3 通风与空调分部工程观感质量检查

通风与空调分部工程观感质量一般检查以下几个方面。
① 风管制作、支架。
② 风口、风阀的安装质量。
③ 风机、空调设备安装质量。
④ 阀门、支架安装质量。
⑤ 水泵、冷却塔。
⑥ 绝热保护。

9.2.3.4 电梯分部工程观感质量检查

电梯分部工程观感质量主要检查以下几个方面。
① 轿门的运行。
② 门扇安装质量。
③ 卫生清理。

智能建筑工程包括通信网络系统、信息网络系统、建筑设备监控系统、火灾报警及消防联动系统、安全防范系统、综合布线系统、智能化系统集成、电源与接地等项目，在工程验收过程中，主要检查的是系统的联动问题，是否达到了设计的预定功能。

复习思考题

1. 建筑工程安全和功能检验资料所要核查的项目分为多少测试项目？分别是哪些？
2. 在建筑与结构工程中，哪些部位需要进行防水（渗漏）测试？如何测试？
3. 室内环境检测由哪个单位委托、哪个单位进行测试？主要检测什么内容？
4. 建筑物沉降观测包括哪些内容？如果在土方开挖和基础施工过程施工单位进行的观测是不是属于沉降观测的范畴，为什么？
5. 什么是工程的观感质量？用什么方法验收？评定结论是什么？
6. 建筑安装工程的观感质量评定包括哪些分部工程？主要检查哪些方面的内容？

10 单位工程竣工验收与备案

【能力目标】
　　进一步搞清单位工程竣工验收，正确组织单位工程的竣工验收，并按照规定进行单位工程的备案。
【学习要求】
　　1. 熟悉单位工程竣工验收的条件和竣工验收的详细程序和要求。
　　2. 了解单位工程备案的要求和意义。

10.1 单位工程竣工验收

10.1.1 单位工程施工质量竣工验收条件

　　单位工程符合下列要求方可进行竣工验收。
　　① 完成工程设计和合同约定的各项内容。
　　② 施工单位在工程完工后对工程质量进行了检查，确认工程质量符合有关法律、法规和工程建设强制性标准，符合设计文件及合同要求，并提出工程竣工报告。工程竣工报告应经项目经理和施工单位有关负责人审核签字。并将审核签字后的工程竣工报告及工程竣工资料报送监理（建设）单位进行审查。
　　③ 对于委托监理的工程项目，监理单位对工程进行了质量评估，具有完整的监理资料，并提出工程质量评估报告。工程质量评估报告应经总监理工程师和监理单位有关负责人审核签字。
　　④ 勘察、设计单位对勘察、设计文件及施工过程中由设计单位签署的设计变更通知书进行了检查，并提出质量检查报告。质量检查报告应经该项目勘察、设计负责人和勘察、设计单位有关负责人审核签字。
　　⑤ 有完整的技术档案和施工管理资料。
　　⑥ 有工程使用的主要建筑材料、建筑构配件和设备的进场试验报告。
　　⑦ 建设单位已按合同约定支付工程款。
　　⑧ 有施工单位签署的工程质量保修书。建设单位和施工单位应当明确约定保修范围、保修期限和保修责任等，双方约定的保修范围、保修期限必须符合国家有关规定。
　　⑨ 城乡规划行政主管部门对工程是否符合规划设计要求进行检查，并出具认可文件。
　　⑩ 有公安消防、环保等部门出具的认可文件或者准许使用文件。
　　⑪ 建设行政主管部门及其委托的工程质量监督机构等有关部门责令整改的问题全部整改完毕。
　　在竣工验收时，对某些剩余工程和缺陷工程，在不影响交付的前提下，经建设单位、设计单位、施工单位和监理单位协商，可以进行"甩项验收"，但必须在竣工验收后的限定时间内完成，并报有关单位进行检查验收。

10.1.2 单位工程施工质量竣工验收程序

在单位工程施工质量正式竣工验收之前,一般要先由施工单位自行进行验收,其次经过监理单位组织的预验收(初验收),最后才是建设单位组织的竣工验收。

10.1.2.1 施工单位自行验收

参加竣工自验的人员,一般是项目经理组织生产、技术、质量、合同、预算以及有关的施工工长等共同参加。在自检中,应分层分段、分房间按照自己的主管内容逐一进行检查。检查的主要内容是从生产者的角度检查:工程是否符合国家(或地方政府主管部门)规定的竣工标准和竣工要求,工程完成情况是否符合施工图纸和设计的使用要求,工程质量是否符合国家和地方政府规定的标准和要求,工程是否达到合同规定的要求和标准。

在检查中做好记录,对不符合要求的部位和项目,确定修补和整改的措施和标准,并责任到人,定期修理完毕。

在项目部对工程检查整改完毕后,一般应提请上级(分公司或总公司)一级的技术负责部门进行复检和复验。通过复检,为正式验收做好准备。

施工单位在自查、自评完成后,应编制《单位工程竣工报告》,由项目负责人、单位法定代表人和技术负责人签字加盖单位公章后,和全部竣工资料一起提交监理(建设)单位进行初验。

施工单位编制的《单位工程竣工报告》一般应包括以下内容。

① 施工主要依据。
② 工程概况及实际完成情况。
③ 工程实体质量情况自评。
④ 施工资料管理及完成情况。
⑤ 主要建筑设备、系统调试情况。
⑥ 安全和功能检测、主要功能抽查情况。
⑦ 工程质量总体评价等。

10.1.2.2 预验收

预验收又称为初验收,对于住宅工程可以称为分户验收。监理单位在接到施工单位的工程竣工报告和全部施工资料后,总监理工程师应组织各专业监理工程师对竣工资料及各专业工程的质量情况进行全面检查,对检查出的问题,应督促施工单位及时进行整改。对需要进行功能试验的项目(包括单机试车和无负荷试车),监理工程师应督促施工单位及时进行试验,并对重要项目进行监督检查,必要时请建设单位和设计单位一起参加,监理工程师应认真审查试验报告并督促施工单位搞好成品保护和现场清理工作。

初验合格后,由施工单位向建设单位申请竣工验收,同时由总监理工程师向建设单位提出《工程质量评估报告》,从工程概况、施工单位基本情况、主要建筑材料使用情况、主要采取的施工方法、工程地基基础和主体结构的质量情况、其他分部工程的质量状况、施工中发生过的质量事故和主要质量问题、原因分析和处理结果以及对工程的综合评价意见等方面对单位工程进行评估。初验不合格的,监理单位应提出整改意见,由施工单位根据监理单位的意见进行整改。未委托监理的工程,由建设单位组织有关单位进行初验。

由于住宅直接关系到普通老百姓的民生问题,近年来,各省市均颁布了相关的《分户验收规程》在初验过程中,按照分户验收规程和相应的规范标准进行。

10.1.2.3 正式验收

(1) 正式验收准备 建设单位收到施工单位提交的《单位工程竣工报告》和监理单位总

监理工程师签发的《工程质量评估报告》后,对符合验收条件的工程,组织设计、施工、监理等单位和有关方面的专业人士组成验收小组,并制订《建设工程施工质量竣工验收方案》和《单位工程施工质量竣工验收通知书》。验收小组成员应包括建设单位的项目负责人、施工单位的技术负责人和项目经理(含分包单位的项目负责人)、监理单位的总监理工程师、设计单位的项目负责人等。验收方案中一般应包括验收的程序、时间、地点、人员组成、执行标准等,各责任主体在正式验收前应准备好相关的报告材料。

建设单位应当在工程竣工验收 7 个工作日前将工程验收的时间、地点及验收组名单通知工程质量监督机构(质检站)。工程质量监督机构接到通知后,应于验收之日到场列席参加验收。

(2) 正式验收　正式验收一般由建设单位项目负责人主持验收会议。工程质量监督机构到场对工程质量竣工验收的组织形式、验收程序、执行标准等进行现场监督。

会议开始时,建设单位应首先汇报工程概况和专项验收情况,介绍工程验收方案和验收组成员名单,并安排参验人员签到。

① 建设、设计、施工、监理等单位按顺序汇报工程合同的履约情况以及工程建设各个环节执行法律、法规和工程建设强制性标准的情况。

② 验收组现场审查建设、勘察、设计、施工、监理等单位提交的工程施工质量验收资料,形成《单位(子单位)工程施工质量控制资料检查记录》,验收组相关人员签字。

③ 明确有关工程安全和功能检查资料的核查内容,确定抽查项目,验收组成员进行现场抽查,对每个抽查项目形成检查记录,验收组相关人员签字,在汇总到《单位(子单位)工程安全和功能检验资料检查及主要功能抽查记录》中,验收组相关人员签字。

④ 验收组现场查验工程实物观感质量,形成《单位(子单位)工程观感质量检查记录》,验收组相关人员签字。

验收组对以上四项验收内容做出全面评价后,形成竣工验收结论,验收组人员签字。如果验收不合格,验收组提出书面整改意见,限期整改,重新组织工程施工质量竣工验收;如果验收合格,填写《单位(子单位)工程施工质量验收记录》,相关单位签字盖章。如果在验收过程中,各方对验收结论不能统一时,可以协商提出解决办法,如果协商不成,可以提请当地建设行政主管部门或工程质量监督机构协调处理。

10.1.3 单位工程施工质量竣工验收报告

工程竣工验收合格后,建设单位应当在 3 日内向工程质量监督结构提交工程竣工报告和竣工验收证明书。工程质量监督结构在工程竣工验收之日起 5 日内,向备案机关提交工程质量监督报告。

工程竣工验收报告的内容应包括以下几点。

① 工程概况:工程名称、工程地点、建筑面积、结构形式、主要建设手续、主要参与单位、建筑用途、开工日期、竣工日期等。

② 工程建设实施情况:建设单位实施基本建设程序的情况、施工图审查的情况、安全功能检查的情况。

③ 勘察、设计、监理、施工等单位工作情况和执行强制性标准的情况描述。

④ 验收组成员的组成情况。

⑤ 验收及验收整改情况:验收程序、内容、组织形式、整改情况。

⑥ 工程总体评价:应描述验收组对工程结构安全、使用功能是否符合设计要求,是否同意竣工验收等意见。

⑦ 附件：勘察、设计、施工、监理单位签字的验收文件。

10.2 建筑工程竣工备案制

  2000 年 1 月 30 日发布的《建设工程质量管理条例》（国务院令 279 号）第四十九条规定：建设单位应当自建设工程竣工验收合格之日起 15 日内，将建设工程竣工验收报告和规划、公安消防、环保等部门出具的认可文件或者准许使用文件报建设行政主管部门或者其他有关部门备案。按照上述国务院令的要求建设部在 2000 年 4 月 7 日，以建设部令第 78 号的形式发布并实施了《房屋建筑工程和市政基础设施工程竣工验收备案管理暂行办法》。
  主要要点如下。
  （1）在中华人民共和国境内新建、扩建、改建各类房屋建筑工程和市政基础设施工程的竣工验收备案。国务院建设行政主管部门负责全国房屋建筑工程和市政基础设施工程的竣工验收备案管理工作。县级以上地方人民政府建设行政主管部门负责本行政区域内工程的竣工验收备案管理工作。
  （2）建设单位应当自工程竣工验收合格之日起 15 日内，依照本办法规定，向工程所在地的县级以上地方人民政府建设行政主管部门（备案机关）备案。
  （3）建设单位办理工程竣工验收备案应当提交下列文件。
  ① 工程竣工验收备案表。
  ② 工程竣工验收报告。竣工验收报告应当包括工程报建日期，施工许可证号，施工图设计文件审查意见，勘察、设计、施工、工程监理等单位分别签署的质量合格文件及验收人员签署的竣工验收原始文件，市政基础设施的有关质量检测和功能性试验资料以及备案机关认为需要提供的有关资料。
  ③ 法律、行政法规规定应当由规划、公安消防、环保等部门出具的认可文件或者准许使用文件。
  ④ 施工单位签署的工程质量保修书。
  ⑤ 法规、规章规定必须提供的其他文件。商品住宅还应当提交《住宅质量保证书》和《住宅使用说明书》。
  （4）工程竣工验收备案表一式两份，一份由建设单位保存，一份留备案机关存档。
  （5）工程质量监督机构应当在工程竣工验收之日起 5 日内，向备案机关提交工程质量监督报告。
  （6）备案机关决定重新组织竣工验收并责令停止使用的工程，建设单位在备案之前已投入使用或者建设单位擅自继续使用造成使用人损失的，由建设单位依法承担赔偿责任。

❓ 复习思考题

1. 如何理解工程技术资料的完整要求？
2. 什么叫预验收？其组织程序如何？为什么要进行工程预验收？
3. 符合什么条件的工程才能够报请竣工验收？
4. 工程竣工备案应提交哪些文件？
5. 工程竣工验收的组织程序有哪些？
6. 工程竣工验收报告包含哪些方面的内容？

11 单位工程质量验收实例

【能力目标】
1. 能根据工程具体情况进行检验批、分项工程、分部（子分部）工程的划分并按照统一编码的原则进行编号。
2. 根据实例，学会具体填写分部、分项工程检验批，单位（子单位）工程验收表格。

【学习要求】
1. 熟悉单位工程的整个验收层次的划分和验收过程。
2. 掌握从分项工程检验批表格、分项工程、分部工程、单位工程以及单位（子单位）工程质量控制资料、单位（子单位）工程安全和功能检验资料核查及主要功能抽查表格之间内在的逻辑关系。

11.1 工程概况

以××市××办公楼工程作为例子来说明单位工程质量验收的一些要求。其工程概况见表 11-1。

表 11-1 工程概况

	工程名称	××办公楼工程	建设单位	××集团开发有限公司
一般情况	建设用途	地上为办公用房,地下为人防及车库	设计单位	××建筑设计研究院
	建设地点	××市××区××路	监理单位	××工程建设监理有限公司
	总建筑面积	19960m²	施工单位	××建设集团有限公司
	开工日期	××年××月××日	竣工日期	××年××月××日
	结构类型	框架剪力墙	基础类型	梁板式筏基
	层数	地上11层,地下1层	建筑檐高	38.05m
	地上面积	17539m²	地下室面积	2412m²
	人防等级	6级	抗震等级	框架二级,剪力墙一级
构造特征	地基与基础	地基持力层为粉质黏土层、黏质粉土,天然地基,梁板式筏基,底板厚度为 400mm,混凝土强度等级为 C30,抗渗等级为 P8		
	柱、内外墙	柱截面尺寸(mm)为 400×400、500×500、600×600、700×900、950×950;柱强度等级为地下 C50,地上 C40、C35;内墙厚度(mm)为地下 300、200、100,地上 200、100;外墙厚度(mm)为 400、300;墙强度等级为 C40、C35、C30,抗渗等级为 P8		

续表

构造特征	梁、板、楼盖	现浇钢筋混凝土梁、板,楼板厚度(mm)为 250、200、180、150、140、120、100,梯段板厚度(mm)为 100;强度等级为 C30
	外墙装饰	1～2 层为石材幕墙,3～9 层为玻璃幕墙,10～11 层为金属幕墙,局部面砖
	内墙装饰	乳胶漆墙面,花岗石墙面,釉面砖墙面,樱桃木墙面,局部房间为壁布吸声墙面和软包墙面
	楼地面装饰	室内楼地面面层为花岗石、大理石、地砖和实木地板,局部房间为活动地板、地毯等
	屋面构造	保温层、找平层、SBS 改性沥青卷材防水层等
	防火设备	一级防火等级,各防火分区以钢制防火门隔开
	机电系统名称	建筑给水排水及采暖、建筑电气、智能建筑、通风与空调、电梯
其他		

注:本表一般由施工单位填写,城建档案馆和施工单位各保存一份。

11.2 子分部工程、分项工程和检验批划分

依据施工图设计文件、合同约定、施工组织设计及工程项目的特点,根据《建筑工程施工质量验收统一标准》(GB 50300—2001)第 4.0.3、第 4.0.4、第 4.0.5 关于分部、分项工程及检验批划分的原则,在该工程开工前,经建设、监理、施工单位协商,各分部工程、子分部工程、分项工程和检验批可以按照以下规律划分。

11.2.1 分部工程的划分

该办公楼工程为一个单位工程,按照"统一标准",可以划分为地基基础分部工程、主体结构分部工程、装饰装修分部工程、屋面分部工程、建筑给水排水及采暖分部工程、建筑电气安装分部工程、智能建筑分部工程、通风与空调分部工程、电梯分部工程和节能分部工程。作为实例,本教材省略建筑给水排水及采暖分部工程、建筑电气安装分部工程、智能建筑分部工程、通风与空调分部工程、电梯分部工程和节能分部工程等 6 个分部工程。

11.2.2 子分部、分项工程的划分

该办公楼的子分部、分项工程的划分完全按照"统一标准"中《建筑工程分部(子分部)工程、分项工程划分表》(表 11-2)进行划分,根据施工图纸和文件,针对本工程的实际情况,其划分情况见表 11-2。

11.2.3 检验批的划分

按照相关的验收标准的要求进行划分,见表 11-2。

表 11-2 ××办公楼工程分部、子分部、分项工程和检验批划分

分部工程	子分部工程	分项工程	检验批	
			编号	检验批名称
01 地基基础分部工程※	0101 无支护土方工程※	010101 土方开挖※	01010101	土方开挖工程检验批质量验收记录※ (共 1 个检验批,按 GB 50202—2002 进行验收)
		010102 土方回填	01010201～01010221	土方回填工程检验批记录 (共 21 个检验批,按 GB 50202—2002 进行验收)

续表

分部工程	子分部工程	分项工程	检验批编号	检验批名称
01地基基础分部工程※	0105地下防水工程※	010501 防水混凝土	01050101~01050108	防水混凝土工程检验批质量验收记录表（共8个检验批，按GB 50208—2002进行验收）
		010503 卷材防水层	01050301~01050318	卷材防水层工程检验批质量验收记录（共18个检验批，按GB 50208—2002进行验收）
		010505 金属板防水层	01050501~01050505	金属板防水层检验批质量验收记录（共5个检验批，按GB 50208—2002进行验收）
		010507 细部构造	01050701~01050711	细部构造检验批质量验收记录（共11个检验批，按GB 50208—2002进行验收）
	0106混凝土基础	010601(Ⅰ) 模板安装	01060101~01060127	模板安装工程检验批质量验收记录（共27个检验批，按GB 50204—2002进行验收）
		010601(Ⅲ) 模板拆除	01060101~01060124	模板拆除工程检验批质量验收记录（共24个检验批，按GB 50204—2002进行验收）
		010602(Ⅰ) 钢筋加工	01060201~01060202	钢筋加工检验批质量验收记录（共2个检验批，按GB 50204—2002进行验收）
		010602(Ⅱ) 钢筋安装	01060201~01060210	钢筋安装工程检验批质量验收记录（共10个检验批，按GB 50204—2002进行验收）
01地基基础分部工程	0106混凝土基础	010603(Ⅰ) 混凝土原材料及配合比	01060301~01060309	混凝土原材料及配合比设计检验批质量验收记录（共9个检验批，按GB 50204—2002进行验收）
		010603(Ⅱ) 混凝土施工	01060301~01060316	混凝土施工检验批质量验收记录（共16个检验批，按GB 50204—2002进行验收）
		010604(Ⅰ) 现浇结构	01060401~01060414	现浇结构外观及尺寸偏差检验批质量验收记录（共14个检验批，按GB 50204—2002进行验收）
	0107砌体基础	010701 砖砌体	01070101~01070102	砖砌体工程检验批质量验收记录（共2个检验批，按GB 50203—2002进行验收）
		010702 混凝土小型空心砌块砌体	01070201	混凝土小型空心砌块工程检验批质量验收记录（共1个检验批，按GB 50203—2002进行验收）
02主体结构分部工程※	0201混凝土结构	020101(Ⅰ) 模板安装	02010101~02010185	模板安装工程检验批质量验收记录（共85个检验批，按GB 50204—2002进行验收）
		020101(Ⅲ) 模板拆除	02010101~02010168	模板拆除工程检验批质量验收记录（共68个检验批，按GB 50204—2002进行验收）
		020102(Ⅰ) 钢筋加工	02010201~02010211	钢筋加工检验批质量验收记录（共11个检验批，按GB 50204—2002进行验收）
		0020102(Ⅱ) 钢筋安装	02010201~02010281	钢筋安装工程检验批质量验收记录（共81个检验批，按GB 50204—2002进行验收）
		020103(Ⅰ) 混凝土原材料及配合比	02010301~02010316	混凝土原材料及配合比设计检验批质量验收记录（共16个检验批，按GB 50204—2002进行验收）
		020103(Ⅱ) 混凝土施工	02010301~02010367	混凝土施工检验批质量验收记录（共67个检验批，按GB 50204—2002进行验收）
02主体结构分部工程	0201混凝土结构	020105(Ⅰ) 现浇结构	02010501~02010568	现浇结构外观及尺寸偏差检验批质量验收记录（共68个检验批，按GB 50204—2002进行验收）
	0203砌体结构	020302 混凝土小型空心砌块	02030201~02030212	混凝土小型空心砌块工程检验批质量验收记录（共12个检验批，按GB 50203—2002进行验收）

续表

分部工程	子分部工程	分项工程	检验批编号	检验批名称
03 装饰装修分部工程※	0301 建筑地面	030101 基层(水泥混凝土垫层)工程(Ⅶ)	03010101~03010112	水泥混凝土垫层工程检验批质量验收记录（共12个检验批，按 GB 50209—2002 进行验收）
		030101 基层(找平层)工程(Ⅷ)	03010101~03010112	找平层工程检验批验收记录（共12个检验批，按 GB 50209—2002 进行验收）
		030101 基层(隔离层)工程(Ⅸ)	03010101~03010113	隔离层工程检验批验收记录（共13个检验批，按 GB 50209—2002 进行验收）
		030102 水泥混凝土面层工程	03010201~03010206	水泥混凝土面层工程检验批质量验收记录（共6个检验批，按 GB 50209—2002 进行验收）
		030107 砖面层工程	03010701~03010711	砖面层工程检验批质量验收记录（共11个检验批，按 GB 50209—2002 进行验收）
		030108 大理石和花岗石面层工程	03010801~03010814	大理石和花岗石面层工程检验批质量验收记录（共14个检验批，按 GB 50209—2002 进行验收）
		030115 实木复合地板面层工程	03011501~03011506	实木复合地板面层工程检验批质量验收记录（共6个检验批，按 GB 50209—2002 进行验收）
	0302 抹灰工程	030201 一般抹灰工程	03020101~03020112	一般抹灰工程检验批质量验收记录（共12个检验批，按 GB 50210—2001 进行验收）
		030202 装饰抹灰工程	03020201	装饰抹灰工程检验批质量验收记录（共1个检验批，按 GB 50210—2001 进行验收）
	0303 门窗工程	030301 木门窗制作与安装工程	03030101~03030111	木门窗安装工程检验批质量验收记录（共11个检验批，按 GB 50210—2001 进行验收）
		030302 金属门窗(钢、铝合金、涂色镀锌板门窗)	03030201~03030215	金属门窗安装工程检验批质量验收记录(铝合金门窗)（共15个检验批，按 GB 50210—2001 进行验收）
		030304 特种门窗	03030401~03030422	特种门安装工程检验批质量验收记录（共22个检验批，按 GB 50210—2001 进行验收）
		030305 门窗玻璃安装	03030501~03030515	门窗玻璃安装工程检验批质量验收记录（共15个检验批，按 GB 50210—2001 进行验收）
	0304 吊顶工程	030401 暗龙骨吊顶	03040101~03040111	暗龙骨吊顶工程检验批质量验收记录（共11个检验批，按 GB 50210—2001 进行验收）
		030402 明龙骨吊顶	03040201~03040211	明龙骨吊顶工程检验批质量验收记录（共11个检验批，按 GB 50210—2001 进行验收）
	0305 轻质隔墙工程	030501 板材隔墙	03050101~03050106	板材隔墙工程检验批质量验收记录（共6个检验批，按 GB 50210—2001 进行验收）
		030502 骨架隔墙	03050201~03050212	骨架隔墙工程检验批质量验收记录（共12个检验批，按 GB 50210—2001 进行验收）
	0306 饰面板(砖)工程	030601 饰面板安装	03060101~03060114	饰面板安装工程检验批质量验收记录（共14个检验批，按 GB 50210—2001 进行验收）
		030602 饰面砖粘贴	03060201~03060212	饰面砖粘贴工程检验批质量验收记录（共12个检验批，按 GB 50210—2001 进行验收）

续表

分部工程	子分部工程	分项工程	检验批编号	检验批名称
03装饰装修分部工程※	0307幕墙工程	030701玻璃幕墙工程	03070101~03070108	玻璃幕墙工程检验批质量验收记录（共8个检验批，按GB 50210—2001进行验收）
	0308涂饰工程	030801水性涂料涂饰	03080101~03080115	水性涂料涂饰工程检验批质量验收记录（共15个检验批，按GB 50210—2001进行验收）
	0310细部工程	031002窗帘盒、窗台板和散热器罩制作与安装	03100201~03100211	窗帘盒、窗台板和散热器罩制作与安装工程检验批质量验收记录（共11个检验批，按GB 50210—2001进行验收）
03装饰装修分部工程	0310细部工程	031003门窗套制作与安装	03100301~03100312	门窗套制作与安装工程检验批质量验收记录（共11个检验批，按GB 50210—2001进行验收）
		031004护栏和扶手制作与安装	03100401~03100416	护栏和扶手制作与安装工程检验批质量验收记录（共16个检验批，按GB 50210—2001进行验收）
04屋面分部工程※	0401卷材防水屋面	040101屋面保温层	04010101~04010102	屋面保温层工程检验批质量验收记录（共2个检验批，按GB 50207—2002进行验收）
		040102屋面找平层	04010201~04010202	屋面找平层工程检验批质量验收记录（共2个检验批，按GB 50207—2002进行验收）
		040103卷材防水层	04010301~04010302	卷材防水层工程检验批质量验收记录（共2个检验批，按GB 50207—2002进行验收）
		040104细部构造	04010401	细部构造检验批质量验收记录（共1个检验批，按GB 50207—2002进行验收）
05 建筑给水、排水与采暖分部工程（略）				
06 建筑电气安装分部工程（略）				
07 智能建筑分部工程（略）				
08 通风与空调分部工程（略）				
09 电梯分部工程（略）				
节能分部工程（略）				

注：带※的在本章中有相应的表格范例。

11.3 分项工程检验批和分项工程的质量验收

分项工程检验批的验收合格条件前面的章节中已经讲过，下面以本工程土方开挖工程作为例子来说明分项工程检验批和分项工程质量验收的程序和具体表格的填写。

本工程由于占地面积不是很大，采用机械开挖的方式，放坡开挖，属于无支护土方子分部工程，在实际施工过程中，按下列程序进行质量验收：土方开挖完成、施工单位质检员自检、施工单位评定质量、向监理工程师申报验收、监理工程师抽检验收、给出验收结论。如果验收合格就可以进入下一道工序，需要填写的表格如表11-3。

本工程土方开挖由一个检验批构成，故该检验批合格就代表该分项工程合格，如果由若干检验批组成，就需要将各个检验批汇总起来进行检查，最终确定分项工程是否合格。

表 11-3　土方开挖工程检验批质量验收记录

GB 50202—2002　　010101 0 1

单位(子单位)工程名称	××办公楼工程		
分部(子分部)工程名称	无支护土方	验收部位	基础①～⑬/Ⓐ～Ⓗ轴
施工单位	××建设集团有限公司	项目经理	×××
分包单位	/	分包项目经理	/
施工执行标准名称及编号	建筑基础工程施工工艺标准(QB×××—2004)		

	施工质量验收规范的规定						施工单位检查评定记录	监理(建设)单位验收记录
	项目	允许偏差或允许值/mm						
		柱基基坑基槽	挖方场地平整 人工	挖方场地平整 机械	管沟	地(路)面基层		
主控项目	1　标高	−50	±30	±30	−50	−50	−20　30　−35　20　−30　−35　25　−30　25　−20	经检查标高、长度、宽度、边坡符合规范要求
	2　长度宽度　由设计中心线向两边量	+200 −50	+300 −100	+500 −150	+100	—	100　210　220　260　210　200　240　200　150　100 100　150　150　200　220　150　210　180　150　100	
	3　边坡	设计要求					边坡值(高：宽)为 1:1.25	
一般项目	1　表面平整度	20	20	50	20	20	30　20　20　30　30　⑤　25　30　20　25	经检查,表面平整度、基底土性符合规范要求
	2　基底土性	设计要求					土性为××,与地质勘察报告相符	

施工单位检查评定结果	专业工长(施工员)	×××	施工班组长	×××
	经检查,主控项目、一般项目均符合设计要求和《建筑地基基础工程施工质量验收规范》(GB 50202—2002)的规定,评定为合格			
	项目专业质量检查员:×××			××年××月××日
监理(建设)单位验收结论	同意施工单位评定结果,验收合格			
	专业监理工程师(建设单位项目专业技术负责人):×××			××年××月××日

前面已经讲述过分项工程的合格条件,其验收的具体步骤可以归纳为:分项工程完成后,施工单位自检、汇总并填写"×××分项工程质量验收记录"、项目专业技术负责人在记录上签字、向专业监理工程师(建设单位项目技术负责人)申请验收、专业监理工程师(建设单位项目技术负责人)组织验收。

在检验批合格后将有关资料进行汇总,得出相应的分项工程的验收结论,例如本工程土方开挖分项工程的验收表格如表 11-4。

表 11-4　土方开挖分项工程质量验收记录

工程名称	××办公楼工程		结构类型	框剪(11/1)	检查批数	1
施工单位	××建设集团有限公司		项目经理	×××	项目技术负责人	×××
分包单位	/		分包单位负责人	/	分包项目经理	/
序号	检验批部位、区段		施工单位检查评定结果	监理(建设)单位验收结论		
1	基础①~⑬/Ⓐ~Ⓗ轴		√	检验批验收齐全,真实有效,合格		
2						
3						
4						
5						
6						
7						
检查结论	土方开挖分项工程合格 项目专业技术负责人：××× 　　　　　　××年××月××日			验收结论	同意施工单位检查结论,验收合格 监理工程师(建设单位项目专业技术负责人)：××× 　　　　　　××年××月××日	

11.4　子分部工程和分部工程的验收

根据表 11-2《××办公楼工程分部、子分部、分项工程和检验批划分计划表》,本工程在进行了土方开挖分项工程,以及土方回填分项工程之后,就可以进行无支护土方子分部工程资料的汇总和相应子分部工程的验收。

在完成了地基和基础分部工程所含的无支护土方子分部工程（0101）、地下防水子分部工程（0105）、混凝土基础子分部工程（0106）和砌体基础子分部（0107）的施工和验收工作后,就可以进行地基和基础分部工程的验收工作。在此,进一步强调分部工程的验收所需要的条件和具体的组织。

11.4.1　房屋建筑工程分部工程验收的条件

① 完成工程设计与合同约定的各项内容。

② 质量控制资料已收集完整,监理（建设）单位经过审查符合要求并出具了书面审查意见。

③ 需要进行监督抽检的主要分部工程其抽检结果已符合要求。

④ 工程质量监督机构责令整改的质量问题已全部整改完毕。出现质量事故的工程应严格按照事故处理程序进行了处理。

⑤ 桩基工程中经备案的桩基测试报告已提供,竣工图已完成,并有施工、监理（建设）单位的签章,现场已破桩到位。

11.4.2　参加房屋建筑主要分部工程验收的人员

对于主要的分部工程,比如地基和基础分部、主体结构分部。参加验收的人员应包括总监理工程师（建设单位项目负责人），勘察、设计单位项目负责人和施工单位项目负责人及技术、质量负责人等。同时监理单位（建设单位）应在验收前3d将验收的时间、地点及参加验收人员的名单书面通知工程质量监督机构。

11.4.3 房屋建筑工程主要分部工程的验收程序

分部工程完工后，首先由施工单位进行自检，自检合格后，可向总监理工程师（建设单位项目负责人）申请分部工程的验收，分部工程应由总监理工程师（建设单位项目负责人）组织施工单位项目负责人和技术、质量负责人等进行验收；地基与基础、主体结构分部工程的勘察、设计单位工程项目负责人和施工单位技术、质量部门负责人也应参加相关分部工程验收。

具体的验收程序见本教材第一章的相关内容。下面仍然以"××办公楼工程"地基和基础分部工程验收作为例子，介绍相关子分部工程和分部工程填写表格实例。

无支护土方子分部工程（0101）质量验收记录见表11-5。

表11-5　无支护土方子分部工程质量验收记录

工程名称		××办公楼	结构类型	框剪	层数	11/1
施工单位		××建设集团有限公司	技术部门负责人	×××	质量部门负责人	×××
分包单位		/	分包单位负责人	/	分包技术负责人	/
序号	分项工程名称		检验批数	施工单位检查评定		验收意见
1	土方开挖		1	√		同意验收
2	土方回填		21	√		
3						
4						
5						
6						
质量控制资料				齐全、有效、合格		同意验收
安全和功能检验（检测）报告				齐全、有效、合格		同意验收
观感质量验收				好		同意验收
验收单位	分包单位		项目经理			年　月　日
	施工单位		项目经理　×××			××年××月××日
	勘察单位		项目负责人　×××			××年××月××日
	设计单位		项目负责人　×××			××年××月××日
	监理（建设）单位		各分项工程均符合施工质量验收规范要求；质量控制资料及安全和功能检验（检测）报告齐全、有效、合格；观感质量验收为好，同意施工单位评定结果，验收合格			
			总监理工程师（建设单位项目专业负责人）：×××			××年××月××日

地下防水子分部工程（0105）质量验收记录如表11-6。

表 11-6 地下防水子分部工程质量验收记录

工程名称		××办公楼	结构类型	框剪	层数	11/1
施工单位		××建设集团有限公司	技术部门负责人	×××	质量部门负责人	×××
分包单位		/	分包单位负责人	/	分包技术负责人	/
序号	分项工程名称		检验批数	施工单位检查评定		验收意见
1	防水混凝土		8	√		同意验收
2	卷材防水层		18	√		
3	金属板防水层		5	√		
4	细部构造		11	√		
5						
6						
质量控制资料				设计变更文件、原材料证明、进场检(试)验报告、隐检记录等齐全、有效,合格		同意验收
安全和功能检验(检测)报告				地下工程防水效果检查记录等齐全、有效,合格		同意验收
观感质量验收				好		同意验收
验收单位	分包单位		项目经理			年 月 日
	施工单位		项目经理 ×××			××年××月××日
	勘察单位		项目负责人			年 月 日
	设计单位		项目负责人 ×××			××年××月××日
	监理(建设)单位		各分项工程均符合施工质量验收规范要求;质量控制资料及安全和功能检验(检测)报告齐全、有效,合格;观感质量验收为好,同意施工单位评定结果,验收合格 总监理工程师(建设单位项目专业负责人):×××　　　××年××月××日			

混凝土基础子分部工程（0106）和砌体基础子分部（0107）质量验收记录略。

将无支护土方子分部工程、地下防水子分部工程、混凝土基础子分部工程、砌体基础子分部工程完成后，经验收合格，就可以进行地基基础分部工程（01）的验收，其记录表如11-7 所示。

表 11-7 地基与基础分部工程质量验收记录

工程名称	××办公楼工程	结构类型	框剪	层数	11/1
施工单位	××建设集团有限公司	技术部门负责人	×××	质量部门负责人	×××
分包单位	/	分包单位负责人	/	分包技术负责人	/
序号	子分部(分项)工程名称	分项工程(检验批)数	施工单位检查评定		验收意见
1	无支护土方	2	√		基础分部各子分部工程均符合有关规范规定要求,同意验收
2	地下防水	4	√		
3	混凝土基础	5	√		
4	砌体基础	2	√		

续表

序号	子分部(分项)工程名称	分项工程 (检验批)数	施工单位检查评定	验收意见
5				同意验收
6				
	质量控制资料	设计变更文件、工程定位测量、原材料质量证明、进场检(试)验报告、施工试验报告、隐检记录等齐全、有效、合格		
	安全和功能检验(检测)报告	地下工程防水效果检查、结构实体检验、钢筋保护层厚度检测、沉降观测记录等齐全、有效、合格		
	观感质量验收	好		
验收单位	分包单位	项目经理		年 月 日
	施工单位	项目经理 ×××(单位盖章)		××年××月××日
	勘察单位	项目负责人 ×××(单位盖章)		××年××月××日
	设计单位	项目负责人 ×××(单位盖章)		××年××月××日
	监理(建设)单位	各子分部工程均符合施工质量验收规范要求;质量控制资料及安全和功能检验(检测)报告齐全、有效、合格,观感质量验收为好,同意施工单位评定结果,验收合格 总监理工程师(建设单位项目专业负责人):×××(单位盖章)		××年××月××日

混凝土结构(0201)子分部工程和砌体结构(0203)子分部工程完成后,经验收合格,就可以进行主体结构分部工程质量验收,其验收表格如下表 11-8 所示。

表 11-8 主体结构分部工程质量验收记录

工程名称		××办公楼工程	结构类型	框剪	层数	11/1
施工单位		××建设集团有限公司	技术部门负责人	×××	质量部门负责人	×××
分包单位		/	分包单位负责人	/	分包技术负责人	/
序号	子分部(分项)工程名称		分项工程 (检验批)数	施工单位检查评定		验收意见
1	混凝土结构		4	√		主体结构分部各子分部工程均符合有关规范规定要求,同意验收
2	砌体结构		1	√		
3						
4						
5						
6						
	质量控制资料		设计变更文件、工程定位测量、原材料质量证明、进场检(试)验报告、施工试验报告、隐检记录等齐全、有效、合格			同意验收
	安全和功能检验(检测)报告		结构实体检验、钢筋保护层厚度检测、沉降观测记录等齐全、有效、合格			
	观感质量验收		好			
验收单位	分包单位		项目经理			年 月 日
	施工单位		项目经理 ×××(单位盖章)			××年××月××日
	勘察单位		项目负责人 ×××(单位盖章)			××年××月××日
	设计单位		项目负责人 ×××(单位盖章)			××年××月××日
	监理(建设)单位		各子分部工程均符合施工质量验收规范要求;质量控制资料及安全和功能检验(检测)报告齐全、有效、合格,观感质量验收为好,同意施工单位评定结果,验收合格 总监理工程师(建设单位项目专业负责人):×××(单位盖章)			××年××月××日

建筑地面（0301）子分部工程、抹灰（0302）子分部工程、门窗（0303）子分部工程、吊顶（0304）子分部工程、轻质隔墙（0305）子分部工程、饰面板（砖）（0306）子分部工程、幕墙（0307）子分部工程、涂饰（0308）子分部工程、细部（0310）子分部工程完成后经验收合格，就可以进行建筑装饰装修（03）分部工程质量验收，其验收记录表格如表11-9所示。

表11-9 建筑装饰装修分部工程质量验收记录

工程名称	××办公楼工程	结构类型	框剪	层数	11/1
施工单位	××建设集团有限公司	技术部门负责人	×××	质量部门负责人	×××
分包单位	/	分包单位负责人	/	分包技术负责人	/
序号	子分部(分项)工程名称	分项工程（检验批）数	施工单位检查评定		验收意见
1	地面	3	√		建筑装饰装修分部各子分部工程均符合有关规范规定要求,同意验收
2	抹灰	2	√		
3	门窗	4	√		
4	吊顶	2	√		
5	轻质隔墙	2	√		
6	饰面板(砖)	2	√		
7	幕墙	1	√		
8	涂饰	2	√		
9	细部	4	√		
10			√		
质量控制资料		设计变更文件、原材料质量证明、进场检(试)验报告、施工试验报告、隐检记录、施工记录等齐全、有效、合格			同意验收
安全和功能检验(检测)报告		建筑外窗三性检验、后置埋件拉拔强度试验、幕墙性能试验等齐全、有效、合格			
观感质量验收		好			
验收单位	分包单位	项目经理			年　月　日
	施工单位	项目经理　×××（单位盖章）			××年××月××日
	勘察单位	项目负责人			年　月　日
	设计单位	项目负责人　×××（单位盖章）			××年××月××日
	监理(建设)单位	各子分部工程均符合施工质量验收规范要求；质量控制资料及安全和功能检验(检测)报告齐全、有效、合格；观感质量验收为好，同意施工单位评定结果，验收合格			
		总监理工程师(建设单位项目专业负责人)；×××（单位盖章）　　××年××月××日			

卷材防水屋面（0401）子分部工程完工后，经检查合格就可以进行屋面分部工程（04）的质量验收，其质量验收表格如表11-10所示。

建筑给水、排水与采暖分部工程（05）、建筑电气安装分部工程（06）、智能建筑分部工程（07）、通风与空调分部工程（08）、电梯分部工程（09）、节能分部工程完成后，便可以进行单位工程的竣工验收。

表 11-10 建筑屋面分部工程质量验收记录

工程名称		××办公楼工程	结构类型	框剪	层数	11/1
施工单位		××建设集团有限公司	技术部门负责人	×××	质量部门负责人	×××
分包单位		/	分包单位负责人	/	分包技术负责人	/
序号	子分部(分项)工程名称		分项工程(检验批)数	施工单位检查评定		验收意见
1	卷材防水屋面		4	√		建筑屋面分部各子分部工程均符合有关规范规定要求,同意验收
2						
3						
4						
5						
6						
	质量控制资料		原材料质量证明文件、进场检(试)验报告、施工试验报告、隐检记录、施工记录等齐全、有效、合格			同意验收
	安全和功能检验(检测)报告		屋面蓄水(淋水)检查等齐全、有效、合格			
	观感质量验收		好			
验收单位	分包单位		项目经理			年 月 日
	施工单位		项目经理 ×××(单位盖章)			××年××月××日
	勘察单位		项目负责人			年 月 日
	设计单位		项目负责人 ×××(单位盖章)			××年××月××日
	监理(建设)单位		各子分部工程均符合施工质量验收规范要求;质量控制资料及安全和功能检验(检测)报告齐全、有效、合格;观感质量验收为好,同意施工单位评定结果,验收合格			
			总监理工程师(建设单位项目专业负责人):×××(单位盖章)			××年××月××日

11.5 单位工程的竣工验收

单位工程的竣工验收需要有一定的条件,简单说需要施工单位对已完的单位工程进行自检、自验,通过由监理单位组织的初验收,最后进入由建设单位组织的竣工验收阶段,其验收所需要的条件和程序在本教材第一章有详细的讲解。

这里结合"××办公楼工程"着重从资料的整理和归纳进行进一步的说明。"××办公楼"竣工验收记录表见表 11-11。

本工程总共有 10 个分部工程,即地基基础工程、主体结构工程、建筑装饰装修工程、建筑屋面工程四个土建分部工程,建筑给水排水及采暖、建筑电气、智能建筑、通风与空调、电梯等 5 个安装分部工程以及节能分部工程。在表 11-2 中已经列出。

"质量控制资料核查"栏目中的数据是根据"单位工程质量控制资料核查记录"(表 11-12)统计得来的。

表 11-11 单位（子单位）工程质量竣工验收记录

工程名称	××办公楼工程		结构类型	框架剪力墙	层数/建筑面积	11/1 19960m²
施工单位	××建设集团有限公司		技术负责人	×××	开工日期	××年××月××日
项目经理	×××		项目技术负责人	×××	竣工日期	××年××月××日
序号	项目		验收记录		验收结论	
1	分部工程		共 10 分部，经查 10 分部，符合标准及设计要求 10 分部		经各专业分部工程验收，工程质量符合验收标准	
2	质量控制资料核查		共 45 项，经审查符合要求 45 项，经核定符合规范要求 45 项		质量控制资料经核查共45项符合有关规范要求	
3	安全和主要使用功能核查及抽查结果		共核查 25 项，符合要求 25 项，共抽查 10 项，符合要求 10 项，经返工处理符合要求 0 项		安全和主要使用功能共核查25项符合要求，抽查其中 10 项使用功能均满足	
4	观感质量验收		共抽查 25 项，符合要求 25 项，不符合要求0项		观感质量验收为好	
5	综合验收结论		本次验收范围是建筑与结构工程、建筑给水排水及采暖、建筑电气、智能建筑、通风与空调、电梯、建筑节能。共 10 个分部工程 经对本工程综合验收，各分部工程质量、质量控制资料、安全和主要功能核查/抽查以及观感质量均符合施工合同、设计要求和规范标准规定。单位工程竣工验收合格			
参加验收单位	建设单位 （公章） 单位(项目)负责人： ××× ××年××月××日		监理单位 （公章） 总监理工程师： ××× ××年××月××日	施工单位 （公章） 单位负责人： ××× ××年××月××日	设计单位 （公章） 单位(项目)负责人： ××× ××年××月××日	

表 11-12 单位（子单位）工程质量控制资料核查记录

工程名称		××办公楼工程	施工单位	××建设集团有限公司	
序号	项目	资料名称	份数	核查意见	核查人
1	建筑与结构	图纸会审、设计变更、洽商记录	98	完整有效、签认齐全	×××
2		工程定位测量、放线记录	86	完整齐全、符合要求	
3		原材料出厂合格证书及进场检(试)验报告	181	完整齐全、符合要求	
4		施工试验报告及见证检测报告	445	完整齐全、符合要求	
5		隐蔽工程验收记录	319	完整齐全、符合要求	
6		施工记录	966	地基验槽、钎探、预检等齐全、符合要求	
7		预制构件、预拌混凝土合格证	162	完整齐全、符合要求	
8		地基、基础、主体结构检验及抽样检测资料	90	地基承载力检测、结构实体检测、地下防水效果检查齐全、符合要求	
9		分项、分部工程质量验收记录	26	完整齐全、符合要求	
10		工程质量事故及事故调查处理资料	/	无工程质量事故	
11		新材料、新工艺施工记录	/		
12					

续表

工程名称		××办公楼工程	施工单位	××建设集团有限公司	
序号	项目	资料名称	份数	核查意见	核查人
1	给水排水及采暖	图纸会审、设计变更、洽商记录	12	完整有效、签认齐全	×××
2		材料、配件出厂合格证书及进场检(试)验报告	125	完整齐全、符合要求	
3		管道、设备强度试验、严密性试验记录	37	完整齐全、符合要求	
4		隐蔽工程验收记录	60	完整齐全、符合要求	
5		系统清洗、灌水、通水、通球试验记录	38	完整齐全、符合要求	
6		施工记录	42	预检记录齐全、符合要求	
7					
8					
1	建筑电气	图纸会审、设计变更、洽商记录	43	完整有效、签认齐全	×××
2		材料、设备出厂合格证书及进场检(试)验报告	178	完整齐全、符合要求	
3		设备调试记录	14	完整齐全、符合要求	
4		接地、绝缘电阻测试记录	66	完整齐全、符合要求	
5		隐蔽工程验收记录	105	完整齐全、符合要求	
6		施工记录	110	预检记录齐全、符合要求	
7		分项、分部工程质量验收记录	27	完整齐全、符合要求	
8					
1	通风与空调	图纸会审、设计变更、洽商记录	11	完整有效、签认齐全	×××
2		材料、设备出厂合格证书及进场检(试)验报告	155	完整齐全、符合要求	
3		制冷、空调、水管道强度试验、严密性试验记录	20	完整齐全、符合要求	
4		隐蔽工程验收记录	46	完整齐全、符合要求	
5		制冷设备运行调试记录	8	完整齐全、符合要求	
6		通风、空调系统调试记录	21	完整齐全、符合要求	
7		施工记录	36	预检记录齐全、符合要求	
8		分项、分部工程质量验收记录	22	完整齐全、符合要求	
9					
1	电梯	图纸会审、设计变更、洽商记录	/	安装中无设计变更	×××
2		设备出厂合格证书及开箱检验记录	4	完整齐全、符合要求	
3		隐蔽工程验收记录	6	完整齐全、符合要求	
4		施工记录	2	预检记录齐全、符合要求	
5		接地、绝缘电阻测试记录	2	完整齐全、符合要求	
6		负荷试验、安全装置检查记录	2	完整齐全、符合要求	
7		分项、分部工程质量验收记录	15	完整齐全、符合要求	
8					

续表

工程名称		××办公楼工程		施工单位		××建设集团有限公司
序号	项目	资料名称	份数	核查意见		核查人
1	建筑智能化	图纸会审、设计变更、洽商记录、竣工图及设计说明	30	完整有效、签认齐全		×××
2		材料、设备出厂合格证书及技术文件及进场检(试)验报告	40	完整齐全、符合要求		
3		隐蔽工程验收记录	45	完整齐全、符合要求		
4		系统功能测定及设备调试记录	6	完整齐全、符合要求		
5		系统技术、操作和维护手册	7	完整齐全、符合要求		
6		系统管理、操作人员培训记录	5	完整齐全、符合要求		
7		系统检测报告	5	完整齐全、符合要求		
8		分项、分部工程质量验收记录	24	完整齐全、符合要求		

结论：
通过工程质量控制资料核查，该工程资料齐全、有效，各种隐蔽验收、施工试验、系统调试记录等符合有关规范和设计要求，通过核查

施工单位项目经理：×××　　××年××月××日　　总监理工程师(建设单位项目负责人)：×××　　××年××月××日

"安全和主要使用功能核查及抽查结果"栏目的数据是根据"单位（子单位）工程安全和功能检验资料核查及主要功能抽查记录"表（表 11-13）归纳统计得来，其中在验收中需要抽检的项目由验收组协商确定。

表 11-13　单位（子单位）工程质量控制资料核查记录

工程名称		××办公楼工程		施工单位		××建设集团有限公司
序号	项目	安全和功能检查项目	份数	核查意见	抽查结果	核查(抽查)人
1	建筑与结构	屋面淋水试验记录	1	完整有效、符合要求	合格	××× ××× × ×
2		地下室防水效果检查记录	1	完整有效、符合要求		
3		有防水要求的地面蓄水试验记录	17	完整有效、符合要求	合格	
4		建筑物垂直度、标高、全高测量记录	2	完整有效、符合要求		
5		抽气(风)道检查记录	5	完整有效、符合要求		
6		幕墙及外窗气密性、水密性、耐风压检测报告	5	完整有效、符合要求	合格	
7		建筑物沉降观测测量记录	13	完整有效、符合要求		
8		节能、保温测试记录	3	完整有效、符合要求		
9		室内环境检测报告	1	完整有效、符合要求		
10						
1	给排水与采暖	给水管道通水试验报告	3	完整有效、符合要求	合格	××× ×××
2		暖气管道、散热器压力试验记录	32	完整有效、符合要求		
3		卫生器具满水试验记录	11	完整有效、符合要求	合格	
4		消防管道、燃气管道压力试验记录	30	完整有效、符合要求		
5		排水干管通球试验记录	4	完整有效、符合要求		
6						

续表

工程名称		××办公楼工程		施工单位	××建设集团有限公司	
序号	项目	安全和功能检查项目	份数	核查意见	抽查结果	核查(抽查)人
1	电气	照明全负荷试验记录		完整有效、符合要求		××× ×××
2		大型灯具牢固性试验记录		完整有效、符合要求	合格	
3		避雷接地电阻测试记录		完整有效、符合要求		
4		线路、插座、开关接地检验记录		完整有效、符合要求	合格	
5						
1	通风与空调	通风、空调系统试运行记录	21	完整有效、符合要求		××× ×××
2		风量、温度测试记录	18	完整有效、符合要求	合格	
3		洁净室洁净度测试记录	/	/		
4		制冷机组试运行调试记录	5	完整有效、符合要求		
5						
1	电梯	电梯运行记录	3	完整有效、符合要求	合格	××× ××
2		电梯安全装置检测报告	3	完整有效、符合要求		
1	智能建筑	系统试运行记录	6	完整有效、符合要求	合格	××× ×××
2		系统电源及接地检测报告	5	完整有效、符合要求		
3						

结论:
对本工程安全、功能资料进行核查,基本符合规范规定和设计要求。对单位工程的主要功能进行抽样检查,其检查结果合格,满足使用功能。检查通过

施工单位项目经理:×××　　××年××月××日　　总监理工程师(建设单位项目负责人):×××　　××年××月××日

注:抽查项目由验收组协商确定。

单位(子单位)工程观感质量检查记录见表11-14。

表11-14 单位(子单位)工程观感质量检查记录

工程名称		××办公楼工程	施工单位						××建设集团有限公司				
序号		项目	抽查质量状况									好	一般	差
1	建筑与结构	室外墙面	√	√	√	√	√	√	○	√	√	√	√	
2		变形缝	√	√	√	○	√	√	√	√		√		
3		水落管,屋面	√	√	√	√	√	√	√	○		√		
4		室内墙面	√	√	√	√	○	√	√	√		√		
5		室内顶棚	√	√	√	√	○	√	√	√		√		
6		室内地面	√	○	√	√	√	√	√	√			√	
7		楼梯、踏步、护栏	√	○	√	√	√	√	√	√		√		
8		门窗	√	√	√	√	√	√	○	√	√	√		

续表

工程名称		××办公楼工程			施工单位					××建设集团有限公司				
序号		项目	抽查质量状况									质量评价		
												好	一般	差
1	给排水与采暖	管道接口、坡度、支架	√	√	√	○	√	√	√	√	√	√	√		
2		卫生器具、支架、阀门	√	√	√	√	√	○	√	√	√	√	√		
3		检查口、扫除口、地漏	√	√	√	√	√	○	√	√	√	√	√		
4		散热器、支架	√	○	√	√	√	√	√	√	○	√		√	
1	建筑电气	配电箱、盘、板、接线盒	√	√	√	○	√	√	√	√	√	√	√		
2		设备器具、开关、插座	√	√	√	√	√	√	○	√	√	√	√		
3		防雷、接地	√	√	○	√	√	√	√	√	√	√	√		
1	通风与空调	风管、支架	√	√	√	√	√	√	√	√	√	√	√		
2		风口、风阀	√	√	√	√	√	○	√	√	√	√	√		
3		风机、空调设备	√	√	√	√	√	√	√	√	√	√	√		
4		阀门、支架	√	√	√	√	○	√	√	√	√	√	√		
5		水泵、冷却塔	√	√	√	√	○	√	√	√	√	√		√	
6		绝热													
1	电梯	运行、平层、开关门	√	√	√	√	√	√	√	√	√	√	√		
2		层门、信号系统	√	√	√	○	√	√	√	√	√	√	√		
3		机房	√	√	√	√	√	√	√	√	√	√	√		
1	智能建筑	机房设备安装及布局	√	√	√	√	○	√	√	√	√	√	√		
2		现场设备安装	√	√	√	√	○	√	○	√	√	√		√	
3															
观感质量综合评价			好												
检查结论		工程观感质量综合评价为好,验收合格 施工单位项目经理:×××　　××年××月××日 总监理工程师(建设单位项目负责人):×××　　××年××月××日													

注:质量评差的项目,应进行返修("√"表示"好",一般用"○"表示,差用"▽"表示)。

大 作 业

1. 结合所学知识,由教师提供若干个小型工程的施工图纸,按照施工组织和技术的需求,要求按照《建筑工程施工质量验收统一标准》(GB 50300—2001)的规定,将该工程各分部工程(子分部工程)、分项工程和检验批进行划分,写出《××工程分部(子分部)工程、分项工程和检验批划分计划表》,并选择具有代表性的分部、分项、检验批的表格进行模拟填写。最后汇总成为单位工程质量验收表格系列。

2. 写出检验批的划分要求。

3. 写出单位工程验收程序。

参 考 文 献

[1] 建筑施工规范大全（修订缩印本）. 北京：中国建筑工业出版社，2005.
[2] 建筑施工规范条文说明大全（修订缩印本）. 北京：中国建筑工业出版社，2005.
[3] 鲁辉，詹亚民主编. 建筑工程施工质量检查与验收. 北京：人民交通出版社，2007.
[4] 中国建设监理协会组织编写. 建设工程质量控制. 北京：中国建筑工业出版社，2009.
[5] 中国建设监理协会组织编写. 建设工程投资控制. 北京：知识产权出版社，2009.
[6] 中国建设监理协会组织编写. 建设工程合同管理. 北京：知识产权出版社，2009.
[7] 中国建设监理协会组织编写. 建设工程监理相关法规文件汇编. 北京：知识产权出版社，2009.
[8] 北京土木建筑学会主编. 建设工程资料编制与组卷范本——建筑与结构. 北京：经济科学出版社，2008.
[9] 建筑工程施工质量验收统一标准. GB 50300—2001.
[10] 建筑地基基础工程施工质量验收规范. GB 50202—2002.
[11] 砌体工程施工质量验收规范. GB 50203—2011.
[12] 混凝土结构工程施工质量验收规范. GB 50204—2002. 2011版.
[13] 钢结构工程施工质量验收规范. GB 50205—2001.
[14] 木结构工程施工质量验收规范. GB 50206—2012.
[15] 屋面工程质量验收规范. GB 50207—2012.
[16] 地下防水工程质量验收规范. GB 50208—2011.
[17] 建筑地面工程施工质量验收规范. GB 50209—2010.
[18] 建筑装饰装修工程质量验收规范. GB 50210—2001.
[19] 建筑给水排水及采暖工程施工质量验收规范. GB 50242—2002.
[20] 通风与空调工程施工质量验收规范. GB 50243—2002.
[21] 建筑电气工程施工质量验收规范. GB 50303—2002.
[22] 智能建筑工程施工质量验收规范. GB 50339—2003.
[23] 电梯工程施工质量验收规范. GB 50310—2002.